OSTA CETTIC

绿色建筑工程师职业培训教材

全国高等职业院校选修课程系列教材

绿色建筑基础理论

OSTA 人社部中国就业培训技术指导中心 组织编写

CETTIC 绿色建筑工程师专业能力培训用书编委会 编

中国建筑工业出版社

图书在版编目(CIP)数据

绿色建筑基础理论/人社部中国就业培训技术指导中心组织编写，绿色建筑工程师专业能力培训用书编委会编. —北京：中国建筑工业出版社，2015.10

绿色建筑工程师职业培训教材

ISBN 978-7-112-18463-7

Ⅰ.①绿… Ⅱ.①人… ②绿… Ⅲ.①生态建筑-建筑师-职业培训-教材 Ⅳ.①TU18

中国版本图书馆 CIP 数据核字(2015)第 219754 号

《绿色建筑基础理论》根据人力资源和社会保障部中国就业培训技术指导中心关于绿色建筑工程师职业培训及考试大纲进行编写，用于从事绿色建筑工程师职业培训与考试的指导用书。

本书以绿色建筑项目全过程管理的基本建设程序为主线，总结绿色建筑项目可行性研究阶段、设计阶段、施工阶段和运营阶段中存在的主要管理任务和管理要点，重点突出绿色建筑与传统建筑在管理问题上的区别。同时，本书对 2014 版绿色建筑评价标准和美国 LEED 评估体系亦有详细的阐述。全书共分为 10 章，具体为：(1) 绿色建筑概论；(2) 绿色建筑费用效益分析；(3) 绿色建筑技术集成；(4) 绿色建筑设计管理；(5) 绿色建筑施工管理；(6) 绿色建筑运营管理；(7) 绿色建筑评价；(8) 合同能源管理；(9) 美国 LEED 评估体系；(10) 各国绿色建筑评价体系对比。

责任编辑：封　毅　毕凤鸣
责任设计：李志立
责任校对：李美娜　赵　颖

绿色建筑工程师职业培训教材
绿色建筑基础理论
人社部中国就业培训技术指导中心　组织编写
绿色建筑工程师专业能力培训用书编委会　编

*

中国建筑工业出版社出版、发行（北京西郊百万庄）
各地新华书店、建筑书店经销
北京红光制版公司制版
北京云浩印刷有限责任公司印刷

*

开本：787×1092 毫米　1/16　印张：20¾　字数：518 千字
2015 年 10 月第一版　2015 年 10 月第一次印刷
定价：**47.00** 元
ISBN 978-7-112-18463-7
(27715)

编 委 会

前　言

《绿色建筑基础理论》根据人力资源和社会保障部中国就业培训技术指导中心关于绿色建筑工程师职业培训及考试大纲进行编写，用于从事绿色建筑工程师职业培训与考试的指导用书。

本书的技术指导单位中国北京绿色建筑产业联盟（联合会）为本书的编写提供了知识体系的设计规划指导，并组织了教研小组和编写团队，各位编委在百忙中为本套书进行了严谨、细致而专业的撰写，为本套书的学术质量提供了有力的保障。

感谢百高职业教育集团对本书提出了涉及各章节知识点的技巧、方法、流程、标准等专业技能要素设计需求，协助组织了教材编写专家研讨会。通过研讨会确定了编写标准、内容大纲及最新的法规政策，为本套书的技术要素提供了准确的方向。

本书以绿色建筑项目全过程管理的基本建设程序为主线，总结绿色建筑项目可行性研究阶段、设计阶段、施工阶段和运营阶段中存在的主要管理任务和管理要点，重点突出绿色建筑与传统建筑在管理问题上的区别。同时，本书对 2014 版绿色建筑评价标准和美国 LEED 评估体系亦有详细的阐述。全书共分为 10 章，具体为：（1）绿色建筑概论，主要是让读者熟悉绿色建筑的定义、绿色建筑的发展历史、绿色建筑全面管理的内涵和绿色建筑应遵循的原则；（2）绿色建筑费用效益分析，主要是让读者了解和掌握绿色建筑全生命周期的概念，绿色建筑增量费用、绿色建筑增量效益和绿色建筑增量费用效益分析方法等具体内容；（3）绿色建筑技术集成，主要是让读者掌握绿色建筑技术的集成体系、绿色建筑的节地与室外环境技术、绿色建筑节能技术，了解绿色建筑的水环境、声环境、光环境及其保障技术，掌握植物种植技术和绿色建筑产业化技术；（4）绿色建筑设计管理，主要是让读者掌握绿色建筑的规划设计原则和内容、绿色建筑设计要点分析、绿色建筑策划、绿色建筑设计的内容、绿色建筑设计的一般程序及相关案例分析；（5）绿色建筑施工管理，主要是让读者了解绿色施工背景、概念及内涵，掌握绿色建筑施工管理的内容；（6）绿色建筑运营管理，主要是让考生掌握建筑及设备运行管理、建筑节能检测和诊断以及既有建筑的节能改造等内容；（7）绿色建筑评价，主要是让读者掌握绿色建筑评价的内容、评价机制以及评价过程，了解绿色建筑标识管理、绿色建筑评价标准具体内容及与旧标准的不同之处；（8）合同能源管理，主要是让读者熟悉合同能源管理的基本内容和运作机制；（9）美国 LEED 评估体系，主要是让读者了解美国 LEED 评估体系，掌握典型的 LEED-NC 评价工具、LEED 的认证过程；（10）各国绿色建筑评价体系对比，主要是让读者了解国外的一些典型的评价体系，掌握国内外各评价体系的相同之处与差异性。

由于时间和编者水平的因素，本书难免有不妥和错误之处，敬请读者批评指正。

本套教材根据新版绿色建筑评价标准编写而成。在编写过程中，虽然经过反复审核，仍难免有不妥甚至疏漏之处，恳请广大读者提出宝贵意见。邮箱：yiminglu@china-gba.org。

目　录

第4章 绿色建筑设计管理

第5章 绿色建筑施工管理

第6章 绿色建筑运营管理

第7章 绿色建筑评价

第8章 合同能源管理

第9章 美国LEED评估体系

第10章 各国绿色建筑评价体系对比

第1章　绿色建筑概论

1.1　绿色建筑的定义

1.1.1　绿色建筑的概述

随着社会的发展，国家经济实力的提高，居民的收入逐年增加，人们最关注的温饱问题得以解决后，便开始对生活质量提出了更高的要求。然而随着社会的进步，经济的发展，我们的生态环境却遭受着严峻的考验。长期以来，社会的发展都是遵循着“先污染后治理”的原则，导致我们周围的生活环境逐步恶化，各种环境问题层出不穷。全球变暖、臭氧层破坏、酸雨泛滥等环境问题给我们敲响了警钟。社会要发展，时代要进步，环境问题的恶化迫使我们不得不停下脚步，好好考虑一下到底采取什么样的措施才能够实现经济与环境的双赢。

建筑对环境的影响在环境问题中占有相当大的比重，为了能够在保护环境的同时又能够给居民提供舒适、便利、安全的居住条件，绿色建筑便应运而生。有些人认为绿色建筑应该是那些高投入、高智能化等堆积起来的以科技发展为基础的生活建筑；也有些人认为绿色建筑应该是那种根植于大自然，拥有“采菊东篱下，悠然见南山”意境的，在充满混凝土的城市里边是很难见到的建筑；也有些人认为绿色建筑无非就是室外多建些草坪、多种些树而已。其实不然，这些想法都是片面的。绿色建筑只是一种对这种环境友好型建筑体系的称谓。所谓“绿色建筑”的“绿色”，并不是指一般意义上的立体绿化、屋顶花园，而是代表一种概念或象征。所谓绿色建筑不仅要能够提供舒适而安全的室内环境，同时应具有与自然环境相和谐的良好建筑外部环境，能充分利用环境自然资源，并且在不破坏环境基本生态平衡条件下建造的一种建筑。

1.1.2　绿色建筑的定义

由于世界各国经济发展水平、地理位置以及人均资源等条件的不同，国际上对于绿色建筑还没有一个共同的表述。

美国国家环境保护局（U. S. Environmental Protection Agency）对绿色建筑的定义为：“Green building (also known as green construction or sustainable building) is the practice of creating structures and using processes that are environmentally responsible and resource—efficient throughout a building's life—cycle: from sitting to design, construction, operation, maintenance, renovation, and deconstruction. This practice expands and complements the classical building design concerns of economy, utility, durability, and comfort"。即在整个建筑物的全生命周期（建筑材料的开采、加工、施工、运营维护及拆除的过程）中，从选址、设计、建造、运行、维修及拆除等方面都要最大限度地节约资源和对环境负责，此定义从全寿命周期出发来考虑资源的有效利用以及环境的友好相处。

而英国研究建筑生态的 BSRIA 中心把绿色建筑界定为："The creation and responsible management of a healthy built environment based on resource efficient and ecological principles"。即一个健康的建筑环境的建立和管理应基于高效的资源利用和生态效益原则。此定义则是从建筑的建设以及管理角度来界定，强调了资源效益和生态原则以及健康环境的要求。

香港大学建筑学系建筑节能研究所（BEER）对绿色建筑有如下定义："A green approach to the built environment involves a holistic approach to the design of buildings. All the resources that go into a building, be they materials, fuels or the contribution of the users need to be considered if a sustainable architecture is to be produced. Producing green buildings involves resolving many conflicting issues and requirements. Each design decision has environmental implications"。绿色建筑环境的设计是一个建筑物的整体设计。可持续建筑要综合考虑到所有资源，无论是材料、燃料或使用者本身。绿色建筑涉及许多需要解决的问题和矛盾，设计的每一环节都会对环境造成影响。

根据我国的基本国情并且结合可持续发展理念，中华人民共和国住房和城乡建设部在 2006 年 6 月 1 日颁发了适合我国国情的《绿色建筑评价标准》，其中对绿色建筑做出了如下定义："绿色建筑是指在建筑的全寿命周期内，最大限度地节约资源（节能、节地、节水、节材）、保护环境和减少污染，为人们提供健康、适用和高效的使用空间，与自然和谐共生的建筑。"该定义强调了绿色建筑的"绿色"应该贯穿于建筑物的全寿命周期（从原料的开采到建筑物的拆除的过程）。

各国对于绿色建筑的阐述虽然有所不同，但是都基本上认同了绿色建筑的三个主题，即减少对地球资源与环境的负荷和影响、创造健康和舒适的生活环境以及与周围自然环境相融合。这三个基本主题也为世界各国发展绿色建筑提供了一个标准。

1.1.3 绿色建筑的内涵

从绿色建筑的定义上看，绿色建筑的内涵主要包含以下四点，一是节约资源，包含了上面所提到的"四节"（节能、节地、节水、节材）。众所周知，在建筑的建造和使用过程中，需要消耗大量的自然资源，而资源的储量却是有限的，所以就要减少各种资源的浪费。二是保护环境和减少污染，强调的是减少环境污染，减少二氧化碳等温室气体的排放。据统计，与建筑有关的空气污染、光污染、电磁污染等占环境总体污染的 34%，所以保护环境也就成了绿色建筑的基本要求。三就是满足人们使用上的要求，为人们提供"健康"、"适用"和"高效"的使用空间。一切的建筑设施都是为了人们更好地生活，绿色建筑同样也不例外。可以说，这三个词就是绿色建筑概念的缩影："健康"代表以人为本，满足人们的使用需求，节约不能以牺牲人的健康为代价；"适用"则代表节约资源，不奢侈浪费，提倡一个适度原则；"高效"则代表着资源能源的合理利用，同时减少二氧化碳等温室气体的排放和环境污染。这就要求实现绿色建筑技术的创新，提高绿色建筑的技术含量。四是与自然和谐共生。发展绿色建筑的最终目的就是实现人、建筑与自然的协调统一，这也是绿色建筑的价值理念。

绿色建筑在规划、设计时应充分考虑并利用环境因素，在建筑物建造和使用过程中，依照有关法律、法规的规定，使用节能型的材料、器具、产品和技术，在保证对环境造成的影响大幅度减小的前提下，提高建筑物的保温隔热性能，减少供暖、制冷、照明等能耗问题；在满足人们对建筑物舒适性需求（冬季室温在 18℃以上，夏季室温在 26℃以下）的前提下，达到在建筑物使用过程中，能源利用率得以提高的目的；在拆除后也能使对环境的危害降到最低。因此，绿色建筑也可以理解为在建筑寿命周期内，通过采用相关的绿色建筑技术，降低资源和能源的消耗，减少各种废弃物的产生，实现与自然共生的建筑。

与绿色建筑相近的几个概念，包括“节能建筑”、“智能建筑”、“低碳建筑”、“生态建筑”和“可持续性建筑”等等，相关改造案例见图 1-1 和图 1-2。

图 1-1　设计中心改造前建筑实景照片

图 1-2　绿建中心改造后的效果

节能建筑是指遵循气候设计和节能的基本方法，对建筑规划分区、群体和单体、建筑朝向、间距、太阳辐射、风向以及外部空间环境进行研究后，设计出的低能耗建筑。绿色建筑的内涵包括四节一环保（节能、节地、节水、节材、环境保护），而节能建筑只强调节约能源的概念。

智能建筑是指通过将建筑物的结构、设备、服务和管理根据用户的需求进行最优化组合，从而为用户提供一个高效、舒适、便利的人性化建筑环境。智能建筑是集现代科学技术之大成的产物。其技术基础主要由现代建筑技术、现代电脑技术、现代通信技术和现代控制技术所组成。智能建筑是绿色建筑重要的实施手段和方法，以智能化推进绿色建筑，节约能源、降低资源消耗和浪费，减少污染，是智能建筑发展的方向和目的，也是全面实现绿色建筑的必由之路。绿色建筑强调的是结果，智能建筑强调的是手段。在信息与网络时代，迅速发展的智能化技术为绿色建筑的发展奠定了坚实的基础。

低碳建筑是指在建筑材料与设备制造、施工建造和建筑物使用的整个生命周期过程中，尽可能节约资源，最大限度减少温室气体排放，为人们提供健康、舒适和高效的生活空间，实现建筑的可持续发展。建筑在二氧化碳排放总量中，几乎占到了 50%，这一比例远远高于运输和工业领域。在发展低碳经济的道路上，建筑的“节能”和“低碳”注定成为绕不开的话题。低碳建筑侧重于从减少温室气体排放的角度，强调采取一切可能的技术、方法和行为来减缓全球气候变暖的趋势。

生态建筑，是根据当地的自然生态环境，运用生态学、建筑技术科学的基本原理和现代科学技术手段等，合理安排并组织建筑与其他相关因素之间的关系，使建筑和环境之间成为一个有机的结合体，同时具有良好的室内气候条件和较强的生物气候调节能力，以满足人们居住生活的环境舒适，使人、建筑与自然生态环境之间形成一个良性循环系统。因此，它是以生态原则为指针，以生态环境和自然条件为价值取向所进行的一种既能获得社会经济效益，又能促进生态环境保护的边缘生态工程和建筑形式。

可持续性建筑关注对全球生态环境、地区生态环境及自身室内外环境的影响，关注建筑本身在整个生命周期内（从材料开采、加工运输、建造、使用维修、更新改造直到最后拆除）各个阶段对生态环境的影响。简而言之，就是对外部的生态环境进行保护，对大自然的干扰最低，保护室内环境，增进居住人的健康水平。

1.1.4 发展绿色建筑是历史的必然

绿色建筑是将可持续发展理念引入建筑领域的结果；是转变建筑业增长方式的迫切需求；是实现环境友好型、建设节约型社会的必然选择；是探索解决建筑行业高投入、高消耗、高污染、低效益等问题的根本途径。

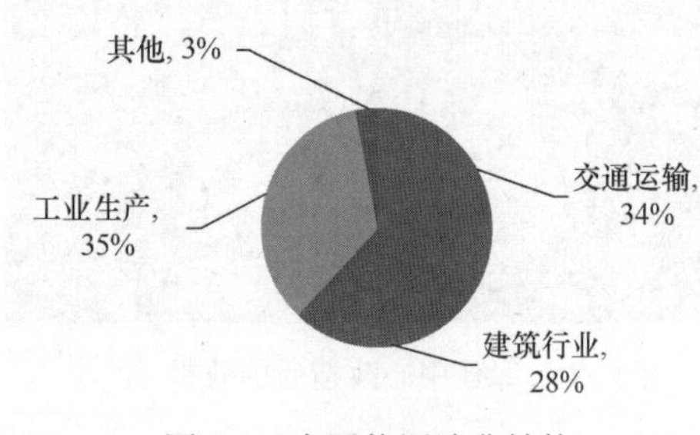

图 1-3　中国能源消费结构

近年来，随着经济的快速发展，资源消耗多、能源短缺等问题已经成为制约我国社会经济持续发展、危及我国现代化建设进程和国家安全的战略问题。目前，我国正处于城镇化快速发展阶段，城乡建设规模空前，伴随而来的是严峻的能源资源问题和生态环境问题。建筑可以说是能源消耗的大户，同时对环境也产生很大的影响。

我国拥有世界上最大的建筑市场，每年新增建筑面积达 18 亿～20 亿 m^2。据统计全球有 1/3 的能源资源被建筑所消耗，在人类产生的生活垃圾中有 40％为建筑垃圾，而且由建筑所引起的污染包括空气污染、光污染等占据了环境污染总和的 1/3 还要多。同时建筑还消耗大量的水资源、原材料等，无论是能源、物质消耗，还是污染的产生，建筑都是问题的关键所在，如图 1-3 所示。随着社会的发展，资源能源的消耗也会越来越多，发展绿色建筑将变得刻不容缓，这是实现资源节约型和环境友好型社会的根本所在。

发展绿色建筑也成了房地产业转型的重要方向。我国建筑能耗在总的能耗中所占的比例约为 40％，而且随着城镇化的加速，其能耗也将攀升。所以房地产业在节能减排中占据了重要的地位。大力发展绿色建筑对于实现社会的可持续发展有重要的现实意义。随着可持续发展以及环保理念的逐渐深入，绿色建筑必将成为建筑业以后发展的基本方向。

（1）在全社会的环保意识在不断增强，营造绿色建筑、健康住宅正成为越来越多的开发商、建筑师追求的目标。人们不但注重单体建筑的质量，也关注小区的环境，不但注重结构安全，也关注室内空气的质量，不但注重材料的坚固耐久和价格低廉，也关注材料消耗对环境和能源的影响。同时，用户的自我保护意识也在增强。今天，人们除了对于燃气、电器、房屋结构方面可能出现的隐患日益重视外，对慢性危害人体健康的认识也在加强，人们已经意识到“绿色”和我们息息相关。

（2）开发生产了一批“绿色建材”。通过引进、消化、借鉴，先后开发出环保型、健康型的壁纸、涂料、地毯、复合地板、管道纤维强化石膏板等装饰建材，如“防霉壁纸”是壁纸革命性的改变。“塑料金属复合管”，是国外 20 世纪 90 年代刚开始的替代金属管材的高科技产品，其内外两层为高密度聚乙烯，中层为铝，塑料与金属铝之间为两层胶，具有塑料与金属的优良性能，它以不会生锈，不使水质受污之优势，目前国内已研制成功。

（3）重视施工过程中环境问题。目前建筑行业主要的环境因素有噪声的排放、粉尘的排放（扬尘）、运输的遗撒、大量建筑垃圾的废弃、油漆、涂料以及化学品的泄露、资源能源的消耗如生产生活水电的消耗，装修过程中引起投诉较多的油漆、涂料、胶及含胶材料中甲苯、甲醛气味的排放等。一些企业已通过 ISO 14001 环境管理标准认证。

1.2 绿色建筑溯源

1.2.1 国外绿色建筑的发展

第二次世界大战之后，随着欧洲、美国、日本经济的飞速发展，同时受 20 世纪 70 年代的石油危机的影响，各国开始意识到自然能源消耗最多的建筑也应该是可持续的，建筑能耗问题开始备受关注，节能要求极大地促进了建筑节能理念的产生和发展。绿色建筑的概念也在 20 世纪 60 年代被适时提出来。但是绿色建筑并不是无源之水、无本之木，它是对人类古代、近代和现代建筑艺术的传承和发展，特别是节约资源和保护环境理念的继承和发扬。

古代西方建筑思想主要体现在古罗马的维特鲁威的《建筑十书》中。该书奠定了欧洲建筑科学的基本体系，十分系统地总结了希腊和早期罗马建筑的实践经验。其中的许多理论已经成为经典，被广泛传播和应用。维特鲁威所主张的一切建筑物都应考虑“实用、坚固、美观”的观点包含着有利于绿色建筑发展的思想。如他所提出的“自然的适合”，即适应地域自然环境的思想；“与其建造其他装饰华丽的房间，不如建造对收获物能够致用的房舍”的建筑实用思想；“建造适于居住的健康住宅”思想，都对现代绿色建筑的发展具有借鉴意义。

18 世纪到 19 世纪，由于产业革命所带来的负面效果，出现了工业生产污染严重、城市卫生状况恶化、环境质量急剧下降等问题，并引发了严重的社会问题。美国、英国、法国等早期的资本主义国家出现了城市公园绿地建设活动，这一措施为解决当时的环境问题提供的重要的途径。城市公园绿地建设提出了诸如城市公园与住宅联合开发模式、废弃地的恢复利用、注重植被生态调节功能等具有创新性的思想。这一措施为在城市发展中被迫与自然隔离的人们创造了与大自然亲近的机会，也在一定程度上反映了绿色建筑的思想。

20 世纪 60 年代，美籍意大利建筑师保罗·索勒瑞首次将生态与建筑合称为“生态建筑”，即“绿色建筑”，使人们对建筑的本质又有了新的认识。真正的绿色建筑概念在这时才算是被提出来。1972 年联合国人类环境会议通过的《斯德哥尔摩宣言》，提出了人与人工环境、自然环境保持协调的原则。

1990 年英国建筑研究所 BRE 率先制定了世界上第一个绿色建筑评估体系 BREEAM (Building Research Establishment Environmental Assessment Method)；1992 年，在巴西的里约热内卢召开的联合国环境与发展大会 UNCED 上，提出《21 世纪议程》，国际社会广泛接受了可持续发展的概念，即“既满足当代人的需要，又不对后代人满足其需要的能力构成危害的发展”，并在会中比较明确地提出“绿色建筑”的概念，绿色建筑由此成为一个兼顾关注环境与舒适健康的研究体系，并且在越来越多的国家实践推广，成为当今世界建筑发展的重要方向。

1993 年，美国出版了《可持续设计指导原则》一书，书中提出了尊重基地生态系统和文化脉络，结合功能需要，采用简单的适用技术，针对当地气候采用被动式能源策略，尽可能使用可更新的地方建筑材料等 9 项可持续设计原则。

1993 年 6 月，国际建筑师协会第十九次代表大会通过了《芝加哥宣言》，宣言中提出保持和恢复生物多样性，资源消耗最小化，降低大气、土壤和水污染，使建筑物卫生、安全、舒适以及提高环境保护意识等原则。

1995 年，美国绿色建筑委员会提出了能源及环境设计先导计划（LEED)。1999 年 11 月世界绿色建筑协会（World GBC/WGBC）在美国成立。进入 21 世纪以后，绿色建筑的内涵和外延更加丰富，绿色建筑理论和实践进一步深入和发展，受到各国的重视，在世界范围内形成了快速发展的态势。

为了使绿色建筑的概念具有切实的可操作性，世界各国的相应的绿色建筑评估体系也在逐步地建立和完善。继英国、美国、加拿大之后，日本、德国、澳大利亚、法国等也相继出台了适合于其地域特点的绿色建筑评估体系，见表 1-1。到 2010 年，全球的绿色建筑评估体系已达 20 多个。而且有越来越多的国家和地区将绿色建筑标准作为强制性规定。

世界部分国家和地区的绿色建筑评估体系 **表 1-1**

国家和地区	体系拥有者	体系名称	参考网站
英国	BRE	BREEAM	http://www.breeam.org
美国	USGBC	LEED	http://www.usgbc.org
日本	日本可持续建筑协会	CASBEE	http://www.ibec.or.jp/CASBEE
加拿大	GBC	GB Tool	http://www.worldgbc.org/
德国	德国联邦政府	EnEv	http://www.enev-online.de/
澳大利亚	DEH	NABERS	http://www.nabers.com.au/
中国	中国住房和城乡建设部	绿色建筑评价体系	http://www.cin.gov.cn/
丹麦	SBI	BEAT	http://www.by-og-byg.dk/
法国	CSTB	ESCALE	http://www.cstb.fr/
芬兰	VIT	LCA House	http://www.vtt.fi/rte/esitteeet/
中国香港	HK Envi Building Association	HK-BEAM	http://www.hk-beam.org/
意大利	ITACA	Protocollo	http://www.itaca.org/
挪威	NBI	Eco-profile	http://www.buggforsk.org/

续表

国家和地区	体系拥有者	体系名称	参考网站
荷兰	SBR	Eco-Quantum	http://www.ecoquantum.nl/
瑞典	KTH Infrastructure & Planning	Eco-effect	http://www.infra.kth.se/BBA
中国台湾	ABRI & AERF	EMGB	http://www.abri.gov/

通过具体的评估体系，客观定量地确定绿色建筑中节能、节水、减少温室气体排放的成效，制定了明确的生态环境性功能和建筑经济性功能指标，为绿色建筑的规划设计提供了参考和依据。

随着绿色建筑观念的不断深入，绿色建筑的经典工程不断涌现。例如德国凯塞尔的可持续建筑中心，其在设计上采用了包括混合通风系统、辐射供暖、辐射供冷和地源热泵等在内的绿色建筑节能技术；葡萄牙里斯本 21 世纪太阳能建筑则采用了被动式供暖、被动式供冷、BIPV 系统等在内的先进技术手段。这些建筑均采用先进的绿色技术手段，成为绿色建筑的典范。

1.2.2　国内绿色建筑的发展

绿色建筑在我国的发展同样可以追溯到古代。在古代建筑物中，所用材料主要取之于自然物，如石块、草筋、土坯等。可以说古代建筑也拥有一定的绿色观念，并且也拥有丰富的绿色建造经验。我国传统民居的建筑材料大部分都是可以循环利用的，并且对环境的影响也不大。在先前人们的智慧下，很多具有地方特色的建筑类型保留下来，为我们现在发展绿色建筑提供了借鉴。如黄土高原的窑洞建筑如图 1-4。福建西南山区的土楼建筑如图 1-5，新疆地区的阿以旺民居等。

图 1-4　窑洞

图 1-5　福建土楼

1973 年，在联合国人类环境大会的影响下，我国首部环保法规性文件《关于保护和改善环境的若干规定（试行草案）》由国务院颁布执行。20 世纪 80 年代以后，我国开始提倡建筑节能，但是有关绿色建筑的系统研究还处于初始阶段，许多相关的技术研究领域还是空白。

2001 年，中国第一个关于绿色建筑的科研课题完成。并且原建设部住宅产业化促进中心研究和编制了《绿色生态住宅小区建设要点与技术导则》，提出以科技为先导，以推进住宅生态环境建设及提高住宅产业化水平为总体目标，并以住宅小区为载体，全面提高住宅小区节能、节水、节地、治污总体水平，带动相关产业发展，实现社会、经济、环境效益的统一。

2003 年，中共十六届三中全会提出了“以人为本，树立全面协调可持续发展观，促进经济社会全面发展”的科学发展观战略。随后的五中全会深化了“建设资源节约型、环境友好型社会”的目标和建设生态文明的新要求。为绿色建筑的发展提供了成长的动力和社会基础。

2004 年，建设部发起“全国绿色建筑创新奖”，标志着我国绿色建筑进入全面发展阶段。

2005 年，首届国际智能与绿色建筑技术研讨会在北京召开。与会的各国代表发表了《北京宣言》，对 21 世纪智能与绿色建筑发展的背景、指导纲领和主要任务取得共识。《宣言》认为，世纪之交，国际社会普遍对全球环境保护和发展更为关注，致力于推进可持续发展，以“绿色”思想为指导，将各种先进适用技术应用于建筑物，促进资源节约与环境保护。《宣言》还提出，建筑的发展应服务于各类不同的民族和社会群体，尤其应当把服务处于贫穷和落后状态的民族和社会群体当作重任。我们要基于对自然和环境的尊重，植根历史传统，探索未来，推进绿色适宜技术发展和使用，增强人类绿色价值观和促进绿色生活方式。同时《宣言》还为以后的主要任务制定了方向：“推进思想交流，加强人才培养，完善制度建设，节约与合理利用资源，促进技术发展，重视产品研发，加强传统保护，优化人居建设。”同年发布了《建设部关于推进节能省地型建筑发展的知道意见》。

2006 年 3 月至 2014 年 3 月之间，在北京相继举办了第二届到第十届国际智能、绿色建筑与建筑节能大会暨新技术与产品博览会，会上探讨、交流并展示了绿色建筑在理论、技术与实践上的最新成果。值得提出的是在“第二届国际智能、绿色建筑与建筑节能大会暨新技术与产品博览会”(2006 年）上，建设部部长就建设发展节能省地型建筑进行了深入的剖析，提出发展节能省地型建筑应该从国民经济结构、经济增长方式转变、国家粮食和安全的高度进行研究、思考。就目前的发展而言，应该抓好建筑节地、节能、节水和节材（四节)，注重建筑建造过程中的总资源消耗，按照减量化、再利用、资源化的原则，搞好资源的综合利用，实现建筑的科学发展观，落实建筑可持续发展的具体要求。2006 年 3 月，国家科技部和建设部签署了“绿色建筑科技行动”合作协议，为绿色建筑技术发展和科技成果产业化奠定基础。同年中华人民共和国住房和城乡建设部正式颁发了《绿色建筑评价标准》。

2007 年 6 月，住房和城乡建设部出台了《绿色建筑评价技术细则补充说明（试行)》，同年 8 月又出台了《绿色建筑评价标识管理办法》，开始建立起适应我国国情的绿色建筑评价体系。

2008 年 7 月由国务院签发的《民用建筑节能条例》和《公共机构节能条例》，又分别对民用建筑以及公共建筑进行节能管理，以便降低建筑使用过程中的能源消耗，提高能源利用效率。同年住房和城乡建设部组织推动绿色建筑评价标识和绿色建筑示范工程建设等一系列措施。同年成立城市科学研究会节能与绿色建筑专业委员会。同年的“第四届国际智能、绿色建筑与建筑节能大会暨新技术与产品博览会”以“推广绿色建筑，促进节能减排”为主题，筹建成立了城市科学研究会节能与绿色建筑专业委员会，启动了绿色建筑职业培训及政府培训；而最近 2011 年举行的“第七届国际智能、绿色建筑与建筑节能大会暨新技术与产品博览会”以“绿色建筑：让城市生活更低碳、更美好”为主题，传达了国家“十二五”国民经济和社会发展规划关于住房城乡建设领域节能减排的新要求。

2011年住建部发布了《2011年全国住房城乡建设领域节能减排专项监督检查建筑节能检查情况通报》的文件，这项文件对我国几年来的绿色建筑行业的工作做出了评价与表扬。

2013年1月1日，国务院办公厅以国办发〔2013〕1号转发国家发展改革委、住房城乡建设部制订的《绿色建筑行动方案》。《绿色建筑行动方案》分充分认识开展绿色建筑行动的重要意义，指导思想、主要目标和基本原则，重点任务，保障措施4部分。重点任务是：切实抓好新建建筑节能工作，大力推进既有建筑节能改造，开展城镇供热系统改造，推进可再生能源建筑规模化应用，加强公共建筑节能管理，加快绿色建筑相关技术研发推广，大力发展绿色建材，推动建筑工业化，严格建筑拆除管理程序，推进建筑废弃物资源化利用。

2014年《绿色建筑评价标准》GB 50378—2014发布（2015年1月1日起执行，已发布）。期间，我国也出台了关于医院、工业、办公楼、学校等绿色建筑标准。《绿色建筑评价标准》GB 50378—2014的评价方法和星级划分与2006版大的方向是一致的；新标准的评分方式沿用的美国LEED标准，与2006版标准有所区别，06版的绿标按照所有控制项的要求，并按满足一般项数和优选项数的程度，划分为一星级、二星级和三星级三个等级。新版绿色建筑评价标准采用的是“量化评价”方法：除少数必须达到的控制项外，其余评价条文都被赋予了分值；对各类一级指标，分别给出了权重值。

2011年我国绿色建筑标识数量得到井喷式增长以后，2012年、2013年绿色建筑标识数量继续保持强劲增长态势。2013年全国共评出508项绿色建筑评价标识项目，其中一星级项目179项、二星级项目237项、三星级项目102项，总建筑面积达8690万m^2，项目数量和建筑面积均超过了前几年同类数据的总和。住房和城乡建设部于2014年在部分符合条件的城市率先启动绿色保障房行动，以此带动全国建筑执行绿色建筑标准。

国家发改委、住房和城乡建设部2013年年初公布的《绿色建筑行动方案》要求，2013年底，住房和城乡建设部发布了《关于保障性住房实施绿色建筑行动的通知》。从2014年起，直辖市、计划单列市及省会城市的保障性住房，全面执行绿色建筑标准。

“十二五”期间，我国计划建设3600万套保障性住房，为了带动全国建筑执行绿色建筑标准，2015年起，我国将在部分符合条件的城市率先启动绿色保障房行动。2017年起，东部地区地级城市及中西部地区重点地级城市的新建保障性住房，将全面执行绿色建筑标准。到2020年，预计全国城镇保障性住房执行绿色建筑标准的比例达到70%以上。选择保障房作为大力推广绿色建筑的突破口是因为与欧美国家相比，我国一直饱受建筑能耗高困扰，但是全面推行绿色建筑难度却较大，所以国家从政府投资为主的保障房入手。据统计，从2008年组织开展绿色建筑评价标识项目评价工作以来至2013年底，我国绿色建筑标识项目的建筑面积已超过8690万m^2，项目平均建筑面积超过12万m^2。全国共评出1446项绿色建筑评价标识项目，其中设计标识为1260个，2013年的508个绿色建筑标识中，获得绿色建筑运营标识的项目有50个。星级分布均为平衡，分别为一星480个，二星530个，三星312个。

正式发布地方层面的绿色建筑行动方案的省市达20余个。22个省市制定了地方的绿色建筑评价标准，绿色建筑在青海、湖南、内蒙古、河南、云南等地实现了零的突破。详见表 1-2、图 1-6～图 1-10。

2008～2013 年我国绿色建筑一星级、二星级、三星级项目总数量　　表 1-2

年份	绿色建筑一星级项目数量	绿色建筑二星级项目数量	绿色建筑三星级项目数量
2008	4	2	4
2009	4	6	10
2010	14	44	24
2011	76	87	78
2012	141	154	94
2013	179	237	102

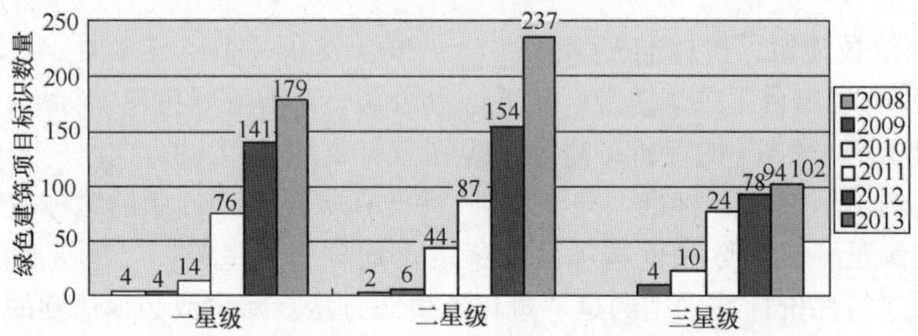

图 1-6　2008～2013 年绿色建筑项目标识数量变化

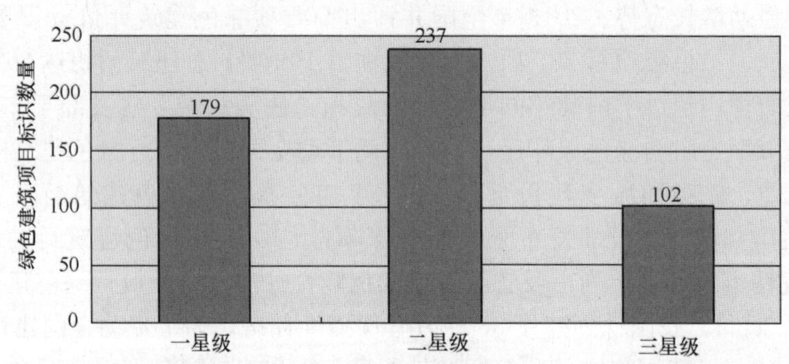

图 1-7　2013 年我国绿色建筑标识项目一星、二星、三星比例

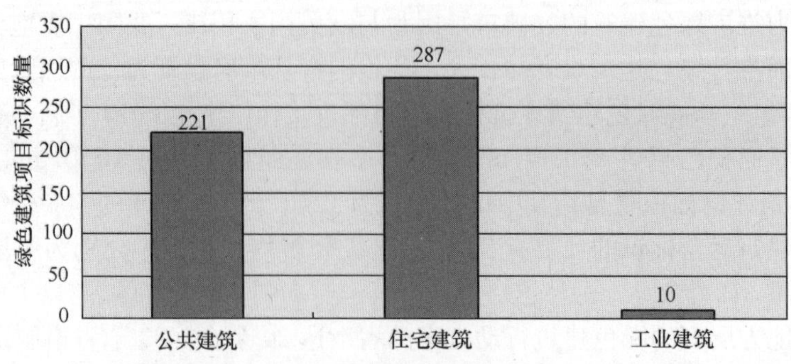

图 1-8　2013 年我国各种类型绿色建筑标识项目的比例

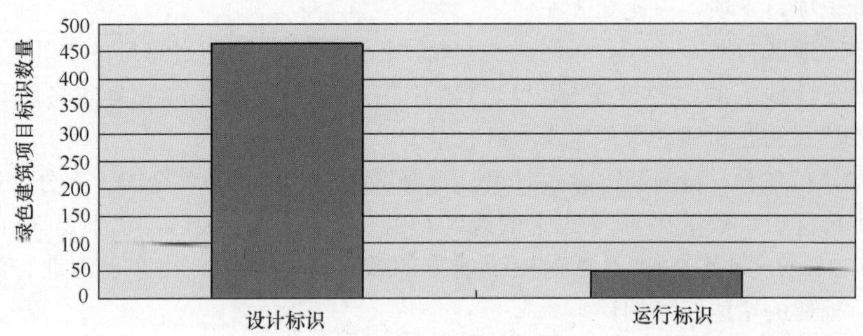

图 1-9　2013 年我国绿色建筑标识项目设计标识、运行标识的比例

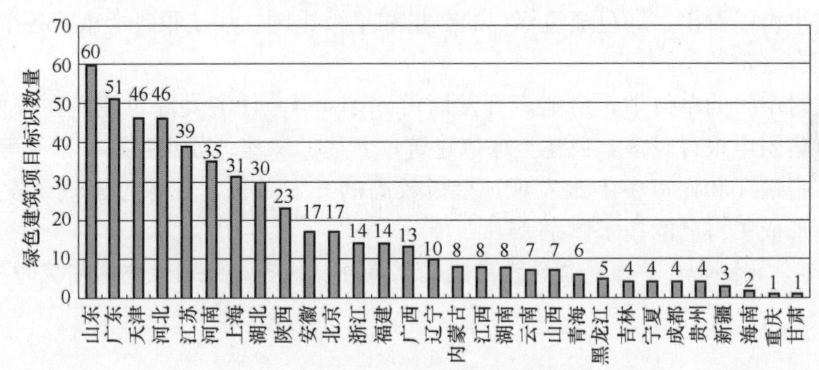

图 1-10　2013 年各省绿色建筑项目标识数量排名

1. 不同类型绿色建筑标识的情况

截至 2013 年底，我国评选出的绿色标识建筑在类型方面有办公、商店、场馆、宾馆、学校、医院。其中，以办公建筑为主，占比 45%，其次是商场，占比 19%。目前，相对应的绿色建筑评价正在制定过程中。

住宅类绿色标识建筑从比例上看，以一星级和二星级为主，三星级相对较少。由此可见，一星级项目成本增量不高，比较容易达到。据了解，一些地区已经开始要求保障房普遍达到一星级的要求，还有一些地区正在酝酿出台政策，要求新建房屋普遍达到一星级的要求。二星级项目在国家财政补贴以及就地方补贴或税费减免政策的支持下，增量成本的压力不大，这也激发起开发商实施绿色建筑的动力。三星级项目总体来说成本较高，建筑品质也较高，相信开发商经过一定研发努力是可以达到的。

工业建筑是我国 2012 年新增的绿色建筑评价标识项目，能耗巨大，应该引起足够的重视。2012 年，由中国城市科学研究会率先开始对绿色工业建筑进行评审，共评审 8 个项目，125 万平方米，其中二星级 5 个，三星级 3 个，以通用设备制造业、通信设备、计算机这种制造业的企业为主。

2. 各地区绿色建筑发展的特点

根据 2012 年绿色建筑标识项目评价的统计数据，夏热冬冷地区绿色建筑标识项目 176 项，占比 45%；夏热冬暖地区绿色建筑标识项目 78 项，占比 25%；寒冷地区绿色建筑标识项目 114 项，占比 29%，严寒地区绿色建筑标识项目 20 项，占比 5%，温和地区绿色建筑标识项目1项，占比0.3%。

夏热冬冷地区与寒冷地区在居住建筑方面，相差不多，都超过总量的1/3。公共建筑方面，夏热冬冷地区的绿色建筑标识项目占比超过50%，而寒冷及夏热冬暖地区则为20%左右，严寒和温和地区绿色建筑项目数量少，质量不高。

从地方分布来看，目前我国除了甘肃、青海、贵州及西藏外，全国大部分地区都有了绿色建筑评价标识，数量在30个以上的地区，以及10～30个地区，还不足30的地区各占1/3。其中以江苏、广东、上海这三个地方的数量遥遥领先，山东、河北、湖北、浙江、北京、福建的增速明显加快。

绿色建筑的密集地区集中在沿海地区。从绿色建筑的星级比例上看，江苏、广东、浙江、山东地区较均衡，而上海、北京、天津三星级的绿色建筑比例较高，福建一星级的比例较高。这也可以看出，绿色建筑标识的数量和星级比例，往往跟各个市、各个地区的经济发展程度有一定关系。

绿色建筑申报的单位中，房地产开发商占到了1/4。住宅类绿色建筑，万科、绿地、万达、朗诗集团申报得较多，公建类绿色建筑，万达、绿地、苏州建屋、招商等集团申报较多。从申报情况和评审中不难发现，星级较高的开发单位，在绿色建筑研发上投入更多，且逐渐形成了自己的技术体系。

（本节部分数据转自中国建筑科学研究院上海分院绿色建筑与生态城研究中心）。

1.3 绿色建筑的发展理念

1.3.1 绿色建筑的发展

任何建筑形式的产生和发展都是社会经济发展过程的物化表现，每种形式都存在时代的烙印并反映时代特征，而一定时期的社会经济、政治、思想等的综合作用又影响着建筑设计的理念。时代在发展，社会在进步，我们传统的经济结构、生产方式、工作和生活方式以及我们的思想观念都发生了很大的变化，建筑设计理念也在发生着相应的改变。

不断上涨的油价、建筑材料的过度使用，生活中供暖、空调等方面的大量耗能，都对环境造成了严重的影响。1996年3月，我国八届人大四次会议通过的《中华人民共和国国民经济和社会发展“九五”计划和2010年远景目标纲要》明确把“实施可持续发展，推进社会主义事业全面发展”作为我们的战略目标。

可持续发展即是满足当代人的需要而又不损害子孙后代满足其自身需要的能力，是追求代内和代际公平、人与自然之间相协调的一种发展理念和实践。可持续发展原则的基本理念契合了当代国际社会均衡发展的需要，是解决当前社会利益冲突和政策冲突的基本原则。具体而言，可持续发展原则包含四项核心理念，即代际公平原则、可持续利用原则、公平利用原则和一体化发展原则，要求将环境因素纳入经济和发展计划以及决策过程之中。

随着可持续发展进程的逐步扩大，绿色建筑设计理念的提出顺应时代的潮流。绿色建筑遵循可持续发展原则，强调建筑与人文、环境及科技的和谐统一，是21世纪世界建筑可持续发展的必然趋势。绿色建筑可以说是由资源与环境组成的，所以绿色建筑的设计理念一定涉及资源的有效利用和环境的和谐相处，其具体的理念可以分为以下几大类。

（1）建筑的节约资源理念。最大限度地减少对地球资源与环境的负荷和影响，最大限度地利用已有资源。在建筑生产及使用过程中，需要消耗大量自然资源，为了抑制自然资源的枯竭，需要考虑资源的合理使用和配置，提高建筑物的耐久性，合理地使用当地的材料，减少资源消耗以及抑制废弃物的产生。节约用水，设置污水处理设备，进行中水回用；选用低能耗可再生环保型材料，减少木材的使用；充分利用建筑资源，包括对建材生产废料、建材包装废料、旧建筑利用、建筑设施共用、施工废弃物减量、拆除废弃物的再利用。在建筑设计时应考虑到通过建筑物的长寿命化来提高资源的利用率，通过建设实用、耐久、抗老化的建筑，将近期建设与长久使用有机结合。

（2）建筑的环保理念。保护环境是绿色建筑的目标和前提，包括建筑物周边的环境、城市及自然大环境的保护。社会的发展必然带来环境的破坏，而建筑对环境产生的破坏占很大比重。一般建筑实行商品化生产，设计实行标准化、产业化。这样就在生产过程中很少去考虑对环境的影响；绿色建筑则强调尊重本土文化、自然、气候，保护建筑周边的自然环境及水资源，防止大规模“人工化”，合理利用植物绿化系统的调节作用，增强人与自然的沟通；减少温室气体排放，提高室内环境质量，进行废水、垃圾处理，实现对环境的零污染；建筑内部不使用对人体有害的建筑材料和装修材料，尽量采用天然材料；室内空气清新，温、湿度适当，使居住者感觉良好；土壤中不存在有毒、有害物质，地温适宜，地下水纯净，地磁适中。

（3）建筑的节能理念。一般建筑能耗非常严重，使用过程中有 50% 的能源被消耗，由此产生严重的环境污染。而绿色建筑要求将能耗的使用在一般建筑的基础降低 70%～75%，并减少对水资源的消耗与浪费。所以绿色建筑在设计过程中充分考虑利用太阳能等可再生能源来实现能量的供给，采用节能的建筑围护结构来减少供暖以及空调的使用，合理布置窗户的位置以及窗户形状的大小，并根据自然通风的原理设置风冷系统，使建筑能够有效地利用夏季的主导风向；采用适应当地气候条件的平面形式及总体布局；建筑材料的使用在不以破坏自然环境为前提的条件下，尽可能地使用当地的自然材料以及一些新型环保材料和可循环利用的材料等，运用传统的技术手段来实现节能降耗的目标。

（4）建筑的和谐理念。一般建筑的设计理念都是封闭的，即将建筑与外界隔离。而绿色建筑强调在给人营造“适用”、“健康”、“高效”的内部环境的同时也要保证外部环境与周边环境的融合，利用一切自然、人文环境和当地材料，充分利用地域传统文化与现代技术，表现建筑的物质内容和文化内涵，注重人与人之间感情的联络；内部与外部可以自动调节，和谐一致、动静互补，追求建筑和环境生态共存。从整体出发，通过借景、组景、分景、添景等多种手法，创造健康、舒适的生活环境，与周围自然环境相融合，强调人与环境的和谐。

1.3.2　绿色建筑发展的制约因素

目前中国绿色建筑的发展仍然存在着许多制约因素。主要包括以下几种：

（1）缺乏对绿色建筑的准确认识。绿色建筑在我国的发展也有很长一段时间，但是人们对于绿色建筑的认识还有待提高。很大一部分把绿色建筑技术看成割离的技术，缺乏整体的整合以及注重过程行为落实等更深层次的意识，而且在建筑行业中还未形成制度，较难成为自觉的行动。再者由于种种因素，难以保证绿色建筑在建设过程中各个环节的正确实施，绿色建筑的影响力不能发挥出来。

由于绿色建筑的内涵要求人们在日常生活中注意约束自己的行为，比如在建筑的设计阶段，建筑师或设备工程师应有意识地考虑到生活垃圾的回收利用，考虑到如何控制吸烟气体对非吸烟人群的危害；在建筑的运营阶段，要做到节能，就需要自觉地做到人走关灯、关电脑，节约用水，将空调温度调到 26℃等。这些都不是技术能解决的问题，而是一个人的意识问题，生活习惯问题。正是由于对绿色建筑缺乏认识，才导致了绿色建筑不能起到应有的作用。

(2) 缺乏广泛的社会普及宣传。绿色建筑究竟是什么样的建筑？对于这个问题，大部分人都是模棱两可，这也就对绿色建筑的发展起到了阻碍作用。绿色建筑有一定的社会性，这也决定了绿色建筑的发展必须立足于现代人的生活水平、审美要求和道德、伦理价值观。绿色建筑不仅要为人们所熟知，还要被人们所接受。否则，不仅会增加绿色建筑在社会中推广的难度，甚至会产生一定的误解和抵触。

(3) 缺乏强有力的激励政策和法律法规。2011 年 5 月，虽然住房和城乡建设部发布了《中国绿色建筑行动纲要》，表示将全面推行绿色建筑“以奖代补”的经济激励政策，但是具体的政策措施尚未出台。因为部门的规章和奖励政策力度不够，导致开发企业对绿色建筑投入和产出经济效益主题分离，不能调动开发企业兴建绿色节能建筑的积极性，出现绿色建筑“叫好不叫座”的局面。

(4) 在于行业对绿色建筑的认知。首先就是购买新的设备需要一定的前期投入，但是实际上通过对这些设备的合理运用、调试以及搭配，我们可以从后面的节能上与前期投入达到平衡。然而，包括刚才提到的既有建筑改造，资金的回收往往需要一个过程，所以很多业主仍然倾向于一开始购买那些更便宜的设备。但是他们忽略了在整个绿色建筑的运营过程中，很多的初期投资是可以完全得到回收的。这就是我说的对公众和业主的教育。

(5) 商业模式方面。要让大家理解绿色建筑是一个更加节能、更加环保的建筑体系，它可以带来长期的和绿色方面的回报，其回报远远高于在项目初期因购买廉价设备而节省的投资。

我国的绿色建筑开始于城镇化高速发展的起步阶段，及时普及绿色建筑无疑是对我国财富的积累，对生态环境的保护，对经济社会健康发展有着深远的意义。绿色建筑也是一项利国利民的重要措施，因此要加大力度推广绿色建筑工作。

1.3.3 发展绿色建筑的途径

发展绿色建筑必须立足于现有的资源状况和现代的技术体系，用现代技术来解决现代人面临的问题，满足现代生活生产的需求。由于绿色建筑的环境效益和社会效益毋庸置疑是有利于社会可持续发展的，但是由于其初始投资往往较高，通常不被投资商所看好。因此要想实现绿色建筑的发展就必须把绿色建筑作为房地产业落实科学发展观、实现可持续发展的战略目标，从技术上再创新，制度上再完善，认识上再提高，市场上再开拓，在新建建筑全面推行绿色建筑标准的同时，加快既有建筑绿色化改造。具体来说，我们应该注意把握好以下几点：

（1）加快技术创新，整合技术资源。绿色建筑的节能环保理念是通过很多技术体系来实现的，所以要加快绿色建筑技术的创新改进，并在此基础上，根据气候条件、材料资源、技术成熟程度以及对绿色建筑的功能定位，因地制宜，选择推广适应当地需要的、行之有效的建筑节能技术和材料。

在技术创新上，要对太阳能、地热等可再生能源的技术，外墙保温技术，窗体的隔热保温以及密封技术等改进加大开发力度；在建材选择上，要依照节约资源能源和环境保护的原则，发展新型绿色建材，应尽量利用可再生的材料，在技术的整合上，随着各种新技术的产生及发展，我们需要根据建筑物的功能要求，把不同的节能技术有机地整合，统筹协调，使其各自发挥应有的作用。

（2）加大宣传力度，完善政策法规。社会的发展已经决定了绿色建筑的发展，而绿色建筑的发展则要依靠人们对于其的接受程度。因此要在社会上大力宣传绿色建筑，让人们更多地认识到绿色建筑的优点，组织全社会都能参与其中，形成全民节能意识，使绿色建筑的发展更具活力。由于绿色建筑市场是一个市场机制容易失灵的领域，尤其在既有住房节能改造、新能源的利用等方面，需要强有力的行政干预才能取得实质性进展。缺乏统一的协调管理机制，会形成不良竞争局面，也会产生各种社会资源的浪费。完善相关的政策法规，可以在很大程度上消除市场失灵对绿色建筑发展的消极影响，并且可以提高资源的配置效率。只有政策发挥好引导和规范作用，才有利于促进绿色建筑市场的健康发展；通过法律手段，绿色建筑体系的技术规划才能够转化为全体社会成员自觉或被迫遵循的规范，绿色建筑运行机制和秩序才能够广泛和长期存在。

（3）做好过程的监管。绿色建筑是从全寿命周期出发的一个系统工程。因此绿色节能要贯穿于建筑物的规划、设计、施工、运行与维护直到拆除与处理的全过程。这就需要每一个人都参与进来，以节能环保为原则，在建筑物的各个阶段都能达到节能、降耗、环保的要求。

（4）充分发挥市场竞争的作用。由于市场竞争环境的演变，房地产开发商向市场提供产品的质量也必须有进一步的提升，绿色建筑已日益成为中国房地产从资本外延型向技术集约内涵式产业转化进程中一个重要的产品发展方向。

在市场经济条件下，绿色建筑将是一种商品，在这种前提下，其背后的利益主体共同构成了一条完整的产业链。只有市场机制才能将这些利益主体统一起来。因此要完善市场运行机制，使各个利益主体能够相互配合，调动各方面发展绿色建筑的积极性。试想如果利益主体不统一，那么绿色建筑的发展也将变为一纸空谈。

1.3.4　绿色建筑发展前景的分析

根据《绿色建筑行动方案》提出的要求，要完成新建绿色建筑 10 亿平方米、改造近 6 亿 m^2 既有建筑的目标，“十二五”期间至少将带动绿色建材消费约两万亿元。随着绿色建筑行动有序推进和绿色建材大力发展，到 2015 年，绿色建材占建材工业比重有望提高到 25%。

尽管绿色建材已经成为建材行业的“新宠”，业内对其未来发展寄予厚望。然而，绿色建材的现状却也同样令人担忧。“目前绿色建材发展滞后，标准规范更加滞后，绿色建材发展与应用推广力度不够。”中国民主同盟中央常委李竟先表示，以标准规范为抓手，促进绿色建材发展和应用，既有利于生产环节的节能减排，也有利于使用环节的节能环保和安全延寿。

实际上，在《绿色建材评价标识管理办法》正式发布前，我国并没有专门的绿色建材标准，部分节能防火建材标准也存在不统一的问题。以防火材料为例，消防部门的评价标准与住建部门的评价标准就不统一，这样的情况，常常导致执行过程中出现漏洞。

《2014～2018 年中国绿色建筑行业市场调查研究报告》显示，截至 2012 年，全球累计 LEED 认证项目已经达到 16060 个，注册项目 29479 个。截至 2013 年上半年，LEED 项目已经遍布 140 个国家和地区，每天有 150 万平方英尺的建筑面积获得 LEED 认证，一周的总建筑面积相当于接近 4 个帝国大厦。LEED 认证商用项目级别分布：铂金级 1281 个，金级 7686 个，银级 6243 个，认证级 3825 个。

发改委和住建部曾明确提出，2011～2015 年完成新建绿色建筑 10 亿 m^2，到 2015 年末，20%的城镇新建建筑达到绿色建筑标准。我国目前既有建筑面积达 500 多亿平方米，同时每年新建 16 亿～20 亿 m^2。我国建筑 95%以上是高耗能建筑，如果达到同样的室内舒适度，单位建筑面积能耗是同等气候条件发达国家的 2～3 倍。对既有建筑进行节能改造，节能减排潜力巨大。

1.4 绿色建筑管理的内涵

众所周知，绿色建筑在过去数年经历了飞速的发展过程。绿色建筑的发展并不是简单的建筑设计和技术方面的问题，有效的管理在发展绿色建筑上也起着非常重要的作用。在绿色建筑全寿命周期中，绿色建筑管理涉及每个阶段中的所有参与方。绿色建筑管理是一项庞大的系统工程，不是哪一个部门能够单独完成的，有效的绿色建筑管理需要多部门和单位的共同参与，只有构建一个和谐的绿色建筑管理模式，在全社会形成一种“绿色”氛围，才能保证绿色建筑在我国的健康发展。

绿色建筑管理包括五方面的内容。一是全方位推进，包括在法规政策、标准规范、推广措施、科技攻关等方面开展工作。二是全过程监管，包括在立项、规划、设计、审图、施工、监理、检测、竣工验收、维护使用等环节加强监管。三是全领域展开，在资源能源消耗的各个领域制定并强制执行包括节能、节地、节水、节材和环境保护等方面的标准规范。四是全行业联动，绿色建材、绿色能源技术、绿色照明以及绿色建筑的设计、关键技术攻关和新产品示范推广等等。五是全团队参与，从政府部门到建筑设计、施工和监理公司、房地产开发和物业管理企业等共同参与，见图 1-11。在绿色建筑起步阶段，政府部门是主要主体，负责制定绿色建筑的标准规范，审批绿色建筑标识等。

具体而言，从绿色建筑工程师的角度，绿色建筑管理的内涵主要包括技术管理、设计管理、施工管理以及运营管理。

1.4.1 技术管理

绿色建筑建设的过程中积极运用新型建筑节能技术，构建新型建筑节能体系，把简单实用的技术很好地应用到绿色建筑中。绿色建筑的难点在于把先进适用技术在建筑中用

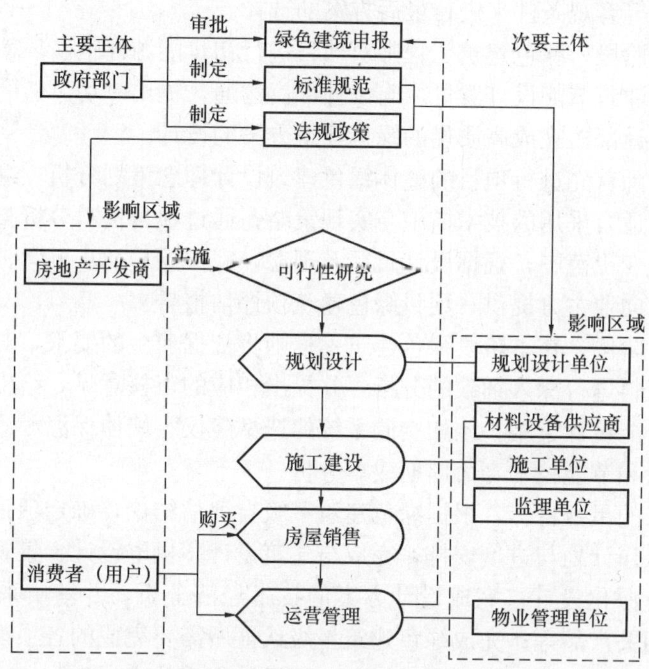

图 1-11　绿色建筑开发相关利益主体关系图

好。这符合技术发展规律“继承和扬弃”，而不是简单的替代。扬弃的含义是淘汰不合理的、落后的，保留合理的。在推广新技术和开发绿色建筑过程中均应该注意这个问题。具体而言，要大力推广以下建筑节能技术：

（1）新型节能建筑体系，通过提高围护结构的热阻值和密闭性，达到节约建筑物使用能耗的目的。包括墙体、屋面保温隔热技术与产品，节能门窗和遮阳等节能技术与产品；

（2）暖通空调制冷系统调控、计量、节能技术（被动式自然通风）与产品；

（3）太阳能、地热能、风能和沼气等可再生能源的开发与利用；

（4）节水器具、雨水收集和再生水综合利用等节水技术与产品（绿化及透水性地面）；

（5）预拌砂浆、预拌混凝土、散装水泥等绿色建材技术与产品；

（6）室内空气质量控制技术与产品；

（7）垃圾分类收集、利废产品循环利用；

（8）建筑绿色照明（自然采光技术）及智能化节能技术与产品。

1.4.2　设计管理

绿色建筑的设计管理即对绿色建筑方案设计过程中的管理。绿色建筑的设计要考虑到周围环境的气候条件；绿色建筑设计要考虑到应用环保节能材料和高新的施工技术；绿色建筑设计要考虑到人、建筑和环境协调统一。在这三个方面的原则上，绿色建筑在设计时要选择舒适和健康的生活环境：建筑内部不使用对人体有害的建筑材料和装修材料。室内空气清新，温湿度适当，使居住者感觉良好，身心健康。绿色建筑应尽量采用天然材料。绿色建筑还要根据项目地理条件，设置太阳能供暖、地源热泵及风力发电等装置，以充分利用环境提供的天然可再生能源。通过对几种不同的设计方案进行技术经济分析，并结合地质、气象、水量等客观条件来进行最后方案的选择。

（1）初步设计阶段。绿色建筑工程师对项目进行初步能源评估、环境评估和采光照明评估，并提出绿色建筑节能设计意见，与设计部门沟通，提出一切可能的绿色建筑节能技术策略，并协助设计部门完成高质量的绿色建筑方案的设计。

绿色建筑工程师首先进行项目的整体绿色建筑设计理念策划分析，继而进行项目目标的确认，分析项目适合采用的技术措施与实现策略；通过项目资料分析整理，明确项目施工图及相关方案可变更范围；根据设计目标及理念，完成项目初步方案、投资估算和绿色标识星级自评估；向业主方提供《项目绿色建筑预评估报告》。

（2）深化设计阶段。在本阶段绿色建筑工程师将依据业主的要求，对设计部门提交的设计文件和图纸资料进行深入细致的分析，并提出相应的审核意见，给出各个专业具体化的指标化的建筑节能设计策略。比如空调系统的选型建议、墙体保温、遮阳优化设计、建筑整体能耗等分析和节能技术寿命周期成本分析。

根据甲方确认的星级目标，根据绿色建筑星级自评估结论，确定项目所要达到的技术要求；根据项目工作计划与进度安排，完成与建筑设计、机电设计、景观设计、室内设计以及其他相关专业深化设计；完成设计方案的技术经济分析，并落实采用技术的技术要点、经济分析、相关产品等；完成绿色建筑星级认证所需要完成的各项模拟分析，并提供相应的分析报告，向业主方提供《项目绿色建筑设计方案技术报告》。

（3）结构设计阶段。绿色建筑工程师对结构设计的全过程全方位管理过程的设计咨询，通过设计方案的前期介入，保证结构设计进度满足项目总体开发要求，在保证设计质量的前提下尽量降低结构成本，提供专业建议和结构多方案比较优化、施工图设计建议，以及全过程中与施工图审查单位的沟通。结构设计优化在可行的所有的设计方案中找出最优方案，在保证建筑物安全、技术可行、配合并促进建筑设计的前提下，在满足有关规范所规定的安全度的条件下，利用合理的技术手段，以最低的结构经济指标完成建筑物的结构设计。在结构方案阶段，进行结构体系的合理选型和结构的合理布置；在初步设计阶段，确保结构概念、结构计算和结构内力分析正确；在施工图设计阶段，进行细部设计，确保构造措施的合理性，并尽量采用合理的施工工艺。

（4）施工图设计阶段。绿色建筑工程师参与整个施工图完善修改阶段的技术指导，根据确定的设计方案，提供相关技术文件，指导施工图设计融入绿色建筑技术和细部理念；提供施工图方案修改完善建议书，并指导施工图设计；在施工图设计阶段对方案进行进一步的完善和调整，并对设计策略中提出的标准和指标进行落实，以确保设计符合业主意图，并对各种实施策略进行最终的评估。

（5）设计评价标识申报阶段。绿色建筑工程师按照《绿色建筑评价标准》要求，完成各项方案分析报告。协助业主完成绿色建筑设计评价标识认证的申报工作，编制和完善相关申报材料，进行现场专家答辩。与评审单位进行沟通交流，对评审意见的反馈及解释。

1.4.3 施工管理

一个工程项目从立项、规划、设计、施工、竣工验收和资料归档管理，整个流程，环环相扣，任何环节都很重要。其中，施工是将设计意图转换为实际的过程，其施工过程中的任何一道工序均有可能对整个工程的质量产生致命的缺陷，因此施工管理也是绿色建筑非常重要的管理环节。

绿色施工管理可以定义为通过切实有效的管理制度和工作制度，最大程度地减少施工管理活动对环境的不利影响，减少资源与能源的消耗，实现可持续发展的施工管理技术。绿色施工管理是可持续发展思想在工程施工管理中的应用体现，是绿色施工管理技术的综合应用。绿色施工管理技术并不是独立于传统施工管理技术的全新技术，而是用“可持续”的眼光对传统施工管理技术的重新审视，是符合可持续发展战略的施工管理技术。

绿色施工管理主要包括组织管理、规划管理、实施管理、评价管理和人员安全与健康管理五个方面。组织管理就是通过建立绿色施工管理体系，制定系统完整的管理制度和绿色施工整体目标，将绿色施工的工作内容具体分解到管理体系结构中去，使参建各方在项目负责人的组织协调下各司其职地参与到绿色施工过程中，使绿色施工规范化、标准化；规划管理主要是指编制执行总体方案和独立成章的绿色施工方案，实质是对实施过程进行控制，以达到设计所要求的绿色施工目标；实施管理是指绿色施工方案确定之后，在项目的实施管理阶段，对绿色施工方案实施过程进行策划和控制，以达到绿色施工目标；绿色施工管理体系中应建立评价体系。根据绿色施工方案，对绿色施工效果进行评价；人员安全与健康管理就是通过制定一些措施，改善施工人员的生活条件等来保障施工人员的职业健康。

1.4.4　运营管理

绿色建筑运营管理是在传统物业服务的基础上进行提升，在给排水、燃气、电力、电讯、保安、绿化等的管理以及日常维护工作中，坚持“以人为本”和可持续发展的理念，从建筑全寿命周期出发，通过有效应用适宜的高新技术，实现节地、节能、节水、节材和保护环境的目标。绿色建筑运营管理的内容主要包括管理网络、资源管理、改造利用以及环境管理体系。

建立运营管理的网络平台，加强对节能、节水的管理和环境质量的监视，提高物业管理水平和服务质量；建立必要的预警机制和突发事件的应急处理系统。

资源管理包括四个方面。一是节能与节水管理。建立节能与节水的管理机制；实现分户、分类计量与收费；办公、商场类建筑耗电、冷热量等实行分项计量收费；节能与节水的指标达到设计要求；对绿化用水进行计量，建立并完善节水型灌溉系统。二是耗材管理。建立建筑和设备系统的维护制度，减少因维修带来的材料消耗；建立物业办公耗材管理制度，选用绿色材料。三是绿化管理。建立绿化管理制度；采用无公害、无病虫害技术，规范杀虫剂、除草剂、化肥、农药等化学药品的使用，有效避免对土地和地下水环境的损害。四是垃圾管理。建筑装修及维修期间，对建筑垃圾实行容器化收集，减少或避免建筑垃圾遗撒；建立垃圾管理制度，对垃圾流向进行有效控制，防止无序倾倒和二次污染；生活垃圾分类收集、回收和资源化利用。

改造利用。通过经济技术分析，采用加固、改造延长建筑物的使用年限；通过改善建筑空间布局和空间划分，满足新增的建筑功能需求；设备、管道的设置合理、耐久性好，方便改造和更换。

环境管理体系。加强环境管理，建立相关的环境管理体系，达到保护环境、节约资源、降低消耗、减少环保支出、改善环境质量的目的。

1.5 绿色建筑应遵循的原则

绿色建筑应坚持“可持续发展”的建筑理念。理性的设计思维方式和科学程序的把握，是提高绿色建筑环境效益、社会效益和经济效益的基本保证。

绿色建筑除满足传统建筑的一般要求外，尚应遵循以下基本原则：

(1) 关注建筑的全寿命周期

建筑从最初的规划设计到随后的施工建设、运营管理及最终的拆除，形成了一个全寿命周期。关注建筑的全寿命周期，意味着不仅在规划设计阶段充分考虑并利用环境因素，而且确保施工过程中对环境的影响最低，运营管理阶段能为人们提供健康、舒适、低耗、无害空间，拆除后又对环境危害降到最低，并使拆除材料尽可能再循环利用。

(2) 适应自然条件，保护自然环境

充分利用建筑场地周边的自然条件，尽量保留和合理利用现有适宜的地形、地貌、植被和自然水系；在建筑的选址、朝向、布局、形态等方面，充分考虑当地气候特征和生态环境；建筑风格与规模和周围环境保持协调，保持历史文化与景观的连续性；尽可能减少对自然环境的负面影响，如减少有害气体和废弃物的排放，减少对生态环境的破坏。

(3) 创建适用与健康的环境

绿色建筑应优先考虑使用者的适度需求，努力创造优美和谐的环境；保障使用的安全，降低环境污染，改善室内环境质量；满足人们生理和心理的需求，同时为人们提高工作效率创造条件。

(4) 加强资源节约与综合利用，减轻环境负荷

通过优良的设计和管理，优化生产工艺，采用适用技术、材料和产品；合理利用和优化资源配置，改变消费方式，减少对资源的占有和消耗；因地制宜，最大限度利用本地材料与资源；最大限度地提高资源的利用效率，积极促进资源的综合循环利用；增强耐久性能及适应性，延长建筑物的整体使用寿命。尽可能使用可再生的、清洁的资源和能源。

课后习题

一、单选题

1. 节能建筑就是（　　）。

A. 低能耗建筑　　B. 绿色建筑　　C. 智能建筑　　D. 低碳建筑

答案：A

2.（　　）侧重于从减少温室气体排放的角度，强调采取一切可能的技术、方法和行为来减缓全球气候变暖的趋势。

A. 低能耗建筑　　B. 绿色建筑　　C. 智能建筑　　D. 低碳建筑

答案：D

3.（　　）指根据当地的自然生态环境，运用生态学、建筑技术科学的基本原理和现

代科学技术手段等，使人、建筑与自然生态环境之间形成一个良性循环系统。

A. 生态建筑　B. 绿色建筑　C. 智能建筑　D. 低碳建筑

答案：A

4. 以下说法正确的是（　）。

A. 绿色建筑必须通过绿色施工才能完成　B. 绿色施工成果一定是绿色建筑

C. 绿色建筑能通过绿色施工完成最好　D. 以上都不对

答案：C

5.（　）侧重于从“整体”和“生态”的角度，强调利用生态学原理和方法解决生态与环境问题。

A. 绿色建筑　B. 节能建筑　C. 低碳建筑　D. 生态建筑

答案：D

6. 以下说法正确的是（　）。

A. 绿色建筑不一定是节能建筑　B. 节能建筑一定是绿色建筑

C. 低碳建筑一定是绿色建筑　D. 绿色建筑一定是低碳建筑

答案：D

7. 绿色施工管理体系一级管理机构是（　）。

A. 绿色施工管理委员会　B. 绿色施工管理小组

C. 绿色施工管理负责人　D. 绿色施工管理任务

答案：A

8. 绿色建筑中节约资源是指（　）。

A. 节能、节地、节水、节材　B. 节能、节地、节水、节时

C. 节能、省钱、节水、节材　D. 节能、省事、节水、节材

答案：A

9.《绿色施工导则》出台的年份是（　）。

A. 2006 年 9 月　B. 2006 年 10 月　C. 2007 年 9 月　D. 2007 年 10 月

答案：C

10. 既有建筑改造的目的是为了（　）。

A. 保证舒适度的情况下降低能耗　B. 改善业主的居住环境

C. 提高房屋的结构性能　D. 满足业主方面的需要

答案：A

第 2 章　绿色建筑费用效益分析

2.1　全寿命周期成本的含义

全寿命周期成本（Life Cycle Cost，简称 LCC）的概念起源于 20 世纪 40 年代美国通用电气公司（GE）提出的成本管理模式：价值工程理论。价值工程所说的成本是指产品寿命周期成本，而不是一般意义的产品生产成本。全生命周期成本也被称为全寿命周期费用。它是指产品在有效使用期间所发生的与该产品有关的所有成本，它包括产品设计成本、建设成本、采购成本、使用成本、维修保养成本、废弃处置成本等。每个成本又分为一些子成本（如资本、安装、维护等），其具体构成如图 2-1 所示。

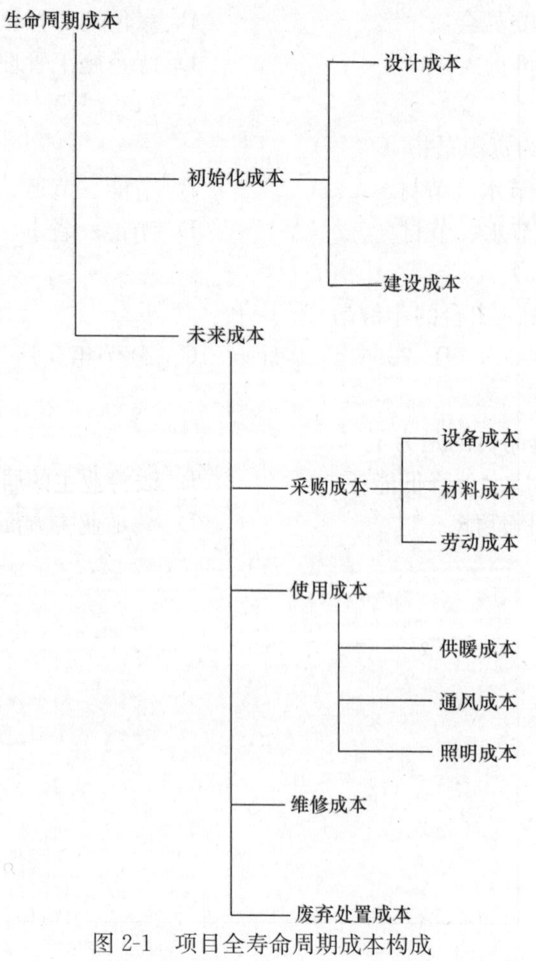

图 2-1　项目全寿命周期成本构成

2.2 绿色建筑增量费用

2.2.1 绿色建筑增量费用的概念

绿色建筑的增量费用是一个相当复杂的概念，设计建造一个绿色建筑项目，涉及多项技术策略的制定，各技术可预见的产出在不同的时间发生，因此，难以从产出量进行分析。从微观经济学角度来看，增量费用应当注重增量效益，尤其是绿色建筑的增量费用，应当考虑增量费用带来的节能节费的直接经济效益；建筑运营管理上的节约效益；污染减排和技术示范等社会及环保边际效益。因此，绿色建筑增量费用定义为：在建造符合《绿色建筑评价标准》要求的绿色建筑的目标下，因选择了节地与室外环境、节能与能源利用、节材与材料资源利用、节水与水资源利用、室内环境质量和运营管理利用技术方案而增加的费用。

绿色建筑的增量费用定义主要指绿色建筑成本和普通建筑成本之间的差价。不同经济主体对基准建筑的水平和定义理解不同。以目前国家或地方节能设计标准要求的设计方案为基准方案成本，项目实际设计因采用先进方案或高效设备而增加的成本即为增量成本。一般来说基准建筑费用可以定义为：在特定市场定位下的建筑要满足当前法定要求（法规、政策、规范）的建筑设计、建造及管理水平的成本。

国外，绿色建筑的增量费用包括软费用、绿色建筑技术费用和绿色建筑的认证费用。其中，软费用包括绿色建筑设计费用（绿色咨询费用）、调试费用、申报材料整理费用、模拟分析费用（也有人将认证费用包含在软费用中）。有数据资料表明 LEED 认证的软费用，大约占建造费用的 3%～5%。其中，整理申报材料费用为 0.05%～3.8%，小型建筑取上限，大型建筑取下限，平均为 0.7%；绿色设计增量费用大概占建造费用的 0.7%；计算机模拟分析费用约占建造费用的 0.1%；调试费用占建造费用的 0.5%～1.5%，具体构成如图 2-2 所示。

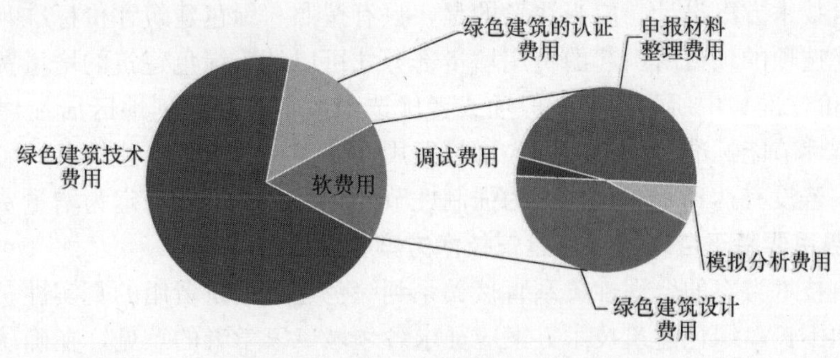

图 2-2　国外绿色建筑增量费用构成图

吉斯等人（KATS et al.，2009）在 2003 年分析了 33 栋在美国加州内的绿色建筑物，此研究开启了国外对绿色建筑成本分析的潮流。研究指出，达到美国绿色建筑委员会的 LEED（Leadership in Energy and Environmental Design）基本认证的建筑物平均比常规建筑物要多投入 1.84% 的成本。而要达到 LEED 金认证的额外成本约为 2%～5%。马西森和莫里斯（MATTHIESSEN & MORRIS，2004）更在 2004 年进行了一项综合性研究来分析绿色建筑的成本问题，比较了在美国 19 个州内各城市共 600 个项目的成本，结论认为：绿色建筑在同一市场中和其他非绿色建筑项目比较，不一定需要有任何增量成本的投入。美国联邦总务办事处（General Services Administration，GSA）于 2004 年调查指出如果在美国的新建或改建建筑要达到 LEED 认证的成本（Steven Winter Associates，2009），指出额外成本可以由 0（基本认证水平）到 8%（金级水平）。国内，绿色建筑的增量费用一般包括咨询与设计成本、认证成本和技术增量成本。

2.2.2 绿色建筑增量费用的计算原则

增量费用理论在实践中的应用可总结为以下通用公式：

增量费用＝绿色建筑费用－基准建筑费用

增量费用是由于增量而导致的总费用的变化量，针对绿色建筑的特殊性，本书研究分析增量费用的过程中主要采用以下原则。

1. 科学合理确定基准建筑费用

增量费用的起算点是增量费用计算过程中的关键因素，它直接影响到增量费用的最终计算结果。基准建筑费用为满足国家或者地区目前强制性节能要求的项目费用。绿色建筑的评价标准应满足住宅建筑或公共建筑中所有控制项的要求，并满足一般项数（共 40 项），如节地与室外环境、节能与能源利用等和优先选项数（共 9 项）的程度，划分为一星、二星、三星共三个等级。当本标准中某条文不适应建筑所在地区、气候与建筑类型等条件时，该条文可不参与评价，参评的总项目数相应减少，等级划分时对项目数的要求按原比例调整确定——节选自绿色建筑评价标准 GB/T 50378—2006。2006 年 1 月 1 日开始实行的《民用建筑节能管理规定》要求：新建民用建筑应当严格执行建筑节能标准要求，现在中国绝大多数地区已经开始执行 50%的节能标准，北京、上海、天津、重庆已经率先执行了 65%的强制性节能标准，因此结合不同地区需合理确定基准建筑费用。

根据建设部《绿色建筑技术导则（试行稿）》、《绿色建筑评价标准》、《全国绿色建筑创新综合奖工程项目评审指标体系》及《夏热冬暖地区居住建筑节能设计标准》中的要求进行绿色建筑技术方案设计。应当注意的是，只有按照《绿色建筑评价标准》中所列出的一般项或者优选项的项目所引起的费用增量部分才可以计入绿色建筑的增量费用，若没有《绿色建筑评价标准》中所列出的一般项或者优选项或者没有达到地区居住建筑节能设计标准中的强制性节能标准，都不能计入增量费用。即使相对于基准建筑费用可判断为增量费用增加项，若没有达到所在气候区的强制性节能标准，也不能确定为增量费用项目。

2. 增量费用要基于合理的绿色建筑技术方案

绿色建筑技术方案的合理性关系直接关系到绿色建筑增量费用的真实性。绿色建筑在我国推行时间不长，绿色建筑技术方案应征求各领域专家学者的意见，在确认绿色建筑技术方案合理的基础上，再对方案进行增量费用的计算。

3. 按照不同地区的最新建筑定额来计算费用项目

在确定技术方案和基准建筑费用后，计算每一项费用应查阅项目所在地最新版本的建筑工程定额，由于绿色建筑建设过程中使用了较多的先进技术与材料，而这些技术在最新的建筑定额中很难能够查到，因此，应综合考虑项目所在地的市场情况来确定新技术的费用定额。

2.2.3　绿色建筑增量费用的计算方法

根据增量费用的计算原则，本书按照《绿色建筑评价标准》中对于技术项目所要求的一般项和优选项，具体从节地与室外环境、节能与能源利用、节水与水资源利用、节材和材料资源利用、室内环境质量、运营管理六个方面来计算增量费用。其计算过程如图 2-3 所示。根据“绿色建筑评价标识”体系的一般项和优选项，绿色建筑的增量费用的具体内容如表 2-1 所示。

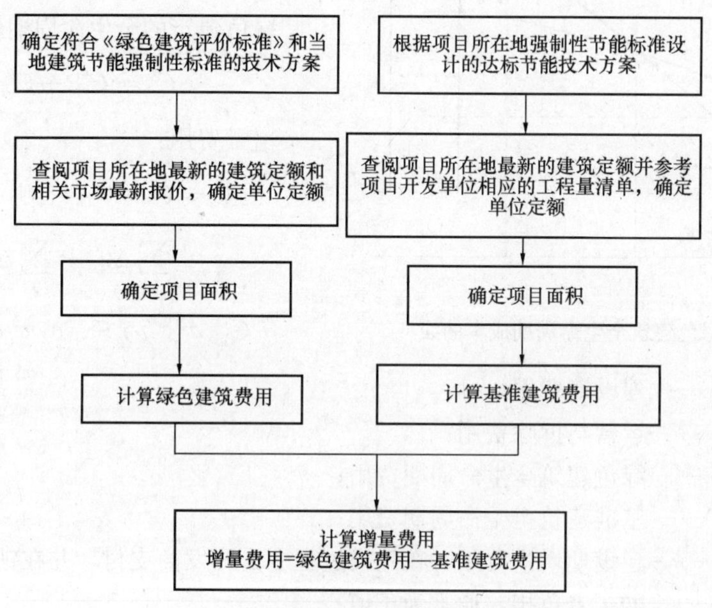

图 2-3　绿色建筑增量费用计算过程

绿色建筑增量费用构成表　　　　表 2-1

一级内容	二级内容	一级内容	二级内容
节地与室外环境技术	已开发场地及废弃场地的利用	节材与材料资源利用	再生混凝土、高性能混凝土
	建筑室内环境（声、光、热、风）		高强度钢筋
			可循环利用材料等
	透水路面	室内环境质量	室内空气质量
	住区公共服务设施		室内热环境
	开发利用地下空间等		室内声环境
节能与能源利用技术	通风采光设计		室内光环境
	高效能设备系统	运营管理	物业管理（节能、节水和节材管理）
	照明节能设计		绿化管理
	能量回收系统		垃圾管理
	可再生能源利用等		智能化系统管理等
节水与水资源利用技术	雨水渗入	施工管理	目标管理
	节水灌溉		进度管理
	采用非传统水源技术		质量管理

2.2.4 绿色建筑增量费用分析模型

相比普通建筑，绿色建筑由于采取了相应措施，在改善居住舒适性，减少资源消耗和环境影响的同时，导致其全生命周期各项费用发生变化，其中增加费用称为绿色建筑的增量费用，具体如图 2-4 所示。

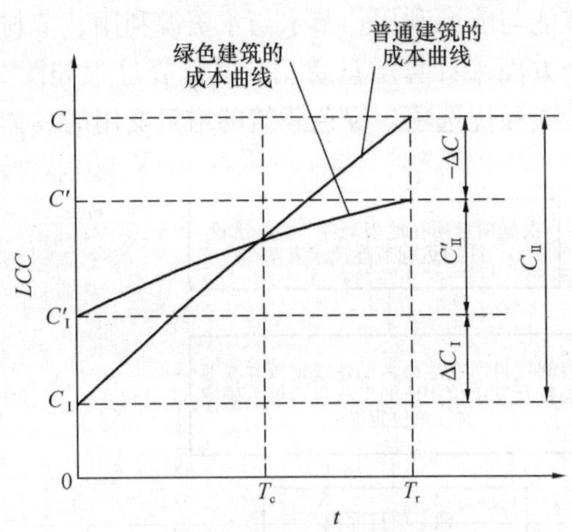

图 2-4 绿色建筑全生命周期成本曲线

绿色建筑的全生命周期费用：

$$C' = C'_{\mathrm{I}} + C'_{\mathrm{II}} \tag{2-1}$$

增量费用：

$$\Delta C = C' - C = \Delta C_{\mathrm{I}} + \Delta C_{\mathrm{II}}$$
$$= \sum_i \Delta C_i + \sum_j \Delta C_j \tag{2-2}$$
$$i \in \{d,c\}, j \in \{o,m,a,r,s,e\}$$

式中 C'_{I} ——建设期费用；

C'_{II} ——运营与拆除费用；

C' ——绿色建筑全生命周期费用；

C ——基准建筑全生命周期费用；

ΔC_{I} ——建设期增量费用，在建设过程中由开发商支付，并在销售过程中转由购买者负担，通常为正值；

ΔC_{II} ——运营增量费用，由消费者负担，其中既包括增加的运行、管理、维修和更换等成本，也包括因资源节约而节省的运营成本，因此取值有正有负；

$\{d,c\}$ ——｛设计，施工｝；

$\{o,m,a,r,s,e\}$ ——｛运行，维护，管理，维修，更换，拆除｝。

2.2.5 绿色建筑增量费用统计

1. 绿色建筑增量费用分析

目前，不同的绿色建筑，由于项目目标不同，造价成本差异非常大。绿色建筑可以按建筑成本不同分为节能主导型、技术探索型和研究示范型三种。三类绿色建筑是建立在对绿色建筑理解的逐层深化和逐步提高，在费用上也体现出一个递增。

(1) 节能主导型绿色建筑费用分析

节能和能源利用是绿色建筑的核心，现阶段的一些绿色建筑的设计还主要是将建筑围护结构节能设计和可再生能源的利用作为绿色建筑的内容。因此增量费用集中在围护结构节能和太阳能、地热能、风能等可再生能源的利用方面。上海某酒店就是这样一个典型范例，它的示范增量费用如表 2-2 所示。由表中数据可以看出，太阳能光伏发电增量费用达 1306.44 万元，折合单位面积增量费用为 659.82 元/m^2。

上海某绿色酒店建筑增量费用统计表　　表 2-2

技术措施	应用部位	增量费用（万元）	单位面积增量费用（元/m²）
外墙保温	全部	18.30	9.24
断热铝合金低辐射节能外窗	全部	53.20	26.87
种植屋面	全部	73.90	37.32
太阳能光伏发电	全部	1306.44	659.82
地源热泵	全部	302.00	152.53
太阳能热水	全部	22.24	11.23
合计		1776.08	897.01

（2）技术探索型绿色建筑费用分析

技术探索型绿色建筑的主要特点是开发商本身对绿色建筑的理解较为深入，因此对绿色建筑设计的要求从单一的节能建筑上升到了“四节一环保”的高度，广泛采用较为成熟的节能技术及其他绿色建筑技术，尝试采用还处于发展完善中的技术，整体建筑已经可以充分体现绿色建筑的内涵。万科集团在上海开发的一个住宅小区，就是这样一个范例，其增量费用统计见表 2-3。

上海某住宅小区绿色建筑增量费用统计表　　表 2-3

技术措施	应用部位	增量费用（万元）	单位面积增量费用（元/m²）
百叶中空玻璃	全部建筑卫生间窗	274.13	14.64
双层窗	80%的建筑	874.30	46.68
地板辐射供暖（燃气）	60%的建筑	1938.33	103.49
电辐射供暖	40%建筑的卫生间	217.36	11.60
太阳能热水	25%建筑	151.32	20.08
声控光感照明	全部建筑	1.95	0.10
中水回用、节水器具	全部建筑	468.60	25.69
电梯井、楼板隔音	全部建筑	608.71	32.50
智能家居系统、安保、物业	60%的建筑	3225.96	172.23
总计		7773.15	427

（3）研究示范型绿色建筑费用分析

目前国内的清华大学、上海建科院、深圳建科院以及国外的一些研究结构纷纷在中国设计建造了一些节能示范和绿色示范建筑，这类建筑在规划设计上充分体现了绿色建筑理念，同时集成了大量较为先进的绿色建筑技术，其总体投入一般比较高。张江集团总部办公楼是张江集团投资兴建的绿色建筑示范楼，这栋楼同时兼顾了研究示范和实际使用的功能，是引领上海张江高科园区的标志性建筑，属于研究示范型绿色建筑，其增量费用数据见表 2-4。

上海某办公建筑绿色建筑增量费用统计表　　表 2-4

技术措施	应用部位	增量费用（万元）	单位面积增量费用（元/m²）
外墙 XPS 内保温	全部建筑	52.50	22.14
佛甲草生态屋面改造	除掉太阳能热水的全部屋面	179.14	75.55
中庭幕墙	生态中庭	96.97	40.90
活动硬遮阳	所有东、南、西向玻璃幕墙	505.11	213.04
固定遮阳	连接廊道	26.22	11.06
太阳能光电系统	生态中庭	350.56	147.85
太阳能光热	全部	65	27.41
透水地面	整个园区	30	12.65
人工湿地	园区西北块	86.12	36.32
BA 控制系统生态展示系统	所有建筑	100	42.18
生态数据采集	1/3 建筑	22	9.28
管理、组织其他费用		316.58	133.52
总计		2608.10	1100

2. 绿色建筑费用比较

绿色建筑的费用统计是一项比较复杂的工作，除了开发商本身商业数据的保密问题，还有两个方面制约着统计的准确性：一方面，绿色建筑方案的费用与传统建筑方案的费用缺乏比较的基础，另一方面，由于开发商开发计划和目标的不同，某些费用存在着划分为基础投资还是增量投资的差异。为排除统计不准确性的影响，本书所列的三个项目的数据是在得到项目原始的基础数据后，按照统一标准进行统计和整理，并且三个项目都是 2007 年启动，排除了货币时间价值的影响，相对比较准确。经过统计计算，三类绿色建筑的增量费用见表 2-5。绿色建筑中不同的技术分类费用统计如表 2-6 所示。

综合六大指标，根据调查分析，当前实施绿色建筑的各项指标增量成本比例如表 2-5 所示。一星级每平方米增量在 100 元左右，二星级为 200 元左右，三星级为 350 元左右，各星级绿色建筑增量部分占建筑整体造价的百分比如表 2-6 所示。随着绿色建筑产业化的进一步发展和设计水平的提高，绿色建筑的增量仍将有一定的下降空间。

绿色建筑造价增量比例统计　　表 2-5

类型	项目总投资（亿元）	绿色建筑造价增量比例
节能主导型	2.09	8.5%
技术探索型	7.55	10.3%
研究示范型	1.88	13.9%

绿色建筑分项增量费用比例统计　　表 2-6

类别	增量费用（元/m²）	绿色建筑★★★标准	占建筑费用比例	
			住宅	公建
围护结构节能	70	65%的节能标准	4.6%	1.73%
地热	100	50%采用	6%	2.25%
太阳能热水	10～20	50%采用	0.6%	0.23%
太阳能光电	350～400	10%能源比例	20%	7.50%
中水利用，雨水收集	35～40	非传统水源利用率不低于 30%	2.6%	0.98%
室内环境控制	100～250	满足热、声、光、通风要求	8%	1%
建筑智能化	住宅 150 公建 40	满足智能建筑要求	10%	1%

注：住宅建筑的造价按 1500 元/m²计算，公共建筑造价按 3000～4000 元/m²计算。

2.3　绿色建筑增量效益

绿色建筑的增量效益根据可分为直接效益和间接效益。一般来说，直接效益可直接体现出来，且受益主体清晰；而间接效益一般不直接体现出来，受益主体多而杂。通常来说，直接效益是由绿色建筑带来的，能够为其投资主体带来的经济利益，可以通过计算相关的财务指标对其进行评价，见图 2-5～图 2-7 而其间接效益是由绿色建筑带来的，不只属于投资者的，可以为社会其他成员共享的，对环境的有利，对人类的健康有利的效益，具体包括居住者的身体健康、环境效益和社会效益。绿色建筑增量效益构成如图 2-8 所示。

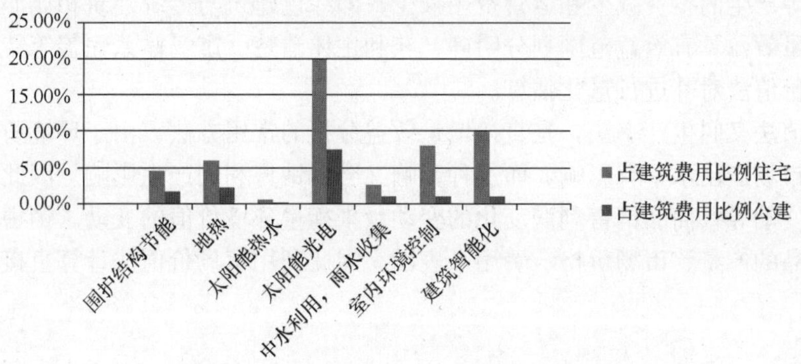

图 2-5　绿色建筑分项增量费用比例统计图

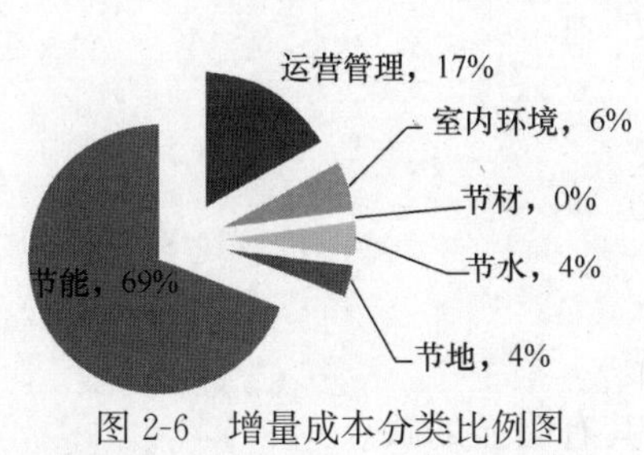

图 2-6　增量成本分类比例图

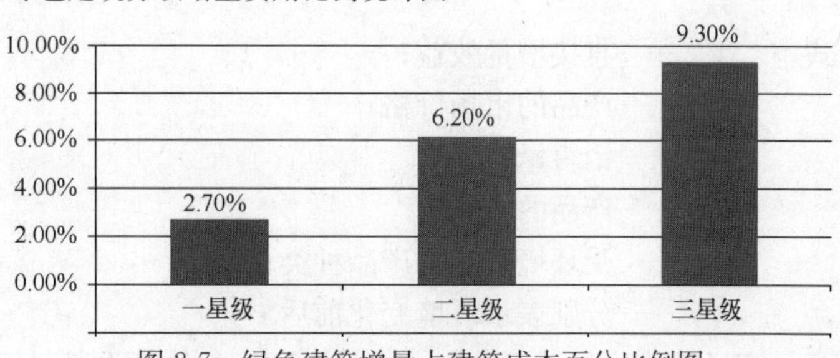

图 2-7　绿色建筑增量占建筑成本百分比例图

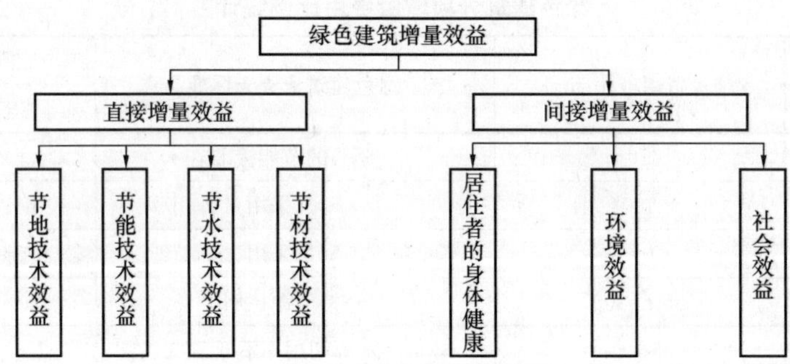

图 2-8　绿色建筑增量效益构成图

2.3.1　直接增量效益的识别与估算

绿色建筑亦同时会带来增量效益，而增量效益亦可以经济价值来衡量比较。绿色建筑的增量效益可以包括以下的效应：（1）较常规建筑在运营生命周期中节省的能源费用；（2）业主及开发商可能得到政府在支持绿色建筑运营方面的财政激励（如税收减免、财政补贴等）；（3）企业员工在绿色建筑内工作生产力的提升；（4）企业通过使用绿色建筑而建立的企业形象和品牌价值。在以上的增量效益中，最受到注意的是在能源节省而带来的经济效益，亦即企业由于使用绿色建筑而可以节省的能源费用，这是由于节省的能源费用在建筑物全生命周期整体带来的效益是明显的。

直接增量效益是指能够量化且能够用货币表示的效益，主要是指绿色建筑的节地、节能、节水、节材而产生的，能够为其投资主体带来的经济利益。直接增量效益估算是对绿色建筑产生的能够货币量化，且由投资者享有的效益进行估量。主要包括因节地、节能、节材、节水等产生的投资减少和运营费用减少，即绿色建筑与传统建筑相比而产生额外收益。直接增量效益具有效益范围划分明确、获利主体清楚、市场体系完善等特点，因此通常利用市场价值法对其进行量化估算。

市场价值法又叫生产率法，是直接增量效益分析的常用方法。由于环境质量的变动对相应商品的市场产出水平有影响，而这种影响又会对销售利润产生影响。因此可以用商品产出水平的变动导致商品销售利润变化的变动量来衡量环境价值的变动。销售利润的变动量可以用产品的产量、市场价格、费用来表示。因此利用市场价值法计算直接增量效益的公式为：

$$V_{\mathrm{d}} = \left(\sum_{i=1}^{k} P_i Q_i - \sum_{i=1}^{k} C_i Q_i\right)_x - \left(\sum_{i=1}^{k} P_i Q_i - \sum_{i=1}^{k} C_i Q_i\right)_y \tag{2-3}$$

式中　V_{d}——直接增量效益；

P——产品的市场价格；

Q——销售量；

C——产品的成本；

i——受环境影响的产品种类；

x,y——分别表示环境变化前后。

市场价值法是适用最广、最易于理解的估算手段，但其有明显的缺点：

（1）已发生的环境变化可能是源于一个或多个原因，而很难把其中一种原因同其他种原因区别开。比如绿色建筑物经济寿命延长，一方面是使用绿色环保建材和绿色技术使得建筑能耗大幅降低，也可能是城市绿化使得空气污染指数降低，很难清晰区别。

（2）当环境变化对市场有显著影响时，需要采取更复杂的方法来观察、了解市场结构、弹性系数和供求反应等。当市场不是很有效时，市场价格是不准确的，而在完全有效的市场上，如果存在明显的消费剩余，价格也会低估经济价值。这时，就要对市场价格进行调整，甚至用影子价格来取代市场价格。

绿色建筑的直接增量效益表现在绿色建筑节地而减少的土地成本支出、建筑节能而减少的能耗支出、建筑节水而减少日常水费、建筑节材而减少的材料费用及增加的回收价值等。通过将上述减少的费用支出或增加的收益进行汇总和折现即可求得绿色建筑的直接效益。

1. 绿色建筑节地技术增量效益

节地项目经济效益为节省的土地购置费。节地，从建筑的角度上讲，是建房活动中最大限度减少地表面积，并使绿化面积少损失或不损失。在城市中，节地的主要途径有：建造多层、高层建筑，以提高建筑容积率，同时降低建筑密度；建设城市居住区，提高住宅用地的集约度，为今后的持续发展留有余地，增加绿地面积，改善住区的生态环境；在城镇、乡村建设中，提倡因地制宜，因形就势，多利用零散地、坡地建房，充分利用地方材料，保护自然环境，使与自然环境互生共融，增加绿化面积。

绿色建筑要达到节地的目标，就必须做到建筑用地的集约化利用，高效利用土地，提高建筑空间的利用率，减少城市用地压力，着眼于长远的可持续土地利用开发。绿色建筑节地技术包括以下方面：

（1）建筑的利用

绿色建筑鼓励在现有社区和已开发区域内进行开发，提倡旧区改造，延长现有建筑的使用周期。一方面可以减少随意扩张对环境造成的多重破坏；另一方面可以节约建设和维护基础设施所需的自然资源和财力资源，降低由于制造和运输新建筑材料对和环境造成的影响，并减少废弃物。

（2）废弃场地的建设

整治实际或被认为受到环境污染而使开发受到影响的场地，提高城市土地利用效率，减少未开发土地所承受的压力，有效抑制城市对新开发土地的需求量，从而减缓城市的扩张，避免城市发展对自然环境的过度侵占；并通过对废弃场地上不良地表状况的生态化改造，消除废弃场地对生态环境的消极影响，重新发挥积极的生态效益。

（3）地下空间的利用

提高建筑的地下空间利用率，有利于缓解城市用地紧张的问题，并降低大量开发土地的影响。在条件允许的情况下设计尽可能多的地下室、地下停车库和设备机房，以提高地下空间的使用率。这种将地面还给城市空间，用地而不占地的设计可收到良好的节地效果。

2. 绿色建筑节能技术增量效益

绿色建筑的节能技术包括建筑围护结构的节能技术、使用提高能源使用效率的节能技术、可再生能源的利用和绿色照明等。

（1）绿色建筑节能技术增量经济效益估算基本方法

绿色建筑的节能率为 α_1，能耗值为 Q_1；

基准建筑的节能率为 α_2，能耗值为 Q_2；

非节能建筑节能率为 0，能耗值为 Q_3。

其中基准建筑是指在满足国家及项目建设所在地强制节能标准基础的同规模、同功能建筑，其节能率 α_2 即为当地强制节能标准的节能率。例如，在北京 α_2 为 65%。由定义可知：

$$\alpha_1 = \frac{Q_3 - Q_1}{Q_3} \tag{2-4}$$

$$\alpha_2 = \frac{Q_3 - Q_2}{Q_3} \tag{2-5}$$

a. 绿色建筑与基准建筑的能耗差

$$\Delta Q = Q_2 - Q_1 = \frac{Q_1(\alpha_1 - \alpha_2)}{1 - \alpha_1} \tag{2-6}$$

b. 根据标准煤热值将节能量换算成节煤量

$$S_M = \frac{\Delta Q}{H} \tag{2-7}$$

c. 绿色建筑节煤费用

$$S_C = S_M \times P \tag{2-8}$$

式中 H——标准煤热值，取值为 29307（kJ/kg）；

S_M——节煤量（kg）；

P——煤价（元/kg）；

S_C——节煤费用（元）。

（2）围护结构和提高能源使用效率节能技术增量经济效益

建筑围护结构体系是由包围空间或将室内与室外隔离开来的结构材料和表面装饰材料构成，包括墙、窗、门和地面。围护结构必须平衡通风和日照的需求，并提供适应于建筑地点的气候条件的热湿保护。围护结构是建筑运营耗能的一个重要影响因素。

绿色建筑围护结构的节能设计是应根据当地气候条件，决定合理的围护结构材料和相应的建筑设计方案。例如，在干热气候地区里采用高热容量材料，是因为高热容量和足够厚度的建筑材料可以减少和延缓外墙的温度变化对室内的影响。在干热气候下，日落后室外温度大幅度下降形成了热惯性，因此在白天建筑内部比外部凉，而在夜间建筑内部比外部暖和。并根据对昼光照明以及供热和通风的仔细分析，确定围护结构上的门、窗和通风口的大小和位置。夏天给围护结构的开口加装遮阳设施，减少太阳直射进入室内，并在恰当的场合为窗选择合适的玻璃。同时考虑建筑围护结构的反射率选择外墙装饰材料，以及在建筑外部采用控制太阳辐射以减少太阳得热的原则选择屋顶材料。

因此，绿色建筑的围护结构对建筑物能耗的影响主要体现在供热隔冷和供冷隔热，绿色建筑围护结构节能技术的增量经济效益估算应从冬季供暖期节煤效益和夏季空调用电节省效益两方面进行估算。

绿色建筑提高能源效率的节能技术即为提高供暖空调系统的效率，例如采用优秀的冷热电联产、空调蓄冷系统、冷却塔供冷系统、置换通风加冷却顶板空调系统、变风量（VAV）空调系统等高舒适度低能耗的暖通空调系统。所以，绿色建筑围护结构和提高能源使用效率节能技术增量经济效益估算如下：

1）冬季供暖期节煤效益估算

假设绿色建筑中采用节能率为 α_1 的建筑节能标准的建筑面积为 A，供暖天数为 H_D，标准煤的热值为 H，标准煤的价格为 P，绿色建筑物耗热量为 Q_1，根据《严寒和寒冷地区居住建筑节能设计标准》JGJ 26—2010，建筑围护结构以及供暖系统节能改造后每年节煤量 S_{M1} 和节省燃煤费用为 S_{C1} 的步骤如下：

a. 计算绿色建筑热源厂处耗热量：

$$Q'_1 = Q_1/\eta_1\eta_2 = H_I \times 24 \times 3600 \times H_D \times \frac{A}{\eta_1\eta_2} \tag{2-9}$$

b. 计算与基准建筑的能耗差：

$$\Delta Q_1 = Q'_1 \frac{(\alpha_1 - \alpha_2)}{1-\alpha_1} \tag{2-10}$$

c. 将节热量换算成节煤量：

$$S_{M1} = \frac{\Delta Q_1}{H} \tag{2-11}$$

d. 计算冬季供暖期节煤费用：

$$S_{C1} = S_{M1} \times P \tag{2-12}$$

式中　Q_1——绿色建筑物能耗值（kJ）；

η_1——室外管网输送效率；

η_2——锅炉运行效率；

H_1——供热指标（W/m^2）；

H_D——采暖天数（d）；

A——建筑面积（m^2）；

α_2——基准建筑节能率；

H——标准煤热值，取值为 29307（kJ/kg）；

P——煤价（元/kg）。

2）夏季空调节省用电效益估算

假设绿色建筑夏季空调用电能耗为 Q_2，标准煤热值 H＝29307/3600＝8.141kW・h/kg，夏季空调的节煤量 S_{M2} 和节能效益 S_{C2} 的计算步骤如下：

a. 确定建筑物空调的年度终端耗能量：

$$Q'_2 = \frac{Q_2}{\eta} \tag{2-13}$$

b. 计算与基准建筑的空调年度耗能差：

$$\Delta Q_2 = \frac{Q'_2(\alpha_1 - \alpha_2)}{1 - \alpha_1} \tag{2-14}$$

c. 将建筑空调耗能差换算得得出节煤量：

$$S_{M2} = \frac{\Delta Q_2}{H} \tag{2-15}$$

d. 计算绿色建筑空调用电节煤费用：

$$S_{C2} = S_{M2} \times P \tag{2-16}$$

式中 η——一次转化为电能的效率；

α_1——绿色建筑节能率；

α_2——基准建筑节能率；

P——煤价（元/kg）。

（3）可再生能源应用技术增量经济效益估算

绿色建筑对可再生能源的利用主要包括太阳能、地下冷热源以及风能、生物能、地热能等其他可再生能源的利用。

太阳能的利用主要体现在对太阳能的光热利用和光电利用。建筑物太阳能光热利用是依靠光热转换，采用各种集热器把太阳能收集起来，并用这些热能产生热水，进而以不同途径与方法实现建筑的供热和供冷。而建筑物太阳能光电利用是依靠光电转换，即将太阳能转换为电能。目前，太阳能用于发电的途径主要是光伏发电，就是利用太阳能电池的光电效应，将太阳能直接转变为电能。

绿色建筑对地下冷热源的利用主要指地源热泵技术。地源热泵是以大地为热源对建筑进行空调的节能技术。冬季通过热泵将大地中的低位热能提高后对建筑供暖，同时蓄存冷量，以备夏用；夏季通过热泵将建筑内的热量转移到地下对建筑进行降温，同时蓄存热量，以备冬用。地下水源热泵系统分为两种，一种是开式环路系统，另一种是闭式环路系统。开式环路系统是通过潜水泵将地下水直接供应到每台热泵机组，之后将井水回灌地下。这种形式的系统管路连接简单，初投资低，但由于地下水含杂质较多，当热泵机组采用板式换热器时，设备容易堵塞。另外，由于地下水所含的成分较复杂，易对管路及设备产生腐蚀，因此不建议在地源热泵系统中直接应用地下水。闭式环路系统是通过一个板式换热器将地下水和建筑物内循环水分开，避免了地下水对热泵机组和循环管路的腐蚀，延长了设备的寿命。地下水循环系统和建筑内水循环系统相互独立，便于管理和维护。取出的地下水通过板式交换器换热后直接回灌地下，避免了地下水质的污染。所以，绿色建筑对地下冷热源的利用大都采用闭式环路的地下水源热泵系统。

当其他电力来源成本较高时，风能发电作为孤立地点的电力生产，较适用于多风的海岸线地区。或者高层建筑引起的强风也可作为风能发电机的能源。生物能的利用可以体现在：在没有燃气供给的区域，设置沼气发生、供给及燃烧设备，用来提供清洁充足的能源，同时减少了木材的能耗及对大气的污染。另外在有利的地点，可以直接利用来自地壳深处的地热能来加热或发电。

绿色建筑可再生能源应用技术增量经济效益的估算主要包括广泛的太阳能技术，即太阳能光热系统和太阳能光电系统技术，及地下热冷源的利用，即地源热泵技术带来的经济效益。

1）太阳能光热系统应用技术增量经济效益估算

太阳能热水系统应用技术的增量经济效益进行估算，其具体步骤如下：

a. 计算出太阳能光热系统应用技术节省的能耗：

$$\Delta Q_3 = Q_w C_w (t_{end} - t_i) \times f \tag{2-17}$$

b. 根据标准煤热值将节热量换算成节煤量：

$$S_{M3} = \frac{\Delta Q_3}{H} \tag{2-18}$$

c. 绿色建筑运用太阳能技术的节煤费用：

$$S_{C3} = S_{M3} \times P \tag{2-19}$$

式中　Q_w——年度总用水量（kg）；

C_w——水的比热容，取值为 4.1868（kJ/kg·℃）；

t_{end}——储水箱内的终止水温（℃）；

t_i——水的初始温度（℃）；

f——太阳能保证率，一般为 0.3～0.8；

H——标准煤热值，取值为 29307（kJ/kg）；

P——煤价（元/kg）。

2）太阳能光电系统应用技术增量经济效益估算

a. 计算太阳能光电系统应用技术节省的能耗：

$$\Delta Q_4 = J_T \times A_C \times \eta \tag{2-20}$$

b. 将节热量换算成节煤量：

$$S_{M4} = \frac{\Delta Q_4}{H} \tag{2-21}$$

c. 计算绿色建筑冬季供暖期节煤费用：

$$S_{C4} = S_{M4} \times P \tag{2-22}$$

式中　J_T——该地区太阳能年辐照量（kJ/m²）；

A_C——太阳能光伏阵列采光面积（m²）；

η——光伏阵列的转换效率；

H——标准煤热值，取值为 29307（kJ/kg）；

P——煤价（元/kg）。

3）地源热泵技术增量经济效益估算

a. 分别计算出闭式环路的地下水源热泵空调系统夏季供冷负荷和冬季供热负荷：

$$Q_C = G_C \times C_{p.w} \times \Delta t / \left(\frac{EER + 1}{EER}\right) \tag{2-23}$$

$$Q_H = G_H \times C_{p.w} \times \Delta t / \left(\frac{COP - 1}{COP}\right) \tag{2-24}$$

b. 将节热量换算成节煤量：

$$S_{MC} = \frac{Q_C}{H} \tag{2-25}$$

$$S_{MH} = \frac{Q_H}{H} \tag{2-26}$$

c. 计算地源热泵技术夏季、冬季空调节煤费用：

$$S_{CC} = S_{MC} \times P \tag{2-27}$$

$$S_{CH} = S_{MH} \times P \tag{2-28}$$

式中 Q_C ——建筑物夏季设计冷负荷（kW·h）；

Q_H ——建筑物冬季设计热负荷（kW·h）；

G_C ——夏季供冷所需地下水流量（kg/s）；

G_H ——冬季供热所需地下水流量（kg/s）；

$C_{p.w}$ ——水的比热容［kJ/(kg·k)］；

Δt ——换热器的进出水温差（℃）；

EER ——热泵机组夏季制冷能效比；

COP ——热泵机组冬季制热性能系数；

H ——标准煤热值，取值为 8.141（kW·h/kg）；

P ——煤价（元/kg）。

（4）绿色照明技术增量经济效益估算

绿色照明技术能大幅度节约照明用电，减少环境污染，同时提高照明质量，建立优质高效、经济舒适、安全可靠、有益环境、改善生活质量、提高工作效率、保护居住者身心健康的照明环境。

假设绿色建筑绿色照明能耗为 Q_5，煤热值 H 取 8.141kW·h/kg，基准建筑的照明节能率为 0，绿色照明技术的节煤量 S_{M5} 和节能效益 S_{C5} 的计算步骤如下：

a. 确定建筑物绿色照明终端耗能量：

$$Q'_5 = \frac{Q_5}{\eta} \tag{2-29}$$

b. 计算绿色建筑与基准建筑年度照明耗能差：

$$\Delta Q_5 = Q'_5 \frac{(\alpha_1 - \alpha_2)}{1 - \alpha_1} \tag{2-30}$$

c. 将建筑照明能耗差换算成节煤量：

$$S_{M5} = \frac{\Delta Q_5}{H} \tag{2-31}$$

d. 计算绿色建筑绿色照明节煤费用：

$$S_{C5} = S_{M5} \times P \tag{2-32}$$

式中 η ——一次转化为电能的效率；

α_1 ——绿色建筑的节能率；

α_2 ——基准建筑的节能率；

P ——煤价（元/kg）。

3. 绿色建筑节水技术增量效益

在传统建筑中，水的供给和消耗是线性的，形成了一种低效率的转化，即：自来水—

用户—污水排放，雨水—屋面—地面径流—排放。而绿色建筑除了采用节水型器具方式降低用水量，同时要求楼顶雨水的再回收和再利用，地面雨水要根据实际现状进行收集或通过利用可渗透的路面材料使雨水能渗入地下，保持水体循环，居住小区和建筑排水原位处理后回用于生活、景观和绿地浇灌。

绿色建筑采用的节水与水资源利用技术主要包括供水系统节水技术、中水处理与回用系统、雨水收集与利用系统和基于非传统水源利用的景观水体水质保障技术。

(1) 供水系统节水技术

绿色建筑供水系统节水技术主要包括采用分质供水、避免管网漏损、限定给水系统出流水压、降低热水供应系统无效冷水出流量、使用节水器具、防治二次污染、以及绿化节水灌溉技术等节水技术。采用节水系统技术后可直接节水 20%～30%。

(2) 中水处理与回用系统

绿色建筑一般采用分质排水和中水回用的节水方案：住宅及公用建筑的优质中水通过中水管道收集系统收集，并经过工艺处理，最终用于绿色建筑小区道路冲洗和绿化浇灌用水、建筑杂用水或景观环境用水。其余未由中水管道收集系统收集的黑水则通过传统污水管道进入市政污水管网排出小区。

(3) 雨水收集与利用系统

绿色建筑小区雨水主要可分为：路面雨水、屋面雨水、绿地及透水性铺地等其他雨水。雨水资源化综合利用技术主要包括雨水分散收集与处理系统、雨水集中收集与处理系统、雨水渗透系统。

(4) 基于非传统水源利用的景观水体水质保障技术

《绿色建筑评价标准》规定景观用水不采用市政供水和自备地下水井供水，使用非传统水源时，应采取用水安全保障措施，且不对人体健康与周围环境产生不良影响。由于景观水体非传统水源污染物浓度相对较高，而且水体的稀释自净能力较天然水体差，因此需要加强景观水体的水质安全保障，以提高绿色建筑小区节水率和非传统水源利用率。

绿色建筑节水项目实施后，中水回用、雨水收集及水循环净化系统用于洗车、绿化、道路冲洗、动水景补水等的供给，直接降低了市政供水量，节水系统水量平衡如图 2-9 所示。

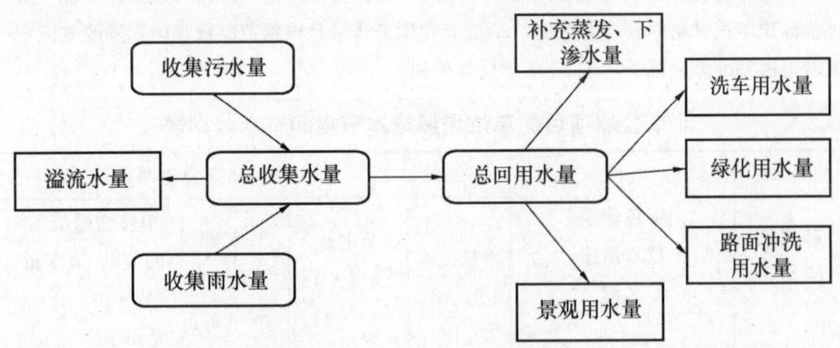

图 2-9　节水系统水量平衡图

由图 2-9 可知：

$$Q_{总} = Q_{中水} + Q_{雨水} - Q_{溢流量} = Q_{蒸发下渗} + Q_{洗车} + Q_{绿化} + Q_{路面} + Q_{景观} \tag{2-33}$$

$$Q_{中水} = Q_{优质中水} \times \eta_{中水回用率} \tag{2-34}$$

$$Q_{雨水} = Q_{优质雨水} \times \eta_{雨水利用率} = \psi \times \alpha \times \beta \times A \times H \times \eta_{雨水利用率} \tag{2-35}$$

绿色建筑节水项目生命周期内节水直接效益为

$$S_{C6} = Q_{总} \times P \tag{2-36}$$

式中 ψ——径流系数；

α——季节折减系数；

β——初期弃流系数；

A——汇水面积；

H——年均降水量；

P——居民水价（元/m^3）。

绿色建筑节能和节水技术的应用带来了多方面的效益，表 2-7 是 9 个项目的效益分析；表 2-8、表 2-9 是北京 2 个项目单位增量成本节电和节水效率计算表；表 2-10 是 9 个项目在节能和节水方面的单位增量成本效益的经济分析，反映了每一元增量成本带来每年节省的电费和水费。

项目效益分析表　　表 2-7

项目名称		市场调研增量成本[a]（元/m^2）	节电量[b]（万 kW·h/a）	节水量[b]（m^3/a）	CO_2排碳量[c]（tco_2/a）
1	北京公建项目	59.7	210	33108	1872
2	上海公建项目	280.8	120	3463	935
3	广州公建项目	189.4	62	85848	492
4	佛山公建项目	283.9	107	10372	845
5	北京住宅项目	34.2	71	52040	631
6	深圳住宅项目	100.0	609	117028	4802
7	武汉住宅项目	116.9	366	30275	3118
8	无锡住宅项目	0.5	0	54769	0
9	唐山住宅项目	69.1	481	83189	4299

注：a. 市场调研增量成本是通过专业造价师在 2010 年 12 月进行市场询价得到的数据；b. 节电量、节水量是从绿色建筑评价标识申报材料中获得的数据；c. 二氧化碳减排量是根据节电量和国家发改委应对气候变化而公布的中国区域电网基准排放因子，于 2009 年计算得到。

北京公建项目的单位增量成本节电和节水效率表　　表 2-8

绿色建筑评价标准 GB 50378—2006	技术类型	绿色建筑技术措施名称	北京公建项目				
			增量成本（元/m^2）	节电量［kW·h/(m^2·a)］	节水量［m^2/(m^2·a)］	单位增量成本的节电/节水量［kW·h/(元·a)或 m^3/(元·a)］	总效率［kW·h/(元·a)或m^3/(元·a)］
节能与能源利用（56.3 元/m^2）	建筑节能技术（54.9 元/m^2）	1. 改善围护结构热工性能	6.96	0.10	—	0.01	0.42
		2. 提高空调能效	0.00	16.20	—	162.01	
		3. 采用高效照明	47.98	5.50	—	0.11	

续表

绿色建筑评价标准 GB 50378—2006	技术类型	绿色建筑技术措施名称	北京公建项目				
			增量成本(元/m²)	节电量[kW·h/(m²·a)]	节水量[m²/(m²·a)]	单位增量成本的节电/节水量[kW·h/(元·a)或m³/(元·a)]	总效率[kW·h/(元·a)或m³/(元·a)]
节能与能源利用(56.3元/m²)	可再生能源利用技术(1.4元/m²)	1. 太阳能热水系统	1.35	1.70	—	1.33	0.42
		2. 太阳能光伏发电	—	—	—	—	
		3. 风力发电	—	—	—	—	
		4. 太阳能路灯及草坪灯	—	—	—	—	
		5. 地源热泵	—	—	—	—	
节水与水资源利用(6.8元/m²)	节水技术(0元/m²)	节水器具	0.00	—	0.04	0.44	0.06
	中水利用(6.8元/m²)	1. 雨水收集系统	—	—	—	—	
		2. 生活污水 AO 处理技术	—	—	—	—	
		3. 生活污废水 ICAST 净化工艺	—	—	—	—	
		4. 水解＋接触氧化技术	—	—	—	—	
		5. 市政中水	6.76	—	0.33	0.05	

注：当增量成本为 0.00 元的时候，为避免出现无穷大数值，在计算增量成本效率的时候采用 0.1 元代替。

北京住宅项目的单位增量成本节电和节水效率表　　**表 2-9**

绿色建筑评价标准 GB 50378—2006	技术类型	绿色建筑技术措施名称	北京大屯路 224 号住宅及商业项目(1#)				
			增量成本(元/m²)	节电量[kW·h/(m²·a)]	节水量[m²/(m²·a)]	单位增量成本的节电/节水量[kW·h/(元·a)或m³/(元·a)]	总效率[kW·h/(元·a)或m³/(元·a)]
节能与能源利用(28.3元/m²)	建筑节能技术(9.0元/m²)	1. 改善围护结构热工性能	—	—	—	—	0.42
		2. 提高空调能效	8.95	0.00	—	0.00	
		3. 采用高效照明	—	—	—	—	
	可再生能源利用技术(19.3元/m²)	1. 太阳能热水系统	19.30	70.61	—	3.66	
		2. 太阳能光伏发电	—	—	—	—	
		3. 风力发电	—	—	—	—	
		4. 太阳能路灯及草坪灯	—	—	—	—	
		5. 地源热泵	—	—	—	—	

续表

绿色建筑评价标准 GB 50378—2006	技术类型	绿色建筑技术措施名称	北京大屯路224号住宅及商业项目(1#)				
			增量成本(元/m²)	节电量[kW·h/(m²·a)]	节水量[m²/(m²·a)]	单位增量成本的节电/节水量[kW·h/(元·a)或m³/(元·a)]	总效率[kW·h/(元·a)或m³/(元·a)]
节水与水资源利用(4.0元/m²)	节水技术(0元/m²)	节水器具	0.00		0.12	1.24	0.06
	中水利用(4.0元/m²)	1. 雨水收集系统	—	—	—	—	
		2. 生活污水AO处理技术	—	—	—	—	
		3. 生活污废水ICAST净化工艺	—	—	—	—	
		4. 水解+接触氧化技术	—	—	—	—	
		5. 市政中水	3.98		0.74	0.19	

注：当增量成本为0.00元的时候，为避免出现无穷大数值，在计算增量成本效率的时候采用0.1元作为代替。

项目在节能和节水方面的单位增量成本经济效益表 **表2-10**

	项目名称	节能和能源利用单位增量成本节省的电费(元/元增量成本·年)	节水和水资源利用单位增量成本节省的水费(元/元增量成本·年)
1	北京公建项目	0.34	0.15
2	上海公建项目	0.29	0.23
3	广州公建项目	0.22	0.19
4	佛山公建项目	0.20	0.02*
5	北京住宅项目	1.22*	0.61
6	深圳住宅项目	0.35	0.48
7	武汉住宅项目	0.07*	0.03*
8	无锡住宅项目	—	0.66
9	唐山住宅项目	1.27*	0.05*

注：*比较高和比较低的极端数值不作考虑。

4. 绿色建筑节材技术增量效益

建筑节材涉及建筑材料的生产制造、建筑的设计与施工、建筑的装修、建筑的使用维护以及建筑拆除后废弃物的重复使用与资源化再生利用等方面。

绿色建筑节材主要技术包括：

(1) 采用高强、高性能建筑材料技术。通过采用高强建筑钢筋、高强度等级水泥及高强高性能混凝土等高强建筑材料技术可减少建筑承重结构和围护结构材料用量。

(2) 提高材料耐久性。延长建筑物的使用寿命，从宏观上可以说是对建筑材料的最大节约。所以，采用高耐久性能混凝土材料，钢筋高耐蚀技术以及高耐性的防水材料、墙体材料等，可为提高建筑寿命提供支撑，从而产生较大的节约效益。

(3) 材料生态化技术的应用。主要指对建筑材料的选择尽量考虑废弃后的可重复使用和可再生利用问题，尽量提高资源利用率。同时，对建筑垃圾进行分类回收和资源化利用，以降低建材产品的成本。

绿色建筑节材技术中对先进建筑材料的应用技术，一般列入建筑主体节能技术增量成本一项中进行估算，未避免重复估算，对项目的增量经济效益估算不考虑此项。对于建筑垃圾分类回收再利用技术难以量化成能耗量进行估算，估算时暂不考虑。

2.3.2 间接增量效益的识别与估算

间接增量效益是指绿色建筑因环境保护、资源节约而产生的诸如改善环境质量、实现资源可持续利用、提升居住舒适度等外部效益。该部分效益无法直接用货币进行量化。为此，结合环境生态学提出了疾病成本法、替代市场法、意愿调查法等方法对绿色建筑的间接效益进行评估。

1. 疾病成本法

疾病成本法利用人体生病或过早死亡引起的成本或损失来评估环境污染或舒适度降低对人体健康造成不利影响。而绿色建筑通过采用各种绿色技术改善环境、提高环境质量，营造舒适、健康、高效的居住空间，有利于减少环境污染对人体的不利影响。因此可以利用疾病成本来评估绿色建筑对人体健康的积极影响。

疾病成本法估算所有因为环境污染而引起的疾病所支付的成本。如缺勤的收入损失和医疗费用。人力资本法估算由污染引起的过早死亡的成本。它用损失的收入去评估过早死亡的成本，即人失去寿命或工作时间的价值等于这段时间中个人劳动所创造的价值。估算方法如下：

$$C = I_c + I_d = \sum_{i=1}^{k}(L_i + M_i) + \sum\frac{P_{t+i} \cdot E_{t+i}}{(1+r)^i} \tag{2-37}$$

式中 I_c——由于环境质量变化所导致的疾病损失成本；

I_d——由于环境污染导致过早死亡而损失的收入；

L_i——第 i 类人由于生病缺勤所带来的平均工资损失；

M_i——第 i 类人的医疗费用（门诊费、医药费、治疗费等）；

P_{t+i}——年龄为 t 的人活到（$t+i$）年的概率；

E_{t+i}——年龄（$t+i$）时的预期收入；

r——贴现率。

2. 替代市场法

当环境的改变不一定导致商品和劳动产出量发生变化时，却可能影响产品的代用品、市场价格和数量的变化。在这种情况下，无法用市场价值法对环境的效应进行评估。此时可借助市场信息如市场价格，间接地估计环境质量变化的损益。如绿色建筑带来的美好居住环境、舒畅的心情等没有直接的市场价格，则可用某种市场价格的替代物间接衡量类似没有市场价格的环境效果的价值。替代市场法常用于评价由于环境改变对房地产价值的影响。房地产的价值主要体现在产品本身的质量及其所处的位置及环境，当建筑的质量和位置都相同时，环境的差异必然导致价格的差异，购房者对不同的环境也具有不同的支付意愿。此时，房地产价格的差距或购房者意愿支付的差距就可认为是环境带来的效益。

对于绿色建筑所产生的环境效益，包括居住环境质量的提升、居住舒适度的增加等必然会对绿色建筑的市场价格产生影响，进而对人们的支付意愿产生影响。在其他影响因素相同的情况下，人们意愿支付的差额就是绿色建筑所产生的环境改变的价值。可用如下公式表示：

$$E = \Delta P = \Sigma A(Q_2 - Q_1) \tag{2-38}$$

式中 Q_2、Q_1——分别为绿色建筑和传统建筑的环境质量水平；

A——改变的建筑环境的边际支付意愿；

ΔP——绿色建筑价格的变化。

3. 意愿调查法（人类享受的福利）

意愿调查法是指通过调查消费者对于某种产品或服务的支付意愿来评估产品或服务的价值的方法。它适用于难以精确计量的产品外部经济性或非市场形态的消费。支付意愿是指消费者愿意花费多少的价值去享受商品和劳务。支付愿望可通过对个体消费者的调查或者给定消费者一定的货币，观察其消费进而获得。将个体消费者的支付愿望进行平均就是社会支付愿望。同样，对个体消费者在不同价格或环境条件下的需求量进行调查并累计构成全体消费者的需求量。需求量与支付意愿的乘积就是绿色建筑的环境效益。

意愿调查法是建立在对消费者支付意愿和需求量的调查基础上。构建社会需求量曲线，通过需求曲线的变动可以快速获得环境改变的价值。

2.4 绿色建筑费用效益分析

2.4.1 费用效益分析概述

费用效益分析（Cost Benefit Analysis，CBA）是评估项目对环境影响的主要评价技术，也是鉴别项目的经济效益和费用的系统方法。在进行项目可行性分析的同时，纳入了环境影响，是坚持可持续发展战略的表现。

费用效益分析从社会不同主体的角度将项目对环境和社会产生的积极影响效果及付出的费用进行识别和估算，以评估项目对社会福利的贡献程度。而绿色建筑费用效益的分析有其特点，主要表现在：

（1）绿色建筑采用全寿命周期成本法。该方法中项目的成本支出并不是片面考虑初始投资，而是考虑全寿命周期内包括运行、维护等后期的全部费用，将其折算到评价初期，做全寿命周期成本分析。

（2）绿色建筑的有无对比法。对绿色建筑而言，绿色建筑费用效益和环境经济损益有些不同，绿色建设项目是在原有传统建筑背景的基础上进行的，改变了原有建筑环境系统的运行状况，使建筑环境质量发生了总体的变化。绿色建筑在传统建筑基础上，采用许多绿色技术、节能措施对社会和环境有所贡献，因此费效分析采用“有无”对比法。“无项目”指传统建筑，“有项目”指采用绿色技术、节能措施的建筑系统。通过经济对比量度客观反映绿色项目社会、环境和经济可行性。相互对比的思路贯穿于评价过程始终。

（3）评价过程中指标与参数的选择。根据项目的实际情况，充分考虑社会各个层次上的利益追求，结合相关的建筑行业规范和经济评价的国家标准，并且参考国内外多项案例的实际操作，在此基础上进行合理的确定。

2.4.2　费用效益分析的步骤

费用效益分析的一般步骤如图 2-10 所示。

（1）确定范围。在进行绿色建筑的费用效益分析时，确定分析范围是第一步。要考虑绿色建筑对所涉及各方面的影响有哪些，哪些影响作为将要分析的对象。由于绿色建筑是在传统建筑的效益流失的基础上提出，所以在对绿色建筑费用效益进行分析时，可以更多地分析绿色建筑与一般建筑在经济、环境、社会等方面的比较。但现实生活当中事物之间的相互关系非常复杂，没有必要将所有因素都考虑在内，一来工作量很大，二来没有必要。而只需要对主要的影响予以分析和判别，并采用定量与定性相结合的方式。

（2）分析和识别。分析和确定绿色建筑对环境、社会影响的主要方面和后果，并分析这些后果带来的是经济损失还是经济收益。

（3）量化。对绿色建筑的费用效益分析进行量化，首先是影响结果的定量化，然后进行货币量化。对绿色建筑的费用效益影响结果从定性到定量的过程，可以采用各种影响结果的物理性能单位、效果对比的百分比等绝对或相对指标的予以定量。而进行货币量化则是经济分析的基础，或者说使不同的费用和效益有了相同的度量方式，具有了可比性。

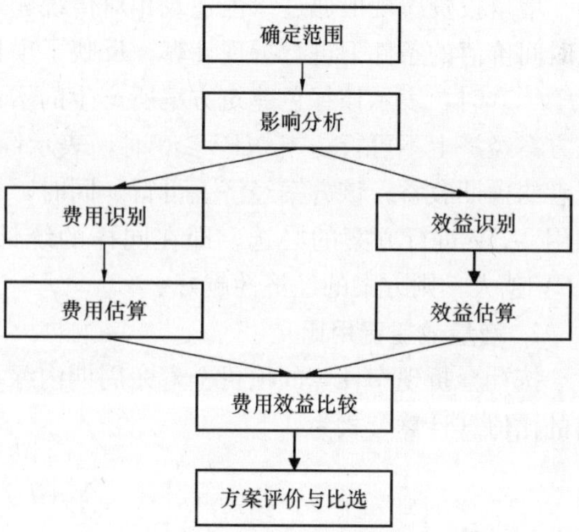

确定范围
影响分析
费用识别
效益识别
费用估算
效益估算
费用效益比较
方案评价与比选

图 2-10　费用效益分析流程图

（4）比较。如果量化是使费用和效益有了可比性，那么，比较则是需要货币数据具有可比性。由于货币在市场经济条件下，是有时间价值的，不同时间相同数量的货币反映的货币价值是不同的；而不同时间的不同货币数量可能在价值上是等量的。因此，在分析时应该是折算到同一时点的费用效益，才能够进行比较。

（5）结论。任何问题的分析，最终目的都是要得到一个结果，通过这个结果可以知道绿色建筑是否能带来效益，是否值得去投资。

2.4.3　费用效益评价指标

通常，绿色建筑初始投资的费用与传统建筑相比有一定程度的增加，但在运营阶段中它所体现出的资源节约和健康效益又能弥补初始阶段的投资增加费用，所以通过绿色建筑与传统建筑的相互比较才能更好地体现它的优势。在比较的过程中，首先，绿色建筑的数据必须建立在传统建筑的基础上，计算出绿色建筑在各阶段相对于传统建筑的费用和效益的变化，在共同的折现率与研究周期的情况下，用相应的经济指标评定绿色建筑在经济上的可行性，最终为决策提供帮助。本书以社会折现率为资金折现的计算标准，采用以下指标作为评价的依据：

1. 增量投资净现值（*NPV*）

增量投资净现值表示在项目的全寿命周期内，绿色建筑的增量收益的现值与增量投资的差值。增量投资净现值考虑资金的时间价值，充分反映了绿色建筑方案的经济可行性。其计算公式为：

$$NPV = \sum_{t=0}^{n} (CI - CO)_t (P/F, i, t) \tag{2-39}$$

式中 n——全寿命周期；

$(CI - CO)_t$——表示第 t 年的净现金流量，即绿色建筑每年的增量收益与增加费用的差值；

i——基准收益率或预期的目标收益率。

增量投资净现值通过绿色建筑相对传统建筑增加的投入及获得的增量收益，在考虑资金时间价值的条件下进行折现计算，反映了项目的获利能力及其经济可行性。具体为：当 $NPV<0$ 时，表示该绿色建筑方案所产生的增量收益不能为投资者带来预期的收益水平，该方案经济上不可行；当 $NPV \geqslant 0$ 时，表示绿色建筑方案产生的增量收益满足或超过投资者的预期收益，该方案经济上可行。同时，当项目具有两种或两种以上互斥方案时，可利用 NPV 进行方案的必选，即在同样的统计口径、计算规则和基准收益率的前提下，NPV 越大，则方案的经济性越好。

2. 增量效益费用比

按社会折现率计算的项目全寿命周期内绿色建筑所获得的增量收益现值与增量费用现值的比值。计算公式为：

$$R = \frac{\sum_{t=0}^{n} CI_t / (1 + i_c)^t}{\sum_{t=0}^{n} CO_t / (1 + i_c)^t} \tag{2-40}$$

其中 R——增量效益费用比率；

CI_t——第 t 年的增量效益；

CO_t——第 t 年的增量费用；

i_c——社会折现率；

n——全寿命周期。

当 $R>1$ 时，表明绿色建筑方案相对于传统建筑方案更经济可行；当 $R=1$ 时，说明该绿色建筑方案有待改进；当 $R<1$ 时，说明该绿色建筑方案一般不可行。

3. 增量投资回收期

增量投资回收期是指收回增量投资所需要的时间，反映了绿色建筑的获利能力。绿色建筑抵充增量投资的收益是指绿色建筑相对于传统建筑因资源节约而产生的经济效益，如建设期土地节约而产生的收益，建筑使用阶段因节能、节水而减少的费用支出，将这部分减少的费用支出称之为绿色建筑的增量收益，政府的政策支持及税收减免，建筑拆除时回收价值等。在估算建筑使用阶段的增量收益时应扣除绿色建筑增加的围护费用。增量投资回收期根据是否考虑资金的时间价值分为静态增量投资回收期和动态增量投资回收期，其计算式分别如下：

（1）静态投资回收期

定义公式：

$$\sum_{t=0}^{P'_b}(CI-CO)_t=0 \tag{2-41}$$

也可由下式计算：

$$P'_b=(n-1)+\frac{\left|\sum_{t=0}^{n-1}ND_t\right|}{ND_n} \tag{2-42}$$

式中　P'_b——静态增量投资回收期；

$(CI-CO)_t$——表示第 t 年的净现金流量，即绿色建筑每年的增量收益与增加费用的差值；

n——累计净现金流量出现正值的年份；

ND_n——第 n 年的净现金流量。

表 2-11 是 9 个项目的节电节水增量成本静态投资回收期，在分析时对比较高和比较低的极端数值不做考虑。

项目的节电节水增量成本静态投资回收期表　　　　表 2-11

项目名称		单位增量成本节省电费的静态回收期（年）	单位增量成本节省水费的静态回收期（年）
1	北京公建项目	2.9	6.5
2	上海公建项目	3.5	4.4
3	广州公建项目	4.6	5.4
4	佛山公建项目	4.9	50.4*
5	北京住宅项目	0.8*	1.6
6	深圳住宅项目	2.9	2.1
7	武汉住宅项目	14.4*	38.0*
8	无锡住宅项目	—	1.5
9	唐山住宅项目	0.8*	18.6*

注：* 比较高和比较低的极端数值不作考虑。

（2）动态增量投资回收期

定义公式：

$$\sum_{t=0}^{P_b}(CI-CO)_t(P/F,i,t)=0 \tag{2-43}$$

也可由以下公式计算：

$$P_b=(n-1)+\frac{\left|\sum_{t=0}^{n-1}ND_t(P/F,i,t)\right|}{ND_n(P/F,i,t)} \tag{2-44}$$

式中 $(P/F,i,t)$——折现系数。

增量投资回收期在一定程度上反映了初始增量投资的回收周转速度。回收期越短，则绿色建筑的经济性越好，项目投资建设的风险越低。当投资回收期小于或等于行业基准投资回收期或预期的投资回收期，则表示该项目经济上可行。

4. 增量内部收益率（*IRR*）

内部收益率的实质就是使项目在整个计算期内各年净现金流量的现值累计等于零时的折现率，是反映国民经济贡献率的相对指标。内部收益率的经济含义是在项目结束时，保证所有投资被完全收回的折现率。内部收益率是投资方案占用的尚未回收资金的获利能力，而不是初始投资在整个计算期内的盈利率，因而它不仅受到项目初始投资规模的影响，而且受到项目计算期内各年净收益大小的影响。

对于绿色建筑而言，内部收益率就是净现值为零时的收益率，其数学表达式为：

$$NPV(IRR)=\sum_{t=0}^{n}(CI-CO)_t(P/F,IRR,t)=0 \tag{2-45}$$

增量内部收益率的计算应先采用试算法，然后采用内插法求得。内部收益越大，说明项目的获利能力越大；将所求出的内部收益率与行业的基准收益率或目标收益率 i_c 相比，当 $IRR>i_c$ 时，则项目的盈利能力已满足最低要求，在财务上可以被接受。

课后习题

一、单选题

1. 绿色建筑的“绿色”应该贯穿于建筑物的（　　）过程。

A. 全寿命周期　　B. 原料的开采　　C. 拆除　　D. 建设实施

答案：A

2. 绿色建筑的增量费用中（　　）所占比重最大。

A. 软费用　　B. 绿色建筑技术费用

C. 绿色建筑的认证费用　　D. 计算机模拟费用

答案：B

3. （　　）是指收回增量投资所需要的时间，反映了绿色建筑的获利能力。

A. 增量效益费用比　　B. 增量投资回收期

C. 增量投资净现值　　D. 增量内部收益率

答案：B

4. （　　）是指通过绿色建筑相对传统建筑增加的投入及获得的增量收益，在考虑资金时间价值的条件下进行折现计算

A. 增量效益费用比　　B. 增量投资回收期

C. 增量投资净现值　　D. 增量内部收益率

答案：C

5. 以下生命周期成本构成中，属于非建设成本的是（　　）。

A. 室内资源和经营成本　　B. 临时性工作、清理现场

C. 工程管理和监督成本　　D. 维护过程中设备的损失

答案：B

6. 下列关于项目全寿命周期成本描述错误的是（　　）。

A. 项目全寿命周期成本是指项目从策划、设计、施工、经营一直到项目拆除的整个过程所消耗的总费用

B. 全寿命周期成本包括非建筑成本和建设成本

C. 全寿命周期成本包括运营成本和维护成本

D. 项目全寿命周期成本最优，建设成本也一定最优

答案：D

7. 绿色建筑增量费用计算方法正确的是（　　）。

A. 增量费用＝绿色建筑费用－绿色建筑材料费用

B. 增量费用＝绿色建筑费用－绿色建筑增量费用起算点成本

C. 增量费用＝建筑工程总投资－绿色建筑材料费用

D. 增量费用＝建筑工程总投资－绿色建筑增量费用起算点成本

答案：B

8. 以下不属于绿色建筑费用效益评价指标的是（　　）。

A. 增量投资净现值　　B. 增量效益费用比

C. 增量效益回收期　　D. 增量投资回收期

答案：C

9. 下列关于增量投资净现值描述错误的是（　　）。

A. 表示在项目的全寿命周期内，绿色建筑的增量收益的现值与增量投资的差值

B. 考虑资金的时间价值，充分反映了绿色建筑方案的经济可行性

C. 当 NPV≥0 时，表示增量收益满足或超过投资者的预期收益

D. 当 NPV＜0 时，表示产生的增量收益能为投资者带来预期的收益水平

答案：D

10. 绿色建筑的增量费用是指绿色建筑相对于达到（　　）增加的费用。

A. 项目所在地强制性节能基础标准的同类型建筑

B. 国际上强制性节能基础标准的同类型建筑

C. 国家强制性节能基础标准的同类型建筑

D. 任意选取的比较对象

答案：A

二、多项选择题

1. 以下关于绿色建筑确定增量费用起算点的说法正确的是（　　）。

A. 结合不同地区的要求，合理确定增量费用起算点

B. 增量费用的起算点直接影响到增量费用的最终计算结果

C. 只有按照《绿色建筑评价标准》中所列出的一般项或者优选项的项目所引起的费用增量部分才可以计入绿色建筑的增量费用

D. 全国绿色建筑增量费用起算点是统一的

E. 只要是因为绿色建筑技术引起的费用增量都可以计入绿色建筑的增量费用

答案：ABC

2. 计算绿色建筑增量费用时，需要（　　）。

A. 根据项目所在地强制性节能标准设计的达标节能技术方案

B. 确定符合《绿色建筑评价标准》的技术方案

C. 查阅全国统一最新的建筑定额

D. 查阅项目所在地相关市场最新报价

E. 项目的工程量清单

答案：ABDE

3. 绿色建筑的直接增量效益表现（　　）。

A. 绿色建筑节地而减少的土地成本支出

B. 建筑节能而减少的能耗支出

C. 建筑节材而减少的材料费用

D. 能够量化且能够用货币表示的效益

E. 可以为社会其他成员共享的，对环境的有利，对人类的健康有利的效益

答案：ABCD

4. 根据项目全寿命周期成本理论，下列选项中属于非建筑成本的是（　　）。

A. 财务成本

B. 委托采购和风险管理成本

C. 设备主要部分外观和功能的修复与更新

D. 维护过程中设备的损失

E. 建造成本

答案：AB

5. 根据项目全寿命周期成本理论，下列选项中属于非建筑成本的是（　　）。

A. 财务成本

B. 委托采购和风险管理成本

C. 设备主要部分外观和功能的修复与更新

D. 维护过程中设备的损失

E. 建造成本

答案：AB

第3章　绿色建筑技术集成

3.1　绿色建筑技术的集成体系

3.1.1　绿色建筑技术集成

自20世纪70年代出现世界性能源危机以来，建筑业在绿色技术的开发应用，以及提高设备的运行效率等方面，取得了很大成绩，各种节能、节水、节电设备，智能化控制设备和技术也是日趋成熟，各种环保设备和措施也大量使用，对太阳能、风能、地热能等绿色能源的利用技术也得到快速发展。随着技术的发展，也出现了楼宇保温、感温窗、安全避险应急供水系统、应急供电、风力发电、恒温恒湿新风、植物自净空气技术、定量空气、智能节电一系列性新技术。

虽然这些技术都得到了进一步发展和完善，但是仅仅靠某一种技术很难达到节能要求。因此，必须进行集成设计来提高技术的综合效率。

3.1.2　绿色建筑技术集成体系

根据我国《绿色建筑评价标准》GB/T50378—2014版（以下简称《评价标准》）等标准规范对绿色建筑的技术性要求，将建筑中可能采用的绿色技术分为7项子系统：绿色建筑的节地与室外环境技术、节能技术、节水技术、节材技术、绿色建筑的植物与技术、绿色建筑的产业化技术及其他技术。各个子系统可分别采用不同技术实现不同的功能，组成系统框架如表3-1所示。

绿色建筑技术集成体系　　　**表3-1**

<table>
<tr><th colspan="2">体系分类</th><th>功能分类</th><th>相关技术</th></tr>
<tr><td rowspan="13">绿色建筑的节地与室外环境</td><td rowspan="13">节地</td><td rowspan="5">合理规划</td><td>选址合理，规划得当</td></tr>
<tr><td>工作区、生活区统筹划分</td></tr>
<tr><td>适当提高部分建筑容积率</td></tr>
<tr><td>集成防火措施</td></tr>
<tr><td>交通流线布置简洁</td></tr>
<tr><td rowspan="5">原有水体、土壤的保护</td><td>建设过程对于水源保护</td></tr>
<tr><td>保证场地安全</td></tr>
<tr><td>清理现场污染物，提出防污染措施方案</td></tr>
<tr><td>增加植被面积，提高碳汇量</td></tr>
<tr><td>周围植被维护</td></tr>
<tr><td rowspan="3">土地的充分利用</td><td>提高地下空间、地下停车场</td></tr>
<tr><td>减少建筑异型，规范化，提高利用率</td></tr>
<tr><td>对周围已有旧建筑再改建利用</td></tr>
</table>

续表

体系分类		功能分类	相关技术
绿色建筑的节地与室外环境	节地	结构体系优化设计	选择合理的结构形式
			建筑平面的结构合理性优化
			结构体系具有功能改造的可能性
		室外太阳光色控制系统	室外公共区域地面铺装色彩控制
			室外公共活动区域遮阳设计
			室外建筑立面色彩规划
		室外热环境控制系统	室外公共活动场地渗水地面铺装
			室外沥青渗水路面系统
		室外风环境控制系统	室外夏季、冬季局地风环境控制
			室外公共活动区域冬季防风设施规划
			利用垂直绿化进行夏季太阳辐射控制
			利用高大乔木提供小区公共活动区域遮阳
			利用植物调节小区夏季、冬季风环境条件
			利用水景观进行小区的微气候调节
	室外环境	室外太阳光色控制系统	室外公共区域地面铺装色彩控制
			室外公共活动区域遮阳设计
			室外建筑立面色彩规划
		室外热环境控制系统	室外公共活动场地渗水地面铺装
			室外沥青渗水路面系统
		室外风环境控制系统	室外夏季、冬季局地风环境控制
			室外公共活动区域冬季防风设施规划
		室外绿化与水景观环境控制系统	利用乔木进行夏季太阳辐射控制
			利用垂直绿化进行夏季太阳辐射控制
			利用高大乔木提供小区公共活动区域遮阳
			利用植物调节小区夏季、冬季风环境条件
			利用水景观进行小区的微气候调节
绿色建筑的节能		外墙保温隔热系统	外墙外保温（EPS、XPS板外墙外温系统、硬泡聚氨酯外墙外保温系统、岩棉板外墙外保温系统、保温装饰板外墙保温系统）
			外墙内保温和外墙夹心保温系统
			复合墙体保温系统
			带循环水蓄热外墙系统
		门窗控制系统	断桥铝合金门窗系统
			双层（或三层）夹胶中空玻璃
			高档五金配件
			框架式幕墙系统
			呼吸式幕墙系统

续表

体系分类	功能分类	相关技术
绿色建筑的节能	屋顶保温隔热系统	屋面保温隔热系统
		种植式屋面系统
		蓄水式屋面系统
		架空隔热屋面系统
	太阳辐射控制系统	外墙、屋顶遮阳系统
		门窗外置遮阳系统
		门窗内置遮阳系统
		双层中空玻璃内置遮阳系统
		呼吸式幕墙内置遮阳系统
		外墙、屋顶表面太阳辐射吸收（反射）系数控制
		外墙门窗 Low-E 玻璃（或 Low-E 膜）
	风能	风能发电技术
	太阳能	太阳能发电
		太阳能供暖与热水
		太阳能光利用（ 不含采光）于干燥、炊事等
		较高温用途热量的供给
		太阳能制冷
	地热（10%回灌）	地热发电＋梯级利用
		地热梯级利用技术（地热直接供暖－热泵供暖联合利用）
		地热供暖技术
	生物质能	生物质能发电
		生物质能转换热利用
	其他	地源热泵技术
		污水和废水热泵技术
		地表水水源热泵技术
		浅层地下水热泵技术（100%回灌）
		浅层地下水直接供冷技术（100%回灌）
		地道风空调
	节能型灯具与照明控制系统	室内采用节能型灯具
		室外照明采用节能型灯具
		照明节能自动控制系统
	带热回收装置的送排风系统	分户式热回收装置
		楼宇集中式热回收装置
	高效节能设备与运行控制系统	高效节能型的供电设备系统
		高效节能型的给水设备系统
		高效节能型的排水设备系统
		高效节能型的中央空调设备系统

续表

体系分类	功能分类	相关技术
绿色建筑的节能	高效节能设备与运行控制系统	高效节能型的户式空调设备系统
		区域热电厂——热、电联供系统
绿色建筑的节水	采用节水型器具和设备	节水型卫生间器具
		节水型家电设备
	采用喷灌、微灌等高效节水灌溉方式	大型公共绿化采用喷灌方式灌溉
		小型绿化采用微灌方式灌溉
		缺水地区采用微灌方式灌溉
	合理规划地表与屋面雨水径流途径	屋面雨水直接就近收集
		雨水管道流经地表化
	采用雨水回收与回渗技术	设置集中雨水回收利用系统
		硬质地面采用渗水型材料
	再生水处理及回用系统	集中设置再生水处理及回用系统
		分楼宇设置再生水处理及回用系统
	带热回收装置的给排水系统	分户式热回收装置
		楼宇式热回收装置
绿色建筑的节材	使用地方性建筑材料、设备与技术	使用当地生产的三大建筑材料（钢、水泥、木材）
		使用当地出产的石材等天然装饰材料
		使用当地生产的防火、防水的建筑功能材料
		使用当地生产的建筑设备
	使用绿色环保材料	使用经济林出产的木材
		使用由经济林木加工的制品
		使用无化学添加剂的环保建材
		使用无污染（或二次污染）的绿色建材
		使用无放射性的建材
	采用高性能混凝土	使用高标号混凝土
		使用高强度钢材
		高结构性能的特殊型材
	使用可再循环材料	使用可再生建筑材料
		使用可循环使用建筑材料
		使用二次回收、加工方便和能耗低的材料
	采用新型墙体材料	使用功能复合型墙体材料
		使用环保、节材墙体材料
		使用轻质、高强的建筑材料
	采用节约材料的新工艺、新技术	采用节材、省时的施工工艺
		采用性能优越的新技术产品、新设备
	采用便于更新的设计	不同使用寿命的材料可更新设计
		方便更新的设备、管道系统设计

续表

<table>
<tr><th>体系分类</th><th>功能分类</th><th>相关技术</th></tr>
<tr><td rowspan="5">绿色建筑的植物与技术</td><td rowspan="2">采用室外绿化</td><td>降低热岛效应</td></tr>
<tr><td>防止夏季太阳西晒</td></tr>
<tr><td rowspan="2">立体绿化</td><td>采用屋顶绿化：保温、隔热</td></tr>
<tr><td>采用外墙面绿化：保温、隔热、净化空气</td></tr>
<tr><td>采用室内绿化</td><td>净化空气、美化环境</td></tr>
<tr><td rowspan="5">绿色建筑的产业化技术</td><td rowspan="2">采用装配式建筑构件</td><td>钢结构与复合预制构件</td></tr>
<tr><td>装配式墙板、楼地面</td></tr>
<tr><td rowspan="3">采用避免二次装修</td><td>与土建工程同时安装标准化构件</td></tr>
<tr><td>单元式活动房间</td></tr>
<tr><td>采用成套室内家具</td></tr>
<tr><td rowspan="2">其他技术</td><td rowspan="2">物业智能管理系统</td><td>建筑物物业智能管理中心</td></tr>
<tr><td>建筑物物业数字化管理控制平台</td></tr>
</table>

绿色建筑技术集成体系是反映绿色建筑发展的综合性指标，目前许多欧美发达国家已在绿色建筑设计、自然通风、建筑节能与可再生能源利用、绿色环保建材、室内环境控制改善技术、资源回用技术、绿化配置技术等单项生态关键技术研究方面取得大量成果，并在此基础上，发展了较完整的适合当地特点的绿色建筑集成技术体系。不少发达国家根据各自的特点，还通过建造各具特色的绿色建筑示范工程展示其绿色理念、绿色技术及产品等大量研究成果，引领未来建筑发展方向，推动建筑的可持续发展。建筑形式包括办公楼，住宅，学校，商场等，比较典型的如：英国 BRE 的生态环境楼，见图 3-1，Integer 生态住宅样板房，见图 3-2。这些示范建筑通过精妙的总体设计，结合自然通风、自然采光、太阳能利用、地热利用、中水利用、绿色建材和智能控制等高新技术，充分展示了绿色建筑的魅力和广阔的发展前景。

图 3-1　英国 BRE 的生态环境楼

英国 BRE 的生态环境楼为 21 世纪的办公建筑提供了一个绿色建筑样板。该建筑位于英国奥特福德（Watford）郊区，建成于 1996 年，为三层框架结构，建筑面积 6000m^2，其设计新颖，环境健康舒适，不仅提供了低能耗舒适健康的办公场所，而且用作评定各种新颖绿色建筑技术的大规模实验设施。它是 BRE 的有关环境研究的一个试验产品，能源系统是设计师为一个尺度适中的办公建筑精心设计的，使之成为新一代生态办公建筑的模范之作。它的每年能耗和 CO_2 排放性能指标定为：燃气 47kWh/m^2；用电 36kWh/m^2；CO_2 排放量 34kg/m^2。

该建筑内容纳了为 100 余名工作人员准备的办公室 800m^2 的会议设施，总的面积为

$2040m^2$。办公室分别配置在3层中，主要沿东西布置，各办公单元的平面采用30m×13.5m的模数，既有大空间办公室，也有封闭的小办公室。平面不对称呈“L”形布置，两翼的柱网也有所不同。

该建筑办公室的层高为3.7m，比起普通办公室来高出很多。这样较高的层高保证了自然光照明的需要，在上班时间，95%以上的室内能够有足够的自然光照明。南侧立面上有五个高耸的风塔，并装有玻璃益于采光，通风口有低速风扇，可以在炎热或无风时节帮助通风；在气温适中时，可以直接打开窗户通风。这些通风塔是整个建筑自然通风和制冷系统的关键部分。

这座办公楼的遮阳系统由遮阳板、活动式百叶窗、反射玻璃等组成。遮阳百叶由半透明的陶瓷材料制成，可以阻挡直射太阳光，但会将阳光漫射入室内，百叶的角度可以自动控制，也可以由办公室的使用者人工调节。南面采用了活动式外百叶窗，活动百叶窗是由一个自动控制系统，根据户外的阳光强度、天气状况自动调整百叶的位置，既控制眩光又让日光进入，并可外视景观。但是用户也可以通过控制器调整。百叶窗的导向性使得用户无论是坐在桌子边上还是在大厅里步行、站立，都不会阻碍视线。南侧的窗户使用了反射玻璃，还配有电动卷帘来减少夏季的太阳热吸收。建筑的周围还种植了落叶树，在夏季提供遮阳，冬季则改变寒风的流线。

该建筑的光电设备布置是南侧立面上的五个高耸的通风塔和太阳能光电板。通风塔可以吸收太阳能转化为电能，以驱动内部的低压风扇，在炎热、沉闷的天气条件下可以增强风塔的抽风效能。太阳能光电板在高峰的时候可以提供3kW的额外电能。

图3-2 Integer生态住宅样板房

Integer生态住宅样板房是1998年9月建设在英国BRE总部之内的智能屋，是一座依坡而建的$200m^2$左右的三层小别墅。一层是主卧室、卧室、卫生间等，二层是厨房、客厅和暖房平台等，三层是书房和控制设备间等。房子的正面朝南几乎全是玻璃，面对很大的一个花园。玻璃窗里面有可以自动卷扬控制的，能够反射太阳光的特殊尼龙窗帘，它将根据不同季节房屋对日照和热量要求的不同决定升降。房屋的其他三面除部分玻璃小窗外均为木制板墙。该建筑坡屋顶面采用玻璃幕墙架空封闭，其顶面开设天窗，并安装两个太阳能热水装置。两端天沟设置雨水集中管，并通过中间水循环管道再生利用。坡屋顶底部设有一层可开启银白色隔热遮阳绝缘层。建筑物基础混凝土采用再生骨料，外墙和地板为旧房回收废料，墙体保温采用由废纸纤维制成的保温材料。此外，屋内设置的家用电器也是节能产品，如冰箱保温层用真空保温技术，脱排油烟机用电量可根据烟气排放量自行调节，洗碗器可程控至电费半价时间区运行，浴缸水位和温度可自动调控。据测算，该建筑比传统节能建筑节能50%，节水1/3，其太阳能热水装置可提供60%供热需求。

3.2　绿色建筑的节地与室外环境技术

3.2.1　建筑节地技术

为实现绿色建筑设计中节地的相应星级指标，我们通过不同的技术措施针对不同地域、建筑功能、环境的建筑物进行应用。例如：我们可以减少建筑的异型平面、交通流线布置简洁可减少交通面积。防火等综合因素可减少电梯间楼梯间等面积。同时，场地选取利用方面，应充分利用原有场地及周边的资源。在地下空间利用方面，合理设计地下室及半地下室，作为人防及地下车库等功能，减少地上空间利用压力，同时满足相关指标。

3.2.2　建筑室外环境技术

建筑废弃物的管理与再循环利用工作成为其中不可避免的环节。建筑废弃物可能误被看作是无害材料，但大量的建筑废弃物不经处理被直接填埋或者运往郊区堆放，由此造成的危害表现在很多方面，例如侵占土地，污染水体、大气和土壤，影响市容和环境卫生（包括运输和处理过程），浪费自然资源等等，随着建筑材料的发展，成分趋向复杂化，使用的有机材料增多，使得危害程度进一步恶化。

依据循环经济理论，建筑废弃物具有再生利用的潜在价值。将建筑废弃物资源化，达到节约自然资源，节约能源、美化环境、减少污染的效果，实现其经济效益、社会效益和环境效益。建筑物废弃物的资源化就是在构建的循环系统中进行物质循环、能量循环，使建筑资源和能量在循环流动中得到充分利用。循环经济理论体系下构建建筑废弃物循环系统，如图 3-3 所示。

建筑废弃物循环系统将传统的线性流程改为“建筑资源——建筑产品——建筑废物”的反馈式流程。在这个循环的过程中，循环动力为组合生产、居住消费、整合利用、控制中心。组合生产就是利用建筑资源修建各种建筑。居住消费就是指对房屋的使用。整合利用就是利用先进的科学技术将建筑废弃物转化为可再次利用的建筑资源。控制中心是控制组合生产、居住消费、整合利用三个环节，为确保建筑废弃物循环系统高效运作，以达到减量化（reduce）、再使用（reuse）、再循环（recycle）的 3R 原则。减量化原则是指减少在生产和消费中物质和能量的消耗，减少建筑废弃物的数量和体积，高效利用资源；再使用原则是指在生产和消费过程中尽量最大限度地使用建筑物资源，避免其过早地成为废弃物；再循环原则是指把建筑废弃物再次变成建筑资源循环利用，从而减少废弃物最终处理量。

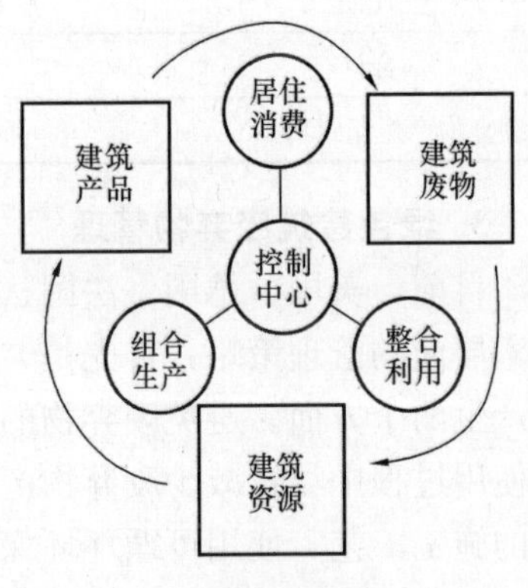

图 3-3　建筑废弃物循环系统

1. 绿色建筑的废弃物处理技术

废弃物管理与处置系统应该包括收集与处置两部分，收集应体现“谁污染谁治理，谁排放谁付费”的原则；处置应以“无害化、减量化、资源化”为原则。生活垃圾的收集要全部实现袋装密闭容器存放，收集率应达到100%。垃圾应实行分类收集，分类率应达到50%。

2. 建筑废弃物及其循环系统

根据《城市建筑垃圾和工程渣土管理规定（修订稿）》，建筑废弃物（即建筑垃圾）是指建设、施工单位或个人对各类建筑物、构筑物等进行建设、拆迁、修缮及居民装饰房屋过程中所产生的余泥、余渣、泥浆及其他废弃物。按照来源分类，建筑废弃物可分为土地开挖、道路开挖、旧建筑物拆除、建筑施工和建材生产废弃物五类，其中旧建筑物拆除和建筑施工产生的废弃物占绝大部分。不同结构类型建筑物所产生的建筑废弃物含量有所不同，见表3-2，但其基本组成一致，主要由土、渣土、散落的砂浆和混凝土、剔凿产生的砖石和混凝土碎块、打桩截下的钢筋混凝土桩头、废金属料、竹木材、装饰装修产生的废料、各种包装材料和其他废弃物等组成。

建筑废弃物数量和组成（%） 表3-2

废弃物成分	砖混结构	框架结构	框剪结构
碎块（砌块）	30～50	15～30	10～20
砂浆	8～15	10～20	10～20
混凝土	8～15	15～30	15～35
桩头	—	8～15	8～20
包装材料	5～15	5～20	10～20
屋面材料	2～5	2～5	2～5
钢材	1～5	2～8	2～8
木材	1～5	1～5	1～5
其他	10～20	10～20	10～20
合计	100	100	100
废弃物产生量（kg/m^2）	50～200	45～150	40～15

3. 绿色建筑废弃物管理

目前，美国、德国、法国、荷兰和日本等西方发达国家以及香港对建筑废弃物采取的技术层面的管理策略：首先是“源头削减策略”，包括避免废弃物的产生和尽量减少废弃物产生两个方面。避免废弃物的产生主要是在建筑方案的策划和设计阶段进行控制；在生产使用过程中尽量减少废弃物产生，则包括在建造过程中，加强现场的施工管理、采用先进的施工工艺、使用可循环环保材料等。

其次，则是采用先进的技术手段和增强工人意识，对已产生的建筑废弃物通过回收再利用，提高建筑原材料的利用率；或对其进行回收再加工，成为其他产品的原材料，变废为宝。

再次，则是对无法回收再利用和加工的极少量废弃物进行焚烧，并回收和掩埋。

通过以上几个步骤，建筑废弃物产生量得到很好的控制，有效节约资源和保护环境，有利于城市化的可持续发展，建立资源节约型、环境友好型社会。绿色建筑废弃物管理策略的优先级别如图3-4所示。

从图 3-4 可以看出，“源头削减”处在废弃物管理策略的最顶层，其优先级别最高，对建筑废弃物的减量化成效最为显著；“回收再用”则是对提高建筑材料利用率的补充，能有效节约能源和资源，因此它也具有较高的优先级；“废物回收处理”可以通过加工为其他产品提供原料，变废为宝，但是在这过程中需要消耗较多的能量；“废物弃置”处于管理策略的最底层，往往针对那些极少量不能回收的废弃物，通过焚烧等处理手段，对其残渣进行有效处理后再填埋，确保其对环境影响达到最小。

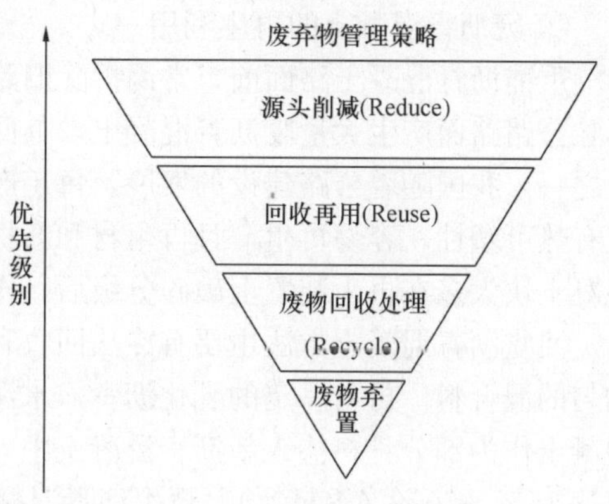

图 3-4　建筑废弃物管理策略优先级别图

现阶段我国的房屋建筑工程中，在建筑产品前期策划、设计和建造加工上实现建筑废弃物减量化考虑甚少，即在“源头削减”策略上基本不予考虑。由于建筑废弃物的分类回收和再利用要花费较多的时间、人力和物力，加上我国现阶段对建废弃物的产生缺乏有效的经济制约措施，因而现阶段回收利用建筑废弃物的成本较将其直接拉走填埋或焚烧要高出很多，这是导致我国废弃物的处理还处在填埋和堆放的粗放处理阶段的重要原因。

4. 绿色建筑废弃物的处理技术

（1）直接利用

① 作为回填材料直接利用

建筑垃圾的主要成分是混凝土、石灰、砂石、渣土等，一般不存在“二次污染”的问题，可以用做工程回填，如修筑建设用地、城市造景、填海和筑堤坝的回填材料或铺设道路等。

② 作为建材产品直接利用

用建筑垃圾加固软土地基，其原理是利用建筑垃圾中的废旧固体无机材料形成散状材料桩，通过重锤冲击使桩与桩间土相互作用，形成复合地基，进而达到提高地基承载力的作用。建筑垃圾夯扩桩施工简便、承载力高、造价低，适用于多种地质条件，如新填筑地基、杂填土地基、自重与非自重湿陷性黄土地基以及坑塘填筑地基和含水量较大的软弱地基等。同时利用建筑垃圾夯扩桩可以消纳大量建筑垃圾，具有明显的经济效益和环境效益。对大多数中小承载力的桩基来说，它是取代普通沉管灌注桩和钻孔灌注桩的理想桩型。与普通沉管灌注桩相比，建筑垃圾夯扩桩避免了较长沉管灌注桩常产生的断桩、缩径、混凝土离析等质量通病，其桩长一般较短，桩身混凝土质量可以得到有效保证。

（2）再生利用

① 废混凝土的再生利用

废混凝土块产生于建筑物拆毁和维修过程中，经破碎后可作为天然粗骨料的代用材料制作混凝土，也可作为碎石直接用于地基加固、道路和飞机跑道的垫层、室内地坪垫层等，若进一步粉碎后可作为细骨料，用于拌制砌筑砂浆和抹灰砂浆。

由于废混凝土块一般都堆放在建设工地现场或附近，因此废混凝土块的再生利用不仅节约了天然骨料资源，而且还降低了建筑垃圾的产量和清运费用，经济效益十分明显。

② 废沥青混凝土的再生利用

重铺沥青混凝土路面前，常因拆除旧路面而产生大量废沥青混凝土。发达国家每年因拆除公路路面产生大量废沥青混凝土，其回收利用已成为垃圾废料用作建筑材料的主要部分之一。我国随着公路建设的发展，每年产生废沥青混凝土的数量也逐年增加。由于沥青具有热可塑性，容易再生，且再生材和新材料的品质大体相同，故再生利用率高。废沥青混凝土块大多在再生装置上破碎分级后，作为沥青混凝土的骨料及再生路盘材使用。

回收沥青混凝土方法主要有冷法回收和热法回收。冷法回收是把废沥青混凝土磨细成均匀的混合料，再与一定的乳化沥青、水泥拌和作基层。热法回收是将经粉碎后的废沥青混凝土作为部分骨料掺入新沥青混凝土中，制成再生利用混凝土，废沥青混凝土的掺入量可达 15%～50%（重量比）。再生沥青混凝土的质量受废沥青混凝土的质量和掺入量的影响较大，废沥青混凝土的质量越好，可掺入的比例越大。因为废沥青混凝土热法回收时会产生废气，为了减少废气排放量，应尽量减少加热时间。含有过度变质沥青的再生骨材不能用于制造再生沥青混凝土。

③ 废砖块的再生利用

简单易行但经济效益较低的再生技术途径是：将废旧砖瓦用于再生免烧砖瓦及水泥混合材或作为粗骨料拌制混凝土。使用 60%～70%的废砖粉，利用石灰、石膏激发，免烧、免蒸、可成功制得 28 天强度符合 GB 5101—2003 烧结普通砖标准要求的 100＃及 150＃砖，可用于承重结构。用碎砖块做低强度等级混凝土的骨料，其强度是足够的。若要配制强度等级更高的混凝土，则需采取必要的技术措施。有研究表明，碎砖粗骨料混凝土的性能与花岗岩粗骨料混凝土相当。在一些天然骨料很少的国家，甚至用好砖来生产混凝土骨料。

将建设拆迁废弃的碎砖用于承重混凝土砌块生产，具有价格低、保温性能好、重量轻、强度满足承重混凝土砌块 MU10 强度等级标准等特点，为城市建设及地震灾区廉价制作建筑材料提供了新的途径。

④ 废砂浆的再生利用

建筑物拆除过程中会产生粉末状水泥砂浆。硬化的水泥砂浆包裹在砂颗粒周围，增大了集料的粒径，同时水泥水化颗粒改善了集料的级配，可作为细集料来用。而在拆除过程中产生的水泥砂浆块较大的可作粗骨料，较小的经粉碎后可作细集料，都是可以物尽其用的。例如用废砂浆与碎砖块生产再生混凝土，由于碎砖块和砂浆的抗拉强度差别不是太大，同时碎砖块表面粗糙，孔隙较多，砂浆和骨料的界面结合得以加强，从而使再生混凝土产生界面微裂缝的机会减少，对提高再生混凝土的强度非常有利。再如以一定比例的废旧砖、砂浆细颗粒取代天然砂可配制砂壁状涂料，其耐水性和耐碱性大大超过标准的指标，技术上是可行的。既可降低成本，节省天然砂石资源，缓解天然资源供求矛盾，又能减轻建筑垃圾对环境的污染，具有很好的社会效益、环境效益和经济效益。

⑤ 施工中散落的砂浆和混凝土的再生利用

施工中散落的湿砂浆、混凝土可通过冲洗将其还原为水泥浆、石子和砂进行回收。英国已经开发了专门用来回收湿润砂浆和混凝土的冲洗机器。另一种方法是化学回收法，它利用聚合物将砂浆、混凝土直接黏结形成砌块。另外，凝固的砂浆、混凝土还可作为再生集料回收利用。

⑥ 其他建筑废料的再生利用

建设工程中的废木材，除了作为模板和建筑用材再利用外，通过木材破碎机，粉碎成碎屑可作为造纸原料或作为燃料使用；废竹木、木屑等则可用于制造各种人造板材；废金属、钢料经分拣、集中、重新回炉后，经再加工可制成各种规格的钢材。

⑦ 室外环境地面技术

地上合理采用透水地面，包括透水混凝土地面、透水砖地面及植草透水花格等形式，以满足《评价标准》的要求。

3.3 绿色建筑的节能技术

3.3.1 建筑节能的含义

在绿色建筑的发展过程中，对“建筑节能”曾有过不同的理解，自从1973年发生世界性能源危机以后的30年里，在发达国家，它的说法经历了三个发展阶段：第一阶段，称为在建筑中节约能源（Energy saving in buildings）；第二阶段，称为在建筑中保持能源（Energy conservation in buildings），强调在建筑中减少能源的损失；第三阶段，称为在建筑中提高能源利用率（Energy efficiency in buildings），即不是消极意义上的节省，而是积极意义上的提高能源利用率。由于20世纪七十年代石油危机的影响，能源短缺日益严重，替代能源的发展比较缓慢，使得能源价格节节攀升，所以世界上各个国家都日益重视节约能源。建筑节能作为节能的一个重要方面理所当然地受到重视。建筑能耗占全国总能耗的比例在发达国家已经占到30%～40%左右. 我国从八十年代初开始重视建筑节能，建筑节能的范围现已与发达国家取得一致。

在我国，现在通称的建筑节能，其含义为第三阶段的内涵，也就是说建筑节能就是要在保证和提高建筑舒适性的前提下，合理地使用和有效利用能源，不断提高能源利用效率。建筑节能的内涵是指建筑物在建造和使用过程中，人们依照有关法律法规的规定，采用节能型的建筑规划、设计，使用节能型的材料、器具、产品和技术，以提高建筑物的保温隔热性能，减少供暖、制冷、照明等能耗，在满足人们对建筑物舒适性需求的前提下，达到在建筑物使用过程中，能源利用率得以提高的目的。

3.3.2 绿色建筑常见节能技术

1. 绿色建筑节能技术的应用

（1） 合理的建筑布局

在一栋建筑的规模、功能、区域确定了以后，建筑外形和朝向对建筑能耗将有重大影响。一般认为，建筑体形系数与单位建筑面积对应的外表面积的大小成正比关系，合理的建筑布局可以降低采暖空调系统的电力使用载荷。从热力学与空气动力学的角度出发，较小的体形系数与较小的外部负荷呈现正比关系。而用途为住宅的建筑物外部负荷不稳定其对能量消耗占主要因素。而对运动场馆、影院等大型公共用途的建筑物而言，其内部的发热量要远远高于外部的发热量，所以在设计中较大的体形系数更加有利于散热。也就是说普通住宅与大型的公共建筑由于用途不一样，其发热量影响因素也不一样，从节能的角度出发，其体形系数的设计要求是相反的。

（2）外墙保温

在温度较低的北方地区，对建筑物进行外墙保温是一项能够大幅提高热工性能的绿色节能工程。其外墙保温材料的铺设厚度与其保温效果呈现正比例关系。外墙保温工艺的广泛应用不但可以在寒冷的冬季有效地避免室内温度的快速流失，而且在炎热的夏季还可以有效地避免由于太阳光辐射而导致的外墙温度升高进而带动室内温度的上升，从而减小了空调等制冷设备的工作载荷。这样一来，通过铺设建筑物外墙保温层不但使夏季的隔热性能得到提升还使得冬季的保温性能得以加强。这样就减轻了冬季供暖压力和夏季的降温电力载荷，从而使得建筑物的能耗得到降低。所以，从考虑降低能耗的角度来看，我们应该大力推广建筑物外墙保温工艺与技术进行广泛的实施。

（3）充分利用洁净丰富的太阳能天然能源

太阳能为目前已开发的绿色能源中最重要的能源，是取之不尽、用之不竭、广泛存在的天然能源，其具有极为洁净和廉价等诸多显著优点。目前，在住宅建筑中太阳能的利用主要有太阳能空调、太阳能热水器和太阳能电池。对于我国而言太阳能资源相对还是十分丰富的，在我国年日照时数为2500h以上的地区占国土面积的三分之二以上，甚至有的地区年日照时数高达3000h以上。这为我国开发利用洁净的太阳能资源提供了良好的条件。现在制约着太阳能利用的最大因素在于其能量转换率过低，但是从发展的角度来看，随着科学技术的进步，太阳能利用的范围将会更广，能量转换效率将会更高。

（4）引入中水系统

我国的年平均年水资源总量为28124亿m^3，年平均人均水资源占有量仅有2200m^3，年平均人均水资源占有量仅为世界年平均人均水资源占有量的1/4。中国属于被联合国列为水资源紧缺的国家之一。在正常生活中使用量占95%的洗涤及排污用水使用的都是饮用水，这就造成了极大的浪费。而饮用水的处理要求极高，但是使用量只占5%。引入中水系统后95%的非饮用水（浇灌、洗涤、冲刷）将不再使用饮用水，并且经过简单处理后即可循环使用，这样极大地节约了对饮用水的浪费性使用，减少了水处理成本，从而实现节能降耗的目标。

（5）应用昼光照明技术

在建筑的能耗排行中，建筑照明是排名前列的选项。在一些商业性质的建筑物中，建筑照明所消耗的电量有时候可以占到总耗电量的30%以上。而且由于照明发光制热的因素，在一些需要降低环境温度的区域空间里，因为照明制热的原因还导致制冷系统载荷的被动性加大。昼光照明就是将日光引入建筑内部，并将其按照一定的方式分配，以提供比人工光源更理想和质量更好的照明。昼光照明减少了电力光源的需要量，减少了电力消耗与环境污染。研究证明，昼光照明能够形成比人工照明系统更为健康和更兴奋的环境，可以使工作效率提高15%。昼光照明还能够改变光的强度、颜色和视觉，有助于提高工作效率和学习效率，广泛应用于绿色建筑中。

2. 绿色建筑门窗节能技术

在建筑外围保护结构中，门窗对室内环境的影响主要体现在冬季保温、夏季隔热、引导通风、隔声等方面。门窗的保温隔热能力较差，门窗缝隙还是冷风渗透的主要渠道，改善门窗的绝热性能，是节能工作的一个重点。一般来讲，在门窗的节能设计中主要考虑减小建筑外门窗洞口的面积、提高外门窗的气密性，减少渗透量、提高外门窗本身的保温性能，减少传热量、减少太阳能辐射等方面。

（1）控制窗墙面积比

通常窗户的传热热阻比墙体的传热热阻要小得多，因此，建筑的冷热耗量随窗墙面积比的增加而增加。作为建筑节能的一项措施要求在满足采光通风的条件下确定适宜的窗墙比。因全国气候条件各不相同，窗墙比数值应按各地方建筑规范予以计算。

（2）提高窗户的保温性能

提高窗户的保温性能可分为提高玻璃和窗框的保温性能两部分。

图3-5　镀膜玻璃

在窗户中，玻璃面积占窗户面积的65%～75%。由于普通玻璃的热阻值很小，而且对远红外热辐射几乎完全吸收，过去常用的单层玻璃成为窗户保温节能薄弱的环节。国内外实践证明，改变玻璃结构，将窗户玻璃由单玻变成双玻（或中空玻璃）和三玻（或两玻加膜），利用封闭空气间层增加热阻，玻璃的保温性能会明显提高。另外，玻璃镀膜也是近年来广泛采用的一种节能措施。目前，镀膜玻璃有热反射玻璃和低辐射玻璃（LOW－E）两大系列，见图3-5。热反射玻璃隔热好，但保温作用不大，较适合夏热冬暖地区。低辐射玻璃，在大大降低传热的同时有良好的透光性，对夏热冬冷地区节能效果较好。

通过窗框的热损失在窗户的总热损失中占有一定的比例。它的大小主要取决于窗框材料的导热系数。我国常用的窗框材料有木材、塑料、铝合金和钢材，表3-3列出了这四种窗框材料的导热系数。目前为节约能源和提高建筑室内环境质量，广泛地采用色彩丰富、耐老化性能优良的塑钢窗框或新型节能断热型铝合金窗框。

几种材料的导热系数 W/（m·K）　　　　**表3-3**

项目	木材	塑料	钢材	铝合金
导热系数	0.14～0.29	0.10～0.25	58.2	174.4

（3）提高窗户的隔热性能

窗户的隔热就是要尽量阻止太阳辐射直接进入室内，减少对人体与室内的热辐射。提高外窗特别是东、西外窗的遮阳能力，是提高窗户隔热性能的重要措施。通过建筑措施，实现窗户的固定外遮阳，如增设外遮阳板、遮阳棚及适当增加南向阳台的挑出长度都能够起到一定的遮阳效果。而在窗户内侧设置如窗帘、百叶、热反射帘或自动卷帘等可调节的活动遮阳装置同样可以实现遮阳目的。在目前舒适建筑的窗帘材料中，热反射织物窗帘具有很好的阳光反射性能，其热透过率在1%左右，能取得很好的反射隔热效果；而将纺织物的多孔绝热特点和金属的优良反光特性结合起来制成的复合窗帘，可以对窗户起到良好的绝热作用；铝合金百叶窗帘，因其叶片光洁，对阳光有很好的反射作用，隔热效果很好。表 3-4 列出了几种隔热窗帘的遮阳系数。

几种隔热窗帘的遮阳系数 **表 3-4**

项目	白窗帘	浅蓝布窗帘	深黄、紫红、深绿窗帘	活动百叶帘
遮阳系数	0.52	0.60	0.65	0.60

同时，窗帘的悬挂方式对于隔热效果影响也很大。据报道，窗户内侧挂百叶窗帘可使能量透过率下降 43%，而将百叶窗帘挂在窗户的外侧可取得良好的隔热效果，比单层玻璃窗的透过能量下降 88%。此外，以各种适宜的保温材料制作各种形式的保温窗扇，在白天开启，夜晚关上，可以大大减少通过窗户的热损失。这一措施，近年来在太阳能建筑中得到了广泛的应用。

（4）提高门窗的气密性

在我国寒冷地区，由于室内外温差造成冬季室外的冷气从窗缝隙进入室内，而室内的热空气从窗缝隙流到室外，引起热损失；夏季若室内空调制冷，也是从窗缝隙进行冷热空气流动，消耗电能。节能窗虽具有良好的保温隔热作用，但窗的气密性差时造成的热损失是不能忽视的。为此，在设计中应尽可能减少门窗洞口，加强门窗的密闭性。可在出入频繁的大门处设置门斗，并使门洞避开主导风向。当窗户的密封性能达不到节能标准要求时，应当采取适当的密封措施，例如在缝隙处设置橡皮、毡片等制成的密封条或密封胶，提高窗户的气密性。研究结果表明：密封胶优于密封条，常用的典型密封方法有 3 种：①在玻璃下安装密封的衬垫材料；②在玻璃两侧以密封条加以密封；③在密封条上加注密封胶。就保温而言，房屋的密闭性越好越节能；但从空气质量角度要求，房屋必须有一定的换气量。为了解决这个矛盾，在外窗上设置可开关的换气扇是一种较好的方式。

（5）选用适宜的窗型

门窗是实现和控制自然通风最重要的建筑构件。首先，门窗装置的方式对室内自然通风的影响很大。门窗的开启有挡风或导风作用，装置得当，则能增加室内空气通风效果。从通风的角度考虑，门窗的相对位置以贯通为好，尽量减少气流的迂回和阻力。其次，中悬窗、上悬窗、立转窗、百叶窗都可起调节气流方向的作用，见图 3-6～图 3-8。在欧洲多以平开窗为主体，特点是利于室内换气又不直接进风、进雨水，见图3-9。北美则流行

图 3-6 中悬窗

图 3-7 上悬窗

一种上下提拉窗，开启面积占窗的 1/2，窗台高度 900mm，下扇上提时有 800～900mm 的通风高度，恰好是人体活动高度，见图 3-10。我国建筑中目前广泛采用的窗型有推拉窗、平开窗、固定窗。由于平开窗具有窗扇可以全部打开，使用面积大于推拉窗，并且向外的窗扇还能引导空气进入室内，形成良好的空气循环以及窗扇关闭后与窗框密闭性良好等优点，更容易实现节能、通风、美观的统一。

图 3-8　百叶窗

图 3-9　平开窗

3. 绿色建筑屋面节能技术

屋顶作为一种建筑物外围护结构所造成的室内外温差传热耗热量，大于任何一面外墙或地面的耗热量，因此，提高建筑屋面的保温隔热能力，能有效地抵御室外热空气传递，减少空调耗能，也是改善室内热环境的一个有效途径。常见的屋面节能技术有倒置式保温屋面、种植屋面、蓄水屋面、浅色坡屋面等。

（1）倒置式保温屋面

倒置式保温屋面是与传统屋面相对而言的。所谓倒置式屋面，就是将传统屋面构造中的保温层与防水层颠倒，把保温层放在防水层的上面，对防水层起到一个屏蔽和保护的作用，使之不受阳光和气候变化的影响，不易受到来自外界的机械损伤，是一种值得推广的保温屋面。其主要构造简图如图 3-11 所示。

图 3-10　上下提拉窗

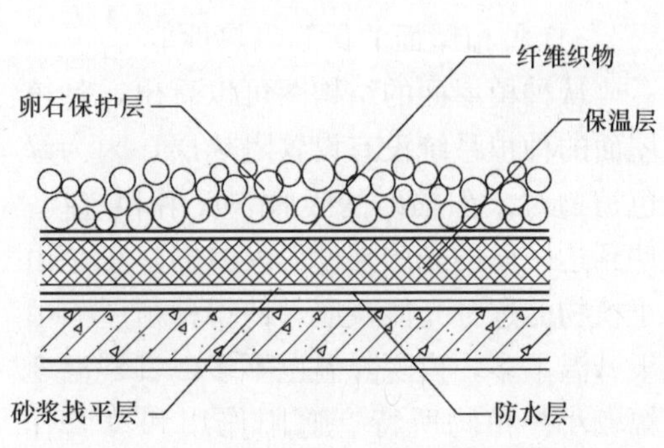

图 3-11　倒置式屋面

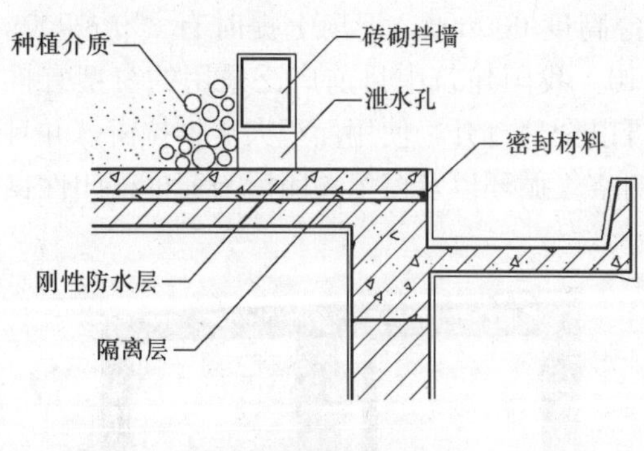

图 3-12 种植屋面

(2) 种植屋面

种植屋面是指在建筑屋面和地下工程顶板的防水层上铺以种植土，并种植植物，使其起到防水、保温、隔热、和生态环保作用的屋面，其主要构造简图如图 3-12 所示，种植屋面的类型见图 3-13。

屋面的植被绿化防热是利用植物的光合作用、叶面的蒸腾作用以及对太阳辐射的遮挡作用，来减少太阳辐射热对屋面的影响。另外，土层也有一定的蓄热能力，并能保持一定水分，通过水的蒸发作用对屋面进行降温。图 3-14 为我国浙江农民在屋顶种植的水稻实景图。这种方法不仅收获了优质水稻，而且使得顶层房间的热环境得到显著的改善，实现了冬暖夏凉的效果。

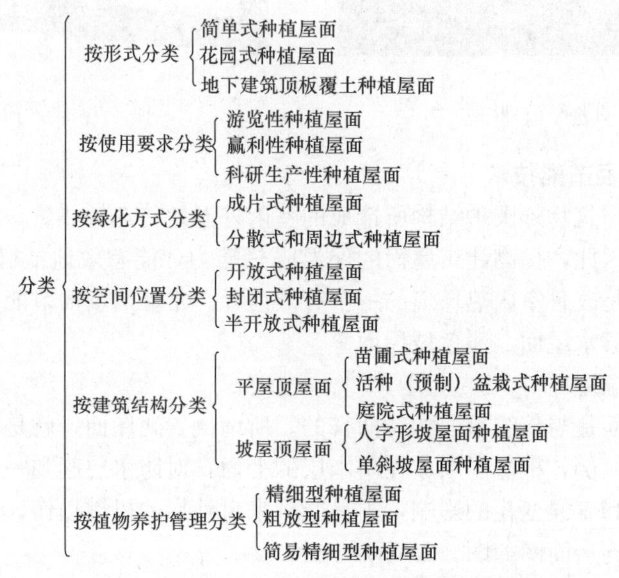

图 3-13 种植屋面的类型

① 种植屋面的保温隔热性能

从种植屋面的结构图可以看出，种植屋面的种植系统没有设置隔热层，因为绿色植物对太阳辐射的吸收、反射和遮挡，使到达屋面的光照强度大大减弱。正是由于植物的这种光能效应，使得种植屋面白天升温不多，夜晚降温也不多，日气温变幅较小。植物所特有遮阳作用和蒸腾作用，具有明显的降温降湿效应。种植屋面的植物成为隔热层，减少室外空气与围护

图 3-14 我国浙江农民在屋顶种植水稻实景图

结构之间的热交换，使传入室内的热量大大减少，而从屋面进入室内的热量占总围护结构得热量的70%以上。有资料显示，夏季种植屋面的内表面温度比其他屋面低2.8～7.7℃。因为植被能吸收太阳辐射的热量，通过光合作用转化为生化能，从而改变能量存在的形式。此外，其表面的反射热小，长波辐射小，冬季又有良好的保温性能，所以植被也具有良好的热工性能，室内的热量也不会通过屋面轻易散失。种植屋面真正能够做到冬暖夏凉，因此完全可以将现有的平屋顶通过屋面绿化来达到隔热保温的效果，降低能耗和空调费用。

由于种植屋面独特的种植系统，太阳光不会直接照射到屋面，使得屋面防水层材料、连接处和其他材料热胀冷缩的温差和变化速度都明显降低，延长了建筑材料的使用寿命，减少后期维护成本。

② 种植屋面的给水系统

种植屋面的给水系统通常采用喷灌的形式，也可采用滴灌的形式。一般喷灌用水无水质特殊要求的可直接采用自来水、河流水。若水中有较大颗粒杂质，则应做相应的过滤处理，以防堵塞喷头。给水压力则根据所选用的喷头形式、喷射半径以及供水管网通过计算确定。喷头的类型繁多，应根据绿地、花坛形式、面积大小、水源压力、植物状况、绿地功能及美观要求等选定。为了减少城市自来水的用量，节约水资源，种植屋面还可采用雨水收集系统，将屋面和地面的雨水经过收集处理和储存，使其达到规定的标准，以供灌溉植物之用。如旧建筑中没有考虑到种植屋面的灌溉问题，那么植物应采用耐旱节水型植物，以减少对水资源的浪费。

③ 种植屋面的蓄水和节水

种植屋面上各种植物的浇灌用水、水池、喷泉等水体用水极为频繁，因此种植屋面都必须具有良好的蓄排水及防水功能，才不会影响屋面的使用效果和建筑物的安全。种植屋面能够截留雨水并迅速排除多余的水分，使雨天屋面的排水量减少，从而减轻排水管道的压力，这就意味着排水管道的数量和直径均能相应减小，节省建筑成本。截留的雨水可以用作植物的浇灌用水，节约净化水的能耗及水资源。此外截留雨水通过植物的蒸腾作用和太阳直接蒸发到空气中，实现水的自然循环，不仅大大降低了屋顶的室外综合温度，而且还改善城市的空气质量。同时大部分雨水避免被直接排放，可以减少水资源的浪费，缓解城市排水系统的压力，减少了污水处理费用。

种植屋面还必须注意屋面防水层的保护。一是选择根系不发达的植物，以免破坏防水层而造成屋面渗漏；二是选择耐根系穿刺的防水层，如铝合金卷材高密度聚乙烯土工膜等；三是使用“生态种植屋面复合排水呼吸系统”，即采用先进的屋面生态防水换气导水技术，通过导水、排潮、换气和植被的生态循环，既克服了卷材防水层的不足，又满足了种植层的隔热保温的作用。

④ 植物选择

植被层是种植屋面系统中的可见部分，也是种植屋面展示的部分，因此，植被的选择在种植屋面系统中非常重要。植物的成活与生长的好坏取决于其生长环境条件，由于屋顶的生态环境与地面明显不同，光照、温度、湿度、风力等随着层高的增加而呈现不同的变化，受屋面自然条件的限制，所以屋面种植植物的选择比地面种植植物的选择更严格，一般要综合考虑以下因素：

a. 屋顶离地面越高，自然条件越恶劣，植物的选择则更为严格。植株必须具有根系浅、耐寒冷、抗旱、耐瘠薄、喜阳的习性。在植物类型上应草坪、花卉为主并穿插点缀一些花灌木、小乔木。各类草坪、花卉、树木所占比例应在70%以上。

b. 考虑到布局技术的需要和功能发挥，植株宜选择具有较鲜艳和开花时有较好观赏效果的品种。为便于管理，宜选用适应性强、生长缓慢、病虫害少、浅根系的植物。

c. 需符合防风安全性的要求。植株要相对低矮，如果植株过高或不够坚硬，则风大时植株易倒伏，会影响绿化效果。

⑤ 种植屋面种植土选择

种植土分为田园土、改良土和无机复合种植土三种。田园土即自然土，取土方便，比较经济；改良土是由田园土掺珍珠岩、蛭石、草炭等轻质材料混合而成，密度约为田园土的1/2，并采取土壤消毒措施，适用于屋面种植；无机复合种植土荷载较轻，适宜做简单式种植屋面。无机复合种植土目前价格较贵，是国外屋面种植主要采用的材料。

屋顶绿化与地面绿化的一个重要区别就是种植层荷重限制。种植土完全用田园土，则屋顶荷载较重，土层不透气，保水性能不佳，易干裂。为了使花草生长发育旺盛并减轻屋顶的荷载，种植土宜选用经过人工配置的合成土，使其既含有植物生长的各类元素，又能满足质量轻、持水量大、通风排水性好、营养适当、清洁无毒、材料来源广且价格便宜等诸多要求。目前国内外应用于种植屋面的人工种植土种类较多，一般均采用轻质骨料（如蛭石、珍珠岩、泥炭等）与腐殖土、发酵木屑等配合而成。不同植物生长发育需要的土层厚度不同，植物在屋顶上生长由于风载较大，从植物的防风要求上讲，也需要土壤有一定的种植深度。综合以上因素，种植屋面种植区土层的厚度应根据植物种类按表3-5选用。

种植土厚度 单位：mm **表3-5**

种植土类型	小乔木（带土球）	大灌木	小灌木	地被植物
田园土	800～900	500～600	300～400	100～200
改良土	600～800	300～400	300～400	100～150
无机复合种植土	600～800	300～400	300～400	100～150

⑥ 种植屋面的后期养护措施

a. 植物生长到一定程度，相邻树木的枝叶会互相缠绕，影响通风，滋生病虫。所以必须定期修剪疏枝，防止过密；草坪和地被同样需要修剪成形，以免影响景观。

b. 屋顶绿化植物不同于地面植物，得不到地下水供给，并且屋顶土层易缺水，但一般轻质土保水性较好，因此应视植物生长状态浇水。

c. 根据土壤状况和植物生长状态，适时进行适量施肥。

d. 人工介质可能会因风化和雨水冲刷而流失，导致体积缩小，种植层厚度不够，应及时补充介质。

e. 尽量选择适于当地的植物品种，一旦发现病虫害，应在发生初期迅速控制，并应尽可能避免使用药剂防治。

f. 把植物的定期健康诊断列入管理工作，尽早检验出异常植株。

g. 专人定期负责屋顶绿化的保洁工作，避免生活垃圾、落叶影响景观；植物落叶期间保证每天有专人负责清除，以免堵塞排水孔。

⑦屋面的日光节能种植温室

在屋面上建造日光节能种植温室是一种屋面种植技术，在满足荷载与防水性能要求的建筑物的屋顶上建造日光温室。不同于传统种植屋面的利用植物对太阳光的反射和遮挡，屋面日光种植温室是充分利用太阳能，进行人工调节温度、湿度、光照以及水、肥和热等，为植物创造良好的生长发育条件。其做法就是在建筑平屋顶上安装日光温室的轻钢框架、滴灌给水系统、供暖系统和温室维护墙体等。结构合理的屋面日光种植温室具有很多优点。首先具有良好的保温蓄热构造，温室散热损失少，蓄热能力强。经过人工调节就能达到满足植物生长所需要的温度；二是屋面日光种植温室，位于所建城市建筑物的最高平面上，这样的日光种植温室具有良好的采光位置，能最大限度地透过自然光，大大加强了植物光合作用的进行；三是在建筑屋面上设计回收雨水装置，利用回收雨水进行绿化灌溉，既节约净化水的能耗及水资源，又减轻了城市排水系统的压力，节省了管道设置等的费用；四是具有良好的排风除湿降温等环境调控功能，将日光种植温室低层架空，不仅对温室具有防潮、降温和通风的作用，而且对位于温室架空层下面的建筑物屋面能起到同样好的效果，有利于顶层室内温度的调节，降低空调的能耗。

屋顶日光种植温室技术不仅限于观赏植物的种植，同样可以应用于药材、蔬菜、花苗和果树等经济作物的种植，可产生较好的经济效益和社会效益。屋顶的温室种植，不但可发挥植物的种植优势，还可绿化美化屋顶，增加城市绿化空间，营造空中绿肺，降低城市的热岛效应，具有极为明显是景观效益和生态效益。

⑧种植屋面的作用

a. 种植屋面的保温、隔热作用

利用现代建筑物的屋面建造绿色植被，可以明显改善居住区周围的气候。通过实验可以证明，和没有绿化的屋面相比，绿化的屋面可以降温。在酷热的夏天，当气温大约在30℃时，没有绿化的地面已达到不堪忍受的40℃～50℃，而绿化屋顶基层以下10cm处的温度则为舒适的20℃；在冬天，绿化屋顶像一个温暖罩保护着建筑物。长有植物和含有空气层基层的绿化屋顶可以显著减缓热传导以利节能。实验证明，和没有绿化的屋面相比，种植屋面可以节约房屋供暖费用达50%之多。所以，屋顶花园对于夏天和冬天的极端温度有着突出的缓冲作用。

b. 改善建筑物周围的小气候及优化环境

种植屋面不占用土地，却增加了城市的绿化面积。绿色植物能够吸附空气中的尘埃，同时，吸入二氧化碳放出氧气，在一定程度上改善城市中的空气质量。另一方面，植物叶子和土壤中的水分蒸发过程可以吸热降温。据日本东京的城市绿化部门测算，若屋顶完成50%的绿化，可将城市最高温度降低0.84℃，这显然有利于缓解城市的“热岛效应”。

c. 储水和减少屋面泄水的作用

当许多屋顶都被绿化时，屋面排水可以大量减少。在德国巴伐利亚的园艺站所进行的实验显示，结构厚度为10cm的平屋面，能够使降水强度降低70%左右。除延缓屋面排水外，绿化屋顶还能够把大部分降水储存起来。大约有一半的降水会存在于基层上或通过植物蒸发掉。因此，屋顶花园的这种优点不仅为下水道和蓄水池减轻了负担，也为城市的排水工程设计降低了费用。

d. 对建筑构造层的保护

屋顶构造的破坏只有少部分是由承重物件引起的，在多数情况下是由于屋面防水层温度应力所造成的破坏。迅速的温度变化对建筑物特别有害，它会引起屋顶构造的膨胀和收缩，使建筑物出现裂缝，导致雨水的渗入。温差的变化也会使屋面材料过早老化，减少使用寿命。如上文所述，屋顶花园可以调节夏天和冬天的极端温度，减小温差带来的影响，同时也阻挡了大量射线对屋面的直接照射，不仅保护了屋顶构造，还能延长其使用寿命。

e. 隔音作用

城市中人口相对集中且活动频繁，是噪声污染严重的地区。屋顶花园不仅是抵挡噪声的一道屏障，而且植物层本身对声波也有吸收作用。德国的研究显示，绿化屋顶与一般屋顶相比，可减低噪声 20dB～30dB，屋顶土层 12cm 厚时隔音大约 40dB，20cm 厚时隔音大约 46dB。因此，经过绿化的屋顶可以起到隔音和减低噪声的作用。

f. 心理和美学的作用

人类天性向往自然，绿化的环境能够对人的心理产生影响。绿色屋顶花园的山水景色使人感受到大自然的气息，在混凝土的无机世界中感受到绿色植物的旺盛生命力，从而产生亲切、轻松、愉悦的心理感受，也体会到了大自然的天然美感。另一方面，在房屋建筑附近的绿色花园，不仅丰富了城市景观的视觉效果（即所谓的第五立面），还给人们的休闲娱乐活动带来很大的方便。

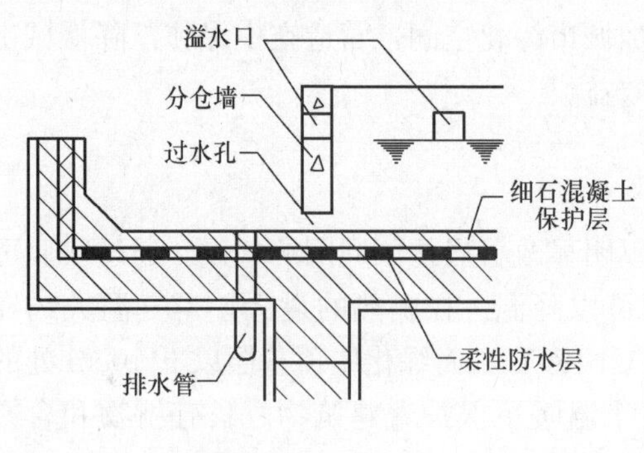

图 3-15　蓄水屋面

(3) 蓄水屋面

蓄水屋面是指在屋面防水层上蓄一定高度的水，起到隔热作用的屋面。其原理是在太阳辐射和室外气温的综合作用下，水能吸收大量的热而由液体蒸发为气体，从而将热量散发到空气中，减少了屋盖吸收的热能，起到隔热和降低屋面温度的作用。此外，水面还能够反射阳光，减少阳光辐射对屋面的热作用。水层在冬季还有一定的保温作用。蓄水屋面即可隔热又可保温，还能保护防水层，延长防水材料的寿命。其主要构造简图如图 3-15 所示。

在相同的条件下，蓄水屋面比非蓄水屋面使屋顶内表面的温度输出和热流响应要降低得更多，而且受室外扰动的干扰较小，具有很好的隔热和节能效果。对于蓄水屋面，由于一般是在混凝土刚性防水层上蓄水，这样既可利用水层隔热降温，又改善了混凝土的使用条件，避免了直接暴晒和冰雪雨水引起的急剧伸缩；长期浸泡在水中有利于混凝土后期强度的增长，又由于混凝土有的成分在水中继续水化产生湿涨，因而水中的混凝土有更好的防渗水性能，同时蓄水的蒸发和流动能及时地将热量带走，减缓了整个屋面的温度变化。另外，由于在屋面上蓄上一定厚度的水增大了整个屋面的热阻和温度的衰减倍数，从而降低了屋面内表面的最高温度。经实测深蓄水屋面的顶层住户的夏日温度比普通屋面要低 2～5℃ 。基于上述优点，蓄水屋面现在已经被大面积推广采用。

但是，要设计一个隔热性能好又节能的蓄水屋面，必须对它的传热特性进行动态分析和计算以确定蓄水的深度究竟取为多大才合适。蓄水屋面有普通蓄水和深蓄水屋面之分。普通蓄水屋面需定期向屋顶供水，以维持一定的水面高度；深蓄水屋面则可利用降雨量来补偿水面的蒸发，基本上不需要人为供水。一般浅水屋面蓄水深度宜为150～400mm，而深蓄水屋面水深400mm较适宜。蓄水深度超过一定程度则降温效果不明显且蓄水过深使屋面静荷载增加，将会增加结构设计难度。根据屋面面积和分格缝位置应分为若干蓄水区，一般每个分格区边长不能大于10m，蓄水屋面实景如图3-16所示。

蓄水屋面最重要的环节应该是屋面的防水处理。在屋面防水做法中有刚性防水屋面和卷材防水屋面。采用刚性防水层时，应按规定做好分格缝，防水层做好后应及时养护，蓄水后不得断水；采用卷材防水层时，其做法与卷材防水屋面相同，应注意避免在潮湿条件下施工，最好在卷材下设置一道细石混凝土防水层，但同时也可在细石混凝土中掺入占水泥重量1%的防水剂，使其成为防水混凝土，提高混凝土的抗渗能力，防止屋面渗漏。为了避免池壁裂缝应采用钢筋混凝土池壁或半砖、半钢筋混凝土池壁。前者用于现浇钢筋混凝土屋面，后者适应于预制板屋面。采用砖砌池墙时靠近池底应做60～100mm高混凝土翻边，且砖池壁应适当配置水平钢筋。以上几种做法均避免了池墙渗漏现象，不再出现池壁裂缝，池壁内抹灰可同池底。

（4）浅色坡屋面

图3-16　蓄水屋面实景图

目前，大多数住宅仍采用平屋顶，在太阳辐射最强的中午时间，太阳光线对于坡屋面是斜射的，而对于平屋面是正射的，深暗色的平屋面仅反射不到30%的日照，而非金属浅暗色的坡屋面至少反射65%的日照，反射率高的屋面大约节省20%～30%的能源消耗，美国环境保护署U. S. Environmental Protection Agence（EPA）和佛罗里达太阳能中心（Florida Solar Energy center）的研究表明使用聚氯乙烯膜或其他单层材料制成的反光屋面，确实能减少至少50%的空调能源消耗，在夏季高温酷暑季节节能减少10%～15%的能源消耗。由此可见，其隔热效果还是不如坡屋面，而且平屋面的防水较为困难，且耗能较多。若将平屋面改为坡屋面，并内置保温隔热材料，不仅可提高屋面的热工性能，还有可能提供新的使用空间（顶层面积可增加约60%），也有利于防水，并有检修维护费用低和耐久的优点。特别是随着建筑材料技术的发展，用于坡屋面的坡瓦材料形式多，色彩选择广，对改变建筑千篇一律的平屋面单调风格，丰富建筑艺术造型，点缀建筑空间有很好的装饰作用。在中小型建筑如居住、别墅及城市大量平改坡屋面中被广泛应用。但坡屋面若设计构造不合理、施工质量不好，也可能出现渗漏现象。因此坡屋面的设计必须搞好屋面细部构造设计，保温层的热工设计，使其能真正达到防水节能的要求。

4. 既有建筑节能改造技术

根据住房和城乡建设部公布的数据，我国现有城乡建筑面积400多亿平方米，95%左右都是高耗能建筑。为实现建筑节能的既定目标，在新建建筑严格执行节能设计标准的同时，既有建筑节能改造也很重要。既有建筑节能改造潜力巨大，具有良好的节能效果和环境效益。既有建筑的节能改造技术的内容主要包括外墙、屋面、门窗以及供热系统，集中在研究如何增大围护结构材料的隔热系数上，主要体现在三个方面：一是提高外墙体材料的隔热系数；二是改用节能门窗材料，加强门窗的密封性；三是积极研究屋面节能技术。

(1) 外墙

外墙保温有外保温、内保温和夹芯墙保温等多种形式。其中，外墙外保温方案具有适用范围广、对主体结构起保护作用等特点，特别是改造过程施工干扰小，无须临时搬迁，不影响居民的正常生活。目前，在各种外墙外保温作法中，最普遍的是膨胀型聚苯乙烯（EPS）薄板抹面系统，此法是将 EPS 板用黏结材料固定在基层墙体上（或再用锚栓加以固定，以保证安全），在 EPS 板面上做抹面层，中间嵌埋玻纤网，其表面以涂料作饰面。

(2) 外窗

外窗的节能改造通常采取加装双层窗、采用中空玻璃、热反射玻璃、低辐射（Low-e）玻璃，安装遮阳设施等。在寒冷地区，宜将单玻璃窗改造成双玻璃窗；在严寒地区，宜将双玻璃窗改造成三玻璃窗，或在原窗的一侧安装一个保温性能好的新窗。对于钢窗框和铝合金窗的窗框要避免冷桥并注意它的密闭性。为了让玻璃具有对太阳光的透过有选择性，通常会在玻璃表面镀上一些金属或者其氧化物的薄层来改变太阳光的透过率，如热反射膜和 Low-e 膜。Low-e 膜玻璃相对来说具有较好的选择性，也就是其对可见光保持较高的透过率，而对红外长波段透过率却很小，而且，由于很低的长波辐射率，可以大大增加玻璃表面间的辐射换热热阻而具有良好的保温性能。还有一种最简单的改造方法，即在透明玻璃表面粘贴薄膜，降低遮阳系数，增大热阻。

(3) 屋面

屋面节能改造一般是在屋面加隔热保温层，其做法有聚氨酯保温防水一体喷涂，或铺设隔热板、铺设膨胀珍珠岩垫层和铺设聚苯乙烯板等或涂上高反射率的涂料，提高屋顶的日射反射率，减少太阳热量的吸收。另外，自 20 世纪 90 年代，在我国大部分地区的低层居住建筑中广泛地推广应用了“平改坡”，即将保温性能较差的平屋顶改为坡屋顶或斜屋顶，既改善屋顶的工性能，又有利于屋顶防水，设计得当能增加建筑的使用空间，还有美化建筑外观的作用。当“平改坡”与加层结合改造时，除注意荷载允许外，保温层厚度须经热工计算确定，同时还应注意抗震和日照间距问题的处理。采用种植屋面和蓄水屋面也是一种较好的隔热节能措施。

(4) 供热系统

我国北方城镇供暖能耗占全国城镇建筑总能耗的 40%，并且多采用不同规模的集中供热。大部分既有建筑集中供热系统存在以下问题：户间供热不均匀，供热管网散热损失大，集中供热系统和热源效率不高；供热系统调节不当，管网缺乏有效调节手段，热损失严重；大量小型燃煤锅炉房的燃烧效率较低，且缺少有效的调控措施。

供热系统的改造内容包括室内系统、室外热网和分户控制与计量。对于小型分散、效率不高的锅炉，进行连片改造，实行区域供热，以提高供热效率，减少对环境造成的污染。热电联产是世界各国极力推崇的一种发电供热方式。它具有节约能源、改善环境、提高供热质量、增加电力效应等综合效益。建筑室内供暖系统的节能改造可采用双管系统和带三通阀的单管系统，并进行水力平衡验算，采取措施解决室内供暖系统垂直及水平方向水力失调，应用高效保温管道、水力平衡设备、温度补偿器及在散热器上安装恒温控制阀等改善建筑的冷热不匀。推行温控与热计量技术是集中供热改革的技术保障，既可以根据需要调节温度，从而平衡温度解决失调，又可以鼓励住户自主节能。对不适合集中供热的系统，可考虑改为各种分散的、独立调节性能好的供热方式。

5. 可再生资源利用

建筑可再生能源包括太阳能、浅层地能、风能和生物质能。目前，常用的有太阳能光伏发电系统、太阳能热水系统、地源热泵系统。

（1）太阳能光伏发电系统

太阳能属可再生能源，其最大优点是减少污染．保护生态环境。独立运行的太阳能光伏发电系统由太阳能电池板、控制器、蓄电池和逆变器组成，若并网运行，则无须蓄电池组。我国年均太阳能辐射量为5000WJ，年均日照时间为2200h，资源相当丰富。目前，太阳能光伏发电系统应用场所主要包括：建筑物部分用电设备、环境照明（如庭院灯、草坪灯等）、道路照明、体育场照明等，随系统造价的降低，太阳能光伏发电系统的应用场所会越来越多。

（2）太阳能热水系统

太阳能热水系统是利用太阳能集热器，收集太阳辐射能把水加热的一种装置，是目前太阳热能应用发展中最具经济价值、技术最成熟且已商业化的一项应用产品。太阳能热水系统由5部分组成，包括集热器、贮水箱、管路、控制器和辅助能源。太阳能热水系统的分类以加热循环方式可分为：自然循环式太阳能热水器、强制循环式太阳能热水系统、储置式太阳能热水器等三种。

自然循环太阳能热水系统是依靠集热器和储水箱中的温差，形成系统的热虹吸压头，使水在系统中循环；与此同时，将集热器的有用能量收益通过加热水，不断储存在储水箱内。系统运行过程中，集热器内的水受太阳能辐射能加热，温度升高，密度降低，加热后的水在集热器内逐步上升，从集热器的上循环管进入储水箱的上部；与此同时，储水箱底部的冷水由下循环管流入集热器的底部；这样经过一段时间后，储水箱中的水形成明显的温度分层，上层水首先达到可使用的温度，直至整个储水箱的水都可以使用。用热水时，有两种取热水的方法。一种是有补水箱，由补水箱向储水箱底部补充冷水，将储水箱上层热水顶出使用，其水位由补水箱内的浮球阀控制，有时称这种方法为顶水法；另一种是无补水箱，热水依靠本身重力从储水箱底部落下使用，有时称这种方法为落水法。

强制循环太阳能热水系统是在集热器和储水箱之间管路上设置水泵，作为系统中水的循环动力；与此同时，集热器的有用能量收益通过加热水，不断储存在储水箱内。系统运行过程中，循环泵的启动和关闭必须要有控制，否则既浪费电能又损失热能。通常温差控制较为普及，有时还同时应用温差控制和光电控制两种。温差控制是利用集热器出口处水温和贮水箱底部水温之间的温差来控制循环泵的运行。早晨日出后，集热器内的水受太阳辐射能加热，温度逐步升高，一旦集热器出口处温和贮水箱底部水温之间的温差达到设定值（一般8～10℃）时，温差控制器给出信号，启动循环泵，系统开始运行；遇到云遮日或下午日落前，太阳辐照度降低，集热器温度逐步下降，一旦集热器出口处水温和贮水箱底部水温之间的温差达到另一设定值（一般3～4℃）时，温差控制器给出信号，关闭循环泵，系统停止运行。用热水时，同样有两种取热水的方法：顶水法和落水法。顶水法是向贮水箱底部补充冷水（自来水），将贮水箱上层热水顶出使用；落水法是依靠热水本身重力从贮水箱底部落下使用。在强制循环条件下，由于贮水箱内的水得到充分的混合，不出现明显的温度分层，所以顶水法和落水法都一开始就可以取到热水。顶水法与落水法相比，其优点是热水在压力下的喷淋可提高使用者的舒适度，而且不必考虑向贮水箱补水的问题；缺点也是从贮水箱底部进入的冷水会与贮水箱内的热水掺混。落水法的优点是没有冷热水的掺混，但缺点是热水靠重力落下而影响使用者的舒适度，而且必须每天考虑向贮水箱补水的问题。强制循环系统可适用于大、中、小型各种规模的太阳能热水系统。

直流式太阳能热水系统是使水一次通过集热器就被加热到所需的温度，被加热的热水陆续进入贮水箱中。系统运行过程中，为了得到温度符合用户要求的热水，通常采用定温放水的方法。集热器进口管与自来水管连接。集热器内的水受太阴辐射能加热后，温度逐步升高。在集热器出口处安装测温元件，通过温度控制器，控制安装在集热器进口管理上电动阀的开度，根据集热器出口温度来调节集热器进口水流量，使出口水温始终保持恒定。这种系统运行的可靠性取决于变流量电动阀和控制器的工作质量。有些系统为了避免对电动阀和控制器提出苛刻的要求，将电动阀安装在集热器出口处，而且电动阀只有开启和关闭两种状态。当集热器出口温度达到某一设定值时，通过温度控制器，开启电动阀，热水从集热器出口注入贮水箱，与此同时冷水（自来水）补充进入集热器，直至集热器出口温度低于设定值时，关闭电动阀，然后重复上述过程。这种定温放水的方法虽然比较简单，但由于电动阀关闭有滞后现象，所以得到的热水温度会比设定值低一些。直流式系统有许多优点：其一，与强制循环系统相比，不需要设置水泵；其二，与自然循环系统相比，贮水箱可以放在室内；其三，与循环系统相比，每天较早地得到可用热水，而且只要有一段见晴时刻，就可以得到一定量的可用热水；其四，容易实现冬季夜间系统排空防冻的设计。直流式系统的缺点是要求性能可靠的变流量电动阀和控制器，使系统复杂，投资增大。直流式系统主要适用于大型太阳能热水系统。

随人们生活水平的提高，热水供应逐渐成为住宅建筑必须具备的功能，热水能耗也会越来越大，利用太阳能提供生活热水应是符合绿色建筑原则的。在住宅建筑中普及太阳能热水供应的最大障碍还在于太阳能热水器与建筑的一体化时，只有当太阳能利用与建筑设计真正一体化，才能实现完全意义上的太阳能热水供应。太阳能屋顶应成为绿色建筑尤其是绿色住宅建筑的一项重要措施。

生活热水采用建筑一体化的太阳能集热器并配多源热泵进行加热。太阳能集热器集热面积为 95m^2，热泵功率 12kW，可供应 3m^3/d 洗浴热水。太阳能集热器及多源热泵加热系统相互取长补短，互为备用。在日照充足时优先使用太阳能加热热水，阴雨天气或日照不足时利用太阳能集热器产生的低温热水作为多源热泵的辅助热源，以改善热泵的运行工况，提高其制热性能。这种组合形式，使二者均在相对比较稳定高效的条件下工作，保证系统全年全天候的卫生热水供应。

太阳能集热器设置于屋顶机房外侧弧形墙体内，由于太阳能集热板全部镶嵌于墙体内，与墙体完全实现了一体化，见图 3-17。

（3）地源热泵系统

地源热泵技术是利用浅层土壤中的能量进行供热或者制冷的新型环保节能空调技术，被喻为 21 世纪的绿色空调技术。地源热泵系统是利用地下土壤温度相对稳定的特性，通过埋入建筑物周围的地耦管与建筑物完成热交换。冬季通过地源热泵将大地的低位热能提高完成对建筑物的供暖，同时把建筑物内的冷量储存在地下，以备夏季制冷时使用；夏季

图 3-17　太阳能一体化完成效果
(a) 外檐效果；(b) 太阳能集热板

通过地源热泵将建筑物内的热量转移到地下，从而实现对建筑物进行降温，同时储存热量以备冬季供暖时使用。可广泛应用于商业楼宇、公共建筑、住宅公寓、学校、医院等建筑物。

地源热泵（ground source heat pumps，GSHP）系统包括三种不同的系统：以利用土壤作为冷热源的土壤源热泵，也有资料文献称为地下耦合热泵系统（ground-coupled heat pump systems）或者叫地下热交换器热泵系统（ground heat exchanger）；以利用地下水为冷热源的地下水热泵地源系统（ground water heat pumps）；以利用地表水为冷热源的地表水热泵系统（surface-water heat pumps）。

土壤源热泵交换系统采用闭式方式，通过中间介质（通常为水或者是加入防冻剂的水）作为热载体，中间介质在埋于土壤内部的封闭环路中循环流动，流动中的介质与周围岩土体进行热交换。此种类型较少受地下地质条件的限制，在不具备地下水资源的区域基本上都可以采用，且系统运行具有高度的可靠性和稳定性，是目前国家鼓励企业重点推广的项目之一。土壤源热泵系统地埋管方式可分为水平埋管和垂直埋管两大类。选择哪种形式取决于现场可用地表面积、当地岩土类型以及钻孔费用。尽管水平埋管通常是浅层埋管，可采用人工开挖，初投资比垂直埋管小些，但它的换热性能比竖埋管小很多，并且往往受可利用土地面积的限制，所以在实际工程应用中，一般都采用垂直埋管。

地下水源热泵系统，也就是通常所说的深井回灌式水源热泵系统。通过建造抽水井群将地下水抽出，送至换热器或水源、热泵机组，经提取热量或释放热量后，由回灌井群灌回地下原地下水层中。地下水源热泵系统简便易行，综合造价低，水井占地面积小，可以满足大面积的建筑物的供暖空调要求。能效比可达供暖 1∶4，供冷 1∶6。但该系统受当地的水文地质条件的制约，只有在地下水源丰富稳定，水质较好，并有较好的回灌地质条件的区域才能采用。地下水源热泵系统按回灌方式的不同分为同井抽灌系统和异井抽灌系统。值得注意的是，同井抽灌系统对地质条件以及建筑类型的要求更为苛刻，它仅适用于含水层为明显的分层分布，且含水层之间有很好的隔水层（黏土层），需水量小的建筑物。如果地层结构只是在局部（井孔处）分层明显，其他部位并没有明显的分层，即含水层是相通的，同井抽灌系统便极易“短路”。而在此条件下，异井抽灌系统在保证合理间距的情况下则更为安全可靠。

与地表水进行热交换的地热能交换系统，分为开式地表水换热系统和闭式地表水换热系统。地表水热泵系统通过直接抽取或者间接换热的方式，利用包括江水、河水、湖水、水库水以及海水等作为热泵冷热源。开式系统的换热效率通常比闭式系统高，初投资低，适合于容量更大的建筑。该系统简便易行，初投资较低，但由于地表水源容易受自然条件的影响，且一定的地表水体所能够承担的冷热负荷与其面积、体积、温度、深度以及流动性等诸多因素有关，需根据具体情况进行精确的计算。

不同形式地源热泵系统对比表如表 3-6 所示，地源热泵空调系统与传统中央空调系统的比较如表 3-7 所示。

不同形式地源热泵系统对比表 **表 3-6**

类型 / 受限制项目	埋管式土壤源	地下水源	地表水源
水资源法规	不受限制，国家鼓励	受限制，审批严格	受限制，需审批
地理纬度	适用我国长江以北地区	适用我国长江以北地区	受影响，要求地表水温冬季大于 7°C，夏季小于 30°C
建筑物与地源距离	不受影响，在建筑物周围垂直埋管即可	长期抽水会造成地面沉降，井位密度和井距都有严格要求	取水距离不宜过远
寿命及可靠性	不受影响，地下埋管可使用 50 年	水井的取水量受地下水位的变化影响很大，水井的使用寿命受很多因素的影响	取水量受地表水位的变化影响，输水管道的使用寿命比土壤源垂直埋管低得多

地源热泵与传统中央空调系统比较表 **表 3-7**

项 目	地源热泵中央空调	溴化锂吸收式直燃机组	水冷机组+燃油（气）热水锅炉	水冷机组+电热锅炉	家用空调
占地面积	机房占地面积小，可采用小机组灵活安装在室内楼梯下，设备房	机房占地面积较大	需要冷冻房和锅炉房。占地面积较大	需要冷冻房和锅炉房。占地面积较大	安装在室内或室外，安装烦琐，维修不便
设备寿命	25 年	10～15 年	冷水机组 20 年，燃油锅炉 10 年	冷水机组 20 年燃油锅炉 15 年	10 年
水资源消耗	利用土壤或地下水的热量不消耗水资源	夏季冷却水消耗量为循环量的 1～2%；冬季供热需排污补水	夏季冷却水消耗量为循环量的 1～2%；冬季供热需排污补水	夏季冷却水消耗量为循环量的 1～2%；冬季供热需排污补水	不消耗水资源
能源利用	利用电能，能效比为 4～6	燃油或燃气，能源利用率 80%	夏季：利用电能，能效比为 3.5～4.5；冬季：燃油或燃气，能源利用率 80%	夏季：利用电能，能效比为 3.5～4.5；冬季：能源利用率 80%～85%	电能，额定工况下能耗比 3.0 ～ 3.5，随气温不同有较大变化

续表

项 目	地源热泵 中央空调	溴化锂吸收式 直燃机组	水冷机组＋燃油 （气）热水锅炉	水冷机组＋ 电热锅炉	家用空调
环境保护	无燃烧，无排放污染物无热岛效应	有燃烧污染物，冷却塔有一定噪声和水霉菌污染	有燃烧污染物，冷却塔有一定噪声和水霉菌污染	无燃烧污染物，冷却塔有一定噪声和水霉菌污染	噪声较大
设备维护及运行费用	系统组成简单，运行费用低，维护方便，节约40%～70%费用	水泵和冷却塔能耗较大，机组冷量衰减快，维护和运行费用高	需要制冷和加热两套机组和人员，运行维护复杂，锅炉房需要设置安全措施	需要制冷和加热两套机组和人员，运行维护复杂，冬季运行费用高	热泵性能受到气温影响大，运行费用较高
控制方式	可分区域控制，独立制冷或供暖，区域间互不影响	集中控制，不能单独选择制冷或制热	集中控制，不能单独选择制冷或制热	集中控制，不能单独选择制冷或制热	集中控制，不能单独选择制冷或制热
项目投资	可根据需要分期投资，逐台加装地源热泵机组	必须一次性投资	必须一次性投资	必须一次性投资	可分期投资
主机房系统投资（以1万平方米办公楼为例）	主机、附属设备135万元	主机、附属设备130万元	冷水机组、冷却塔、附属设备84万元 燃油锅炉31万元 共115万元	冷水机组、冷却塔、附属设备84万元 燃油锅炉40万元 共124万元	无

另外：

① 地源热泵主机用的冷热源来自地下恒定的能源，不存在衰减问题，所以运行费用稳定，其他形式机组均存在衰减问题，会引起运行费用逐年增加。

② 地源热泵主机为全自动电脑控制，无须专人看守和劳动；其他形式机组要有几个人去管理和劳动。

③ 主机设置。对于普通中央空调系统，若设置风冷热泵机组进行冷热空调，则风冷热泵主机的设置必须要与外界通风良好，要么设置于屋顶，要么设置于地面，这对别墅空调受限就更严重，对于公共建筑，热泵主机也就局限设置在屋顶。因此，普通中央空调的热泵主机的设置受到极大的限制。而土壤源热泵主机的设置就非常灵活，可以设置在建筑物的任何位置，而不受考虑位置设置的限制。若设置冷水机组＋锅炉进行冷热空调，冷却塔和锅炉的位置就更受限制。因此，就主机的设置而言，地源热泵系统的主机设置是非常灵活的。

④ 运行效率。对于普通中央空调系统，不管是采用风冷热泵机组还是采用冷却塔的冷水机组，无一例外的要受外界天气条件的限制，即空调区越需要供冷或供热时，主机的供冷量或供热量就越不足，即运行效率下降，这在夏热冬冷地区的使用就受到了影响。而

土壤源热泵机组与外界的换热是通过大地，而大地的温度很稳定，不受外界空气的变化而影响运行效率，因此，土壤源热泵的运行效率是最高的。

⑤ 控制系统。在北方地区，风冷热泵在冬季使用时，有冲霜问题，对于热泵的冲霜，需要专门的控制设施，即在冲霜过程中，主机要进行逆向循环，室内空调系统的室温控制就要受到限制，而土壤源热泵系统就根本不存在这些问题。

⑥ 运行费用

一般说来，土壤源热泵系统的运行费比风冷热泵的运行费节约 30%～40%，这主要在运行效率上得以体现。达到相同的制冷制热效率，土壤源热泵主机的输入功率较小，即为业主提供了较低运行费的空调系统，在全年时间使用空调的场所，这种效果尤为明显。

为了充分体现地源热泵与传统能源方式的区别，我们将地源热泵与燃煤锅炉、燃油锅炉、燃气锅炉、电锅炉、太阳能等传统能源方式进行比较。地源热泵空调系统与传统能源方式的对比如表 3-8 所示。

地源热泵空调与传统能源方式比较表　　表 3-8

供热方式	燃煤锅炉	燃油锅炉	燃气锅炉	电锅炉	太阳能	地源热泵
燃料种类	煤	柴油	天然气	电	电	电
是否污染环境	非常严重	有	不严重	无	无	无
有无危险性	有	比较危险	非常危险	有	无	无
占地面积(m^2)	20	20	10—15	10	120	10
燃值	4300kcal/kg	10200kcal /kg	9000kcal/m^3	860kcal/kW・h	860kcal/kW・h	860kcal/kW・h
热效率	64%	85%	75%	95%	300%	400%
燃料单价	0.45 元/kg	4.2 元/kg	2.2 元/m^3	0.6 元/kW・h	0.6 元/kW・h	0.6 元/kW・h
每 10 吨水需用燃料(kg)	163.5kg	51.9kg	66.7m^3	551kW・h	174kW・h	100. kW・h
每 10 吨水燃料费用(元)	73.58	218	146.7	330.6	104.4	70
年燃料费用(万元)	2.7	8	5.4	12	3.8	2.6
人工费用(万元)	4(2 人)	4(2 人)	2(1 人)	无	无	无
设备使用年限	5 年	5 年	5 年	5 年	15 年	15 年以上
锅炉设备价款(万元)	1.5	1.8	2.2	3	25	12
年运行成本合计(万元)	6.7	12	7.4	12	3.8	2.5
与其他锅炉对比回收期(年)	3.1(热水)	1.2	2.5	1.2		—
15 年合计金额(万元)	105	185.4	117.6	189	132	39

从上表可以明显看出，地源热泵与燃油、燃气、燃煤、电锅炉、太阳能等供暖形式相比，具有节能、环保，安全使用、使用年限、运行成本低等优势。同时地源热泵系统也具有初投资较高的局限性。

地源热泵技术的特点包括以下几方面：

① 可再生能源

地源热泵是利用了地球表面浅层地热资源（通常小于400m深）作为冷热源，进行能量转换的供暖空调系统。地表浅层地热资源可以称之为地能（Earth Energy），是指地表土壤、地下水或河流、湖泊中吸收太阳能、地热能而蕴藏的低温位热能。地表浅层是一个巨大的太阳能集热器，收集了47%的太阳能量，比人类每年利用能量的500倍还多。它不受地域、资源等限制，真正是量大面广、无处不在。这种储存于地表浅层近乎无限的可再生能源，使得地能也成为清洁的可再生能源一种形式。

② 地源热泵属经济有效的节能技术

地能或地表浅层地热资源的温度一年四季相对稳定，冬季比环境空气温度高，所以热泵循环的蒸发温度提高，能效比也提高。夏季比环境空气温度低，所以制冷的冷凝温度降低，使得冷却效果好于风冷式和冷却塔式，机组效率提高，这种温度特性使得地源热泵比传统空调系统运行效率要高40%，因此要节能和节省运行费用40%～70%左右。另外，地能温度较恒定的特性，使得热泵机组运行更可靠、稳定，也保证了系统的高效性和经济性。据美国环保署EPA估计，设计安装良好的地源热泵，平均来说可以节约用户40%的供热制冷空调的运行费用。

③ 地源热泵环境效益显著

地源热泵的污染物排放，与空气源热泵相比，相当于减少40%以上，与电供暖比较，相当于减少70%以上，如果结合其他节能措施节能减排会更明显。虽然也采用制冷剂，但比常规空调装置减少25%的充灌量；属自含式系统，即该装置能在工厂车间内事先整装密封好，因此，制冷剂泄漏概率大为减少。该装置的运行没有任何污染，可以建造在居民区内，没有外挂机，不向周围环境排热，没有热岛效应，没有噪声，没有燃烧，没有排烟，也没有废弃物，不需要堆放燃料废物的场地，且不用远距离输送热量。

④ 地源热泵空调系统维护费用低

在同等条件下，采用地源热泵系统的建筑物能够减少维护费用。地源热泵非常耐用，它的机械运动部件非常少，所有的部件不是埋在地下便是安装在室内，从而避免了室外的恶劣气候，其地下部分可保证50年，地上部分可保证30年，因此地源热泵是免维护空调，节省了维护费用，使用户的投资在3年左右即可收回。此外，机组使用寿命长，均在15年以上；机组紧凑、节省空间；自动控制程度高，可无人值守。

⑤ 一机多用

地源热泵一机多用，应用范围广。地源热泵系统可供暖、空调，还可供生活热水，一机多用，一套系统可以替换原来的锅炉加空调的两套装置或系统；可应用于宾馆、商场、办公楼、学校等建筑，更适合于别墅住宅的供暖、空调。

例如，位于三河市燕郊经济技术开发区西侧的欧逸丽庭项目采用的是地源热泵中的土壤源热泵系统，采用的是分户式热泵，即热泵机组为分户式、小型的主机和内机。它的特点是分户控制热泵机组的开启使用，每户拥有自己的热泵机组，用则开，耗用自己的电量；不用则关，不消耗电量。它可分户计量电费，而不影响别的业主。整个公用的热源管路循环中水泵的运行电费计入物业费中。北京地区的住宅小区，除别墅区外，基本都采用集中式热泵机组，它的特点是整个小区统一开启和关闭热泵机组，不能分户控制及计量费用，不管业主是否需要供热制冷，整个机组在运行，就发生费用，这些费用需要按建筑面积计量到各户。本项目的分户式地源热泵末端采用的是集中风道分送热量或冷量至各个房间，属于分户式中央空调。目前在国内水风式中央送风系统没有分室控制的案例，为了达到分室温度控制，研发部在各房间门上方的风口设计了可独立控制的电动风阀，可分室控制使用。每个电动风阀由一个温控面板控制，可予先设定温度，达到设置温度后，温控装置同时发出指令给风阀和主机，控制它们的启停。

(4) 风能的利用

风能最早的利用例子是风车，早在 200 年前它就已经成为欧洲的一大景观。上世纪末，风车又出现在英格兰西南部和威尔士。新型风车效率较高，一种典型的风能发电机。有一个直径为 33m 的两叶或三叶螺旋桨，当风速为 12m/s 时，发电功率约为 300kW。在平均风速为 7.5m/s 的地区，风车产生的平均电力约为 100kW。当其他电力来源成本高时，风能发电作为孤立地点的电力生产，较适用于多风海岸线山区。另外，高层建筑引起的强风也可作为风能发电机的能源。在一定高度的空中风速较大，利用这一特点，在高层及超高层建筑中结合建筑造型设置风力发电设备，对整个建筑的用电进行一定补充。例如，香港汇丰银行大楼便是利用风道狭窄出口的持续强风进行发电。

(5) 其他可再生能源的利用

其他可再生能源的利用包括生物能、地热能、潮汐能的利用等。生物能的利用比如在没有燃气供给的区域，设置沼气发生、供给及燃烧设备，用来提供清洁充足的能源，同时减少了对木材的消耗及对大气的污染。另外，在有利的地点，可以直接利用来自地壳深处的地热能来加热或者发电，比如我国西藏的羊八井地热电站等。此外，潮汐能也是目前对商品能源产生较大贡献的海洋能量。目前人们已经详细研究了世界上的几个港湾，并把它们作为利用潮汐能的潜在地点。潮汐能系统发电的主要限制因素是其基本成本以及与其相关的重大环境问题。

3.4 绿色建筑的节水技术

3.4.1 绿色建筑的水环境问题

近几年，我国人民生活水平逐步提高，人们对供水量和供水质量的要求不断提高；同时，随着国家实施水资源的可持续利用和保护，水资源再生循环已成为政府和广大人民群众关注的焦点。这些都给建筑给排水工程设计提出了许多新的要求，供水技术先进化步伐急需加快。

建筑节水有三层含义：一是减少用水量，二是提高水的有效使用效率，三是防止泄漏。落实到具体措施上，建筑节水要从四个层面推进：降低供水管网漏损率；强化节水器具的推广应用；再生利用、中水回用和雨水回灌，合理布局污水处理设施；着重抓好设计环节，执行节水标准和节水措施。目前，我国有关节水的各项规定很多，但在落实上仍有差距，施工质量、产品质量和监督机制尚存在较大问题，尤其节水方面的管理必须要加强，不能有丝毫怠慢。

施工过程中的节水已成为普遍认同的观点，可是施工过程中的节水工作比较复杂，它与地下构造、周边环境、建筑本身性质及附近水系等因素都有一定程度的关系。因此，多年来施工过程中的废水综合利用进展并不顺利。原因在于施工单位顾虑的是成本问题，施工毕竟是暂时性的，实施节水措施怕经济上得不偿失；另外，政府对具体施工过程中的节水问题缺乏必要的奖惩措施。

此外，人们在使用过程中常常会无意识地浪费珍贵的水资源。这些“隐形”浪费主要有以下几方面：一是超压出流中的浪费，超压出流不但会破坏给水系统中水量的正常分配，也将产生无效用水量，即浪费水。二是热水干管循环中的浪费，主要表现在开启配水装置后，不能及时获得满足使用温度的热水，往往要放掉不少冷水后，热水设备才能正常使用，这部分流失的冷水就被浪费了。三是管道及阀门泄漏，我们经常能看到路边的给水管道在管子接缝处及法兰、阀门连接处往外冒水，而埋在地下看不见的管道漏水更不知道有多少。

3.4.2　绿色建筑水环境保障技术

1. 绿色建筑中水处理工艺流程

建筑中水工艺处理单元主要包括预处理单元和处理单元两部分。预处理单元一般包括格栅、毛发去除、预曝气等；处理单元分为生物处理和物化处理两大类型。生物处理单元如生物接触氧化、生物转盘、曝气生物滤池、土地处理等。物化处理单元如混凝沉淀、混凝气浮等。本节针对目前工艺流程的应用情况，对绿色建筑的中水系统工艺流程选择及组合作出概括。

(1) 预处理工艺

① 格栅及毛发去除

和所有的污水处理系统一样，中水系统的最前端设置格栅，用于去除进水中较大的固体污染物。为了不影响泵和其他设备的正常运行，在泵前设置毛发过滤器是非常重要的。建议在绿色建筑中水工程中采用自动清污的机械细格栅和快开结构的毛发过滤器，以便于管理。

② 预曝气

在现有中水系统中，调节池有曝气和不曝气两种形式。在调节池中加曝气措施有以下优点：使池中颗粒杂质保持悬浮状态而避免沉积给调节池清理带来困难；避免因生物厌氧活动引起气味产生；获得COD和BOD5等有机物指标一定范围的去除效果。鉴于以上理由，调节池内设置预曝气是有利的。

(2) 中心处理工艺

中心处理工艺主要用于去除水中的有机物质，并进一步降低悬浮固体含量。目前采用的处理方法主要包括生物处理工艺、物化处理工艺、膜分离工艺等。

① 生物处理工艺

生物处理工艺是去除洗涤剂的最有效方法，且技术可靠、运转费用低、出水水质较稳定。在原水中洗涤剂成分较多时，宜采用以生物处理法为主体的处理工艺。如宾馆饭店、洗浴中心等的原水主要以洗浴废水（BOD5＜50mg/L）为主，因此可采用接触氧化法处理工艺。

早期一些中水工程多采用生物转盘等中心处理工艺，由于存在机械部件多，容易产生气味等原因，所以在生物处理工艺为主的中水工程中宜少采用生物转盘。值得注意的是，一种新型生物膜处理工艺——曝气生物滤池在中水工程中开始得到使用。该工艺具有处理负荷高、装置紧凑等诸多优点，近年来引起关注，在水处理中开始实用化，该工艺的成功应用为绿色建筑中水回用提出了一个新的处理方法。

土地处理方法是利用土壤的自然净化作用，将生物降解、过滤、吸附等多种作用有机结合，对于绿化面积迅速扩大的绿色生态住宅小区来说，污水的土地处理和绿地密切结合的优势使该工艺在中水处理中占有一席之地。

综合以上几种生物处理工艺来看，大多生物处理设施都需要向生物反应池中供气，通常鼓风设备产生的噪声可能造成不良影响，考虑绿色建筑对于空间声环境要求高的因素，应选择噪声低的曝气设备。当采用鼓风曝气时，选用回转式风机、三叶罗茨风机等低噪声鼓风机可以得到省能降噪的预期效果。此外，绿色建筑中水处理工艺要选择产生气味小的生物处理工艺，这样才能满足其对于空气质量的要求。

② 物化处理工艺

利用物理、化学原理去除中水中污染物质的方法。主要包括混凝沉淀、混凝气浮、过滤和活性炭吸附等。

a. 混凝沉淀（气浮）是在中水原水中预先投入化学药剂来破坏胶体的稳定性，使水中的胶体和细小悬浮物聚集成具有可分离性的絮凝体，继而通过沉淀或气浮使固液分离的一种方法。根据处理对象合理选择混凝剂的种类及投药量对保证处理效果和节约运行费用具有重要意义。因此，在绿色建筑中水工程中选用此物化工艺时要注意这个问题。另外，混凝工艺主要去除水中的悬浮状和胶体状杂质，对可溶性杂质去除能力较差，所以对原水中残留的洗涤剂处理效果不佳。如果单纯使用物化处理工艺，要考虑到这一点。

b. 过滤是利用惯性、沉淀、扩散或直接截留等作用将悬浮颗粒输送到滤粒表面，通过双电层之间的相互作用和分子间力的综合作用使之附着在滤料表面，从而与水分离的一种方法。

c. 活性炭吸附是利用活性炭的物理吸附、化学吸附、生物吸附、氧化、催化氧化和还原等性能去除污水中多种污染物的方法，主要去除的污染物包括溶解性有机物、表面活性剂、色度、重金属和余氯等。目前采用较多的是以砂滤加活性炭吸附为中心处理工艺的物化处理系统，出水均有不同程度的问题，有 50%的根本无法运转。原因之一就是水质较好的杂排水，仅仅采用砂滤不能去除水中的溶解性污染物质，这样使得后续的活性炭吸附很快饱和，因此出水水质不清，往往带有明显的异味。如果将过滤改为超滤，结合物化处理工艺可以获得更好的效果。

（3）膜分离工艺

膜分离法处理效果好、装置紧凑、占地面积小，是近年来发展迅速的一种处理工艺。膜分离装置作为中水处理流程的后置单元，对保证中水水质极为有利。但由于膜处理的物理作用，对体现有机物浓度的指标如 COD（Chemical Oxygen Demand，即化学需氧量）、BOD5（Biochemical Oxygen Demand，即生化需氧量，是一种用微生物代谢作用所消耗的溶解氧量来间接表示水体被有机物污染程度的一个重要指标）去除效果不显著，如果与生物处理工艺结合可以获得很好的效果。

以往某些中水系统中很多采用超滤膜组件，由于超滤膜孔径较小，膜通量受到限制。表3-9为某中水工程实验采用不同截留分子量的超滤膜进行实验的结果。从中可以看出，几种膜的去除效果基本接近，但截留分子量越大，膜通量越大，这是因为膜孔径越大的缘故，因此选用膜通量大的超滤膜可以降低设备的造价。所以，近年来微滤膜用于水处理使膜通量得到扩大，目前研制出的0.4μm孔径的水处理中空纤维超滤膜，使膜通量大幅度提高，对膜分离工艺在中水处理中进一步扩大应用具有重要意义。

超滤膜孔径对处理效果的影响 **表3-9**

超滤膜截留分子量	原水				出水				
	BOD5 mg/L	COD mg/L	SS mg/L	色度 度	BOD5 mg/L	COD mg/L	SS mg/L	色度 度	膜通量 L/m²·h
6000	16	54	37	70	<5	23	<5	<5	50
10000	16	54	37	70	<5	25	<5	<5	60
50000	16	54	37	70	<5	29	<5	<5	100

2. 雨水利用技术措施

(1) 绿色建筑雨水收集利用技术

绿色建筑收集并利用来自屋顶或其他集水区域的降水是利用自然资源的出色方法。雨水利用技术在干旱地区已有很悠久的历史，特别是人口分散地区，雨水收集提供了一种廉价的集中管道供水方式。在气候湿润地区，雨水收集也是对水源的极好补充。这项技术可以产生多种效益，如节约用水，减轻城市排水和处理负荷，改善生态环境等，这也是绿色建筑采用此技术的目的所在。值得注意的是，雨水利用虽然减少了雨水排放，但并不能减少污水排放，这和中水回用技术措施是有本质区别。

① 屋面雨水收集利用系统

屋面雨水收集利用系统可以设置成单体建筑分散式系统，也可以设置为建筑群或小区集中系统。由雨水汇集区、输水管系、截污装置、储存、净化系统和配水系统等几部分组成。典型的雨水收集与回用的工艺流程见图3-18。

② 屋面花园收集利用系统

屋面花园收集利用系统既可作为一种单独系统，也可作为雨水集蓄利用的一个预处理措施，可用于平屋顶和坡屋顶。绿化屋顶各构造层次自上而下一般可分为七层：植被层、隔离过滤层、排水层、耐根系穿刺防水层、卷材或涂膜防水层、找平层和找坡层。这种系统对建筑物本身有很多优点：夏天防晒，改善屋顶隔热性能；冬天保温；种植层的覆盖还可以延长防水层寿命；降低屋面雨水径流系数（据研究可以把屋面径流系数降低到0.3）；处理得当还可以作为一个休闲场所。采用此系统作为屋面雨水收集回用系统的预处理系统，还可以节省初期雨水弃流设备，增加了雨水的可利用量。

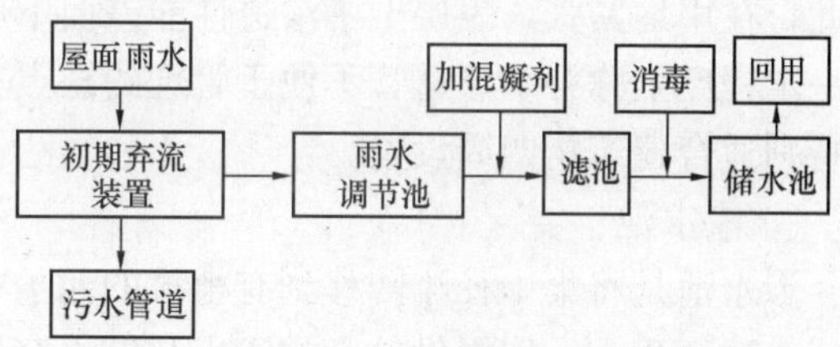

图3-18 典型的雨水收集与处理工艺流程图

(2) 绿色建筑雨水渗透技术

绿色建筑雨水渗透技术措施种类很多，主要可以分为分散渗透和集中渗透两大类。分散渗透规模大小各异，设施简单，可减轻对雨水收集输送系统的压力，补充地下水，还可以充分利用表层植被和土壤的净化功能减少径流带入水体的污染物，但是一般渗透速率较慢，在地下水位高、土壤渗透能力差或雨水水质污染严重的地方应用受到限制。主要包括渗透地面和渗透管沟等。集中渗透规模较大，有较大的储水容量和渗透面积，净化能力强，适合建筑群或绿色生态住宅小区，主要有渗水池和渗水盆地等。

① 渗透地面

渗透地面分为天然渗透地面和人工渗透地面两大类。天然渗透地面以绿地为主，人工渗透地面是人为铺装透水性地面，如多孔嵌草砖、碎石地面、多孔混凝土或多孔沥青路面等。在建筑开发过程中最不透水的部分不是为人居住的建筑，而是为汽车等而建的铺地，所以要通过人工渗水地面使水渗透接近水源来保持和恢复自然循环。

绿地是天然的渗水措施，主要优点是：透水性能好；在小区或建筑物周围分布，便于雨水的引入利用；还可以减少绿化用水实现节水功能；对雨水中的一些污染物具有较强的截纳和净化作用。缺点主要是渗透量受土壤性质的限制，雨水中如果含有较多的杂质和悬浮物，会影响绿地质量和渗透性能。设计绿地时可设计成下凹式绿地，尽量将径流引入绿地。为增加渗透量，可以在绿地中做浅沟以在降雨时临时贮水。但要避免出现溢流，避免绿地过度积水和对植被的破坏。

绿色建筑在条件允许情况下，要尽量采用人工渗水地面。人工铺设的渗水地面主要优点有：利用表层土壤对雨水的净化能力，对雨水的预处理要求相对较低；技术简单，便于管理；建筑物周围或小区内的道路、停车场、人行道等都可以充分利用。缺点是渗透能力受土质限制，需要较大的透水面积，对雨水径流量调蓄能力差。

② 渗透管沟

渗透管沟是由无砂混凝土或穿孔管等透水材料制成，多设于地下，周围填砾石，兼有渗透和排放两种功能。渗透管的主要优点是占地面积少，管材周围填充砾石等多孔材料，有较好的调蓄能力。缺点是发生堵塞或渗透能力下降时，难于清洗恢复；而且由于不能利用表层土壤的净化功能，雨水水质要有保障，否则必须经过适当预处理，不含悬浮固体。因此，在用地紧张，表层土壤渗透性能差而下层有良好透水层等条件下比较适用。渗透沟在一定程度上弥补了渗透管不便于管理的缺点，也减少了挖方。因此，采用多孔材料的沟渠特别适合建筑物四周设置。

③ 渗水池

渗水池是将集中径流转移到有植被的池子中，而不是构筑排水沟或管道。其主要优点是：渗透面积大，能提供较大的渗水和储水容量；净化能力强，对水质预处理要求低；管理方便，具有渗透、调节、净化和改善景观等多重功能。这种渗透技术代表了与自然的相互作用，基本不需要维护。缺点是占地面积大，在如今地价上涨情况下应用受到限制；设计管理不当会造成水质恶化，渗透能力下降，给开发商带来负面影响；如果在干燥缺水地区，蒸发损失大，还要做水量平衡。这种渗透技术在有足够可利用地面情况下比较适合。在绿色生态住宅小区中应用可以起到改善生态环境、提供水景、节水和水资源利用等多重效益。

④ 渗水盆地

渗水盆地是地面上的封闭洼地，其中的水只能渗入土壤，别无出路，与渗水池的功能基本相同。

以上为几种主要的绿色建筑雨水渗透技术，应用中可根据实际情况对各种渗透设施进行组合。例如，可以在绿色建筑小区内设置渗透地面、绿地、渗透管和渗透池等组合成一个渗透系统。这样就可以取长补短，更好地适应现场多变的条件，效果会更加显著。

（3）绿色建筑雨水综合利用技术

绿色建筑雨水综合利用技术是近10年兴起的一种雨水利用技术，可很好地应用到绿色建筑小区中。这项技术利用生态学、工程学、经济学原理，通过设计的人工净化和自然净化，将雨水利用与景观设计相结合，从而实现环境、经济和社会效益的和谐与统一。

具体做法和规模依据小区特点而不同，可以设计绿色屋顶、水景、渗透、雨水回用等。随着技术的进步，还可以建造太阳能、风能和雨水利用水景于一体的花园式可持续发展建筑。在绿色建筑中应用这项技术，可以做到雨水利用与生态环境、节约用水结合起来，对建筑环境有极大的改善作用，比直接排放再进行处理的费用低，其直接经济效益和社会经济效益都非常大。

3. 节水器具

（1）节水型水龙头

节水型水龙头是指具有手动或自动启闭和控制出水口水流量功能，使用中能实现节水效果的阀类产品，在水压0.1MPa和管径15mm下，最大流量应不大于0.15L/s。图3-19为一款新型节水龙头。常用的节水龙头可分为加气节水龙头和限流水龙头两种。这两种水龙头都是通过加气或者减小过流面积来降低通过水量的。这样，在相同使用时间里，就减少了用水量，达到节约用水的目的。最新节水龙头又有新的革新，可以根据自身的需要，自行调节或卸下安装在水龙头内的节水器，自由转换控制节水率。同时其快速开启方式同样也是传统螺旋式所不及的，从而更加强了节水效果。另外，在龙头的出水口安装充气稳流器（俗称气泡头）也是有效办法。安装了气泡头的水龙头，比不设该装置的龙头要节水的多，并随着水压的增加，节水效果也更明显。由于空气注入和压力等原因，节水龙头的水束显得比传统龙头要大，水流感觉顺畅。倘若要进一步节水，还可选用其他一些特种龙头，如感应龙头和延时龙头等，这类龙头价格相对要高出一般龙头。

节水型多功能淋浴喷头也属于一种节水型水龙头，它是通过对出水口部进行改进，增加吸氧舱和增压器，这样不仅减少了过流量，还使水流富含氧气。对于普通喷头来说，停止使用时喷头内部仍然会有滞留的水，这样，长时间以后就会有水垢的富集，而这种多功能淋浴喷头没有容水腔，水流直接喷射出去，停止使用时不积水，减少产生水垢的机会。

图3-19　节水型水龙头产品

（2）节水便器

节水便器是在保证卫生要求、使用功能和排水管道输送能力条件下，不泄漏，一次冲洗水量不大于6L水的便器。节水便器主要有直冲式和虹吸式两大类。直冲式利用冲洗设备自身水头进行冲刷，特点是结构简单、节水，主要缺点是粪便不易被冲洗干净，且臭气外逸，冲洗历时较长，应用受到限制。目前，国内外使用的便器大多为虹吸式。虹吸式便器是借助冲洗水头和虹吸（负压）作用，依靠负压将粪便等污物完全吸出。采用水封，卫生和密封性能好，经过长期的结构优化，其冲洗用水量一般可达到3～6L（即大便用6L，小便用3L）。

（3）其他节水器具及设备

恒温混水阀是一种节水设备，主要用于冷、热水的自动混合，为单管淋浴系统提供恒温洗浴用水。工作原理是：在恒温混水阀的混合出水口处，装有一个热敏元件，利用感温原件的特性推动阀体内阀芯移动，封堵或者开启冷、热水的进水口；在封堵冷水的同时开启热水，当温度调节旋钮设定某一温度后，不论冷、热水进水温度和压力如何变化，进入出水口的冷、热水比例也随之变化，从而使出水温度始终保持恒定；调温旋钮可在规定温度范围内任意设定，恒温混水阀将自动维持出水温度。

废水回收装置就是能够将洗脸洗菜的废水进行收集并过滤，并能够用于自动冲厕的装置。该回收装置和以上的节水器具相比，能将水重复利用，实现了最大限度地节约用水。

4. 建筑热水系统节水节能技术

热水系统的实际水量浪费现象是很严重的，其影响因素有很多方面，在绿色建筑热水系统设计中要改善这种状况应采用的技术措施有：

① 热水供应系统应根据建筑性质及建筑标准选用支管循环或立管循环方式；

② 尽量减少局部热水供应系统热水管道的长度，并应进行管道保温；

③ 选择合适的加热和贮热设备；

④ 选择性能良好的单管热水供应系统的水温控制设备，双管系统应采用恒温控水阀；

⑤ 控制热水系统超压出流；

⑥ 严格按规范设计、施工和管理。

对于热水系统节能，主要包括提高热能利用率和减少热损失等几个方面。热水系统热能利用率的提高主要是加热器效率的提高，间接加热的水和热媒都是通过盘管加热，盘管结垢是降低效率的主要原因。可通过适当降低热水供应温度，降低结垢速度以及合理选择盘管管材改善其结垢状况。而在加热水前先对其进行软化处理是解决结垢的彻底办法。减少热水系统热损失主要通过对管网和加热器进行保温处理，采用一些新型的保温材料。

5. 绿化节水技术

在绿色建筑的绿化用水方面，尽量使用收集处理后的雨水、废水等非传统水源，水质应达到灌溉的水质标准。绿化浇灌应采用喷灌技术，宜采用微灌和渗灌等更加节水的技术措施，如采用回用水要注意对水中悬浮固体（SS）的要求，以防止堵塞喷头。下面介绍几种灌溉技术。

（1）喷灌技术

喷灌是经管道输送将水通过架空喷头进行喷洒灌溉方式。其特点是将水喷射到空中形成细小的水滴再均匀的散布到绿地中。因喷灌具有较大的射程，可以满足大面积草坪的灌溉要求。喷灌设备可选择固定式的管道喷灌系统，将干管和支管埋于草坪上常年不动。喷头采用地埋伸缩式喷头，灌溉时伸出，平时缩于地下，既不影响草坪景观，也不影响割草机运行。喷灌根据植物品种和土壤、气候状况，适时、适量地进行喷灌，不易产生地表径流。喷灌比地面漫灌可省水约30%～50%，特别适合于密植低矮植物。主要缺点是受风影响大，设备投资较高。喷灌采用回用水时，回用水中SS值应小于30mg/L，避免堵塞。

（2）微灌技术

微灌是一种新型节水灌溉技术，包括滴灌、微喷灌、涌泉灌和地下渗灌。它是按照作物需水要求，通过低压管道系统与安装在末级管道上的微喷头或滴头，将水分肥料均匀准确地自接输送到植物根部附近的土壤表面或上层中进行灌溉。

（3）渗灌技术

渗灌技术是继喷灌和滴灌之后又一节水灌溉新技术，是一种地下微灌形式。渗灌技术是将水增压，通过低压管道送达渗水器（毛细渗水管、瓦管和陶管等），慢慢把水分及可溶于水的肥料、药物输送到植物根部附近，使植物主要根区的土壤经常保持最优含水状况的一种先进的灌溉方法。

6. 生态厕所技术

生态厕所是指具有不对环境造成污染，并且能充分利用各种资源，强调污染物自净和资源循环利用概念和功能的一类厕所。目前，生态厕所主要有生态免冲厕所和生态循环水冲厕所等。

（1）生态免冲厕所

① 工作原理

生态免冲厕所主要有无水打包型和免水生物处理型两种。免水冲打包型厕所是将粪使直接装入专用塑料袋内，然后打包，集中清运。该类厕所由可生物降解膜制成的包装袋、机械装置和储使桶3部分组成。如厕后自动启动牵引装置将粪使打包、密封，防止外泄；打包后的粪便由环卫部门收集送往粪便集中处理场，进行无害化处理。在厕所使用地不留下残留物，不污染环境，但清运成本较高，劳动环境较差。在清运过程中排泄物有可能泄漏造成二次污染，包装袋其实不易降解。免水生物处理型厕所是安装了一个生化反应器，反应器中有可定期补充的生物填料。滑入反应器的粪便通过微生物的作用而降解，反应过程产生的高温可以消灭各种病原菌。粪便发酵完成后变成主要成分是腐殖质的有机肥，这种肥料可以直装出售，也可以用于就地的绿化工程。

② 应用

可广泛应用于公共场所、建筑工地、旅游景区、家庭、医院、机关、学校军队、大型集会、高速公路、地下工程、运动场、海滨、车站等。

（2）生态循环水冲厕所

生态循环水冲厕所采用了多项生化高新技术，从使用功能、水循环、水的生化处理、控制系统到厕所的整体结构、造型设计、房体材料，这些技术都充分体现了现代科技的含量。这种生态厕所可以为百姓提供更方便的卫生设施和条件，并且对节约水资源作出贡献。

① 工作原理

生态循环水冲厕所主要有尿液单独处理和粪尿混合处理两种方式。尿液单独处理的生态厕所单独收集尿液，加入一种药剂去除异味后，回用于冲洗厕所。粪便被搅碎后变成纸浆状的东西，干燥后制成肥料还田，也可以作为普通垃圾进行填埋处理。粪尿混合处理的生态厕所是目前国内生态厕所的主流产品。主要通过环境工程的手段，利用微生物的新陈代谢作用和物理化学作用，完成对粪尿污染物的降解，最终转化为 CO_2 和 H_2O 排入环境，同时再生出清洁的水供冲洗厕所使用或直接排放进入环境。目前使用的处理方法有好氧生物处理法、膜分离法、高效优势菌种处理法和厌氧生物处理法四种。

② 应用范围

可广泛应用于城市环境卫生、园林系统、旅游景区和景点、大型活动、机关学校、工厂军队、车站等，也可应用于楼房家庭、别墅。

3.5 绿色建筑的节材技术

3.5.1 建筑节材能的含义

1. 绿色建筑材料的含义

绿色建筑材料满足环保、健康、安全的要求，在环保呼声日益高涨、大力提倡绿色建筑及可持续发展的背景下，绿色建材的开发成为建筑材料工业的热点，绿色建筑材料的选用和研究成为绿色节能建筑的一个重要方面，对建筑节能保温效果有很大的影响。

绿色建筑材料，即生态建材，是健康型、环保型、安全型的建筑材料，国际上也称为“健康建材”或“环保建材”，是采用清洁生产技术，使用工业或城市固态废弃物生产的建筑材料，它具有消磁、消声、调光、调温、隔热、防火、抗静电的性能，并具有调节人体机能的特种新型功能建筑材料。

2. 绿色建筑材料的特点

绿色建筑材料在发展过程中综合了化学、物理、建筑、机械、冶金等学科的新兴技术，有以下特点：

(1) 轻质

主要以多孔、容量小的原料制成，如石膏板、轻骨料混凝土、加气混凝土等。轻质材料的使用可大大减轻建筑物的自重，满足建筑向空间发展的要求。

(2) 高强

一般常见的高强材料有金属铸件、聚合物浸渍混凝土、纤维增强混凝土等。绿色建筑的高强度特点，在承重结构中可以减小材料截面面积，提高建筑物的稳定性及灵活性。

(3) 多功能

一般是指材料具有保温隔热、吸声、防火、防水、防潮等性能，以使建筑物具有良好的密封性能及自防性能。如膨胀珍珠岩、微孔硅酸钙制品及新型防水材料等。

(4) 应用新材料及工业废料

原料选用化工、冶金、纺织、陶瓷等工业新材料或排放的工业废渣、废液。这类材料近年发展较快，如内外墙涂料、混凝土外加剂、粉煤灰砖、砌块等。

(5) 复合型

运用两种材料的性能进行互补复合，以达到良好的材料性能和经济效益。复合型的材料不仅具有一定强度，还富有装饰作用，如贴塑钢板、人造大理石、聚合物浸渍石膏板等。

(6) 工业化生产

采用工业化生产方式，产品规范化、系列化。如墙布、涂料、防水卷材、塑料地板等建筑材料的生产。

3. 绿色建筑材料的选择标准

结合构筑可持续建筑和社会经济条件及法规的要求，绿色建材应符合以下几项标准：①资源效率。资源效率的标准主要有：可回收使用，天然、大量的可再生材料，生产过程消耗低，材料当地化，可重新制造，本身可再循环使用，耐久性高等。②能源效率。能源效率指材料本身制造过程能耗低，且有助于降低建筑物和设备的能耗。③室内空气质量。室内空气质量标准指材料无毒、较低的 VOC（Volatile Organic Compound 挥发性有机物）排放、防潮、维护简单等。④节约用水。节约用水指材料可以降低建筑物及设施的用水量。⑤经济合理。经济合理指材料在满足建筑系统要求的同时其整个生命周期成本较低。

4. 绿色建筑节能材料的类别

我国传统的建筑墙体材料主要是实心黏土砖，由于黏土砖对土地资源消耗较大，对环境破坏严重，为保护耕地，节约能源，必须使用新型的墙体材料来代替黏土砖，目前我国已出台强制淘汰实心黏土砖政策。新型墙体材料主要包括砖、块、板等，如黏土空心砖、掺废料的黏土砖、非黏土砖、建筑砌块、加气混凝土、轻质板材、复合板材等。常见的墙体内保温节能材料 EPS 板、XPS 板、石膏聚苯复合板、各种聚苯夹心保温材料等，常见的墙体外保温节能材料有 EPS 板、XPS 板、硬泡聚氨酯泡沫保温材料、酚醛树脂保温材料等。

(1) 屋面节能材料

屋面是热量损耗的主要通道，要降低屋面的热量损耗，可以利用导热系数小，吸水率低并且有一定硬度的保温材料，将其铺设在防水层和屋面之间，提高屋面的节能保温性能。可使用加气混凝土板、泡沫混凝土板、XPS 板等板块状材料或在浇筑水泥中掺入膨胀珍珠岩、炉渣、岩棉、矿棉等散料，利用保温材料减少屋面的热能消耗。

(2) 节能门窗材料

对窗的节能性能影响最大的就是玻璃的性能，常见的节能玻璃有中空玻璃、镀膜低辐射玻璃、吸热玻璃、PC 板等。常用的门窗框扇节能材料有塑钢门窗、铝塑复合窗、断桥铝门窗等。在门、窗边框与建筑物之间的缝隙中添加橡胶条、橡塑条、塑料条、胶膏状产品、条刷状密封等，可减少通过门窗的空气渗透而导致的热量流失，提高建筑的节能保温性能。

(3) 防水密封材料

近年来，由于多个行业对高质量建筑防水材料的需求，防水密封材料在我国有了较快的发展。目前，防水材料已不是单一的纸胎油毡，还包括沥青油毡、建筑防水涂料、合成高分子防水卷材、密封材料、堵漏和刚性防水材料等五大类产品。

3.5.2　建筑节材能技术

1. 外保温复合墙体

承重结构可采用强度高的材料，墙体的厚度可以减薄，从而增加了建筑的使用面积，外保温复合墙体节能建筑的综合造价经济分析，其经济效益明显，见图 3-20。

外保温复合墙体还有其不可比拟的优越性，首先外保温复合墙体由于将保温材料设在墙体主体结构的外侧，从而保护了主体结构，削弱了温度变化应力对其的不良影响。其次

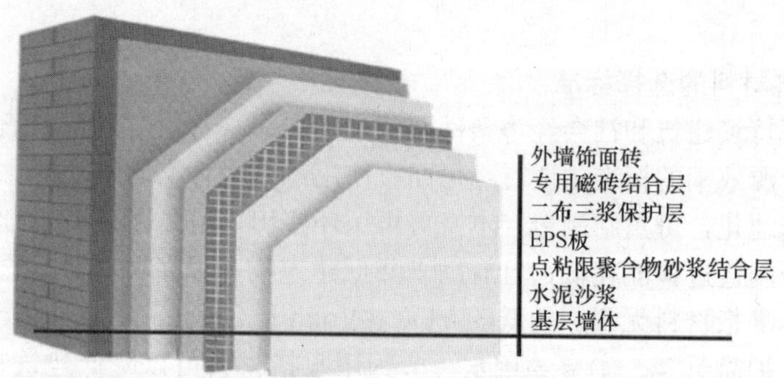

图 3-20　外保温复合墙

外保温复合墙体还较好地解决了墙角、构造柱、丁字墙等部位的热桥问题，这些都是夹芯复合墙体和内保温复合墙体存在的不易解决的问题。由于外保温复合墙体避免了热桥，在采用同样保温材料、厚度相同地条件下，外保温要比内保温的热损失减少约 24 %，有效地提高了建筑节能率。再次外保温复合墙体由于室内一侧一般为密实材料，它的蓄热系数大，能够保存更多的热量，使间歇供热造成的室内温度波动的幅度减少，室内温度比较稳定，从而给人们一个舒适的感觉。

2. 内保温复合墙体

内保温复合墙体是由主体结构与保温结构两部分组成。内保温复合外墙的主体结构一般为空心砖、砌块和混凝土墙体等。保温结构是由保温板或块和空气间层组成。保温结构中空气间层的作用，一是防止保温材料吸湿受潮失效，二是提高外墙的热阻。

内保温复合墙体的优越性是，这种构造作法施工比较容易，保温材料的面层不受外界气候变化的影响，保温层的修补或更换也比较方便，但内保温复合墙体在保温节点构造方面不可避免会形成一些热桥，如丁字墙、圈梁、抗震构造柱、洞口过梁、楼板与外墙搭接处、外墙拐角部位等必须加强这些部位的保温措施，至少应使这些部位的内表面温度高于 10.1℃，保证其在正常使用状态不会出现结露现象。内保温复合墙体与外保温复合墙体相比，内保温复合墙体由于所形成的热桥部位多，其围护墙体的热量损失也相应增大，因此内保温复合墙体的保温层厚度应加厚，在各种条件完全相同的情况下，保温材料的厚度约增加 30%左右，建筑物的使用面积相应减少 2%～3%。

3. 空心保温砌块墙体

空心砌块墙体是一种新型的节能、保温、隔热墙体，它打破了传统黏土砖墙砌体的做法，节约了大量的土地资源，并满足了节能要求，见图 3-21。空心砌块可用的工业废渣主要有炉渣、粉煤灰、自然煤矸石，其他的材料有陶粒、火山渣、高炉硬矿渣等。空心砌块最大的优越性是利用工业废渣和保护环境、保护耕地等。此外，空心砌块墙体与同等尺寸黏土砖砌体相比，砌体重量减轻 1/3，砌筑工效提高 1/4，节约砂浆 1/2，省工省料，缩短工期。但空心砌块墙体也存在自身不足，主要是由于膨胀

图 3-21　空心保温砌块

系数和干缩性比黏土砖大，应力较集中，容易产生裂纹；二次装修开槽打洞比较麻烦；空心砌块在生产制作中质量不够稳定，特别是外观质量密实度差和几何尺寸偏差大。因为空心保温砌块材料热惰性指标往往达不到要求，所以空心保温砌块技术很少单独使用。

4. 夹芯复合墙体

保温层设在墙体的承重结构或围护结构的支撑结构材料之中的墙体称之为夹芯复合墙体，见图3-22。由于保温的材料设在外墙的中间，有利于发挥墙体材料本身对外界环境的防护作用，从而免去了保护层构造作法，使造价可相对降低。虽然在砖砌体或砌块墙中间夹芯岩棉板、矿棉板、聚苯板、玻璃棉板等，可取得较好的保温效果，但施工时要填充严密，避免形成空气对流，并用防锈钢筋做好内外墙中间的拉接，这一点在地震区更要重视。夹芯复合墙体保温热工薄弱部位虽比内保温复合墙体少了许多，但也应加强这些部位的保温，不然会影响使用功能。如砖混结构的圈梁和构造柱部位应严格按图施工，否则墙体内表面会出现结露现象。如在已建成的多孔砖夹芯外墙节能住宅的外墙角、圈梁等部位的墙体表面，有的出现了结露，发霉变黑，面层起鼓，墙皮脱落等现象。

图3-22　夹芯复合墙板

5. 空心黏土砖墙体

空心黏土砖作为一种新型墙体材料现在已经广泛应用于建筑工程中，其墙体材料的产品结构也取得重大进展，见图3-23。空心黏土砖与实心黏土砖相比所具有的优点主要表现在生产方面、施工方面和使用方面。在生产过程中，空心砖的生产效率比实心砖高，而且还具有节土、节煤等环保的特点。在施工方面，空心黏土砖的使用可提高施工功效，节约砂浆，重量较实心砖低，可减轻建筑物的自重，从而减少基础荷载，节约工程造价。在使用方面，空心黏土砖的导热系数较实心砖低，故其墙体的绝热效果优于实心砖墙体，有利于提高墙体的热稳定性，改善居室的热环境，减少了供暖与空调的能源使用；而且空心砖能够吸收空气中的湿气，调节室内空气的湿度。因此要大力推广空心黏土砖的使用，还要积极利用工业废渣如煤矸石、粉煤灰、页岩等对空心砖的制作原料及工艺进行改进。

图3-23　空心黏土砖

6. 混凝土砌块墙体

混凝土砌块是一种性能非常优越的轻质、保温、用途广泛的内外墙体材料。作为一种新型墙体材料，混凝土砌块较黏土砖具有节约能源、节约土地资源、利用工业废渣等许多优点。混凝土砌块按其生产材料和成品形状可以分为蒸压加气混凝土砌块、多排孔混凝土空心砌块、陶粒混凝土实心砌块和单排孔混凝土空心砌块等多个品种。在这里仅以加气混凝土砌块为例来阐述混凝土砌块墙体的节能：（1）加气混凝土砌块的制造能耗低于烧结黏土砖的能耗；

(2) 与相关材料相比，加气混凝土砌块密度小，不仅单位原材料用量少，具有节土的优点，而且降低了运输能耗；(3) 加气混凝土砌块的传热系数小，具有的保温功能减少了建筑物使用空调系统和供暖系统的能耗。同时加气混凝土砌块不仅可以用于民用建筑的外墙围护、内墙隔断、屋面、楼层，而且可以用于工业厂房屋面和外墙，也可以作为4层以下混合结构建筑的承重墙体，更是各类钢结构建筑的内、外墙最佳材料，见图3-24。因此加气混凝土砌块不仅可以代替烧结实心砖用于砌筑墙体，而且可以作为保温材料用于节能建筑，是实现建筑节能经济有效的措施，也是解决我国能源供需矛盾的途径之一，因此应该加强和扩大混凝土砌块在我国建筑外墙中的应用，充分发挥混凝土砌块在建筑节能中的应用。

图 3-24　加气混凝土砌块

7. 稻草板墙体

稻草板墙体主要是指用稻草等农作物秸秆制成的板作为墙体，见图 3-25。稻草板以洁净的天然稻草或麦草等农作物秸秆为原料，以异氰酸酯树脂为胶粘剂，通过切草和粉碎两道工序，把秆状农作物加工成碎料状的原料，采用“喷蒸”等特殊处理方法，固化为不含甲醛的人造板材，密度越高，硬度越大。中等密度的稻草板可作墙体材料，高等密度其他秸秆材料还可以做地板。农作物秸秆工程利用技术已经成熟，生产成本与黏土实心砖基本相当，使用功能却更加环保、节能、节土，是节能建筑中很好的建筑墙体材料。

将稻草板作为墙体有很多优点：(1) 保温隔热性能良好，用其建造的住房冬暖夏凉。在我国北方地区，冬天取暖过冬，如采用稻草板作为屋面及墙体，其容重为413kg/m^3，仅为黏土实心砖的1/5，其保温隔热性能大大优于黏土实心砖建筑，可以大大节约燃煤取暖所用的费用。(2) 隔音效果好，还具有保湿和释放氧气的功能，经特殊处理后还能防火、防水、防腐等。(3) 用稻草板建成的房屋重量轻，降低了基础的承重荷载，并具有良好的抗震性能。(4) 稻草板采用异氰酸酯树脂作为胶粘剂，不含甲醛，达到甲醛零排放的最高环保标准。用稻草板建房，就生态方面来说，具有变废为宝、保护土地资源、保护环境的优势。我国是农业大国，稻草资源十分丰富，大量稻草被弃置农田，很多地区则采用焚烧的处理方式，不仅浪费资源，而且污染环境。如改用稻草板为主要材料建造新式住宅，原料丰富，价格便宜，可以降低建筑成本。因此，用稻草板建房对我国目前的能源状况来说，有利于生态节能也具有良好的经济效益，也能积极促进我国的新农村建设和和谐社会的构建。

图 3-25　稻草板墙体

8. 新型VIP真空隔热板

新型VIP（Vacuum Insulation Panel）真空隔热板由芯部的隔热材料、芯部封裹材料和真空封裹材料组成，芯部封裹材料和真空封裹材料共同维护VIP板在尽可能长的时间里免受污染并保持其所需要的真空度，使VIP板具有与玻璃棉和EPS（可发性聚苯乙烯）相近的、良好的环保性能。VIP真空隔热板是一种采用真空隔热原理、具有特殊结构的复合体。制造良好的VIP真空隔热板，其导热系数只有2×10^{-3}W/（m·k）～4×10^{-3}W/（m·k）（未考虑热桥边缘效应），与常用建筑保温材料相比，它有着优异的保温性能，达到同等保温效果只需要很小的材料厚度。由于VIP板杰出的隔热性能，建筑物仅用很薄的保温墙体就能达到低能耗的标准，与采用聚苯板外保温墙相比真正做到了节能建筑，既节能又省钱。

除此之外，太阳能的巧妙利用也能达到墙体节能的目的。美国建筑专家发明的太阳能墙见图3-26，是在建筑物的墙体外侧装一层薄薄的黑色打孔铝板，能吸收照射到墙体上的80%的太阳能量。被吸入铝板的空气经预热后，通过墙体内的泵抽到建筑物内，从而节约中央空调的能耗。

墙体构件式太阳能集热器，配合悬挂在室内的水箱使用，作为墙体构件砌筑在民用建筑物的墙体里，能减少风雨造成的损坏。该墙体构件式太阳能集热器能够很好地解决高层建筑利用太阳能所遇到的问题，满足高层建筑尤其是中高纬度地区的高层建筑利用太阳能的需求。

图3-26　太阳能墙

太阳能组合装饰墙体集热系统，即在建筑物向阳面的屋顶或外墙面上设置多组太阳能热水器，太阳能热水器中设置有热交换管，通过分水器及水管连接到建筑物中，解决我国北方部分地区的冬季取暖问题，同时提高家庭热水及洗浴，解决能源，有利于环保。太阳能产品建筑构件化实质上就是太阳能集热构件建筑化，这需要太阳能企业与建筑师通力合作，建筑为太阳能而设计，太阳能为建筑所构成，才能真正做到太阳能集热装置构件化与建筑一体化设计，更好地利用太阳能这种天然环保、用之不竭的能源。

3.6　绿色建筑的室内环境与技术

3.6.1　绿色建筑的空气环境

1. 绿色建筑空气环境问题

随着现代人生活和工作形态的改变，大多数人在室内的停留时间可以达到全天的80%，老人、儿童、孕妇和慢性病人则待在室内的时间更长，使得室内空气环境的好坏对人的生活、工作、身心健康等产生重要影响。近几十年来，随着经济的发展，生活品质的不断提升，室内空气环境越来越受到关注，在建筑技术、建筑材料、室内装饰等行业不断发展的同时，也由于不合适的建筑设计、空调系统设计，世界范围内的节能导致建筑物密闭程度的增加，新风量减少，室内污染物不易扩散，大量散发有害物质的建材、有机合成材料和新设备的广泛使用，使得室内空气污染源大大增加，种类日益增多，并且产生了一系列的问题，如“病态建筑综合症”（Sick Building Syndrome，SBS）、“大楼并发症”（BUilding Related Illness，BRI）和“多种化学物过敏症”（Multi. chemical Sensitivity，MCS）。因此，室内空气品质（IAQ）直接影响着人们的生产、生活、工作及健康状况。它涉及医学卫生、建筑环境工程和建筑设计等众多方面，目的是创造卫生、健康、舒适的绿色室内空气环境。据中国标准化协会日前公布的一份调查所揭示，室内空气污染程度一般要高出室外 5～10 倍；68%的疾病来源于室内空气污染，室内空气污染正在给人们的身体健康带来严重危害。

世界卫生组织有关资料表明，全球每年因室内环境污染的死亡人数已达 280 万，而中国室内装饰协会检测中心调查得出我国每年因由室内空气污染引起的死亡人数已达 11.1 万人，平均每天大约死亡 304 人，居室装饰使用含有有害物质的材料会加剧室内的污染程度，新装修居室 90%以上有害气体严重超标，这些污染对儿童和妇女的影响更大。有关统计显示，目前我国每年因上呼吸道感染而致死亡的儿童约有 210 万，其中 100 多万儿童的死因直接或间接与室内空气污染有关，特别是一些新建和新装修的幼儿园和家庭室内环境污染十分严重。

因此，发展绿色建筑，提升室内空气品质，营造绿色、健康、环保、舒适的室内环境是当前建筑行业发展的新导向，对保障公众健康，维护公共利益具有重要意义。

2. 绿色建筑空气环境问题的起因

绿色建筑的空气质量分为室内和室外两部分，绿色建筑的空气质量问题主要是空气污染。

（1）室外空气污染

绿色建筑的室外空气污染包括粉尘、二氧化硫、氮氧化物等有害气体污染和其他污染。室外空气中的各种污染物包括工业废气和汽车尾气通过门窗、管和洞等空隙进入室内；人为带入室内的污染物，如鞋上带入一些粉尘，干洗后带回家的衣服，可释放出残留的清洗剂中的一些有害气体如四氯乙烯和三氯乙烯，将工作服带回家中，可使工作环境中的苯进入室内等。另外，在我国北方冬季施工期，施工单位为了加快混凝土的凝固速度和防冻，往往在混凝土中加入高碱混凝土膨胀剂和含尿素的混凝土防冻剂等外加剂。建筑物投入使用后，随着夏季气温升高，氨会从墙体中缓慢释放出来，造成室内空气氨浓度严重超标，并且氨的释放持续多少年目前尚难确定。

（2）室内空气污染

室内空气污染包括物理、化学、生物和放射性污染，来源于室内和室外两部分。室内主要有消费品和化学品的使用、建筑和装饰材料以及人的活动。包括各种燃料燃烧、烹调油烟、吸烟产生的各种有害气体等；建筑、装饰材料，家具和家用化学品释放的甲醛、氨、苯、氡和发挥性有机化合物等；家用电器和某些用具导致的电磁辐射等物理和臭氧等化学污染；宠物产生的生物性污染；通过人体呼出气、汗液等排出的 CO_2、氨类化合物、硫化氢等内源性化学污染物，呼出气中排出的苯、甲苯、苯乙烯等外源性污染物；通过咳嗽、打喷嚏等喷出的流感病毒、结核杆菌、链球菌等生物污染物；室内用具产生的生物性污染，如在床褥、地毯中孳生的尘螨等。

此外，由于建筑布局和结构设计的不合理，致使空气不流通，空气中的有害物质长期滞留室内，也是影响住宅空气环境的一个重要原因。

3. 室内空气污染分类、来源及其危害

（1）化学污染

由化学性污染物引起的污染。化学性污染物是影响室内空气质量的主要因素，可分为挥发性有机物和无机化合物。

① 挥发性有机物（TVOC）。有机挥发性化合物包括醛类、苯类、烯烃类等300多种有机化合物。其中最为主要的为甲醛和甲苯、二甲苯等芳香族化合物等。

甲醛，是一种无色易溶的刺激性气体。主要来源于建筑材料（如化纤地毯、各种胶粘剂涂料、泡沫塑料、油漆、贴墙纸）、人造板材（如胶合板、中密度纤维板和刨花板等）、家具、合成纺织品等等。甲醛的限值是0.08mg/m^3，甲醛含量超限制会对人体产生危害，如嗅觉异常、刺激、过敏、肺功能异常、免疫功能异常等。长期低浓度接触甲醛气体，可出现头痛、头晕、乏力、两侧不对称感觉障碍和排汗过剩以及视力障碍，且能抑制汗腺分泌，导致皮肤干燥皲裂；浓度较高时，对黏膜、上呼吸道、眼睛和皮肤具有强烈刺激性，对神经系统、免疫系统、肝脏等产生毒害，长期吸入可引发鼻咽癌、喉头癌等严重疾病。甲醛对人体的危害具长期性、潜伏性、隐蔽性的特点。

苯系物，是一种无色、具有特殊芳香气味的气体。苯系物在各种建筑材料中的有机溶剂中大量存在，比如各种油漆的添加剂和稀释剂，一些放水材料的添加剂中，在日常生活中，苯也用作装饰材料、人造板家具、黏合剂、空气消毒剂和杀虫剂的溶剂。苯系物的限值是0.09mg/m^3，对皮肤、眼睛和上呼吸道有刺激性作用，超其限值可以造成皮肤脱脂，引起红斑、起庖、干燥和鳞状皮炎。苯系物污染对人体造血功能的危害极大，是诱发再生障碍性贫血和白血病（俗称血癌）的主要原因，还可导致胎儿的先天性缺陷等。

TVOC挥发性有机化合物（VOC）在室内空气中作为异类污染物，由于它们单独的浓度低，但种类多，一般不予逐个分别表示，以TVOC表示其总量。TVOC包括甲醛、苯、对（间）（邻）二甲苯、苯乙烯、乙苯、乙酸丁酯、三氯乙烯、三氯甲烷、十一烷等。TVOC主要由建筑材料、室内装饰材料、办公用品散发出来及人类日常活动所产生的。研究表明，即使室内空气中单个VOC含量都低于其限含量，但多种VOC的混合存在及其相互作用，就使危害强度增大。TVOC表现出毒性、刺激性，能引起机体免疫水平失调，影响中枢神经系统功能，出现头晕、头痛、嗜睡、无力、胸闷等症状，还可能影响消化系统，出现食欲不振、恶心等，严重时可损伤肝脏和造血系统，甚至引起死亡。

② 无机化合物。无机污染物主要为氨气（NH3）、燃烧产物（CO_2、CO、NOx、SOx）等，这些污染物主要来自阻燃剂、室内燃烧产物等。氨是一种无色而有强烈刺激气味的气体。主要来源于混凝土防冻剂等外加剂、防火板中的阻燃剂等。主要危害：对眼、喉、上呼吸道有强烈的刺激作用，可通过皮肤及呼吸道引起中毒，轻者引发充血、分泌物增多、肺水肿、支气管炎、皮炎，重者可发生喉头水肿、喉痉挛，也可引起呼吸困难、昏迷、休克等，高含量氨甚至可引起反射性呼吸停止。

（2）物理污染

物理污染主要是指灰尘、重金属和放射性氡（Rn）、纤维尘和烟尘等的污染。物理污染本身一般不会对人体产生严重的危害，但当污染物浓度较高时，会引起严重的人体健康问题。放射性氡及其子体，是一种无色、无味、无法察觉的惰性气体，来源于地基、净水、石材、砖、混凝土、水泥等。氡及其子体随空气进入人体，或附着于气管黏膜及肺部表面，或溶入体液进入细胞组织，形成体内辐射，诱发肺癌、白血病和呼吸道病变，其诱发肺癌的潜伏期大多都在 15 年以上。世界卫生组织研究表明，氡是仅次于吸烟引起肺癌的第二大致癌物质，也可影响人的神经系统，可以使人丧失生育能力。

（3）生物污染

生物污染是指细菌、真菌和病毒引起的污染。有关研究和调查认为，室内空气质量问题中有 21%是因生物污染引起的，主要包括细菌、霉菌、尘螨、军团菌、病毒、花粉、生物体皮屑等。

3.6.2 绿色建筑空气环境保障技术

1. 建立健全控制质量标准

加强绿色建筑空气环境相关立法，完善室内空气质量控制标准的监管机制，随着新技术、新材料的不断更新，各项指标的变化，及时修订补充相关标准，如《室内空气质量标准》GB/T 18883、《民用建筑工程室内环境污染控制规范》GB 50325—2013、室内装饰装修材料有害物质限量 10 项强制性国家标准等，并严格监督执行。

2. 污染源控制

污染源控制是指从源头着手避免或减少污染物的产生，或利用屏障设施隔离污染物，不让其进入室内环境。

（1）注意所有材料的最优组合（包括板材、涂料、油漆等），要使材料的质量符合国标要求，选择和开发零污染、低污染、生态、低碳、环保的绿色建筑装饰材料，尽量选用节能、可回收的材料；

（2）提倡接近自然的装修方式，尽量少用各种化学及人工材料，倡导轻装修重装饰；

（3）在施工过程中，通过工艺手段对建筑材料进行处理，以减少污染；

（4）在室内减少吸烟和室内燃烧过程进行燃具改造；

（5）减少气雾剂和化妆品的使用；

（6）控制能够给环境带来污染的材料、家具进入室内；

（7）通过选址和场地处理远离或消除污染源；

（8）采用更加节能环保的建筑设计方案，优化建筑空间、平面布局和构造设计，最大程度利用自然资源，改善自然通风效果，减少能源消耗带来的污染。

3. 加强室内通风换气

建筑通风分为自然通风和机械通风，是指建筑物室内污浊的空气直接或净化后排至室外，再把新鲜的空气补充进去，从而保持室内的空气环境符合卫生标准。其目的：（1）保证排除室内污染物；（2）保证室内人员的热舒适；（3）满足室内人员对新鲜空气的需要。建筑通风应优先采用自然通风消除室内余热、余湿并有效控制室内污染物浓度。当自然通风不能满足要求时，应采用机械通风，或自然通风和机械通风结合的复合通风。室外空气污染和噪声污染严重的地区，不宜全面自然通风。

建筑通风效果的测试及评价指标应包括：新风量、换气次数、室内污染物浓度、室内可吸入颗粒物（PM2.5，PM10）、室内外空气流速、气流组织、厨卫排烟气道通风性能（住宅）等。

开窗通风换气是改善室内空气质量最简单经济而且有效的措施，当室内平均风速满足通风率的要求时，可减少甲醛等污染物的蓄积。确定新风量需要考虑的因素：

（1）以室内 CO_2 允许浓度为标准的必要换气量，CO_2 浓度与人体表面积、代谢情况有关。

（2）以室内氧气为标准的必要换气量，人体对氧气需求主要取决于代谢水平。

（3）以消除室内臭气为标准的必要换气量，人体释放体臭，与人所占的空气体积、活动情况、年龄有关。

4. 室内空气净化处理措施

（1）室内空气环境净化材料的类别

目前我国市场上的室内空气净化材料名目繁多，按照净化材料的净化原理和所用材料来区分，基本上可以分为物理类净化材料、化学类净化材料和生物类净化材料三大类。物理类净化材料包括采用活性炭、硅胶和分子筛进行过滤、吸附的净化材料；化学类净化材料主要指采用氧化、还原、中和、离子交换、光催化等技术生产的净化材料；生物类净化材料包括微生物、酶进行生物氧化、分解的净化材料。各类净化材料的作用和特点见表3-10。

各类净化材料的作用和特点　　**表 3-10**

净化材料类型	作用	特点
物理类	过滤、吸附	使用安全、简便，但效果较慢
化学类	络合、氧化分解	见效快，但使用时应注意安全
生物类	生物氧化、分解	安全，不会造成二次污染，使用有条件

在净化材料的物理类中活性炭、化学类中的光触媒、生物类中的生物酶，使用最为普遍，也最具代表性。

（2）室内空气不同有害物质的净化方法及原理

① 甲醛（甲醛捕捉剂/甲醛清除剂），通过化学反应消除甲醛，能在很大程度上降低和减少室内空气中的甲醛污染。

② 甲醛、苯系物、TVOC 等有害气体（负离子），当负离子与空气中的病菌细胞结合后，使细胞内部能量转移、结构改变，导致其死亡，使空气中飘浮的烟、尘、花粉等吸入颗粒物集聚而自然沉降，达到净化空气的目的。

③ 臭氧净化，臭氧中有三个氧原子，极不稳定，极易释放出活性氧。活性氧具有极强的氧化性，能迅速地和空气中的有害气体发生化学反应，从而达到净化空气的作用。

④ 甲醛、苯系物、氨、TVOC 等有害气体（纳米光触媒）。光触媒是一项较为先进的室内除污技术，可以说是所有净化方法中效果持续最久的，同样没有二次污染。光触媒具有杀菌、除臭、防污、亲水、防紫外线等功能，并且效果彻底、安全、高效、持久，适用于室内、汽车等空气净化，曾被誉为“最理想的杀菌净化新技术”。

光触媒是在太阳光或灯光照射参与下发生反应的催化剂。在光照下二氧化钛的表面形成电穴和游离电子，结合空气中的水和氧气，发生氧化还原反应，表面形成强氧化性的氢氧自由基（·OH）及超氧阴离子自由基（O2⁻），氢氧自由基一旦遇上有机物质，便会将电子夺回，有机物分子因键结的溃散而分崩离析，将空气中的有害气体和部分无机化合物物分解成 CO_2 和水，并抑制细菌生长和病毒的活性，达到除污、除臭、杀菌、防霉的作用。

（3）室内空净化的方法

室内空气净化是利用特定的净化设备或技术将室内被污染的空气净化后循环回到室内或排至室外。

① 室内过滤法

a. 过滤主要是通过空气过滤器来处理室内空气中的颗粒污染的方法。

b. 空气过滤器的方法和步骤。

多重过滤网。防止空气中的灰尘和病菌进入室内，多重活性炭过滤网有效拦截灰尘病菌，进行过滤空气，确保进入室内的空气洁净。

氧化钛杀毒。降解室内空气中的甲醛、苯等有机毒气的污染，纳米级二氧化钛由紫外光激活，进行过滤空气有效降解空气中的甲醛、苯等有机毒气的放射污染。

负离子增氧。增加室内空气中的氧气至适量并保持含量稳定，负离子发生器给室内空气增氧，确保进入家居的空气保持足量的氧气、充满活力，加强过滤空气。

PTC 陶瓷加热。加热室内空气至舒适温度，PTC 陶瓷加热片对冬季进入室内的新风进行辅助预热，适当增加室内的温度，从而过滤空气，让家居温暖舒适。

紫外光杀菌。强效杀灭空气中的流行性病毒细菌，紫外线光源具有强效杀灭空气中的流行性病毒细菌，使人远离感染源，进行过滤空气，呵护全家健康。

c. 空气过滤器通过以下效应来实现空气净化。

截留效应。粒径小的粒子惯性小，粒子不脱离流线。在沿流线运动时，可能接触到纤维表面而被截留（>0.5μm）。

惯性效应。粒子（>0.5μm）在惯性作用下，脱离流线而碰到纤维表面。

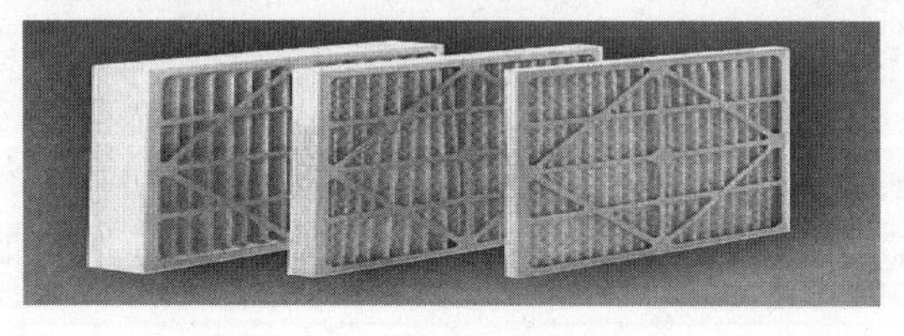

图 3-27　初效过滤器（5μm 以上）

扩散效应：随主气流掠过纤维表面的小粒子（≤0.3μm），可能在类似布朗运动的位移时与纤维表面接触。

重力作用：尘粒（50μm～100μm 以上）在重力作用下，产生脱离流线的位移而沉降到纤维表面上。

静电效应：由于气体摩擦和其他原因，可能使粒子或纤维带电。

d. 空气过滤器的分类有以下三种。

初效过滤器。滤材多为玻璃纤维、人造纤维、金属丝网、粗孔聚氨酯泡沫塑料，如图 3-27 所示。

中效过滤器。滤材为较小的玻璃纤维、人造纤维合成的无纺布、中细空聚乙烯泡沫塑料，如图 3-28 所示。

高效过滤器。滤材为超细玻璃纤维或合成纤维，加工成纸状，称为滤纸，如图 3-29 所示。

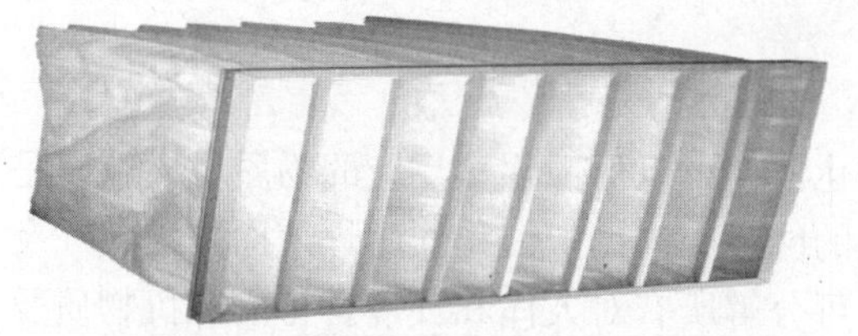

图 3-28　中效过滤器（1μm～10μm）

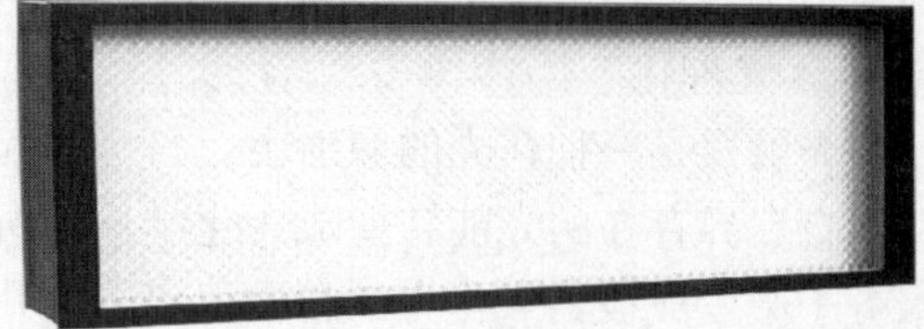

图 3-29　高效过滤器（0.5μm 以下）

② 吸附方法

吸附对于室内 VOCs 和其他污染物是一种比较有效而又简单的消除技术。吸附是由于吸附质和吸附剂之间的范德华力（电性吸引力）而使吸附质聚集到吸附剂表面的一种现象。

a. 目前比较常用的吸附剂是活性炭，固体材料吸附能力的大小和固体的比表面积（即 1g 固体的表面积）很有关系，比表面积越大，吸附能力越强。

b. 物理吸附，由范德瓦耳斯力所引起的吸附，属于一种表面现象，其主要特征为：吸附质和吸附剂之间不发生化学反应；对所吸附的气体选择性不强；吸附过程快，参与吸附的各相之间瞬间达到平衡；吸附过程为低放热反应过程，放出的热量比相应气体的液化放热稍大；吸附剂与吸附质间吸附力不强，在条件改变时可脱附。

c. 化学吸附，通过电子转移或电子对共用形成化学键或生成表面配位化合物等方式产生的吸附。其主要特征为：仅发生单分子层吸附；吸附热与化学反应热相当；有选择性；大多为不可逆吸附；吸附层能在较高温度下保持稳定。

③ 紫外灯杀菌

a. 紫外灯，是一类可以产生有效范围较大的紫外光的光源，可用于紫外线杀菌、激发荧光（荧光显微镜、验钞）、诱杀害虫、晒图等，如图 3-30 所示。

b. 紫外灯杀菌原理见下文。

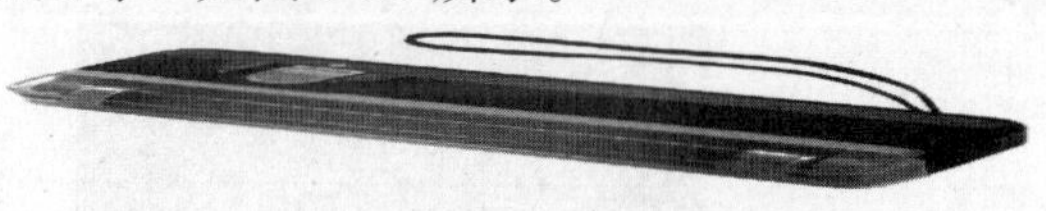

图 3-30　紫外灯

当有机污染物经过紫外线照射区域时，紫外线会穿透生物的细胞膜和细胞核，紫外线被 DNA 或 RNA 的碱基对吸收，发生光化作用，使细胞的遗传物质发生变化，从而使细胞遗传物质的活性丧失，微生物不能繁殖或是不久就会死亡。

室内空气消毒机对经过其照射范围内的微生物产生累加的影响，也就是说，对第一次经过紫外线照射区域没有被杀死的微生物，在随后的循环中将会被杀死。

紫外线会破坏生物的再生能力，这点是非常重要的。因为一个细菌在 24h 内会繁殖成百上千甚至上百万细菌，这也意味着即使最有效的空气过滤器也不能完全去除微生物，所以利用紫外线灭菌是治本之道。一种微生物被紫外线杀灭所需要的剂量取决于紫外光强度和照射时间。

④ 静电吸附

当一个带有静电的物体靠近另一个不带静电的物体时，由于静电感应，没有静电的物体内部靠近带静电物体的一边会产生与带电物体所携带电荷相反极性的电荷（另一侧产生相同数量的同极性电荷），由于异性电荷互相吸引，就会表现出“静电吸附”现象，

图 3-31为蜂窝状静电吸附装置。

⑤ 光催化

光触媒是一种在光的照射下，自身不起变化，却可以促进化学反应的物质，光触媒是利用自然界存在的光能转换成为化学反应所需的能量，来产生催化作用，使周围之氧气及水分子激发成极具氧化力的自由负离子。几乎可分解所有对人体和环境有害的有机物质及部分无机物质，不仅能加速反应，亦能运用自然界的定律，不造成资源浪费与附加污染形成。最具代表性的例子为植物的“光合作用”，吸收对动物有毒之二氧化碳，利用光能转化为氧气及水，图 3-32 为光催化过程。

图 3-31　蜂窝状静电吸附装置

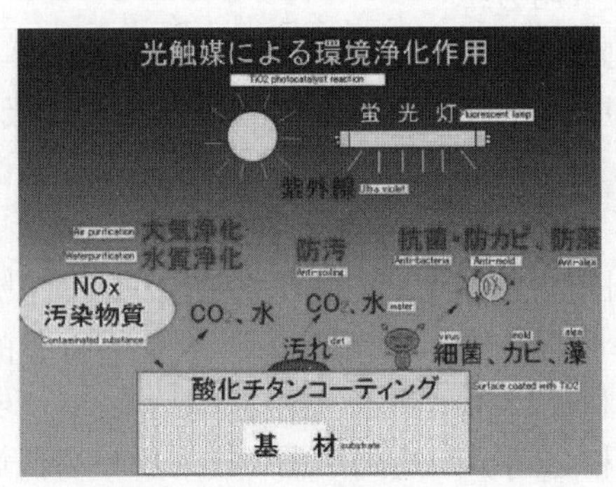

图 3-32　光催化过程

⑥ 等离子体放电催化

等离子体又叫做电浆，是由部分电子被剥夺后的原子及原子被电离后产生的正负电子组成的离子化气体状物质，它广泛存在于宇宙中，常被视为是除去固、液、气外，物质存在的第四态。等离子体是一种很好的导电体，利用经过巧妙设计的磁场可以捕捉、移动和加速等离子体。图 3-33 为等离子体放电催化消除微生物污染的迹象。

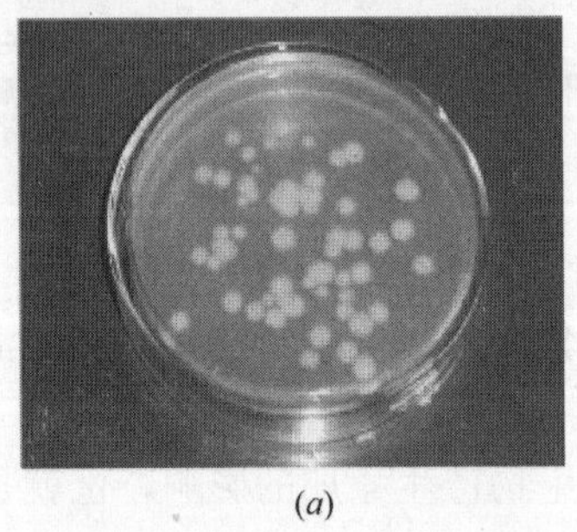

(*a*)

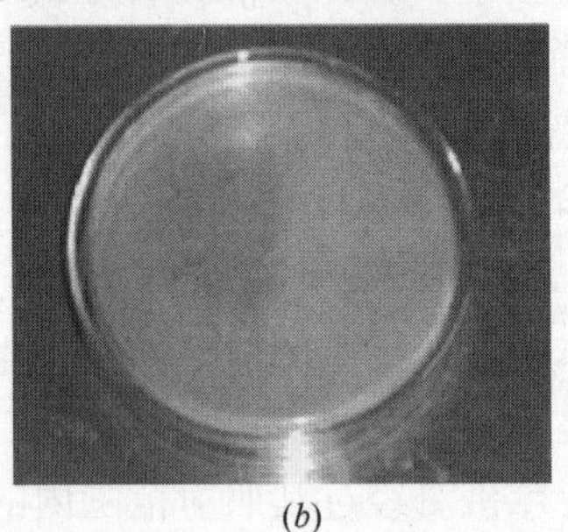

(*b*)

图 3-33　等离子体放电催化消除微生物污染

(*a*) 稀释比为 1∶1000 情况下未经放电处；

(*b*) 稀释比为 1∶1000 情况下经（8kV）放菌生长迹象

⑦ 臭氧消毒灭菌

a. 臭氧，是氧的同素异形体，分子式为 O_3。臭氧为天蓝色腥臭味气体，液态呈暗黑色，固态呈蓝黑色。

臭氧主要存在于距地球表面 20km 的同温层下部的臭氧层中。它吸收阻挡并削弱对人体有害的短波紫外线，防止其到达地球。

b. 臭氧杀菌原理。臭氧以氧原子的氧化作用破坏微生物膜的结构，以实现杀菌作用。臭氧对细菌的灭活反应总是进行得很迅速，与其他杀菌剂不同的是：臭氧能与细菌细胞壁脂类的双键反应，穿入菌体内部，作用于蛋白和脂多糖，改变细胞的通透性，从而导致细菌死亡。臭氧还作用于细胞内的核物质，如核酸中的嘌呤和嘧啶破坏DNA。臭氧首先作用于细胞膜，使膜构成成分受损伤，而导致新陈代谢障碍，臭氧继续渗透穿透膜，而破坏膜内脂蛋白和脂多糖，改变细胞的通透性，导致细胞溶解死亡。

c. 臭氧的毒性。当环境中臭氧浓度偏高时，又是一种环境污染气体，它是温室效应气体之一，杀灭细菌的同时也对人体细胞构成损伤，在静电区，打印机旁，都应注意通风，避免臭氧浓度过高引起的毒性效应。

⑧ 利用植物净化空气

绿色植物除了能够美化室内环境外，还能通过光合作用，吸收二氧化碳，释放氧气，调节室内二氧化碳与氧气的平衡，调节室内温、湿度等，从而改善室内空气品质。经中国室内环境监测工作委员会研究测试发现，市场上部分常见花卉可以消除室内污染，尤其对甲醛、苯、氨气等室内环境中的有害物质有净化效果。

a. 植物净化室内环境污染时应注意的原则

根据室内环境污染物有针对性地选择植物。有的植物对某种有害物质的净化吸附效果比较强，如果在室内有针对性地选择和养护，可以起到明显的效果。

根据室内环境污染程度选择植物。一般室内环境污染在轻度和中度污染、污染值超过国家标准3倍以下的环境，采用植物净化可以收到比较好的效果。

根据房间的不同功能选择和摆放植物。夜间植物呼吸作用旺盛，放出二氧化碳，卧室内摆放过多植物不利于夜间睡眠。卫生间、书房、客厅、厨房的装修材料不同污染物质也不同，可以选择不同净化功能的植物。

根据房间面积的大小选择和摆放植物。植物净化室内环境与植物的叶表面积有直接关系，所以，植株的高低、冠径的大小、绿量的大小都会影响到净化效果。一般情况下，$10m^2$左右的房间，1.5m高的植物放两盆比较合适。

b. 利用花卉植物净化室内环境的健康安全禁忌

忌香。一些花草香味过于浓烈。会让人难受，甚至产生不良反应，如夜来香、郁金香、五色梅等花。

忌过敏。一些花卉，会让人产生过敏反应，如月季、洋绣球、天竺葵等，有的人触碰抚摸它们会引起皮肤过敏，甚至出现红疹，奇痒难忍。

忌毒。有的观赏花草带有毒性，摆放时应注意，如含羞草、一品红、夹竹桃等，有儿童和饲养宠物的家庭要注意。

忌伤害。比如仙人掌类的植物有尖刺，有儿童的家庭尽量不要摆放。

3.6.3 绿色建筑的声环境

所谓的建筑声环境指的是室内环境的音质问题以及对振动和噪声的控制问题。一个理想的声环境需要的声音（如讲话、音乐等）能够高度保真，而不需要的声音（即噪声）不会干扰人的工作、学习和生活。研究声音质量（即音质）问题的建筑声学是现代声学最早发展的一个分支，而研究减少噪声干扰的振动和噪声控制则是在20世纪50年代以后，由于工业、交通的发展而建立起来的最新分支。随着城市化进程的加快，噪声已成为现代化生活中不可避免的副产品，其影响面非常广，几乎没有一个城市的居民不受到噪声的干扰和危害，所以建筑声环境质量保障的主要措施是针对振动和噪声的控制。噪声控制的基本目的是创造一个良好的室内外声学环境。因此，建筑物内部或周围所有声音的强度和特性都应与空间的要求相一致。如何消除或适当地减少室内外噪声，以创造一个可接受的声学环境，则是本节所要讨论的问题。

1. 绿色建筑的声环境及其标准

绿色建筑声环境是指建筑内外各种噪声源在建筑内部和外部环境中形成的对使用者在生理上和心理上产生影响的声音环境，它是评判住宅质量与性能水平的重要指标。良好的声环境应该是使用者既不受室内外环境中噪声的影响，也不会因为自身的活动对外界声环境产生影响，因而不必担心可能产生的噪声而使活动受限。正是由于声环境对生态建筑总的室内声环境质量和释放到室外的噪声或声污染的程度有很大影响，与人的健康和工作效率有很重要的联系，因而需要确定适于人们生活、工作和健康的生态建筑声环境标准。

目前，我国还没有针对绿色建筑声环境制订专门标准（绿色住宅小区声环境标准仍有许多异议），对于一般建筑（学校、住宅、医院、旅馆以及工业建筑等），我国已经制订出《民用建筑隔声设计标准》、《工业企业噪声控制设计规范》、《城市区域环境噪声标准》等标准和规范，其他建筑的声环境标准也在各有关规范中作了规定。

我国《民用建筑隔声设计规范》GB 50118—2010 规定了在住宅、学校、医院及旅馆建筑的室内允许噪声级和隔声标准。表 3-11 为室内允许噪声级，在执行中还要考虑因昼夜时间的不同和噪声特性需做的修正。表 3-12～表 3-19 为 8 种空气隔声标准。标准都是建筑规范中的“低限”标准，绿色建筑应不小于这些标准，但是也不是标准越严、越高越好，而是应有“度”，因为绿色建筑更应是节约、与环境和谐共生的建筑。

室内允许噪声级（LA：dB） **表 3-11**

	允许噪声级			允许噪声级	
	昼间	夜间		昼间	夜间
卧室	≤45	≤37	高要求卧室	≤40	≤30
起居厅	≤45		高要求起居厅	≤40	

分户构件空气隔声标准 **表 3-12**

构件名称	空气隔声单值评价量＋频谱修正量（dB）	
分户墙、分户楼板	计权隔声量＋粉红噪声频谱修正量 Rw＋C	＞45
分隔住宅和非居住用途空间的楼板	计权隔声量＋交通噪声频谱修正量 Rw＋Ctr	＞51

房间之间空气隔声标准 **表 3-13**

房间名称	空气隔声单值评价量＋频谱修正量（dB）	
卧室、起居室（厅）与邻户房间之间	计权标准化声压级差＋粉红噪声频谱修正量 Dnt，w＋C	≥45
住宅和非居住用途空间分隔楼板上下的房间之间	计权标准化声压级差＋交通噪声频谱修正量 Dnt，w＋Ctr	≥51

高要求住宅分户构件空气隔声标准 **表 3-14**

构件名称	空气隔声单值评价量+频谱修正量（dB）	
分户墙、分户楼板	计权隔声量+粉红噪声频谱修正量 Rw+C	>50

高要求住宅房间之间空气隔声标准 **表 3-15**

房间名称	空气隔声单值评价量+频谱修正量（dB）	
卧室、起居室（厅）与邻户房间之间	计权标准化声压级差+粉红噪声频谱修正量 Dnt，w+C	≥50
相邻两户的卫生间之间	计权标准化声压级差+粉红噪声频谱修正量 Dnt，w+C	≥45

外窗（包括未封闭阳台的门）的空气隔声标准 **表 3-16**

构件名称	空气隔声单值评价量+频谱修正量（dB）	
交通干线两侧卧室、起居室（厅）的窗	计权隔声量+交通噪声频谱修正量 Rw+Ctr	≥30
其他窗	计权隔声量+交通噪声频谱修正量 Rw+Ctr	≥25

外墙、户（套）门和户内分室墙的空气隔声标准 **表 3-17**

构件名称	空气隔声单值评价量+频谱修正量（dB）	
外墙	计权隔声量+交通噪声频谱修正量 Rw+Ctr	≥45
户（套）门	计权隔声量+粉红噪声频谱修正量 Rw+C	≥25
户内卧室墙	计权隔声量+粉红噪声频谱修正量 Rw+C	≥35
户内其他分室墙	计权隔声量+粉红噪声频谱修正量 Rw+C	≥30

分户楼板撞击声隔声标准 **表 3-18**

构件名称	撞击声隔声单值评价量（dB）	
卧室、起居室（厅）的分户楼板	计权规范化撞击声压级 Ln，w（实验室测量）	<75
	计权标准化撞击声压级 L'nt，w（现场测量）	≤75

高要求住宅分户楼板撞击声隔声标准 **表 3-19**

构件名称	撞击声隔声单值评价量（dB）	
卧室、起居室（厅）的分户楼板	计权规范化撞击声压级 Ln，w（实验室测量）	<65
	计权标准化撞击声压级 L'nt，w（现场测量）	≤65

2. 绿色建筑的声环境影响因素

目前，我国的绿色建筑理论研究方兴未艾，绿色建筑的实践已经起步，绿色建筑的观念已经为越来越多的人所接受，但其内涵即使在建筑界也尚有人不甚了解，我们不能不注意到，现在的绿色建筑似乎成了环境绿化、节能和环保理念的标志，多数的绿色建筑（尤其是一些所谓生态小区）侧重于节能和热环境的创造以及绿化、水景等硬质景观建设，而较少注意生态建筑的声环境，难以形成完整的绿色建筑环境。

近年来，由于我国经济的快速增长，城市化进程的加速发展，现代城市中，交通噪声、施工噪声、建筑设备噪声、生活噪声等环境噪声严重影响绿色建筑的声环境建设。建筑环境设计如果不考虑采取措施避免这些因素的影响，建筑的声环境肯定不会令人满意。

当前，建筑物所需要面对的声环境污染主要包括有室外声环境污染和室内声环境污染这两种污染。造成室外环境声污染的噪声源有很多，其中最主要的有交通所产生的噪声、工业所产生的噪声、施工所产生的噪声以及社会噪声等。

(1) 道路交通噪声

交通噪声主要来源于城市道路上运行的机动车辆以及路面状况。通常汽车噪声包括发动机噪声、排气噪声、进气噪声、轮胎噪声和传动机构噪声以及鸣笛噪声这几个主要方面；其中发动机噪声、轮胎噪声、排气噪声和鸣笛噪声是主要的噪声源。据有关研究资料分析，在距离道路 15m 处测量，以 80km/h 的车速行驶的汽车产生的噪声达 50dB～70dB；繁忙的城市主干道噪声达 90dB；距铁路、重型卡车 15m 处达 90dB～100dB；而汽车喇叭声通常达 110dB～120dB。

(2) 社会生活噪声

社会生活噪声是指人们生活及与生活相关设施所产生的噪声。例如，众多商业企业、店铺，以及娱乐场所进行商业宣传、体育比赛、庆祝典礼等活动所产生的噪声污染；闹市街区、居民社区道路两旁用于商业推广活动的音频设备；夜间位于居民住宅区内的各种 KTV、娱乐活动中心、游戏厅、音乐餐厅等娱乐服务场所，过大音量产生的噪声等。

生活配套设施同样产生众多噪声。不间断地电梯运行的嗡嗡声，地下室水泵的汲水声，空调室外机和室内机的转动声，楼宇内部供暖机组和制冷通风机的振动声，变压器的蜂鸣声，PVC（聚氯乙烯）下水管道的冲水声，发电机的轰鸣声，水龙头用水时的水管振动声，以及人们进出关门时的咣当声等，使人们和谐的居住环境受到极大的噪声干扰和破坏。近年来，随着居民小区、广场休憩公共设施的普及和不断完善，人们在户外进行娱乐活动的时间和次数迅速增加，随之而来产生的噪声影响也越来越引起关注。

(3) 工业噪声

随着城市工业化的进程，产生了越来越多的工厂，随之就产生了工业噪声。工业噪声通常指工业生产过程中各种大型机器的运转，及各构成机构的振动、摩擦、撞击以及气流扰动等产生的噪声。例如，城市工厂车间里各类机械设备运转时产生的噪声，如空气压缩机、柴油发动机、冲床等机械设备运转时，其噪声在车间以外的环境中亦可达到 60dB～80dB，有的甚至达到 90dB，尤其是发电厂的高压蒸汽锅炉排气放空产生的巨响，即使在 100m 开外的远处，也可达 100dB 以上，几千米范围的居民都深受这种刺耳尖叫声的严重干扰。因而，工业噪声不仅给工人造成危害，而且工厂附近的居民也深受其害。

(4) 建筑施工噪声

随着城市化进程的加快，越来越多的人来到城市生活，城市规模也在不断扩大，因而城市每年都要建设众多的建筑物来满足人们的需求。然而随之产生了持续时间较长，声级高，难控制建筑施工噪声污染。例如，冲击式气锤打桩机运行时发出的噪声在 10m 以外测量也达到 99dB，此外，铲土机、混凝土搅拌机、吊锤、发电车和空气压缩机、压路机、各种锯床、平土机、运输车辆也都发出强烈噪声。另外，装卸建筑模板和施工材料时，若操作不当也会导致噪声污染，给周围的商铺经营、居民生活带来了恶劣的影响。

3.6.4 绿色建筑的声环境技术

1. 城市规划中的声环境保障技术

合理的城市规划布局，对城市声环境及绿色建筑声环境的改善具有重要意义。城市环境中影响建筑声环境的主要噪声源是道路交通噪声，其次是工业噪声和社会生活噪声。

（1）合理安排城市建设用地

在规划和建设新城市时，防止噪声和振动的污染是考虑合理的功能分区，确定居住用地、工业用地以及交通运输用地相对位置的重要依据。根据工业生产特点预测噪声源的污染程度进行工业建设用地规划，避免居民区与工业、商业区混合；对城市交通系统的规划要根据交通噪声的现状及对未来发展情况的预测，适当安排城市道路交通网。对现有城市的规划，应当依据目前城市声环境状况，适当调整城市建设的用地，采取综合性建设措施解决城市噪声污染。同时，根据不同类型建筑的声环境要求和拟建设用地周围声环境状况，进行噪声预评价，视其能否满足建筑自身声环境的要求或者是否会对周围的声环境产生不利影响，从而确定建筑场址。

（2）控制道路交通噪声

交通噪声严重干扰道路两侧的住宅、办公楼、医院、旅馆等建筑，尤其随车辆的增多而日渐突出。控制交通噪声首先要有合理的交通管理，改善道路交通设施，如采取限制鸣笛，交通繁忙地段限制行车速度，根据需要将城区内部分街道改为单行线，划分快慢车道、自行车及人行道，使车辆行人各行其道等措施；根据城市交通状况划分城市道路为主要道路、地区道路和市内道路等三个级别，禁止过境车辆穿越市区，限制进入市内（住宅、学校、医院等分布区）的车辆；采用隔声和吸声措施，如在城市道路两侧设置隔声屏障（对改善多层建筑的声环境有明显的效果，对高层建筑的中上层部分作用不大），城市的高架路对周围环境的影响较大，尤其是高架路下表面会将地面（多数也是城市道路）的各种噪声反射向周围建筑，应对其进行吸声处理。但是应该注意，这些措施的造价较高，必须慎用。

（3）适当布置城市绿化

城市绿化植被具有降温调湿、抗风防晒、滞尘防污等功能，同时由于树皮和树叶对声波有吸收作用，且声波经地面反射后，由树木二次吸收，因而绿化对噪声具有较强的吸收衰减作用。但应该明确的是，从隔声和减弱噪声的需要进行绿化，应选用矮的常绿灌木与常绿乔木相互结合作为主要方式，总宽度约需10～15m。因此采取隔声绿岛、块状绿化、带状绿化等形式，以及在街道两侧、噪声源周围、安静建筑周围建立绿化带的方式，将美化环境、防治大气污染、改善气候与防止噪声污染的功能结合，适当布置和安排城市及建筑周围的绿化，是提高生态城市和绿色建筑声环境质量的必然条件和自然基础。

2. 建筑设计中的声环境保障技术

（1）建筑的布局与设计

建筑的总体布局要依照建筑周围和内部噪声源情况结合建筑功能等方面的要求进行设计，如确定住宅小区内建筑物布局时，临街布置不怕噪声干扰的建筑形成内部诸建筑物的隔声屏障，建筑宜平行于街道布置；区域内部产生噪声的建筑如设备用建筑宜集中布置，并与安静建筑有适当防护距离，在其间设置绿化带、声屏障或采用其他对噪声不敏感的建筑隔离。

建筑平剖面设计时要将不怕噪声干扰的房间布置在面临室外噪声源的一侧，作为安静房间的屏障；将吵闹的房间和安静房间隔离，吵闹房间宜集中布置、上下对应；平面设计与结构设计相互协调，充分发挥结构墙体优良的隔声性能；建筑中设备用房如风机房、水泵房要采取减振、吸声、隔声措施以消除其对建筑内部声环境的影响。

（2）建筑构造设计

建筑的构造设计必须考虑对空气声和固体声的隔绝。轻质高强是建筑材料的发展方向，但由此带来的墙体隔声能力的下降应引起足够的重视，墙体构造设计要严格按照有关隔声标准要求进行；楼板隔绝撞击声的能力是目前建筑声环境中的突出问题，光裸的混凝土楼板上采用刚性面层时其撞击声指数均在80dB（A）以上，不能满足一般建筑（如住宅、医院、学校等）的隔声要求，要采用弹性楼地面层、浮筑楼板或在楼板下增加隔声顶棚等措施予以解决；建筑的门窗是建筑物围护结构中隔声的薄弱环节，在构造设计时必须注意其隔声性能，并结合节能、防盗等功能考虑。建筑装饰采用的饰面材料和构造对建筑空间内的声音传播和反射都有影响，因此要根据使用空间的要求考虑其隔声和吸声性能，如开敞办公室的隔断（相当于声屏障）要求有一定的隔声能力，顶棚、地面要有一定的吸声性能，这对控制办公空间的噪声颇有效果，某些特殊的空间（如会议室）需要采用吸声和隔声性能俱佳的构造；建筑的走廊、门厅等处的墙面、顶棚装修时适当布置一些吸声材料，这对改善整个建筑的声环境非常有效。当然，要考虑所使用的材料是否会对室内空气品质产生不良影响。

3. 建筑设备设计中的声环境保障技术

建筑设备产生的噪声对建筑空间的声环境影响随建筑设备的增多而日趋严重。为此，必须从声环境的角度考虑建筑设备的选型，要尽量选择噪声水平低的设备，使其符合建设项目的声环境标准；设备安装时要考虑隔振隔声措施；在管道系统中，要在满足使用要求的情况下尽可能减低流体的流速，并增加消声器或采用柔性接口；安装管道时增加隔声或隔振衬垫。

4. 建筑环境中的有源控制技术

（1）有源噪声控制技术

所谓有源噪声控制即是在噪声环境中，将采用传声器探测到的噪声信号传输至控制器，由控制器产生的新声波（次级声源）与原噪声声级相同但相位相反，从而使环境噪声降低（实际不能消除）。在声学学科的许多领域对有源噪声控制进行着广泛的研究，某些技术也已进入应用阶段。在建筑声学中同样可以有效地运用有源噪声控制技术，例如利用小型扬声器或激励器作为次级声源放置在双层轻质墙板中间（或装置在墙板上）以提高轻质结构的隔绝空气声的能力，以及利用有源声吸收、有源声屏障来有效控制噪声。虽然目前除正在尝试在通风管道系统中采取有源噪声控制技术外，其他实用技术尚未能完全实现，但相信随着研究的进一步深化和经济条件的改善会逐步得到广泛应用。

（2）电子声掩蔽技术

在安静的建筑环境中，如在开敞的办公室，谈话声会分散人的注意力，降低工作效率。电子声掩蔽技术是在建筑空间内由隐藏于吊顶的扬声器发出均匀分布的背景噪声，利用声音的掩蔽效应，这样既能对工作区之间传递的语言声起到干扰作用，又不会引起人们的注意。电子声掩蔽技术的关键是产生噪声的频谱、声级、覆盖均匀度和突出感，一个调节良好的电子声掩蔽系统，应该使使用者感觉不到有人工噪声源的存在。

3.6.5 绿色建筑的光环境

建筑光环境是建筑环境中的一个非常重要的组成部分，在生产、工作、学习场所，良好的光环境可以振奋人的精神，提高工作效率和产品质量，保障人身安全和视力健康。在娱乐、休息、公共活动场所，光环境可以创造舒适优雅、活泼生动，或者庄重严肃的环境气氛，对人的情绪状态和心理感受产生积极的影响。

良好的建筑光环境应尽可能利用天然光源，仔细考虑窗的面积及方位，必要时可设置反射阳光板或光导管等天然光导入设备；建筑内装修可采用浅色调，增加二次反射光线，通过这些手段保证获得足够的室内光线，并达到一定的均匀度，由此减少白天的人工照明。同时室内照度不可太小但也不能太大，在保证良好的建筑光环境同时，应尽可能降低室内照明能耗。

1. 绿色建筑光环境

绿色建筑光环境的内涵很广，它指的是由光（照度水平和分布，照明的方式）与颜色（色调，色饱和度，室内颜色分布，颜色显现）建立的与空间形状有关的生理和心理环境。光环境设计是现代建筑创作的一个有机组成部分。它既是科学，又是艺术，同时也要受经济和能源的制约。我们必须推行合理的设计标准，使用节能的照明设备，采取科学与艺术融为一体的先进设计方法。

绿色建筑光环境可以分为自然光环境和人工照明环境。自然光是建筑光环境的一个重要组成部分，自然光的有效利用可以减少用于照明的能耗。但是自然光也存在一些问题：首先，自然光作为光源稳定性差，由于太阳的位置和天气情况是在连续不断地变化着，所以天空的亮度和颜色的分布也是连续不断变化的；其次，自然光的利用率比较低，大多数建筑的主体结构是一层一层的楼板垒叠而成，这样就会封闭阻挡了日光自然地投射进室内。再加上墙壁，就阻挡了更多的日光，所以，实际上一个典型的建筑内可利用的有效日光仅仅是自然状态下的2%左右；最后，虽然日光是真实自然的，但由于日光进入室内的途径受到局限，从而制造出不舒适不自然的环境。为了获得舒适的生活和工作环境，照明就显得非常重要。为了弥补自然光上述的缺点就必须采用人工照明。

许多因素都会影响绿色建筑的光环境，如建筑物的大进深、过大或过小的窗户面积、自然光获得的不充分以及控制手段的缺乏，这些都是造成不恰当的照明水平、眩光、过度的热量获得或热量损失以及较差的视觉舒适性等问题的原因。

2. 视觉与光环境

视觉是人体各种感觉中最重要的一种，大约有87%的外界信息是人依靠眼睛获得的，并且75%～90%的人体活动是由视觉引起的。视觉与触觉等其他感觉不同，后者是单独地感受一个物体的存在，而视觉所感知的却是环境的大部分或全部。良好的光环境是保证视觉功能舒适有效的基础。在一个良好的光环境中，人们可以不必通过意识的作用强行将注意力集中到所有要看的地方，能够不费力而清楚地看到所有搜索的信息，并与所要求和预期的情况相符合，背景中也没有视觉“噪声”（不相关或混乱的视觉信号）干扰注意力。反之，人们就会感到注意力分散和不舒适，直接影响到劳动生产率和视力健康。

（1）颜色对视觉环境的影响

颜色来源于光，不同波长组成的光反映出不同颜色，直接看到的光源的颜色称为表现色。光投射到物体上，物体对光源的光谱辐射有选择的反射或透射对人体所产生的颜色感觉称为物体色，物体色由物体表面的光谱反射率或透射率或光源的光谱共同决定。

颜色是正常人重要的感受。在工作和学习环境中，需要颜色不仅是因为它的魅力和美丽，还为个人提供正常情绪上的排遣。例如，一个灰色或浅黄色的环境几乎没有外观感染力，它趋向于导致人们主观上的不安和内在的紧张和乏味；另一方面，颜色也可使人放松、激动和愉快，因为人大部分心理上的烦恼都可以归于内心的精神活动，好的颜色刺激可给人的感官以一种振奋的作用。良好的光环境离不开颜色的合理设计，颜色对人体产生的心理效果直接影响光环境的质量。色性相近的颜色对个体视觉的影响及产生的心理效应的相互联系、密切相通的性质称色感的共通性。它是颜色对人体产生的心理感受的一般特性，如表 3-20 所示。

色感的共通性　　表 3-20

心理感受	左趋势	积极色			中性色		消极色			右趋势
明暗感	明亮		橙	绿、红					黑	黑暗
冷热感	温暖		红	黄					白	凉爽
胀缩感	膨胀		橙	黄						收缩
距离感	近		橙	红						远
重量感	轻盈		橙	红					黑	沉重
兴奋感	兴奋		橙红	黄绿红紫			绿	青	黑	沉重

有实验表明，当手伸到同样温度的热水中时，多数受试者会说染成红色的热水要比染成蓝色的热水温度高。在车间操作的工人，在青蓝色的场所工作 13℃时就感到冷，在橙红色的场所中，11℃时还感觉不到冷，主观温差效果最多可达 3～4℃。在黑色基底上贴大小相同的 6 个实心圆，分别是红、橙、黄、绿、青、紫六色，实际看起来，前三色的圆有跳出之感，后三色有缩进之感。比如，法国的白、红、蓝三色国旗做成 30∶33∶37 时，才会产生三色等宽的感觉。

明度对轻重感的影响比色相大，明度高于 7 的颜色显轻，低于 4 的颜色显重。其原因一是波长对眼睛的影响，二是颜色联想，三是颜色爱好引起的情绪反映有很多与下面的例子类似的情形：同样重量的包装袋，若采用黑色，搬运工人说又重又累；但采用淡绿色，工作一天后，搬运工感到不特别累。又如吊车和吊灯表面，常采用轻盈色，以有利于众人感到心理上的平衡和稳定。

颜色分为积极色（或主动色）与消极色（或被动色）。主动色能够产生积极的有生命力的和努力进取的态度，而被动色易表现出不安的、温柔的和向往的情绪。例如黄、红等暖色、明快的色调加上高亮度的照明，对人有一种离心作用，即把人的组织器官引向环境，将人的注意力吸引到外部，增加人的激活作用、敏捷性和外向性。这种环境有助于肌肉的运动和机能的发挥，适合于从事手工操作和进行娱乐活动的场所。灰、蓝、绿等冷色调加上低亮度的照明对人有一种向心作用，即把热闹从环境引向本人的内心世界，使人精神不易涣散，能更好地把注意力集中到难度大的视觉任务和脑力劳动上，增进人的内向性。这种环境适合需要久坐、对眼睛和脑力工作要求高的场所，如办公室、研究室和精细的装配车间等。

（2）视觉的功效与舒适光环境要素

人借助于视觉器官完成视觉作业的效能称视觉功效。一般用完成作业的速度和精度来定量评价视觉功效，它取决于作业的大小、形状、位置和所处的光环境，即除去个人因素外，主要与视角、照度、亮度对比系数和识别时间有关。关于视觉功效的研究，通常在控制识别时间的条件下，对视角、照度和亮度对比同视觉功效之间的关系进行实验研究，为制定合理的光环境设计标准寻求科学依据。

评价一个光环境的质量，除用户的感觉外，还应在生理和心理上提出具体的物理指标作为设计依据。世界各国的科学工作者都进行了大量的研究工作，通过大量视觉功效的心理物理实验，找出了评价光环境质量的客观标准。舒适的光环境要素主要包括以下几个方面。

① 适当的照度和亮度水平

人眼对外界环境明亮差异的知觉，取决于外界景物的亮度。确定照度水平要综合考虑视觉功效，舒适感与经济、节能等因素。研究人员曾对办公室和车间等工作场所在各种照度条件下感到满意的人数百分比做过大量调查，发现随着照度的增加，感到满意的人数百分比也在增加，最大百分比约处在1500～3000lx（勒克斯）之间；照度超过此数值，对照度满意的人反而减少，这说明照度或亮度要适量。这是因为物体亮度取决于照度，照度过大，会使物体过亮，容易引起视觉疲劳和眼睛灵敏度的下降。不同工作性质的场所对照度值的要求不同，适宜的照度应当是在某具体条件下，大多数人都感觉比较满意且保证工作效率和精度均较高的照度值。

② 合理的照度分布

光环境控制中规定照度的平面称参考面，工作面往往就是参考面。通常假定工作面是由室内墙面限定的距地面高0.7～0.8m高的水平面。原则上，任何照明装置都不会在参考面上获得绝对均匀的照度值。考虑到人眼的明暗视觉适应过程，参考面上的照度应该尽可能均匀，否则很容易引起视觉疲劳。一般认为空间内照度最大值、最小值与平均值相差不超过1/6是可以接受的。

③ 舒适的亮度分布

人眼的视野很宽。在工作房间里，除了视看对象外，工作面、天棚、墙、窗户和灯具等都会进入视野，这些物体的亮度水平和亮度对比构成人眼周围视野的适应亮度。如果它们与中心视野内的工作对象亮度相差过大，就会加重眼睛瞬时适应的负担，或产生眩光，降低视觉功效。此外，房间主要表面的平均亮度，形成房间明亮程度的总印象，其亮度分布使人产生不同的心理感受。因此，舒适并且有利于提高工作效率的光环境还应该具有合理的亮度分布。

④ 宜人的光色

光源的颜色质量常用两个性质不同的术语来表征，即光源的表观颜色（色表）和显色性，后者是指灯光对其所照射的物体颜色的影响作用。光源色表和显色性都取决于光源的光谱组成，但不同光谱组成的光源可能具有相同的色表，而其显色性却大不相同。同样，色表完全不同的光源也可能具有相等的显色性。因此，光源的颜色质量必须用这两个术语同时表示，缺一不可。

⑤ 避免眩光干扰

当视野内出现高亮度或过大的亮度对比时，会引起视觉上的不舒适、厌烦或视觉疲劳，这种高亮度或亮度对比称为眩光。它是评价光环境舒适性的一个重要指标。当这种高亮度或过大亮度对比被人眼直接看到时，称“直接眩光”；若是从视野内的光滑表面反射到眼睛，则称“反射眩光”或“间接眩光”。由于反射面的光学性能和眼睛所处的位置不同，反射出的光源的亮度大小和分布不同，反射眩光对人的影响也不同。光泽的表面能够将光源的像清楚地反映出来，且这一眩光落在工作面上，而不在视看对象上，例如在办公桌上的玻璃板里灯具的明亮反射形象。这种反射眩光的机理和效应与直接眩光相似，因此很少专门论述。若光泽的表面反射出光源的亮度较低，且不能清楚地看到光源的像，而是落在了视看对象上并使观看目标的亮度对比度下降，减少了能见度，这种眩光呈光幕反射或模糊反射，例如在灯下看光滑的彩图时，总会有一个亮斑影响视看。

根据眩光对视觉的影响程度，可分为“失能眩光”和“不舒适眩光”。“失能眩光”的出现会导致视力下降，甚至丧失视力。“不舒适眩光”的存在使人感到不舒服，影响注意力的集中，时间长了会增加视觉疲劳，但不会影响视力。对室内光环境来说，遇到的基本上都是不舒适眩光。

⑥ 光的方向性

在光的照射下，室内空间结构特征、人和物都能清晰而自然地显示出来，这样的光环境给人的感受就生动。一般来说，照明光线的方向性不能太强，否则会出现生硬的阴影，令人心情不愉快；但光线也不能过分漫射，以致被照物体没有立体感，平淡无奇。

3. 天然采光

在良好的光照条件下，人眼才能进行有效的视觉工作。良好光环境可利用天然光和人工光创造，但单纯依靠人工光源（通常多为电光源）需要耗费大量常规能源，间接造成环境污染，不利于生态环境的可持续发展；而自然采光则是对自然能源的利用，是实现可持续建筑的路径之一。窗户在完成自然采光的同时，还可以满足室内人员的室内外视觉沟通的心理需求，这种心理需求是否得到满足，直接影响到工作效率和产品质量。无窗建筑虽易于达到房间内的洁净标准，并且可以节约空调能耗，但不能为工作人员提供愉快而舒适的工作环境，无法满足人对日光、景观以及与外界环境接触的需要。据此，建筑光环境采光设计应当从两方面进行评价，即是否节能和是否改善了建筑内部环境的质量。

（1）天然光源特点

太阳光是绿色清洁的光源，具有光效高、视觉效果好、不易导致视觉疲劳的特点，并且健康、连续的单峰值光谱可满足人的心理和生理需要。但是，我们设计使用中会遇到天然光源使用难度大，受光气候条件和建筑设计制约的矛盾，另外采光设计与建筑遮阳也有很难解决的矛盾。

（2）天然光与人工光的视觉效果

电光源的诞生和使用仅一百余年，在人类生产、生活与进化过程中，天然光是长期依赖的唯一光源，人眼已习惯于在天然光下视看物体，图 3-34 为辨别概率在 95%时的视功效曲线。由图中曲线可知，人眼在天然光下比在人工光下有更高的灵敏度，尤其在低照度下或视看小物体时，这种视觉区别更加显著。

（3）光气候分区

我国大部分地区处于温带，天然光充足，为利用天然光提供了有利条件，在白天的大部分时间内都有充分的天然光资源可以利用。这对照明节能也具有非常重要的意义。从日照率来看，由北、西北往东南方向逐渐减少，而以四川盆地一带最低。从云量来看，大致

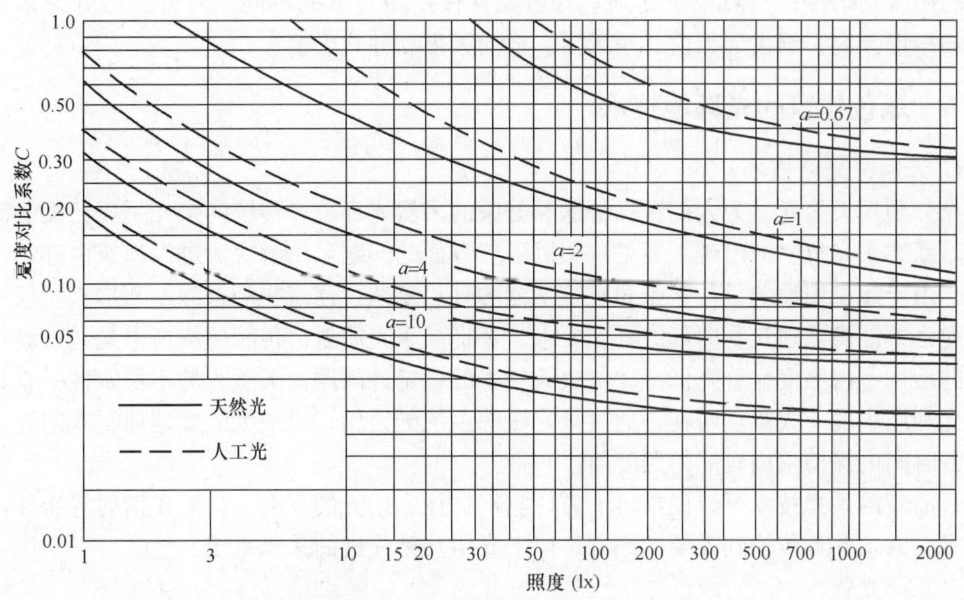

图 3-34　视觉功效曲线

是从北向南逐渐增多，新疆南部最少，华北、东北少，长江中下游较多，华南最多，四川盆地特多。从云状来看，南方以低云为主，向北逐渐以高、中云为主。这些均说明，南方以天空扩散光为主，照度较大。北方以太阳直射光为主，并且南、北方室外平均照度差异较大。若在采光设计中采用同一标准值，显然是不合理的。为此。在采光设计标准中将全国划分为五个光气候区，实际应用中分别取相应的采光设计标准。

（4）不同采光形式对室内光环境的影响

为了获得天然光，通常在建筑外围护结构上（如墙和屋顶等处）设计各种形式的洞口，并在其外装上透明材料，如玻璃或有机玻璃等。这些透明的孔洞统称为采光口。可按采光口所处的位置将它们分为侧窗和天窗两类。最常见的采光口形式是侧窗，它可以用于任何有外墙的建筑物。但由于它的照射范围有限，故一般只用于进深不大的房间采光。这种以侧窗进行采光的形式称为侧窗采光。任何具有屋顶的室内空间均可使用天窗采光。由于天窗位于屋顶上，因此在开窗形式、面积、位置等方面受到的限制较少。同时采用前述两类采光方式时，称为混合采光。

侧窗可以开在墙的两侧墙上，透过侧窗的光线有强烈的方向性，有利于形成阴影，对观看立体物件特别适宜并可以直接看到外界景物，视野宽阔，满足了建筑通透感的要求，故得到了普遍的使用。侧窗窗台的高度通常为1m左右。有时，为获得更多的可用墙面或提高房间深处的照度以及其他需要，可能会将窗台的高度提高到2m以上靠近顶棚处，这种窗口称为高侧窗。在高大车间、厂房和展览馆建筑中，高侧窗是一种常见的采光口形式。

在房屋屋顶设置的采光口称天窗。利用天窗采光的方式称天窗采光或顶部采光，一般用于大型工业厂房和大厅房间。这些房间面积大，侧窗采光不能满足视觉要求，故需用顶部采光来补充。天窗与侧窗相比，具有以下特点：采光效率较高，约为侧窗的8倍；具有较好的照度均匀性；一般很少受到室外遮挡。按使用要求的不同，天窗又可分为多种形式，如矩形天窗、锯齿形天窗、平天窗、横向天窗和井式天窗。

3.6.6 绿色建筑的光环境技术

1. 天然采光新技术

充分利用天然光，为人们提供舒适和健康的天然光环境，传统的采光手段已无法满足要求，新的采光技术的出现主要是解决以下三方面的问题：①解决大进深建筑内部的采光问题。由于建设用地的日益紧张和建筑功能的日趋复杂，建筑物的进深不断加大，仅靠侧窗采光已不能满足建筑物内部的采光要求。②提高采光质量。传统的侧窗采光，随着与窗距离的增加室内照度显著降低。③解决天然光的稳定性问题。天然光的不稳定性一直都是天然光利用中的一大难点所在，通过日光跟踪系统的使用，可最大限度地捕捉太阳光，在一定的时间内保持室内较高的照度值。

目前新的采光技术可以说层出不穷，它们往往利用光的反射、折射或衍射等特性，将天然光引入，并且传输到需要的地方。以下介绍几种先进的采光系统：

（1）导光管

导光管最初主要传输人工光，逐渐扩展到天然采光。导光管主要由三部分组成：收集日光的集光器，传输光的管体部分和控制光线在室内分布的出光部分。其中集光器有两种：主动式集光器通过传感器的控制来跟踪太阳，最大限度地采集日光；被动式集光器是固定不动的。管体部分主要是利用光的全反射原理来传输太阳光。光扩散元件部分则是通过漫反射或其他扩散附件来调节阳光进入房间的形式。实际中垂直方向的导光管普遍应用，穿过结构复杂的屋面及楼板，把天然光引入每一层直至地下层。

德国柏林波茨坦广场上使用的导光管，直径约为500mm，顶部装有可随日光方向自动调整角度的反光镜，管体采用传输效率较高的棱镜薄膜制作，可将天然光高效地传输到地下空间，同时也成为广场景观的一部分。北科大体育馆安装了148个直径为530mm的光导管。体育馆的钢屋架是网架结构，杆件较多，如果用开天窗的方法采集自然光，会受到杆件遮挡，效果不甚理想，而使用光导管就很好地解决了这个问题。

（2）光导纤维

光导纤维是20世纪70年代开始应用的高新技术，最初应用于光纤通信，80年代开始应用于照明领域，目前光纤应用于照明的技术已基本成熟。

光导纤维采光系统一般也是由聚光、传光和出光三部分组成。聚光部分把太阳光聚在焦点上，对准光纤束。传光的光纤束根据光的全反射原理，使光线传输到另一端。在室内的输出端装有散光器，可根据不同的需要使光按照一定规律分布。光纤截面尺寸小，直径约为10mm，所能输送的光通量比导光管小得多，但可以灵活地弯折，而且传光效率比较高，具有良好的应用前景。

由英国蒙诺加特公司生产的桑帕普无能耗光导照明系统，它不但可以把光线传输到其他方法不能达到的地方，而且还可提高室内环境品质，是一种非常有效的太阳能光利用方式。清华大学超低能耗节能楼地下室就采用光导传输系统，“向日葵”集光机安装于室外。

（3）采光搁板

采光搁板是在侧窗上部安装一个或一组反射装置，使窗口附近的直射阳光经过一次或多次反射进入室内，以提高房间内部照度的采光系统。房间进深不大时，采光搁板的结构可以十分简单，仅是在窗户上部安装一个或一组反射面，使窗口附近的直射阳光，经过一次反射，到达房间内部的天花板，利用天花板的漫反射作用，使整个房间的照度和照度均匀度均有所提高。当房间进深较大时，采光搁板的结构就会变得复杂。在侧窗上部增加由反射板或棱镜组成的光收集装置，反射装置可做成内表面具有高反射比反射膜的传输管道。这一部分通常设在房间吊顶的内部，尺寸大小可与建筑结构、设备管线等相配合。为了提高房间内的照度均匀度，在靠近窗口的一段距离内，向下不设出口，而把光的出口设在房间内部，这样就不会使窗附近的照度进一步增加。配合侧窗，这种采光搁板能在一年中的大多数时间为进深小于 9m 的房间提供充足均匀的光照。

（4）导光棱镜窗

导光棱镜窗是利用棱镜的折射作用改变入射光的方向，使太阳光照射到房间深处。导光棱镜窗的一面是平的，一面带有平行的棱镜，它可以有效地减少窗户附近直射光引起的眩光，提高室内照度的均匀度。同时由于棱镜窗的折射作用，可以在建筑间距较小时，获得更多的阳光。产品化的导光棱镜窗通常是用透明材料将棱镜封装起来，棱镜一般采用有机玻璃制作。导光棱镜窗如果作为侧窗使用，人们透过窗户向外看时，影像是模糊或变形的，会给人的心理造成不良的影响。因此在使用时，通常是安装在窗户的顶部或者作为天窗使用。例如德国国会大厦执政党厅使用了导光棱镜窗作为天窗，室内光线均匀柔和。

其他采光技术及新型材料：导光玻璃是将光纤维夹在两块玻璃之间进行导光。带跟踪阳光的镜面格栅窗，能自动控制射进室内的光通量和热辐射。用导光材料制成的导光遮光窗帘，遮挡阳光直射室内的同时又将光线导向房间深处。在建筑采光中，能源材料的发展也起到至关重要的作用。一些新型的采光材料如太阳能薄膜电池，光（电）致变色玻璃，聚碳酸酯玻璃，光触媒技术薄膜涂层和纳米材料的应用等推进了采光方式的突破和发展。

2. 人工照明

天然光具有很多优点，但它的应用受到时间和地点的限制。建筑物内不仅在夜间必须采用人工照明，在某些场合，白天也需要人工照明。人工照明的目的是按照人的生理、心理和社会的需求，创造一个人为的光环境。人工照明主要可分为工作照明（或功能性照明）和装饰照明（或艺术性照明）。前者主要着眼于满足人们生理上、生活上和工作上的实际需要，具有实用性目的；后者主要满足人们心理上、精神上和社会上的观赏需要，具有艺术性的目的。在考虑人工照明时，既要确定光源、灯具、安装功率和解决照明质量等问题，还需要同时考虑相应的供电线路和设备。

（1）照明方式

在照明设计中，照明方式的选择对光质量、照明经济性和建筑艺术风格都有重要影响。合理的照明方式应当既符合建筑的使用要求，又和建筑结构形式相协调。正常使用的照明系统，按其灯具的布置方式可分四种照明方式，如图 3-35 所示。

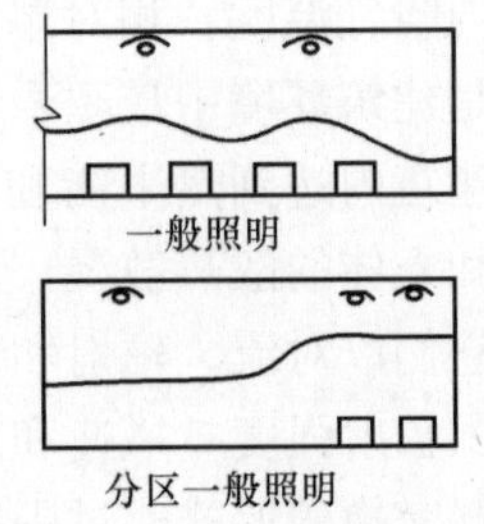

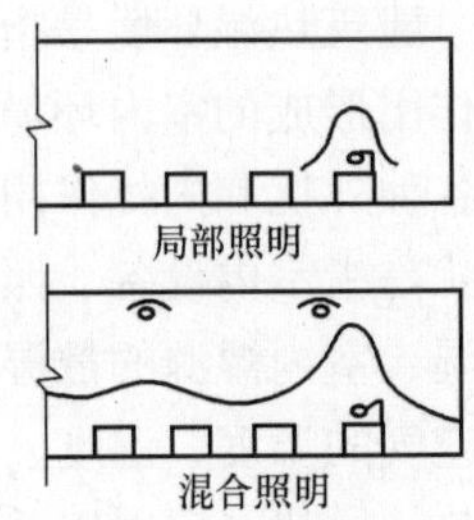

图 3-35　不同照明方式及照度分布

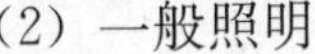

（2）一般照明

在工作场所内不考虑特殊的局部需要，以照亮整个工作面为目的的照明方式称一般照明方式。一般照明时，灯具均匀分布在被照面上空，在工作面形成均匀的照度。这种照明方式适合用于工作人员的视看对象位置频繁变换的场所，以及对光的投射方向没有特殊要求或在工作面内没有特别需要提高视度的工作点或工作点很密的场合。但当工作精度较高，要求的照度很高或房间高度较大时，单独采用一般照明，就会造成灯具过多，功率过大，导致投资和使用费太高。

（3）分区一般照明

同一房间内由于使用功能不同，各功能区所需要的照度值不相同。采光设计时先对房间按功能进行分区，再对每一分区做一般照明，这种照明方式称分区一般照明。例如在大型厂房内，会有工作区与交通区的照度差别，不同工段间也有照度差异；在开敞式办公室内有办公区和休息区之别，两区域对照度和光色的要求均不相同。这种情况下，分区一般照明不仅满足了各区域的功能需求，还达到了节能的目的。

（4）局部照明

为了实现某一指定点的高照度要求，在较小范围或有限空间内，采用距离视看对象近的灯具来满足该点照明要求的照明方式称局部照明。如车间内的车床灯、商店里的点射灯以及表现色的台灯等均属于局部照明。由于这种照明方式的灯具靠近工作面，故可以在少耗费电能的条件下获得较高的照度。为避免直接眩光，局部照明灯具通常都具有较大的保护角，照射范围非常有限。由于这个原因，在大空间单独使用局部照明时，整个环境得不到必要的照度，造成工作面与周围环境之间的亮度对比过大，人眼一离开工作面就处于黑暗之中，易引起视觉疲劳，因而是不适宜的。

（5）混合照明

工作面上的照度由一般照明和局部照明合成的照明方式称混合照明。为保证工作面与周围环境的亮度比不致过大，获得较好的视觉舒适性，一般照明提供的照度占总照度的比例不能太小。在车间内，一般照明提供的照度占总照度的比例应不小于10%，并不得小于20Ix（勒克斯）。在办公室中，一般照明提供的照度占总照度的比例在35%～50%时比较合适。混合照明是一种分工合理的照明方式，在工作区需要很高照度的情况下，常常是一种经济的照明方法。这种照明方式适合用于要求高照度或要求有一定的投光方向，或工作面上的固定工作点分布稀疏的场所。

3.6.7 绿色建筑的热湿环境分析与控制方法

1. 建筑热湿环境及形成的原因

建筑热湿环境是指室内空气温度、相对湿度、空气流速及围护结构辐射温度等因素综合作用形成的室内环境，是建筑环境中最主要的内容。建筑热湿环境形成的最主要原因是在各种外扰和内扰作用下建筑内达到热平衡和湿平衡，从而决定了建筑内的温度、湿度。内扰是指室内设备、照明和人体的散热散湿，主要包括设备与照明的散热、人体的散热和散湿、室内湿源的散湿，它们以对流、辐射和传热形式与室内进行热湿交换。外扰是指室外空气的温度、湿度、太阳辐射强度，风速和风向，以及邻室的空气温湿度。它们以对流换热、导热、辐射以及空气交换的形式通过围护结构影响房间的热湿状态。建筑物的热湿环境形成图如图3-36。

2. 室外温度及太阳辐射对建筑物的作用

围护结构可分为非透光围护结构（墙体、屋顶）和透光围护结构（玻璃门窗和玻璃幕墙等）。

（1）室外温度及太阳辐射对建筑物非透光围护结构的作用

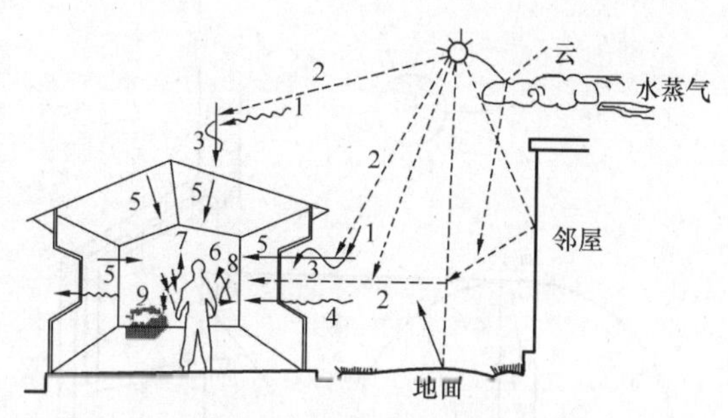

图 3-36　建筑物热湿环境形成图

1—气温；2—太阳辐射；3—室外空气综合温度；4—热空气交换；5—建筑内表面辐射；6—人体辐射换热；7—人体对流换热；8—人体蒸发散热；9—室内热源

其热作用主要有三部分：室外空气与围护结构外表面的对流换热，太阳辐射通过墙体导热传入的热量，周围环境与围护结构外表面的长波辐射。图 3-37 表示围护结构外表面的热平衡。其中太阳直射辐射、天空散射辐射和地面反射辐射均含有可见光和红外线，与太阳辐射的组成类似；而大气长波辐射、地面长波辐射和环境表面长波辐射则只含有长波红外线辐射部分。

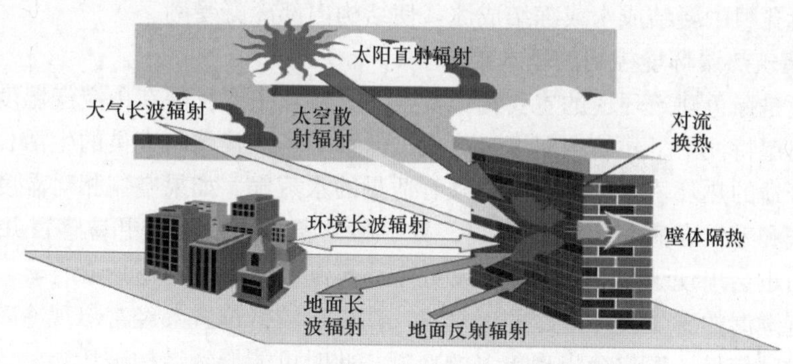

图 3-37　围护结构外表面的热平衡

（2）室外温度及太阳辐射对建筑物透光围护结构的作用

透光围护结构主要包括玻璃门窗和玻璃幕墙等，是由玻璃与其他透光材料（如热镜膜、遮光膜等）及框架组成，通过透光围护结构的热传递过程与非透光围护结构有很大不同，通过透光围护结构形成的得热包括以下两部分：①通过玻璃板壁等透光材料的传热量。由于室内外存在温差，通过透光围护结构会有热量传递，透光材料间的气体夹层本身也有热容，因此与墙体一样有衰减延迟作用，但这部分热容很小。②透过透光材料的日射得热量。

太阳辐射照射到玻璃等透光材料的表面后，一部分被反射掉，不形成房间的得热；一部分直接透过透光外围护结构进入室内，全部成为房间得热量；还有一部分被玻璃或透光材料吸收，这部分热会提升玻璃或透光材料的温度，其中一部分以对流和辐射的形式进入家内，另一部分同样以对流和辐射的形式散到室外，不会成为房间得热，如图 3-38 所示。

3. 室外风速、风向变化对建筑物的热作用

室外风速、风向变化对建筑物的热作用主要表现在以风压和热压的形式一起引起空气渗透，通过各种孔洞、门窗的开启使室外空气进入建筑内，形成无组织通风，从而带入或

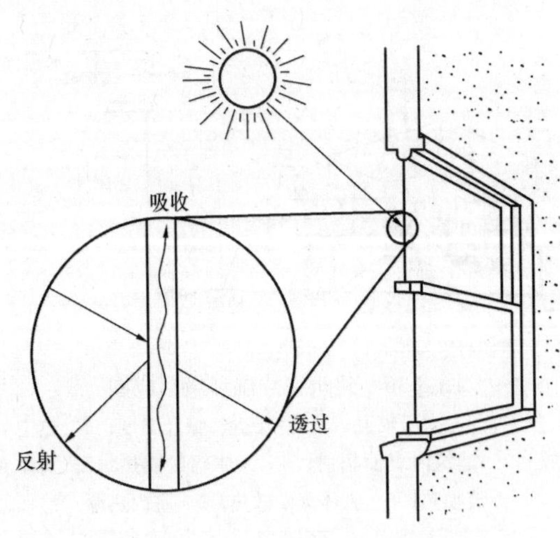

图 3-38　照射到玻璃窗上的太阳辐射

带出热量，并影响到室内空气的温度。

4. 邻室的空气温度对建筑物的热作用

邻室的空气温度对建筑物的热作用主要是以传热的方式通过相邻的围护结构把热量传入或传出。

5. 各种外扰对建筑物湿环境的作用

当围护结构两侧存在水蒸气分压力差时，就会有湿传递，水蒸气将从分压力高的一侧向分压力低的一侧渗透扩散或迁移，这种传湿现象也叫蒸汽渗透。一般情况下，透过围护结构的水蒸气可以忽略不计，但对于需要控制湿度的恒温、恒湿或低温环境等，当室内温度相当低时，需要考虑通过围护结构渗透的水蒸气。如果结构设计不当，蒸汽通过围护结构时，会在材料孔隙中凝结成水或冻结成冰，使结构内部冷凝受潮。

6. 绿色建筑热湿环境控制的基本要求

热湿环境是绿色建筑环境的主要构成要素，其特点主要反映在由空气温度、湿度和流速等表征的热湿特性中。建筑内温度过高或过低都不利于建筑内人员的生活、工作和身体健康，同时舒适的热环境要求空气中必须有适量的水蒸气。如果空气相对湿度过低，会引起静电，皮肤和毛发会感到干燥和皲裂、鼻子和黏膜干燥，使人更易感冒并引起呼吸疾病，建筑表面也会出现干裂等问题。经常处于高湿度的状态下，窗户会有雾，散发发霉的味道，空气有潮湿的感觉。在寒冷的天气里，在窗户较低位置会经常出现冷凝。如果湿度过高且持续时间较长，窗户会出现更多的冷凝，此时可能导致结构破坏。

根据我国《民用建筑供热通风与空气调节设计规范》GB 50736—2012 供暖，湿温度在以下范围是比较适宜的。民用建筑冬季室内计算温度应按下列规定。

(1) 寒冷地区和严寒地区主要房间应采用 18℃～24℃。

(2) 夏热冬冷地区主要房间冬宜采用 16℃～22℃。

(3) 辅助建筑物及辅助用室不应低于下列数值：浴室 25℃；更衣室 25℃；办公室、休息室 18℃；食堂 18℃；盥洗室、厕所 12℃。

室内空气湿度直接影响人体的蒸发散热。一般认为最适宜的相对湿度应为 50%～60%。在大多数情况下，即气温在 16～25℃时，相对湿度在 30%～70%范围内变化，对人体的热感觉影响不大。如湿度过低（低于 30%），则人会感到干燥、呼吸器官不适；湿度过高则影响正常排汗，尤其在夏季高温时，如湿度过高（高于 70%）则汗液不易蒸发，令人不舒适。

除了室内空气温度，室内各表面的辐射温度也会影响人体热舒适性。对一般民用建筑来说，室内热辐射主要是指房间周围墙壁、顶棚、地面、窗玻璃对人体的热辐射作用，如果室内有火墙、壁炉、辐射供暖板之类的供暖装置，还须考虑该部分的热辐射。平均辐射温度对室内热环境有很大影响，其值应该与空气温度接近，且两者的差不应越过 3℃，否则人会感到不适。

7. 绿色建筑热湿环境控制方法

建筑环境控制的基本方法就是根据室内环境质量的不同要求，分别应用供暖、通风或空气调节技术来消除各种干扰，进而在建筑物内建立并维持一种具有特定使用功能且能按需控制的“人造环境”。在供暖、通风或空气调节技术的应用中，一般总是借助相应的系统来实现对建筑环境的控制。所谓“系统”，指的是若干设备、构件按一定功能和序列集合而成的总体。在广义的系统概念中还应包括受控制的环境空间。下面分别阐述供暖、通风和空气调节系统及其应用的基本概念。

(1) 供暖

供暖系统一般应由热源、散热设备和输热管道这几个主要部分组成。供暖技术一般用于冬季寒冷地区，服务对象包括民用建筑和部分工业建筑。当建筑物室外温度低于室内温度时，房间通过围护结构及通风孔道会造成热量损失，供暖系统的职能则是将热源产生的具有较高温度的热媒经由输热管道送至用户，通过补偿这些热损失达到室内温度参数维持在要求的范围内。

供暖系统有多种分类方法。按系统紧凑程度分为局部供暖和集中供暖，按热媒种类分为热水供暖、蒸汽供暖和热风供暖，按介质驱动方式分为自然循环与机械循环，按输热配管数目分为单管制和双管制等。热源可以选用各种锅炉、热泵、热交换器或各种取暖器具。散热设备包括各种结构、材质的散热器（暖气片）、空调末端装置以及各种取暖器具。用能形式则包括耗电、燃煤、燃油、燃气或建筑废热与太阳能、地热能等可再生能源的利用。

(2) 通风

通风就是把室内被污染的空气直接或经净化后排至室外，把新鲜空气补充进来，从而保持室内的空气环境符合卫生标准和满足生产工艺的需要。通风系统一般应由风机、进排风或送风装置、风道以及空气净化设备这几个主要部分所组成。建筑通风不仅是改善室内空气环境的一种手段，而且也是保证产品质量、促进生产发展和防止大气污染的重要措施之一。当其用于民用建筑或一些轻度污染的工业厂房时，一般采取一些简单的措施，如通过门窗孔口换气，利用穿堂风降温，使用机械提高空气的流速等。这些情况下，无论对进风或排风都不进行处理。通风系统通常只需将室外新鲜空气导入室内或将室内污浊空气排向室外，从而借助通风换气保持室内空气环境的清洁卫生，并在一定程度上改善其温度、湿度和气流速度等环境参数。对于散发大量热湿及粉尘、蒸汽等其他有害物质的工业厂房，不处理空气则会危害工人的健康，破坏车间的空气环境乃至损坏设备和建筑结构，影响生产的正常进行，同时工业粉尘和有害气体排入大气会导致大气污染。这时，通风的任务着重针对工业污染物采取屏蔽、过滤、排除等有效的防护措施，同时尽可能将它们回收利用。

通风系统一般可按其作用范围分为局部通风和全面通风，按工作动力分为自然通风和机械通风，按介质传输方向分为送（进）风和排风；还可按其功能、性质分为一般（换气）通风、工业通风、事故通风、消防通风和人防通风等。局部通风的作用范围紧限于个别地点或局部区域。其作用是将有害物在产生的地点就地排除，以防止其扩散。全面通风则是对整个房间进行换气，以改变温度、湿度和稀释有害物质的浓度，使作业地带的空气环境符合卫生标准的要求。自然通风借助于自然压力（风压或热压）促使空气流动，其优点是不需要动力设备，经济且使用管理比较简单。缺点是除管道式自然通风用于进风或热风供暖时，可对空气进行加热处理外，其余情况由于作用压力较小，因而对进风和排风都不能进行任何处理，同时，由于风压和热压均受自然条件的约束，换气量难以有效控制，通风效果不够稳定。机械通风则依靠风机产生的压力强制空气流动，其作用压力的大小可以根据需要确定，可自由组织室内空气流动，调控性、稳定性好，可以根据需要对进风或排风进行各种处理。缺点是风机运转时耗电，风机和风道等设备要占用一定的建筑面积和空间，因而工程设备费和维护费较大，安装和管理都较复杂。事故通风指在拟定通风方案时，对于可能突然产生大量有害气体的房间，除应根据卫生和生产要求设置一般的通风系统外，还要另设专用的全面机械排风系统，以便在发生上述情况时能迅速降低有害气体的浓度。另外，某些严重污染的工业厂房和特种（如人防）工程应用中，通风系统可能需要配备一些专用设备与构件，对空气介质的处理也有较严格或特殊要求。

（3）空气调节

空气调节与供暖、通风一样负担建筑环境保障的职能，但它对室内空气环境品质的调控更为全面，层次更高。在室内空气环境品质中，空气温度、湿度、气流速度和洁净度（俗称“四度”）通常被视为空调的基本要求。空调技术主要用于满足建筑物内有关工艺过程的要求或满足人体舒适的需要，往往会对空气环境提出某些特殊要求。空调系统的基本组成包括空气处理设备、冷热介质输配系统（包括风机、水泵、风道、风口与水管等）和空调末端装置。完整的空调系统还应包括冷热源、自动控制系统以及空调房间。空调的过程是在分析特定建筑空间环境质量影响因素的基础上，采用各种设备对空调介质按需进行加热、加湿、冷却、去湿、过滤和消声等处理，使之具有适宜的参数与品质，再借助介质传输系统和末端装置向受控环境空间进行能量、质量的传递与交换，从而实现对该空间空气温湿度及其他环境参数加以控制，以满足人们生活、工作、生产与科学实验等活动对环境品质的特定需求。

3.6.8 绿色建筑热湿环境控制的技术

绿色建筑要求在提供给人们舒适、健康的室内环境的同时，最大程度减少能耗，提高能源利用效率，并达到人、建筑与环境的共同及协调发展。因此，绿色建筑的热湿环境保障系统——暖通空调系统必须创造并维持一种良好的室内环境，包括人体必需的新鲜空气，合适的空气温度、湿度与流速，有害物浓度低于卫生标准等，同时尽可能地节约能源，提高能源利用效率。绿色建筑的热湿环境保障技术主要包括主动式保障技术和被动式保障技术。

1. 主动式保障技术

所谓主动式环境保障就是依靠机械和电气等设施，创造一种扬自然环境之长、避自然环境之短的室内环境。当今的建筑由于其规模和内部使用情况的复杂性，在多数气候区不可能完全靠被动式方法保持良好的室内环境品质。因此，要采用机械和电气的手段，借助适当的空调系统，在节能和提高能效的前提下，按“以人为本”的原则，改善室内热湿及生态环境。

在既要节能，又要保证室内环境空气品质的前提下，风量可调的置换通风加冷却顶板空调系统、冷辐射吊顶系统、结合冰蓄冷的低温送风系统以及去湿空调系统在国外绿色办公建筑中已成为流行的空调方案。

(1) 置换通风加冷却顶板空调系统

置换通风方式是将集中处理好的新鲜空气直接在房间下部以低速送至工作区，形成所谓"新风湖"，室内热浊空气则随人体、设备表面向上浮升的"烟羽流"导致吊顶处加以排除，其空调概念如图3-39所示。

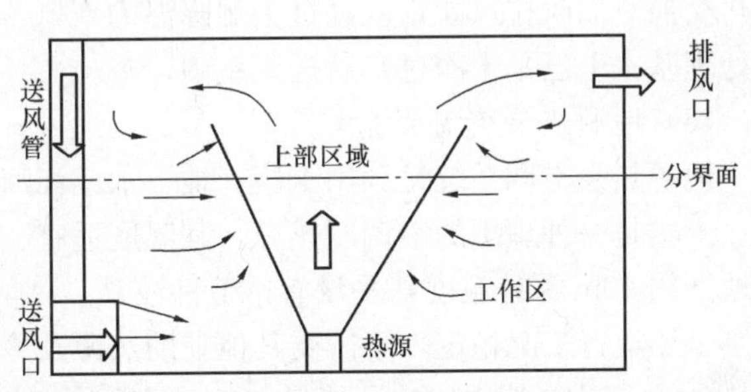

图3-39　置换通风原理图

该空调方式有利于保证建筑内部的新风供应，排除污染物质，但却有显热冷却能力因总冷量受客观条件限制而不足的缺点。解决这个矛盾的最佳方案是另行设置冷却顶板，即采用置换通风与冷却顶板的复合系统，其冷却顶板专用于承担室内显冷负荷。在这种系统中，因通风效率提高，送排风量相对减少，因此可带来新风处理能耗以及送排风动力消耗的节省。由于冷却顶板的辐射作用，人体感受温度会比实际室温要低，所以在相同热感觉下，设计室温可比传统混合通风空调方式提高一些，从而减少了显冷负荷。此外，冷却顶板要求较高的供水温度，这又为某些天然冷源提供了用武之地，使得全年中有相当一部分时间可充分利用冷却塔进行自然供冷；即使使用冷水机组，由于蒸发温度提高，也可改善其COP（制热能效比，即能量与热量之间的转换比率）值。据国外资料分析，这种系统较传统混合式通风空调系统，可以节约总能耗达37%左右。

(2) 冷却塔供冷系统

冷却塔供冷系统又称为免费供冷系统。它是指在室外空气湿球温度较低时，利用流经冷却塔的循环水直接或间接地向空调系统供冷，而无须开启冷冻机来提供建筑物所需要的冷量，从而节约冷水机组的能耗，达到节能的目的。冷却塔供冷是近年来国外发展较快的节能技术。这种方式比较适用于全年供冷或供冷时间较长的建筑物，如大内区的智能化办公大楼等内部负荷极高的建筑物。利用冷却塔实行免费供冷能够节约冷水机组的耗电量，同时节约了用户的运行费用。在电力供应十分紧张的情况下，冷却塔供冷技术具有很好的应用前景。对于我国北方地区，由于一年中适用于冷却塔供冷的时间更长，所节约的耗电量将会更为可观。

(3) 结合冰蓄冷的低温送风系统

蓄冷低温送风系统目前已在空调设计中有所应用。作为蓄冷系统，它虽然对用户起不到节能的作用，但却能平衡市区用电负荷，提高发电效率，对环境负荷的降低也是很有利的。国外的经验及已有的工程实践表明，在与蓄冰系统相结合的集中空调系统中采用低温送风，具有降低一次投资，降低峰值电力需求，节约能耗和运行费用以及节省建筑物面积的优点，也有节省建筑物空间的可能。

(4) 蒸发冷却空调系统

蒸发冷却空调技术是基于水分蒸发吸热制冷原理的一种绿色仿生空调技术，其应用包括直接蒸发冷却（DEC）和间接蒸发冷却（IEC）。它采用水作为制冷剂，对环境无污染，另外，蒸发冷却系统制冷不需消耗压缩功，它的COP值比机械制冷大得多。因此，蒸发冷却空调系统是一种典型的颇有前途的节能环保型绿色空调产品，目前在我国新疆等西部地区的大型工业及商业建筑中已经得到广泛应用。

（5）去湿空调系统

去湿空调（desiccant cooling）的原理很简单，室外新风先经过去湿转轮，由其中的固体去湿剂进行去湿处理，然后经过第二个转轮（热回收转轮），与室内排风进行全热或显热交换，回收排风能量。经过去湿降温的新风再与回风混合，经表冷器处理（此时表冷器处理基本上已是干冷过）后送入室内。

（6）地源热泵空调系统

地源热泵空调系统是利用土壤、地下水或江河湖水作为冷热源的一种高效节能空调方式。土壤是一种理想的空调冷热源，其温度适宜、稳定，蓄热性能好且到处都有。原状土在地下约10m深处温度几乎没有季节性波动，一般比全年空气平均温度高1～2℃。地源热泵全年运行工况稳定，不需要其他辅助热源及冷却设备即可实现冬季供热夏季供冷。地源热泵的COP（能效比，即能量与热量之间的转换比率）值可达4.0以上。对于采用深井回灌方式的水源热泵，由于地下水抽出后经过换热器回灌至地下，属全封闭方式，因此不使用任何水资源也不会污染地下水源。目前，这一方式在我国山东等地已被广泛使用。

设计地源热泵系统时，是要考虑冬季取出的热量与夏季放入得热量相平衡的问题的。鉴于这一情况，在严寒地区和夏热冬暖地区这一技术是不适用的。关于地源热泵系统的效率，与常规空调系统相比较，关键在于夏季的冷凝温度和冬季的蒸发温度。地源热泵系统夏季冷却水供水温度低于冷却塔的供水温度，或者冬季蒸发温度高于风冷热泵机组的蒸发温度，就有节能效果。关于水源热泵，由于容易破坏地下水的平衡，应谨慎使用。

2. 被动式保障技术

所谓被动式环境保障，就是利用建筑自身和天然能源来保障室内环境品质。用被动式措施控制室内热湿及生态环境，主要是做好太阳辐射和自然通风这两项工作。基本思路是使日光、热、空气仅在有益时进入建筑，其目的是控制这些能量适时有效地加以利用，以及合理地储存和分配热空气和冷空气，以备环境调控的需要。严寒地区以冬季太阳房技术为主，寒冷地区和夏热冬冷地区以活动外遮阳技术为主，夏热冬暖地区以遮阳技术为主。

（1）控制太阳辐射

太阳辐射对于暖通空调而言是一柄双刃剑。一方面，增加进入室内的太阳辐射可以充分利用昼光照明，减少电气照明的能耗，同时也减少由照明引起的夏季空调冷负荷，还可减少冬季供暖负荷；另一方面，增加进入室内的太阳辐射又会引起空调日射冷负荷的增加。控制太阳辐射所采取的具体措施如下：

① 选用节能玻璃窗。例如，在供暖为主的地区，可选用双层中充惰性气体、内层低辐射Low—E镀膜的玻璃窗。能有效地透过可见光和遮挡室内长波辐射，发挥温室效应；在供冷为主的地区，则可选用外层Low—E镀膜玻璃或单层镀膜玻璃窗。这种窗能有效地透过可见光和遮挡直射日射及室外长波辐射。国外最新出现一种利用液晶技术的智能窗（又称开关窗，switch glassing），可利用晶体在不同电压下改变排列形状的特性，根据室外日射强度改变窗的透明程度。

② 采用能将可见光引进建筑物内区，而同时又能遮挡对周边区直射日射的遮檐。

③ 采用通风窗技术，将空调回风引入双层窗夹层空间，带走由日射引起的中间层百叶温度升高的对流热量。中间层百叶在光电控制下自动改变角度，遮挡直射阳光，透过散射可见光。

④ 利用建筑物中庭，将昼光引入建筑物内区。

⑤ 利用光导纤维将光能引入内区，而将热能摒弃在室外。

⑥ 最简单易行而又有效的方法是设建筑外遮阳板，也可将外遮阳板与太阳能电池（即光伏电池）相结合，不但降低空调负荷，而且还能为室内照明提供补充能源。

（2）利用有组织的自然通风

自然通风也有其两重性，其优点很多，是当今生态建筑中广泛采用的一项技术措施，在绿色建筑技术中占有重要地位。自然通风具有以下一些应用特点：①当室外空气焓值低于室内空气焓值时，自然通风可以在不消耗能源的情况下降低室内空气温度，带走潮湿气体，从而达到人体热舒适。即使当室外空气温湿度超过舒适区，需消耗能源进行降温降湿处理，也可以利用自然通风输送处理后的新风，而省去风机能耗且无噪声。在间歇空调建筑中，夜间自然通风可以将围护结构和室内家具的贮存热量排出室外，从而降低第二天空调的启动负荷。②无论哪个季节，自然通风都可以为室内提供新鲜空气，改善室内空气品质。③自然通风可以满足人们亲近自然的心理。在外窗能够开启的空调建筑里，自然通风能提高人们对室内环境品质的主观评价满意率。

但是，自然通风远不是开窗那么简单，尤其是在建筑密集的大城市中，利用自然通风要很好地分析其不利条件，应该因时、因地制宜，要权衡得失，趋利避害，而不能简单行事。在实施自然通风时应采取以下步骤：

① 了解建筑物所在地的气候特点、主导风向和环境状况。有必要对建筑物或小区进行风环境研究，借助计算流体力学（CFD）软件，设计合理的建筑物形状及其平面布局。

② 根据建筑物功能以及通风的目的（比如通风是用来降温还是用来稀释污染物），确定所需要的通风量。根据这一通风量，决定建筑物的开口面积以及建筑物内的气流通道。

③ 设计合理的气流通道，确定入口形式（窗和门的尺寸以及开启关闭方式）、内部流道形式（中庭、走廊或室内开放空间）、排风口形式（中庭顶窗开闭方式、气楼开口面积、排风烟囱形式和尺寸等）。在此过程中也可以借助CFD模拟工具。

④ 必要时可以考虑采用自然通风结合机械通风的混合通风方式，考虑设置自然通风通道的自动控制和调节装置等设施。

常见的自然通风的形式见图3-40。

（3）被动式太阳房

太阳房是指利用太阳能进行供暖和制冷的环保节能型建筑，它一般由集热部件、贮热部件、散热部件和辅助热（冷）源构成。根据太阳房在供热过程中是否采用动力，可将太阳房分为主动式和被动式两种。主动式太阳能房是利用建筑物上的太阳集热器获取太阳能，然后，通过一定的设备产生热量或冷量，再送到室内进行供暖或制冷的建筑。被动式太阳能房是在建筑物上采取一定的技术措施，不用任何机械动力，不需要专门蓄热器、热交换器、水泵或风机等设备，通过合理布置建筑物的方位，改善窗、墙、屋顶等建筑物构

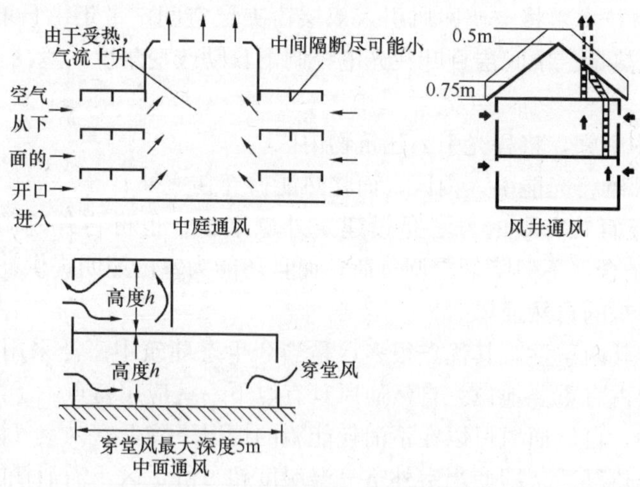

图 3-40　常见的自然通风形式

造，合理利用建筑材料的热工性能，以完全由自然的方式（辐射、传导和对流）使建筑物尽可能多的吸收和储存热量，以达到供暖目的的建筑。被动式太阳房在大多数情况下，集热部件与建筑结构融为一体，使房屋的构件一物多用，如南窗既是房屋的采光部件，又是太阳能系统的集热部件；墙体既是房屋的围护构件，又是太阳能系统的集热蓄热部件。这样的房屋结构部件，既达到利用太阳能的目的，又可节约费用。

被动式太阳房的设计原理是阳光穿过建筑物的南向玻璃进入室内，经密实材料如砖、土坯，混凝土和水等吸收太阳能而转化为热量。把建筑物的主要房间布置得紧靠南向集热面和储热体，从而使这些房间被直接加热，而不需要管道和强制分布热空气的机械设备。在被动式供暖系统中，有时也采用小的风扇加强空气循环，但仅仅是次要的辅助设施，不能因此而与主动式混为一谈。

被动式太阳房的类型很多，按太阳能利用的方式进行分类，被动式太阳房可分为以下几种类型：①太阳光穿过透明材料后直接进入室内供暖的直接受益式太阳房，如图 3-41；②太阳光穿过透明材料后，投射在集热蓄热墙的吸热面上，加热夹层中的空气与墙体，再通过空气的对流和墙体的传导、辐射向室内传递热量供暖的集热蓄热墙式太阳房，如图 3-42；③在房屋的向阳面附加一个玻璃温室的附加阳光间式太阳房，如图 3-43；④由上述两种或更多种基本类型组合而成的组合式太阳房，如图 3-44。

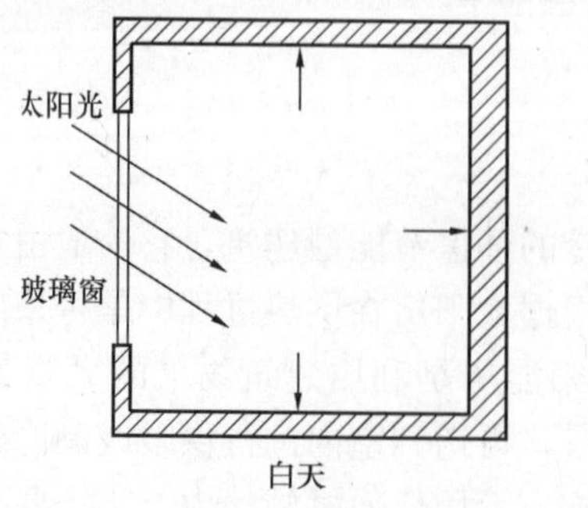

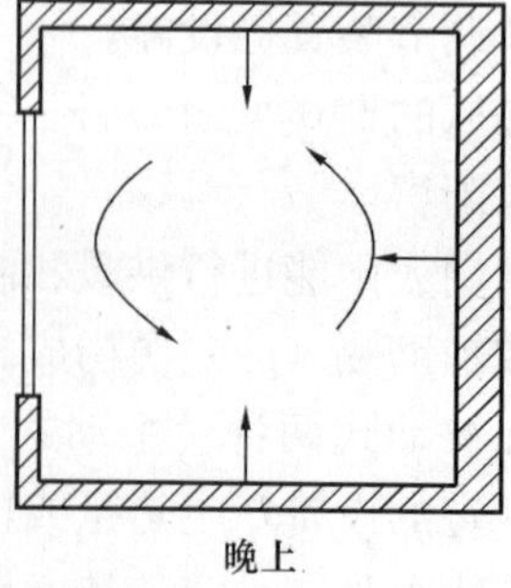

图 3-41　直接受益式太阳房

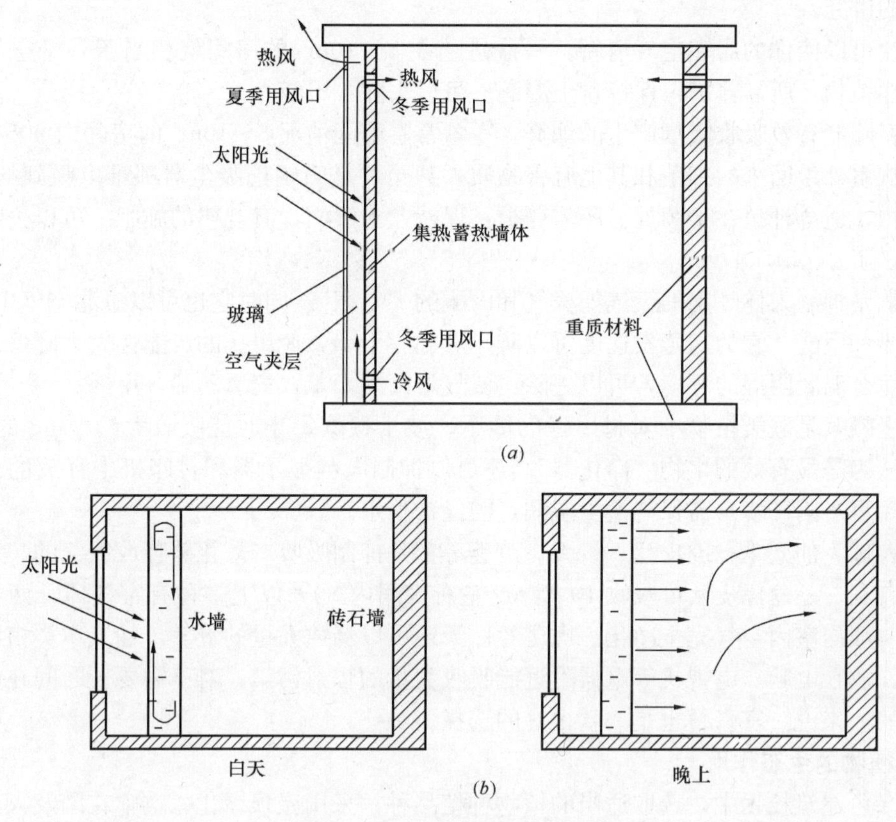

图 3-42　集热蓄热墙式太阳房

(a) 实体式集热蓄热墙太阳房；(b) 水墙式集热蓄热墙太阳房

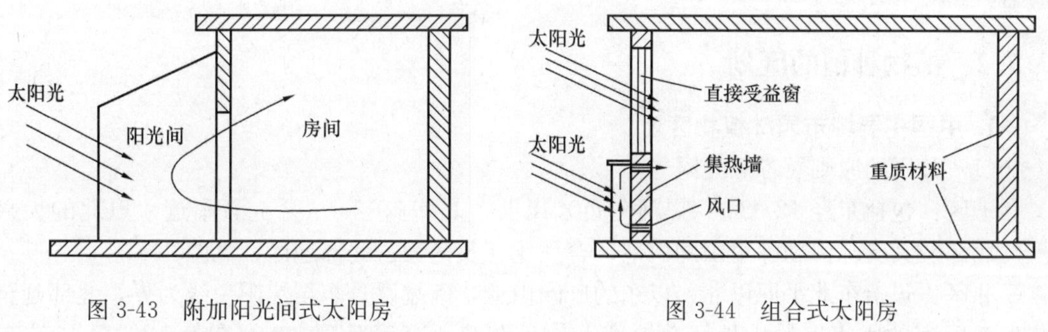

图 3-43　附加阳光间式太阳房

图 3-44　组合式太阳房

3.7　绿色建筑的植物与种植技术

3.7.1　植物对绿色建筑的影响

1. 利用植物净化空气

绿色植物除了能够美化室内环境外，还能改善室内空气品质。但怎样选择绿色植物，有一定的讲究。

吊兰可以使你的居室空气清新。一盆吊兰在 8～10m^2 的房间就相当于一个空气净化器。中性植物，所需养护：保持盆土湿润。可以去除：甲醛。

常春藤能有效吸收吸烟产生的烟雾。一盆常春藤能消灭 8～10m^2 的房间内 90%的苯，能对付从室外带回来的细菌和其他有害物质，甚至可是吸纳连吸尘器都难以吸到的灰尘，中性植物，适合种植在半荫处。所需养护：保持盆土湿润，有规律的施肥。可以去除：甲醛，尼古丁。

白掌是抑制人体呼出的废气如氨气和丙酮的“专家”。同时它也可以过滤空气中的苯、三氯乙烯和甲醛。它的高蒸发速度可以防止鼻黏膜干燥，使患病的可能性大大降低。喜阴植物，适合温暖阴湿的环境，可以去除：氨气，丙酮，苯，三氯乙烯，甲醛。

波士顿蕨是蕨类植物中对付甲醛的能手。波士顿蕨每小时能吸收大约 20μg 的甲醛，因此被认为是最有效的生物“净化器”。还可以抑制电脑显示器和打印机中释放的二甲苯和甲苯。喜半阴环境，需保持盆土湿润，需经常喷水。

仙人球、仙人掌、虎皮兰、景天、芦荟等都是抑制吸收二氧化碳释放氧气的，对人的健康很有利。一盆虎皮兰可吸收 10 万 m^2 左右房间内 80%以上多种有害气体，两盆虎尾兰可使一般居室内空气完全净化。虎尾兰白天还可以释放大量的氧气。仙人掌类植物可以防辐射，放在电脑、电视机等电器附近能吸收大量的辐射污染。对于需要长时间在电脑周围工作的人来说，富贵竹也是一款很好的选择。

2. 植物的生态作用

在绿色建筑技术中，选取适当的植物种植品种，采用屋顶绿化、空中花园及人工湿地与景观结合等垂直绿化方式。在提高绿化率的同时，丰富建筑形式，改善建筑环境，同时取得改善微气候、调节室内温湿度、吸收二氧化碳、放出氧气、提高空气质量的生态效益。

3.7.2 植物种植的区划

1. 中国主要城市园林植物区划

(1) 分区的原则及各区界限

Ⅰ区：包括东经 127°20′（黑河附近）以西，北纬 49°20′（牙克石附近）以北的大兴安岭北部及其支脉伊勒呼里山的山地，含黑龙江及内蒙古北部地区，见图 3-45。

Ⅱ区：包括东北平原以北、以东的广阔山地，南端以丹东至沈阳一线为界，北部延至黑龙江以南的小兴安岭山地，在地理上位于北纬 45°15′至 50°20′，东经 126°至 135°20′之间。

Ⅲ区：东北界约以沈阳丹东一线与Ⅱ区为邻；北接Ⅸ区，其界限自开原向西，大致经彰武、阜新至河北省围场，沿坝上的南缘通过山西省恒山北坡到兴县，过黄河进入陕西省吴堡、清涧、安寨、志丹等地，沿子午岭西坡至甘肃省平凉南端；南界与Ⅳ区相邻，由胶东半岛的胶莱河口向西沿鲁中、南山地、丘陵北缘至济南附近，再沿黄河到聊城的南部，经河北省滋县以南至太行山之浊漳河，然后向西南沿太行山分水岭到山西省运城盆地北沿，再通过陕西省陕北高原南缘，最后沿西秦岭北坡山麓与Ⅸ区南界相接。

Ⅳ区：北接Ⅲ区南界；南与Ⅴ区相接，自甘肃省平凉至天水，再向西南经礼县到武

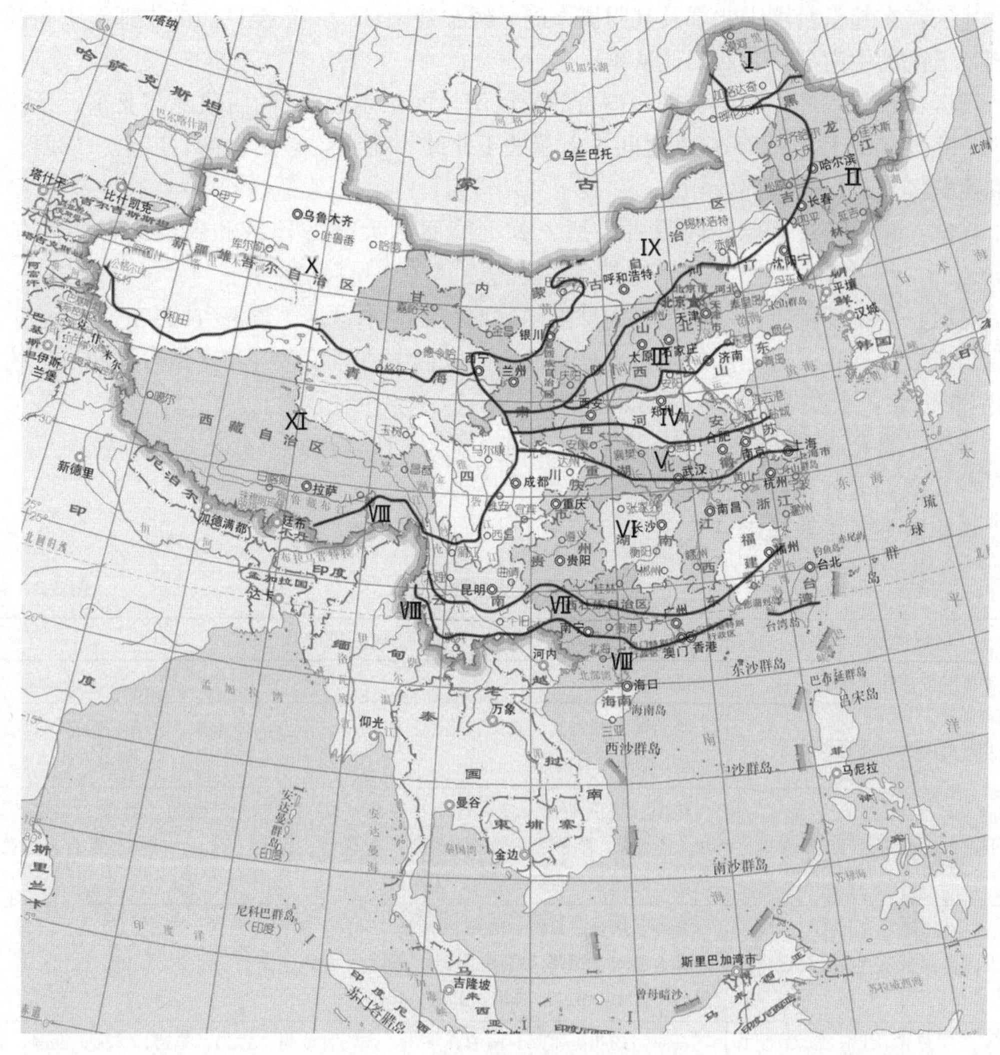

图 3-45　中国城市园林植物区划示意图

都，此线以西为青藏高原；从武都进入陕西省后，即沿秦岭山脊分水岭向东到河南省伏牛山主脉南麓，再沿淮河主流经安徽凤台、蚌埠到江苏省蒋坝、盐城之后至黄海之滨。

Ⅴ区：北界沿秦岭分水岭，东至伏牛山主脉南侧，转向东南，沿淮河主流，通过洪泽湖南缘，经苏北灌溉总渠至黄海，南界沿大巴山脉分水岭向东南，到神农架南坡，经京山、黄陂、桐城一线到长江南岸的铜陵，沿宣郎广丘陵、宜溧山北缘，太湖边，到无锡、昆山，从崇明、横沙岛之间通过；西界在松潘附近；东以黄海边为界。全区包括：江苏、安徽、河南、湖北、陕西及甘肃等六省的部分地区。

Ⅵ区：北接Ⅴ区南界；南界东自三沙湾——飞鸾起，经戴云山至永定，达广东龙川、怀集，广西柳州，到贵州罗甸、望谟一线，沿南盘江北面山原，经曲溪、新平、景东、凤庆、保山至泸水一线；东起长江口南岸，经太湖北缘、皖南丘陵，过江北的菜子湖，沿长江北岸的黄陂、应城到神农架南坡，越过大把山山脊，止于松潘附近；西至川西高原南缘。

Ⅶ区：东起至台湾中北部及其附属海岛，经福建南部，广东至广西的中部，贵州的西南部，云南的中南部，北回归线从本区通过。

Ⅷ区：东起东经123°附近的台湾省静浦以南，西至东经85°的西藏南部亚东、聂拉木附近，北界蜿蜒于北纬21～24°之间，南端处于北纬4°附近，包括台湾、广东、广西、云南和西藏等五省区的南部。

Ⅸ区：包括松辽平原、内蒙古高原、黄土高原的大部分地区和新疆北部的阿尔泰地区。

Ⅹ区：包括新疆维吾尔自治区的准噶尔盆地与塔里木盆地、青海省的柴达木盆地，甘肃省与宁夏回族自治区北部的阿拉善高平原，以及内蒙古自治区鄂尔多斯台地西端，约在北纬36°以北，东经108°以西的地区。

Ⅺ区：青藏高原，约在北纬28°～37°，东经75°～103°。

(2) 区划名称及各区主要城市

植物区划及主要城市见表3-21。

植物区划及主要城市 **表3-21**

区域代号及名称	区域内主要城市
Ⅰ寒温带针叶林林区	漠河、黑河
Ⅱ温带针阔叶混交林区	哈尔滨、牡丹江、鹤岗、鸡西、双鸭山、伊春、佳木斯、长春、四平、延吉、抚顺、铁岭、本溪
Ⅲ北部暖温带落叶阔叶林区	沈阳、葫芦岛、大连、丹东、鞍山、辽阳、锦州、营口、盘锦、北京、天津*、太原、临汾、长治、石家庄、秦皇岛、保定、唐山、邯郸、邢台、承德、济南、德州*、延安、宝鸡、天水
Ⅳ南部温带落叶阔叶林区	青岛、烟台、日照、威海、济宁、泰安、淄博、潍坊、枣庄、莱芜、东营*、新泰、滕州、郑州、洛阳、开封、新乡、焦作、安阳、西安、咸阳、徐州、连云港*、盐城、淮北、蚌埠、韩城、铜川
Ⅴ北亚热带落叶、常绿阔叶混交林区	南京、扬州、镇江、南通、常州、无锡、苏州、合肥、芜湖、安庆、淮南、襄樊、十堰
Ⅵ中亚热带常绿、落叶阔叶林区	武汉、沙市、黄石、宜昌、南昌、景德镇、九江、吉安、井冈山、赣州、上海、长沙、株洲、岳阳、怀化、吉首、常德、湘潭、衡阳、邵阳、郴洲、桂林、韶关、梅州、三明、南平、杭州、温州、金华、宁波、重庆、成都、都江堰、绵阳、内江、乐山、自贡、攀枝花、贵阳、遵义、六盘水、安顺、昆明、大理
Ⅶ南亚热带常绿阔叶林区	福州、厦门、泉漳州、广州、佛山、顺德、东莞、惠州、汕头、台北、柳州、桂平、个旧
Ⅷ热带季雨林及雨林区	海口、三亚、琼海、高雄、台南、深圳、湛江、中山、珠海、澳门、香港、南宁、钦州、北海、茂名、景洪
Ⅸ温带草原区	兰州、平凉、阿勒泰、海拉尔、满洲里齐齐哈尔、肇东、大庆*、西宁、银川、通辽、榆林、呼和浩特、包头、张家口、集宁、赤峰、大同、锡兰浩特
Ⅹ温带荒漠区	乌鲁木齐*、石河子、克拉玛依*、哈密喀什、武威、酒泉、玉门、嘉峪关、格尔木、库尔勒、金昌、乌海
Ⅺ青藏高原寒植被区	拉萨、日喀则

注：标*的城市为土壤盐碱化较重的城市，选择园林植物应注意其耐盐碱性。

(3) 乔木、灌木的树形特征

① 常绿乔木的树形特征

a. 风致型

代表树种：老年油松、棒子马尾松，见图 3-46。

b. 塔状圆锥形

代表树种：雪松、金钱松，见图 3-47。

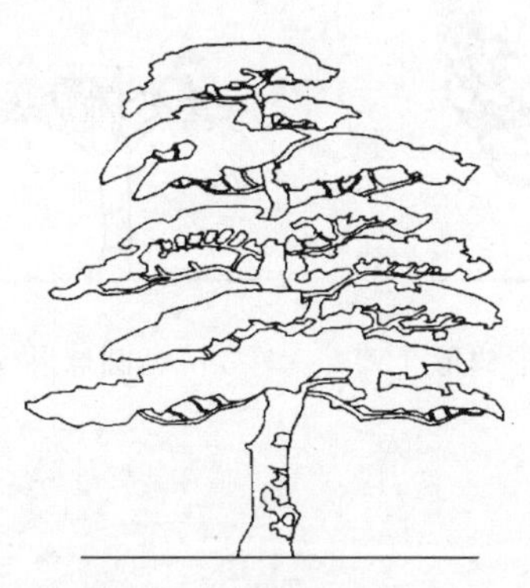

图 3-46　风致型树形

图 3-47　塔状圆锥形树形

c. 扁圆球形

代表树种：桧柏、杜松、广玉兰、榕树、香樟、鱼尾葵，见图 3-48。

d. 倒卵型

代表树种：白皮松、深山含笑、紫楠，见图 3-49。

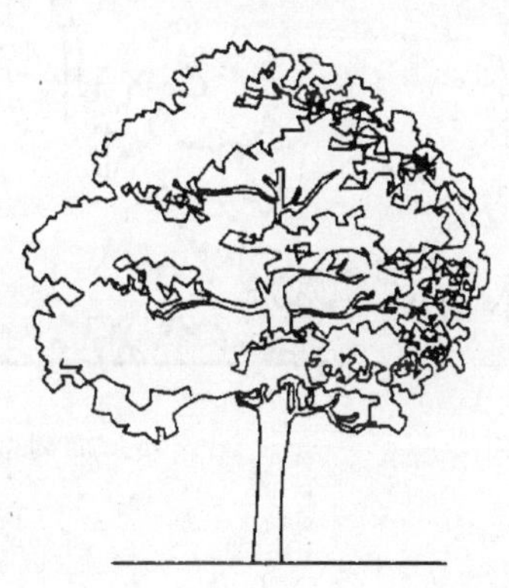

图 3-48　扁圆球形树形

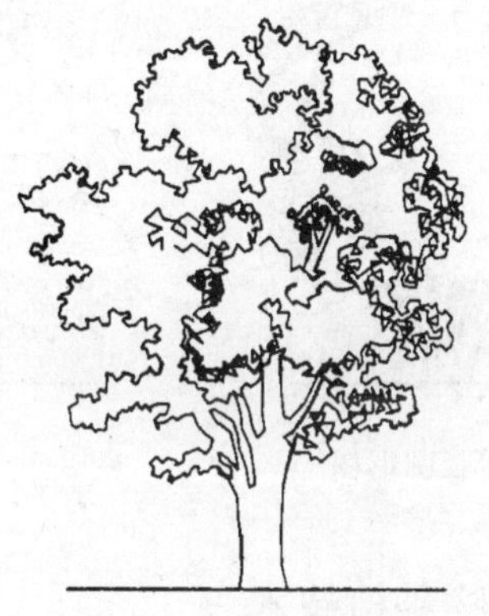

图 3-49　倒卵型树形

② 落叶乔木树形特征

a. 长卵圆形

代表树种：毛白杨、枫香，见图 3-50。

b. 圆柱形

代表树种：新疆杨、箭杆杨，见图 3-51。

c. 圆球形

代表树种：元宝枫、国槐、栾树、杜仲，见图 3-52。

图 3-50　长卵圆形树形

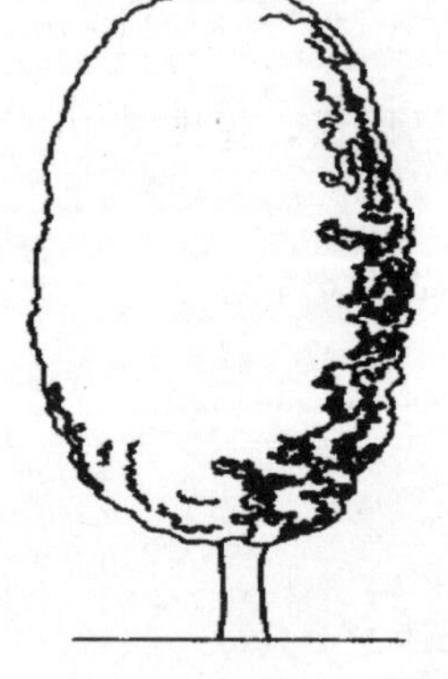
图 3-51　圆柱形树形

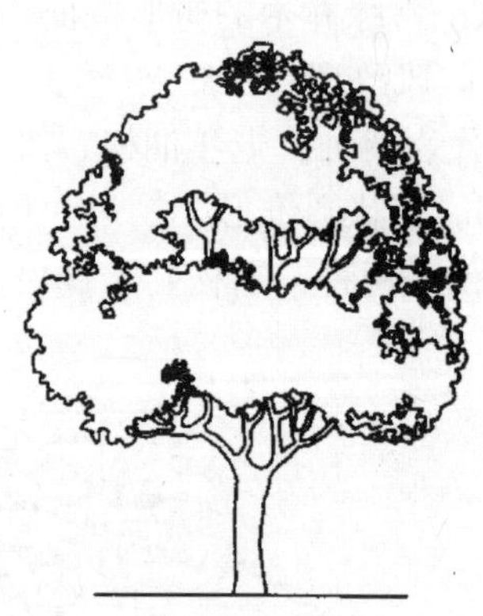
图 3-52　圆球形树形

③ 灌木树形特征

a. 长圆形

代表树种：石榴、腊梅、紫薇，见图 3-53。

b. 垂枝半球形

代表树种：连翘、迎春、锦带花，见图 3-54。

c. 匍匐型

代表树种：沙地柏、云南黄馨，见图 3-55。

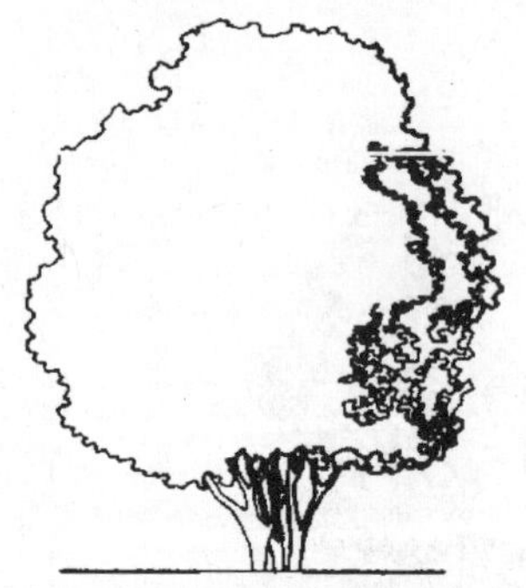
图 3-53　长圆形树形

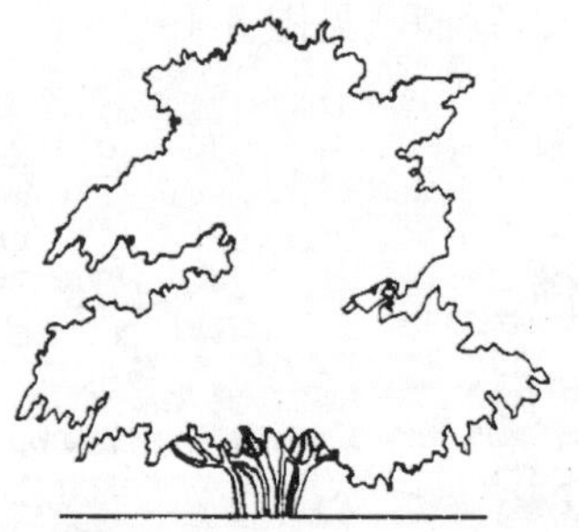
图 3-54　垂枝半球形树形

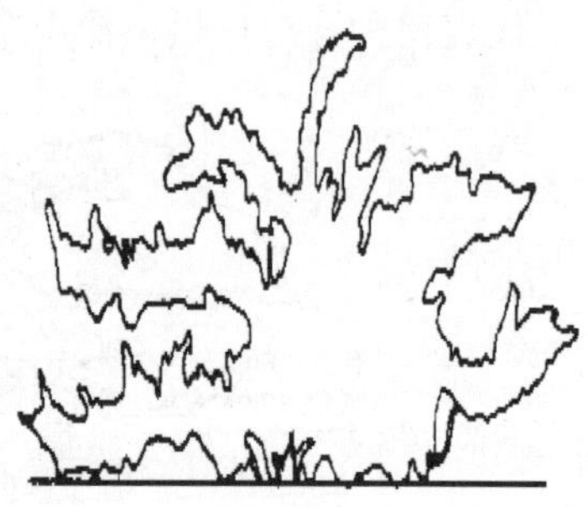
图 3-55　匍匐型树形

3.7.3　植物种植技术

1. 植物种植的配置原则

（1）功能性原则

植物配置时，首先应明确设计的目的和功能。根据不同的功能和造景要求，合同的选择植物材料，采用不同的种植形式，组成各样的园林空间供人们游憩观赏。

（2）艺术性原则

植物配置不是绿色植物的堆积，而是在审美基础上的艺术配置，是园林艺术进一步的发展和提高。在植物配置中，应遵循统一、调和、均衡、韵律等基本美学原则。

（3）生态原则

植物配置应按照生态学原理，充分考虑物种的生态位特征，合理选配植物种类，避免种间直接竞争，形成结构合理、功能健全、种群稳定的复层人工植物群落结构。

（4）体现民族风格和地方特色

植物景观设计要因地制宜，体现当地的植物景观特征，不能生搬硬套其他地域的植物景观设计模式。

（5）统筹近、远期景观效果

植物布置要速生树种与慢长树种相结合，使植物景观尽早成效、长期稳定。

（6）经济性原则

强调植物群落的自然适宜性，力求植物景观在养护管理上的经济性和简便性。

2. 主要种植方式

（1）带植：以带状形式栽种植物，有做背景、隔离的作用，多用于街道、公路、水系的两侧；表现植物群体，一般宜密植，形成树屏效果。

（2）列植：树木以一定的株行距成排成行地栽种，在规则式园林中运用较多，形成整齐、单一、气势大的景观。

（3）丛植：两株到十几株乔木或灌木成丛地种植在一起，可做主景、配景、背景、常用于大片草坪中，水边，体现植物的群体美。

（4）对植：两株按轴线左右对称栽植，应用于建筑物、公共场所入口处等；以体现庄重、肃穆的景观效果。

（5）孤植：单株树孤立种植，有做主景及庇荫的功能，常用于大片草坪上、花坛中心等；以体现植物的个体美。

3. 其他种植技术

（1）土壤要求

① 土壤应疏松湿润，不含砂石和建筑垃圾，排水良好，pH 值 5～7，富含有机质的肥沃土壤。如是回填土不能是深层土。

② 对草坪，花卉种植地应施基肥，翻耕 25～30cm，搂平耙细，去除杂物，平整度和坡度应符合设计要求。

③ 植物生长最低种植土层厚度应符合表 3-22 的规定。

植物最低种植土层厚度 **表 3-22**

植被类型	草坪地被	草本花卉	小灌木	大灌木	浅根乔木	深根乔木
土层厚度（cm）	15～30	30	45	60	90	150

（2）树穴要求

① 树穴应符合设计要求，位置要准确。

② 树穴应根据苗木根系，土球直径和土壤情况而定，树穴应垂直下挖，上口下底。

③ 挖种植穴、槽的规格应符合表 3-23～表 3-26 规定。

（3）苗木要求

① 苗木应选择枝干健壮，形体优美的苗木，苗木的分枝点应不少于 4 个。

挖种植穴、槽的规格　　表 3-23

常绿乔木类种植穴规格（cm）				小乔木、花灌木类种植穴规格（cm）		
树高	土球直径	种植穴深度	种植穴直径	冠径	种植穴深度	种植穴直径
150	40～50	50～60	80～90	100	60～70	70～90
15～250	70～80	80～90	10～110	200	70～90	90～110
25～400	80～100	90～110	12～130			
25～400	80～100	90～110	12～130			
400 以上	140 以上	120 以上	180 以上			

落叶乔木类种植穴规格　　单位：厘米（cm）表 3-24

胸径	种植穴深度	种植穴直径	胸径	种植穴深度	种植穴直径
2～3	30～40	40～60	5～6	60～70	80～90
3～4	40～50	60～70	6～8	70～80	90～100
5～6	50～60	70～80	8～10	80～90	100～110

竹类种植穴规格　　单位：厘米（cm）表 3-25

种植穴深度	种植穴直径
比盘根或土球深 20～40	比盘根或土球大 20～40

绿篱种植槽规格　　单位：厘米（cm）表 3-26

苗　高	深×宽	种植方式（单行　双行）
50～80	40×40	40×60
100～120	50×50	50×70
120～150	60×60	60×80

② 苗木挖掘后保留的泥头直径，土球尽可能大，确保成活率。

③ 孤植树应选种树形姿态优美，造型奇特，冠形圆整的优质苗木。

（4）种植时间

植物的生长习性随各地区气候环境不同，而各有差异。为了保证移栽的成活率，植物的种植时间应根据生长规律进行。一般宜选择植物的休眠期进行移栽。但是，现在全国大部分地区、城市均有大量的苗木基地。因此，对于在苗木基地已形成的袋装苗可随时移栽。

（5）养护

种植一年养护期内，应确保所有草木、灌木、乔木或其他植被健康生长，定期浇水、予以足够保护以免植物受损。

3.8 绿色建筑的产业化技术

3.8.1 绿色建筑产业化概述

随着改革开放的深入，我国建筑业进入了一个蓬勃发展的鼎盛时期，全国建筑业完成总产值已高达十几万亿元，建筑业增加值在GDP总量中所占比例近6%～8%。但是，建筑业总体上仍然是一个劳动密集型的传统产业。长期以来，比较多见的是向“建筑工业化”、“住宅产业化”转型。建筑产业现代化涉及建材、冶金、化工、轻工、环保等多个行业以及科研、设计、开发、生产、施工等各个环节，是系统性工程，覆盖建筑的全产业链、全过程，产业链长，系统性强。建筑产业现代化工作是一项系统工程，从全局的视角出发，对各个层次、各种要素、各种参与力量进行统筹考虑，要进行总体架构的设计，做好总体规划。各地应在制定推进政策、措施的同时，结合市场条件，适度引导企业合理布局，循序渐进。

1. 从传统产业向现代产业转变的趋势

由原始建筑业向传统建筑业，再向现代建筑业变迁的过程中，呈现出以下一些规律性：在施工生产方面，从手工劳动走向机械化操作，从简单工艺走向复杂工艺，从个人的直接经验走向依靠科学技术，从低产出走向高效率，从粗放型管理走向集约化管理；在企业经营方面，从小规模走向大规模，从单一生产走向多元化经营，从封闭走向全球化开放。建筑业发展的趋势是由低级形态走向高级形态发展演变的过程，这就说明建筑产业现代化是建筑业演变规律的必然要求。

在新科技革命推动下，世界产业和经济格局在大调整大变革之中出现了新的发展趋势。突出表现在，许多重要科技领域都已经取得或正酝酿着重大突破，科技知识创新、传播、应用的规模和速度不断提高，与新兴产业发展的融合更加紧密，科学研究、技术创新、产业升级相互促进和一体化发展趋势更加明显，一系列重大科技与管理成果以前所未有的速度转化为现实生产力。发展先进制造业和战略性新兴产业，已成为世界各国的共同做法，也是在全球产业变革中必争的高地。当前及今后的一个时期将是我国新型工业化、信息化、城镇化、农业现代化良性互动、协同发展的战略机遇期。为了把建筑业打造成为具有对国民经济较高贡献率的产业、引领时代发展潮流的低碳绿色产业、自觉履行社会责任的民生产业、具有较高产业素质的诚信产业，全面促进和加快实现建筑产业现代化。

2. 建筑产业现代化的特征

产业现代化是指通过发展科学技术，采用先进的技术手段和科学的管理方法，使产业自身建立在当代世界科学技术基础上，使产业的生产和技术水平达到国际上的先进水平。产业现代化也是一个发展的过程，是一个历史的动态概念，是不断发展的。随着科学技术的发展和新技术的广泛运用，产业现代化的水平越来越高。总的来讲，产业现代化首先是技术与经济的统一。一方面，产业现代化要以先进的科学技术武装产业，促使传统产业由落后技术向先进技术转变；另一方面，要求先进的科学技术一定要带来较好的经济效益。没有先进科学技术，绝不是现代化；没有经济效益，也是没有生命力的现代化。从目前产业构成要素而言，主要特征体现在以下几个方面：

（1）产业劳动资料现代化

即产业所使用的主要生产设备和工具具有当代世界先进技术水平，它是产业和产业体系是否现代化的一个重要标志。

（2）产业结构现代化

产业现代化需要有一个与其相适应的现代化产业结构，它是在先进技术和生产力发展基础上建立起来具有相互协调发展的结构体系。

(3) 产业劳动力现代化

产业现代化要求劳动者的技术水平、管理水平和文化水平都有实质性提高。产业现代化对于劳动力要求不是指个别的、单独的劳动力，而是要求有一个工程技术管理人员及技能工人比重合理的劳动力结构。

(4) 产业管理现代化

生产设备和工具的现代化必然要求管理的现代化，否则就不能发挥现代设备和生产技术的作用。管理现代化表现在管理思想、管理组织、管理人员和管理方法、手段的现代化。

(5) 技术经济指标现代化

一个产业是否现代化，关键在一些主要的技术经济指标上反映出来。例如，主要产业的产品质量和数量、劳动生产率、产值利润率、技术装备率、物质消耗水平、资金运用情况以及产业集中度等。

3. 建筑产业现代化的定义与内涵

目前，对建筑产业现代化的研究还在起步当中，尚没有统一标准。在此，以下定义有待于实践检验。建筑产业现代化是以现有技术、经济、工艺条件为基础，以绿色概念为先导，以现代科学技术进步为支撑，以产业化生产方式为手段，广泛运用信息技术，最终实现为社会提供满足可持续发展要求的绿色建筑产品。就现阶段而言，建筑产业现代化的基本内涵是：

(1) 最终产品绿色化。20 世纪 80 年代人类提出可持续发展理念。党的十五大明确提出中国现代化建设必须实施可持续发展战略。传统建筑业资源消耗大、建筑能耗大、扬尘污染物排放多、固体废弃物利用率低。党的十八大提出了“推进绿色发展、循环发展、低碳发展”和“建设美丽中国”的战略目标，面对来自建筑节能环保方面的更大挑战，去年国家启动了《绿色建筑行动方案》，在政策层面导向上表明了要大力发展节能、环保、低碳的绿色建筑。

(2) 建筑生产工业化。建筑生产工业化是指用现代工业化的大规模生产方式代替传统的手工业生产方式来建造建筑产品。但不能把建筑生产工业化叫作建筑工业化，这是因为建筑产品具有单件性和一次性的特点，建筑产品固定，人员流动，而工业产品大多是产品流动，人员固定，而且具有重复生产的特性。我们提倡用工业化生产方式，主要指在建筑产品形成过程中，有大量的构部件可以通过工业化（工厂化）的生产方式，它能够最大限度地加快建设速度，改善作业环境，提高劳动生产率，降低劳动强度，减少资源消耗，保障工程质量和安全生产，消除污染物排放，以合理的工时及价格来建造适合各种使用要求的建筑。建筑生产工业化主要体现在建筑设计标准化、中间产品工厂化、施工作业机械化三部分。

设计标准化是建筑生产工业化的前提条件。包括建筑设计的标准化、建筑体系的定型化、建筑部品的通用化和系列化。建筑设计标准化就是在设计中按照一定的模数标准规范构件和产品，形成标准化、系列化的部品，减少设计的随意性，并简化施工手段，以便于建筑产品能够进行成批生产。建筑设计标准化是建筑产业化现代化的基础。

中间产品工厂化是建筑生产工业化的核心。它是将建筑产品形成过程中需要的中间产品（包括各种构配件等）生产由施工现场转入工厂化制造，以提高建筑物的建设速度、减少污染、保证质量、降低成本。

机械化既能使目前已形成的钢筋混凝土现浇体系的质量安全和效益得到提升，更是推进建筑生产工业化的前提。它将标准化的设计和定型化的建筑中间投入产品的生产、运输、安装，运用机械化、自动化生产方式来完成，从而达到减轻工人劳动强度、有效缩短工期的目的。

（3）建造过程精益化

用精益建造的系统方法，控制建筑产品的生成过程。精益建造理论是以生产管理理论为基础，以精益思想原则为指导（包括精益生产、精益管理、精益设计和精益供应等系列思想），在保证质量、最短的工期、消耗最少资源的条件下，对工程项目管理过程进行重新设计，以向用户移交满足使用要求工程为目标的新型建造模式。

（4）全产业链集成化

借助于信息技术手段，用整体综合集成的方法把工程建设的全部过程组织起来，使设计、采购、施工、机械设备和劳动力实现资源配置更加优化组合，采用工程总承包的组织管理模式，在有限的时间内发挥最有效的作用，提高资源的利用效率，创造更大的效用价值。

4. 建筑产业化项目管理和实践应用

工程项目是建筑业技术、资源组合和管理工作的综合体现。实现建筑产业现代化以工程项目管理深度创新为立足点，促使其良性互动、协同推进。全面促进建筑产业现代化既为工程项目管理创新发展注入了内生动力，同时其本身又必须在建筑产业现代化进程中进行检验。建筑业能否实现转型升级，实现管理集成化和精细化，提升工程质量安全及风险管理能力，实现绿色可持续发展，都将为工程项目管理创新成果的检验提供标准。

当前建筑业企业要在大力推进工程总承包（EPC）和项目管理服务 PM 模式的同时，高度重视 BOT（建设—经营—移交）、EPC（工程总承包）、DB（设计施工总承包）、PMC（项目管理承包）等工程融资实施模式的广泛应用，最大限度地发挥企业在资本运营、建筑设计、物资采购、新技术应用和施工管理等一体化方面的资源优化配置作用。国际工程承包市场的发展趋势表明，承包商应提供更全面、更高效、更广泛的服务内容。大型建筑企业必须高度重视建筑业与服务业融合的趋势，构建项目规划、可行性研究、融投资、工程设计、采购、施工、竣工投产全过程的一体化管理体系，着力提升全过程综合承包能力。

建筑产品是在不同的自然环境、经济环境和社会环境下形成的，在工程项目建设的全产业链流程中，需要经历多个阶段、多个过程，需要技术、人才、资金、设备等各种生产要素资源。在一个开放的、全球化的立体空间中，资源的组合方式也是多种多样的，并且不同的组合方式会创造不同的产业价值。因此，把生产要素与生产条件的新组合引入到现代项目管理体系之中，推动管理流程和项目组织方式的变革，创造新价值。同时，为了改变建筑产品同质化现象，应当建立全球供应链网络，整合社会优势资源，在全产业链上进行上下游企业间的协同创新，打造新型的产业链形态，创造新的产业竞争力。

建筑产业现代化有两个核心要素，一个是技术创新，另一个是管理创新。在推进过程中往往我们更多地注重了技术创新，忽视了管理创新，甚至有的企业投入大量的人力、财力开展技术创新并取得一定成果，然而在工程实践中运用新的技术成果仍然采用传统、粗放式管理模式，导致工程项目总体质量及效益达不到预期效果。现阶段管理创新要比技术创新更难、更重要，应摆在更高的位置。传统管理模式具有较强的路径依赖性，在技术、利益、观念、体制等各方面都顽固地存在着保守性和依赖性。在新时期要实现新跨越，在管理模式上必须要有新突破，应重点发展以工程总承包 EPC 为龙头的全产业链发展模式，整合优化整个产业链上的资源，运用信息技术手段解决设计、制作、施工一体化问题，使其发挥最大化的效率和效益。

建筑产业现代化是以企业为主体的，没有现代化企业支撑就无法实现建筑产业现代化。当前，建筑产业现代化处在发展的初期阶段，企业的专业化技术体系尚未成熟，企业的现代化管理模式尚未建立。整个社会化大生产的程度还很低，专业化分工还没有形成，企业在设计、生产、施工、管理各环节缺技术、缺人才、缺专业化队伍仍具有普遍性，市场的信心和能力尚未建立。因此，能力建设显得尤为重要，能力建设的重点是培育企业的能力，包括设计能力、生产能力、施工能力和管理能力。建议首先应重点培育和发展一批产业链相对完整、产业关联度大、带动能力强的龙头企业，发挥其优势，建立和完善符合建筑工业化要求的技术体系和管理模式。要注重人才培训，引导农民工在产业转型过程中同步转型为产业工人。

建筑产业现代化的核心是生产方式变革。生产方式的变革必将给整个行业带来一系列变化，首先是导致工程设计、技术标准、施工方法、工程监理、管理验收等方面的革新。其次是由于生产方式的变革，必然带来管理体制、实施机制的变革，比如审图制度、定额管理、监理范围、责任主体也都将发生变化。

3.8.2 绿色建筑产业化技术措施

建筑产业现代化绝不是在传统生产方式上的修修补补，是生产方式变革，必然带来工程设计、技术标准、施工方法、工程监理、管理验收的变化，也必然带来管理体制、实施机制、责任主体的变革。设计创作不等于无限制的发挥，标准化设计不等于没有个性化。建筑产业现代化是“绿色建筑行动”的重要组成部分，要以新型建筑工业化为特征、以住宅产业化为重点。建筑产业现代化，具体措施如下：

1. 完善建筑产业现代化技术标准体系

加快制定工程建设地方标准制定，完善建筑产业现代化的技术标准体系，建立现代建筑业部品、部件目录库，完善房屋建筑、市政工程质量安全标准化施工图集、安全防护标准图集及有关规范标准。以保障性住房推荐系列户型和模块化设计方法为切入点，引导设计单位按照建筑产业现代化和施工标准化的要求进行标准化设计。大力推行标准化样板施工，推广具有现代产业化特征的工艺、工法，推进安全防护设施的标准化、工具化、定型化。

2. 全面促进建筑业的科技进步

借鉴国内外建筑产业现代化的成功经验，重点集成一批预制及装配式建造的通用技术，形成符合我国特色的建筑产业现代化技术路线。加强与科研院所、高等院校和龙头企业合作，建立一批产学研一体的建筑产业现代化研究基地。建立健全建筑业科技产品技术推荐目录，淘汰不符合资源节约和环境保护要求的材料和部品，形成有特色的建筑工程技术路线。

3. 构建现代建筑业产业链

大力发展部品生产企业，发展一批建筑产业现代化基地，推进部品生产规模化和产业化。鼓励建设、勘察、设计、施工、构件生产和科研等单位建立产业联盟。积极推动建筑业与建材业相融合，逐步开展绿色建材产品标识和碳交易试点，促进绿色建材的发展。选择有条件的保障性住房作为建筑产业现代化试点，进一步发挥政府投资项目的试点示范引导作用并适时扩大试点范围，积极稳妥推进建筑产业现代化。

4. 促进 BIM 技术广泛应用

鼓励建设、勘察、设计、施工、监理单位五方责任主体联合成立 BIM 技术联盟。促进 BIM 技术在大型复杂工程的设计、施工和运行维护全过程的推广应用。2 万 m^2 以上的大型公共建筑，以及申报绿色建筑和省优良样板工程、省新技术示范工程、省优秀勘察设计项目应当逐步推广应用 BIM 技术，促进建筑全寿命周期的管理水平。

3.8.3　产业化中冷弯薄壁型钢结构技术

冷弯薄壁型钢结构住宅具有独特的优点和良好的综合效益，它摒弃了中国延续了 2000 多年的“秦砖汉瓦”传统建筑理念，改变了住宅建筑传统的建造模式，其推广应用可以节约日益匮乏的土地资源，保护越来越脆弱的自然环境，符合国家发展循环经济、建设节约型社会的可持续发展战略，对促进建筑行业科技进步，推动住宅产业化发展具有重大意义。

1. 冷弯薄壁型钢结构住宅体系概述

冷弯薄壁型钢结构住宅体系是由木结构演变而来的一种轻型钢结构体系，如图 3-56 所示。这种结构一般适用于二层或局部三层以下的独立或联排住宅，每个住宅单元的最大长度不超过 18 m，宽度不超过 12 m，单层承重墙高度不超过 3.3m，檐口高度不超过 9m，屋面坡度宜在 1∶4～1∶1 范围内。这种住宅通常设置地下室。

2. 冷弯薄壁型钢结构住宅体系特点

从冷弯薄壁型钢结构住宅体系的组成和构造从图 3-56 可以看出，冷弯薄壁型钢结构住宅具有以下特点。

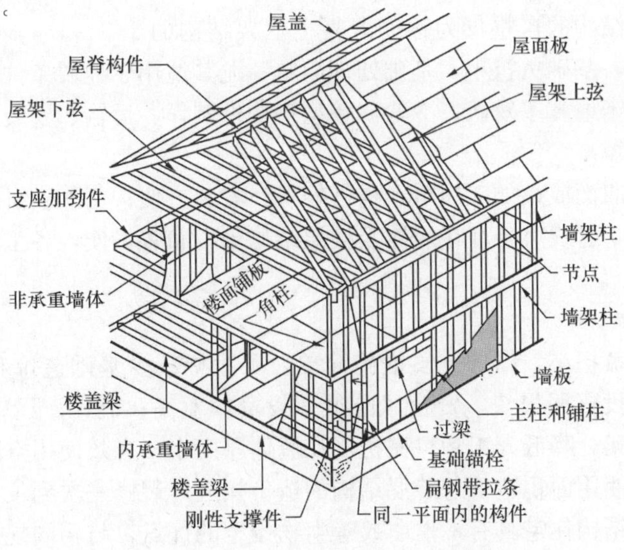

图 3-56　低层冷弯薄壁型钢结构住宅的构造

（1）节能

冷弯薄壁型钢结构住宅方便敷设内外保温材料，有很好的保温隔热性能和隔声效果，符合国家建筑节能标准并增加住宅居住的舒适性；热工管道铺设在节能墙体中，可减少热能损失。少使用黏土砖和水泥等不可再生资源，避免了其生产过程中的能源消耗。

（2）节地

冷弯薄壁型钢结构住宅的墙体采用复合墙体，不用黏土砖，减少因烧砖而毁坏的耕地；墙体的厚度较小且四壁规整、便于建筑布置，增加了住宅有效使用面积（约5%以上）；这种体系自重轻，可建在坡地、劣地，节约优质土地资源；这种体系可以推广应用于多层房屋结构。

（3）节材

冷弯薄壁型钢结构住宅在施工建设中采用干作业的施工方法，上部结构施工不用水、模板及支架；装修一次到位，减少二次耗材；材料强度高、构件截面形式优化，用钢量小；自重轻，基础材料省；耐久性好，少维修；少使用水泥和黏土砖，节约不可再生资源；使用钢材，建筑解体后可回收再利用。

（4）环保

冷弯薄壁型钢结构住宅采用新型建筑材料，防腐蚀、防霉变、防虫蛀、不助燃，居住环境卫生健康；施工简单，施工占地少，施工时噪声、粉尘、垃圾和湿作业少，因此少污染、不扰民；少消耗黏土砖和水泥等不可再生资源，避免了其生产过程中的环境污染；钢材可全部再生利用，其他配套材料大部分可回收，减少了结构拆除后的环境污染。因此冷弯薄壁型钢结构是一种有利于节约资源、保护环境和发展循环经济的建筑体系。

（5）有利于住宅产业化

冷弯薄壁型钢结构可工厂制作，现场拼装，受气候影响小，施工速度快；构件、结构板材、保温材料和建筑配件在工厂标准化、定型化、社会化生产，市场化采购，配套性好、质量易保证。

（6）结构自重轻

冷弯薄壁型钢结构的自重仅为钢筋混凝土框架结构的1/3～1/4，砖混结构的1/4～1/5。由于自重减轻，基础负担小，基础处理简单，尤其适用于地质条件较差的地区；结构地震反应小，适用于地震多发区；冷弯薄壁型钢构件制作、运输、安装、维护方便。

（7）施工周期短

构件由薄板弯曲而成，加工简单；构件轻巧，安装方便；制作、拼装与施工的湿作业少，受气候影响小；管线可暗埋在墙体及楼层结构中，布置方便，各工种可交叉作业，日后检修与维护简单。

（8）综合效益好

自重轻，基础负担小，结构抗震措施简单，可大幅减少基础造价和结构抗震措施费用；施工周期短，投资回报快，资金风险低，投资效益高；制作、运输、安装和维护方便，不需要模板支架，降低人工和机械费用；墙体厚度小，有效使用空间增加，使轻钢结构住宅的实际单位使用面积造价与砖混结构的造价接近；装修一次到位，减少装修二次投入；冷弯薄壁型钢结构住宅具有不怕白蚁等生物侵害的优点，与相同规模的木结构住宅相比，在美国其保险费率约低40%左右。考虑国外的人工费用高等因素，在美国冷弯薄壁型钢结构住宅比传统混凝土结构还降低15%～20%左右。综合考虑冷弯薄壁型钢结构的节能、节地、节材、环保和产业化产生的效益，可以认为冷弯薄壁型钢结构住宅具有良好的综合经济效益和社会效益。

(9) 防护费用高。冷弯薄壁型钢结构住宅有防腐、防火性能差的缺点，因此防护费用高。

3. 冷弯薄壁型钢结构体系目前存在的问题

作为一种全新的结构体系，目前冷弯薄壁型钢结构体系还没有纳入到国家标准《建筑抗震设计规范》GB 50011—2010中，国家规范对其的支撑还不完善。另外，作为冷弯薄壁型钢结构体系的墙板系统，楼板系统，国家的相关规范也还不完善。由于标准规程的缺失，作为永久性建筑来讲，从建设主管部门的程序来看，审图和施工验收都是按规范执行，所以设计审图，施工验收还存在诸多的问题。消防部门对这类结构体系的消防性能也没有明确的认定。对于永久性建筑采用这种体系来搭建诸多问题在我们国家还是空白。目前出台的《低层冷弯薄壁型钢房屋建筑技术规程》JGJ 227—2011还缺乏系统性，和《建筑抗震设计规范》GB 50011—2010还没有紧密结合。这种结构体系倡导的是“工厂造房屋的概念，像造汽车一样造房子”，工业产品在使用过程中必然存在一个保养和维护的问题，还对使用者有很多要求与限制（诸如不能随意更改使用功能，不能随意改造等等）。由于是一个体系，整个建筑的构件需要有特定的供应商，客观的来讲，这种体系的保养维护需要有一定的技术支持，没有传统体系（砖，混凝土）来得方便。建筑设备方面，水暖电专业上存在以下问题：建筑立面山墙的雨水防水处理不当会造成填充物发霉变质；金属热线性大造成的防水要求较高；防雷措施由闪接器取代避雷针的传统做法，造价增加；隔热、保温、隔声、阻燃、抗腐的综合要求，对填充物的要求较高。这些客观事实造成了该体系在推广使用上存在一定的问题，但瑕不掩瑜，该体系符合当下绿色建筑所倡导的方针，节水，节材，节能，还是有相当的推广价值。

课后练习

一、单项选择题

1. 下列技术中属于节能与能源利用技术的是（　　）。

A. 已开发场地及废弃场地的利用　　B. 高性能材料

C. 高效能设备系统　　D. 节水灌溉

答案：D

2. 可再生能源利用技术中不包括（　　）。

A. 太阳能光热系统　　B. 太阳能光电系统

C. 地源热泵系统　　D. 带热回收装置的给排水系统

答案：D

3. 在民工生活区进行每栋楼单独挂表计量，以分别进行单位时间内的用电统计，并对比分析，属于绿色施工的（　　）。

A. 节材与材料资源利用　　B. 节水与水资源利用

C. 节能与能源利用　　D. 节地与土地资源保护

答案：C

4. 项目部用绿化代替场地硬化，减少场地硬化面积，属于绿色施工的（　）。

A. 节材与材料资源利用　　B. 节水与水资源利用

C. 节能与能源利用　　D. 节地与土地资源保护

答案：D

5.（　）是控制建筑节地的关键性指标。

A. 户均用地指标　　B. 人均用地指标

C. 容积率　　D. 说不好

答案：B

6. 下列不属于建筑节水措施的有（　）。

A. 降低供水管网漏损率　　B. 强化节水器具的推广应用

C. 再生利用、中水回用和雨水回灌　　D. 采用地源热泵技术

答案：D

7. 被动式节能设计的内容不包括（　）。

A. 合理设计建筑体型　　B. 合理设计建筑朝向

C. 自然通风　　D. 绿色照明

答案：D

8. 固体废弃物控制中，每万平方米的建筑垃圾不宜超过（　）吨。

A. 300　　B. 380

C. 400　　D. 420

答案：C

9. 下列不属于节能技术的是（　）。

A. 通风采光设计　　B. 带热回收装景的送排风系统

C. 太阳能光热系统　　D. 采用高性能材料

答案：D

10. 在绿色建筑屋面节能技术中倒置式保温屋面是将传统屋面构造中的（　）颠倒。

A. 保温层和防水层　　B. 防水层和找平层

C. 卵石保护层与保温层　　D. 保温层与找平层

答案：A

二、多项选择题

1. 在城市中，节地的主要途径有（　）。

A. 建造多层高层建筑，以提高建筑容积率

B. 提高住宅用地的集约度

C. 多利用零散地坡地建房

D. 绿色照明技术的应用

E. 地下空间的利用

答案：ABCE

2. 下面关于地源热泵的说法正确的是（　　）。

A. 地源热泵是以大地为热源对建筑进行空调的节能技术。

B. 冬季通过热泵将大地中的低位热能提高后对建筑供暖，同时蓄存冷量，以备夏用。

C. 夏季通过热泵将建筑内的热量转移到地下对建筑进行降温，同时蓄存热量，以备冬用。

D. 地下水源热泵系统分为两种，一种是开式环路系统，另一种是闭式环路系统。

E. 地源热泵技术属于绿色建筑节水技术。

答案：ABCD

3. 绿色建筑供水系统节水技术包括（　　）。

A. 采用分质供水　　B. 避免管网漏损

C. 太阳能热水　　D. 限定给水系统出流水压

E. 绿化节水灌溉技术

答案：ABDE

4. 绿色建筑一般采用的节水方案包括（　　）。

A. 住宅及公用建筑的优质灰水通过灰水管道收集系统收集

B. 优质灰水系统经过工艺处理，可用于建筑景观环境用水。

C. 优质灰水系统经过工艺处理，可用于建筑杂用水。

D. 优质灰水系统经过工艺处理，可用于建筑上水。

E. 未由灰水管道收集系统收集的黑水则通过传统污水管道进入市政污水管网排出小区。

答案：ABCE

5. 在对建筑进行日照设计的时候，需要完成的工作包括（　　）。

A. 分析建筑物的自身遮蔽和阴影情况

B. 对规划设计方案进行分析，使建筑物的选址不对周边建筑产生日照影响

C. 控制玻璃幕墙的反射光，减少对周边环境的光污染。

D. 用计算机模拟分析建筑物的分贝等级

E. 利用计算机模拟分析建筑物内外风环境

答案：ABC

第 4 章　绿色建筑设计管理

4.1　绿色建筑的规划

4.1.1　绿色建筑规划设计的原则

在建筑物的基本建设过程的三个阶段（规划设计阶段、建设施工阶段、运行维护阶段）中，绿色建筑设计管理在遵循以上建设阶段性规律的同时要重点抓好规划、策划及设计三个工作环节。其中：规划是源头，也是关键性阶段。规划只需消耗极少的资源，却决定了建筑存在几十年内的能源与资源消耗特性。从规划阶段推进绿色建筑，就抓住了关键，把好了源头，比后面的任何一个阶段都重要，可以收到事半功倍的效果。

在绿色建筑规划中，要关注对全球生态环境、地区生态环境及自身室内外环境的影响，要考虑建筑在整个生命周期内各个阶段对生态环境的影响。

绿色建筑规划涉及城市规划和场地规划两个阶段：

绿色建筑的上位城市规划不仅要从土地及空间资源配置出发注重城市功能，还应协调城市能源、水资源、绿色交通、绿色环卫、生态景观等专项生态体系。中新天津生态城规划就是突出生态优先的理念，坚持生态保护与生态修复相结合、循环产业、绿色交通、新型能源、社区建设、公屋保障、垃圾处理等可持续发展生态规划技术要素融入总体规划之中，同时对绿色建筑的具体要求编制在其控制性指标体系之中。

绿色建筑的上位场地规划则是在城市规划控制指标下的绿色建筑所处场地的小范围生态规划或绿色规划，是绿色建筑实现的前提和依据，是建筑与场地、建筑与环境平衡的保障，是绿色建筑所处的环境基底。中新天津生态城动漫园，场地规划采取东南角开口夏季导入东南风除湿降温、冬季以高层建筑阻挡北风，营造适宜小气候环境，为绿色建筑构建良好的区位条件。各栋建筑错位排布，获得更多满窗日照，减少日照间距，节约了用地。

绿色建筑规划技术包括：绿色建筑选址、场地保护与利用、总平面规划、建筑形体设计、植物系统规划、水环境规划等方面。

绿色建筑规划设计的原则可归纳为下面几方面：

1. 节约生态环境资源

（1）在建筑全生命周期内，使其对地球资源和能源的消耗量减至最小；在规划设计中，适度开发土地，节约建设用地。

（2）建筑在全生命周期内，应具有适应性和可维护性。

（3）减少建筑密度，少占土地，城区适当提高建筑容积率。

（4）选用节水用具，节约水资源；收集生产、生活废水，加以净化利用；收集雨水加以有效利用。

（5）建筑物质材料选用可循环或有循环材料成分的产品。

（6）使用耐久性材料和产品。

（7）使用地方材料。

2. 使用可再生能源，提高能源利用效率

（1）采用节约照明系统。

（2）提高建筑围护结构热工性能。

（3）优化能源系统，提高系统能量转换效率。

（4）对设备系统能耗进行计量和控制。

（5）使用再生能源，尽量利用外窗、中庭、天窗进行自然采光。

（6）利用太阳能集热、供暖、供热水。

（7）利用太阳能发电。

（8）建筑开窗位置适当，充分利用自然通风。

（9）利用风力发电。

（10）采用地源热泵技术实现供暖空调。

（11）利用河水、湖水、浅层地下水进行供暖空调。

3. 减少环境污染，保护自然生态

（1）在建筑全生命周期内，使建筑废弃物的排放和对环境的污染降到最低。

（2）保护水体、土壤和空气，减少对它们的污染。

（3）对于受到损害的水系给予修复补偿。

（4）扩大绿化面积，保护地区动植物种类的多样性。

（5）保护自然生态环境，注重建筑与自然生态环境的协调；尽可能保护原有的自然生态系统。

（6）减少交通废气排放。

（7）废弃物排放减量，废弃物处理不对环境产生再污染。

4. 使用非传统水源

（1）以节约为核心，建立水循环利用系统。

（2）建立污水处理、中水回用、雨水收集、海水淡化系统。

（3）实行分质供水。

（4）控制人均生活用水指标。

5. 保障建筑微环境质量

（1）选用绿色建材，减少材料中的易挥发有机物。

（2）减少微生物滋长机会。

（3）加强自然通风，提供足量新鲜空气。

（4）恰当的温湿度控制。

（5）防止噪声污染，创造优良的声环境。

（6）充足的自然采光，创造优良的光环境。

（7）充足的日照和适宜的外部景观环境。

（8）提高建筑的适应性、灵活性。

6. 构建和谐的社区环境

(1) 创造健康、舒适、安全的生活居住环境。

(2) 保护建筑的地方多样性。

(3) 保护拥有历史风貌的城市景观环境。

(4) 对传统街区、绿色空间的保存和再利用；注重社区文化和历史。

(5) 重视旧建筑的更新、改造、利用，继承发展地方传统的施工技术。

(6) 尊重公众参与设计等。

(7) 提供城市公共交通，便利居住出行交通等。

(8) 建立完善的综合防灾减灾安全体系。

绿色建筑应根据地区的资源条件、气候特征、文化传统及经济和技术水平等对某些方面的问题进行强调和侧重。着重改善室内空气质量和声、光、热环境，研究相应的解决途径与关键技术，营造健康、舒适、高效的室内外环境。

4.1.2 绿色建筑规划设计的内容

绿色建筑的规划设计的内容包括景观设计、建筑选址、分区、建筑布局、道路走向、建筑方位朝向、建筑体型、建筑间距、季风主导方向、太阳辐射和建筑外部空间环境构成等方面。

1. 景观设计

具体包括绿色建筑设计范围内的硬质铺装、苗木种植、景观建筑、构筑、景观墙体、围墙、小品、微地形、水景、灯光、景观给排水、背景音乐、附属设施等内容的设计以及施工前期、施工过程中的技术服务。景观设计作为一种系统策略，整合技术资源，有助于用最少投入和最简单的方式将一个普通建筑优化成低能耗绿色建筑。一个好的景观设计作品，至少包含两方面的内容，一是要具有生命意义，二是要有人文关怀。就第一层含义来说，景观设计首先要关注自然，强调城市和建筑是区域生态系统的一部分，是生物物种的栖息地。因此现代景观设计，充分尊重水文、气候、地形、土壤、植被等生态系统的相互依存体系，注重维持生态平衡及良性发展。从人文关怀的角度来说，景观设计要保证生活在其中的人是安全的，并且适应人们长期生活的心理感受。

在规划设计绿地景观生态型居住区时，应做到住宅和环境的和谐，功能配备的完善，如让居住区人口广场绿化、中心生态主题花园、人文景观、水景、宅前后绿化、阳台绿化、道路绿化、特色绿化等绿色植物系统交融连接在一起，使居住区内和居住区外的绿地景观系统连接成网络即绿脉。

2. 建筑选址

为建筑物选择一个好的建设地址对实现建筑物的绿色设计至关重要。绿色建筑对基地有选择性，不是任何位置、任何气候条件下均可建造合理的绿色建筑。首先，场地出入口到达公共汽车站的步行距离不大于500m，或到达轨道交通站的步行距离不大于800m，且设有2条及以上线路的公共交通站点（含公共汽车站和轨道交通站），能以绿色交通方便地出行。

其次，绿色建筑选址的位置宜选择良好的地形和环境，满足建筑冬季供暖和夏季制凉的要求，如建筑的基地应选择在向阳的平地或山坡上，以争取尽量多的日照，为建筑单体的节能设计创造供暖先决条件，并且尽量减少冬季冷气流对建筑的影响。

3. 建筑布局

建筑的合理布局有助于改善日照条件、改善风环境，并有利于建立良好的气候防护单元。建筑布局应遵循的原则是：与场地取得适宜关系；充分结合总体分区及交通组织；有整体观念，统一中求变化，主次分明；体现建筑群性格；注意对比、和谐手法的运用。合理规划空间结构、组织气流，利用通风廊道减少热岛效应。

4. 建筑朝向

建筑朝向的选择涉及当地气候条件、地理环境、建筑用地情况等，在建筑设计时，应结合各种设计条件，因地制宜地确定合理建筑朝向的范围，以满足生产和生活的需要。选择朝向的原则是：满足冬季能争取较多的日照，夏季能避免过多的热辐射，并有利于自然通风的要求。由于我国处于北半球，因此大部分地区最佳的建筑朝向为南向。

5. 建筑间距

建筑间距应保证住宅室内获得一定的日照量，并结合日照、通风、采光、防止噪声和视线干扰、防火、防震、绿化、管线埋设、建筑布局形式、以及节约用地等因素综合考虑确定。住宅的布置，通常以满足日照要求作为确定建筑间距的主要依据。中华人民共和国的建筑消防设计规范规定多层建筑之间的建筑左右间距最少为 6m，多层与高层建筑之间为 9m，高层建筑之间的间距为 13m，这是强制性规定。

6. 建筑体型

人们在建筑设计中常常追求建筑形态的变化，从节能角度考虑，合理的建筑形态设计不仅要求体形系数小，而且需要冬季日照充足，减少热损失。具体选择建筑体型受多种因素制约，包括当地冬季气温和日辐射照度、建筑朝向、各面围护结构的保温状况和局部风环境状态等，需要具体权衡得热和失热的情况，优化组合各影响因素才能确定。

建筑体型设计的要求：反映建筑物功能要求和建筑个性特征；反映结构、材料和施工等物质技术的特点；适应社会经济条件；适应城市环境和规划的要求；符合建筑美学原则。

4.2 绿色建筑的策划

1. 策划目标

策划应明确绿色建筑的项目定位、建设目标及对应的技术策略、增量成本与效益分析。策划目标应与《绿色建筑评价标准》GB/T 50378—2014 版对照并包括下列内容：节地与室外环境的目标、节能与能源利用的目标、节水与水资源利用的目标、节材与材料资源利用的目标、室内环境质量的目标、运营管理的目标。

2. 绿色建筑策划的内容

前期调研应包括场地分析、市场分析和社会环境分析，并满足下列要求：

（1）场地分析应包括地理位置、场地生态环境、场地气候环境、地形地貌、场地周边环境、道路交通和市政基础设施规划条件等；

（2）市场分析应包括建设项目的功能要求、市场需求、使用模式、技术条件等；

（3）社会环境分析应包括区域资源、人文环境和生活质量、区域经济水平与发展空间、周边公众的意见与建议、当地绿色建筑的激励政策情况等；

（4）项目定位与目标分析。要分析项目的自身特点和要求，分析《绿色建筑评价标准》GB/T 50378—2014 相关等级的要求，确定适宜的实施目标。

3. 绿色建筑技术方案与实施策略分析

应根据项目前期调研成果和明确的绿色建筑目标，制定项目绿色建筑技术方案与实施策略，并宜满足下列要求：

（1）选用适宜的被动的技术；

（2）选用集成技术；

（3）选用高性能的建筑产品和设备；

（4）对现有条件不满足绿色建筑目标的，采取补偿措施。

4. 绿色措施经济技术可行性分析

包括技术可行性分析、经济性分析、效益分析和风险分析。

5. 编制项目策划书

绿色建筑策划流程如图 4-1 所示。

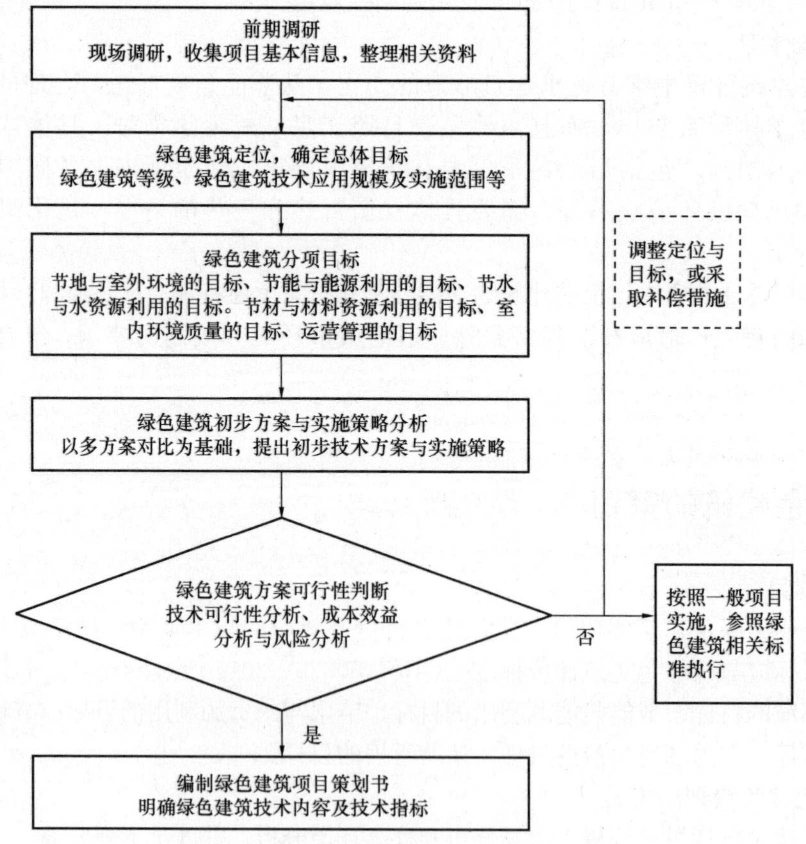

图 4-1　绿色建筑策划流程

4.3　绿色建筑的设计

1. 绿色建筑设计理念

优秀的绿色建筑物是能够有效利用其所能利用的一切自然资源即可再生能源，如：太阳能、风能、地热能来减低其能耗表现，减少对自然的冲击（被动式设计策略）。相比较于先设计一个非常耗能的外形，然后再通过增加绿色节能技术手段或措施去降低能耗损失（主动式设计技术），所能达到的效果要好得多。由此，绿色建筑设计应该是先“被动”后“主动”。

（1）被动式设计（Passive Design ）是应用自然界的阳光、风力、气温、湿度的自然原理，尽量不依赖常规能源的消耗尽量即：减少或者不使用制冷、供热及采光设备，以规划、设计、环境配置的建筑手法来改善和创造舒适的居住环境，有利于建筑节能和保证空气品质的低成本设计策略。

建筑师从概念性建筑设计阶段介入控制建筑物能源消耗的考量，通过对建筑群空间围合（中国传统院落就是用建筑布局）组织气流、获得适度的自然通风、良好的采光朝向布置、最佳风向（风玫瑰）获取、建筑形体设计、平面剖面、维护结构、太阳能储存、建筑内设置中庭和风塔、各种类型的遮阳等主动式规划设计策略，研究如何利用大自然赐予的要素及自然法则来取得降低能耗的效果，同时更大限度地为人们提供健康舒适的环境。对于降低绿色建筑造价，设计出真正意义上的绿色生态建筑是有决定性意义的。

被动式绿色建筑设计中，太阳能和风能应能得到充分的利用。被动式太阳能建筑设计就是不用或少用机械动力，控制太阳能在恰当的时间进入建筑并储存、分配以备需要。建筑物与其环境之间形成自循环系统。任何被动式设计策略往往都是作为一个整体出现在绿色设计中，自然通风也是如此。空气从室外进入室内到从室内排出去，是一个连续的自然通风过程。中庭把原本隔离的建筑各个楼层连结为一个整体，对于整体通风策略的实施很有帮助。

中庭（Atrium）是一种古老的建筑形态，中庭是指罗马时代的中心庭院；带顶的回廊，主要位于教堂的入口前部，中庭的历史可以追溯到两千年前的古代庭院 。1967 年，约翰·波特曼设计的亚特兰大市海特·摄政旅馆中庭，标志着现代意义的中庭就此诞生。

中庭是建筑内外空间的自然气候交换场所，对于建筑的整体节能、气候控制和环境净化等方面能起到积极的作用。外界环境的变化可首先作用于中庭，通过中庭空间的过渡，再作用于建筑内的使用空间，这样可以减缓室内外的热能交换速度，降低建筑物的热损失，因此中庭可以看作是建筑应对气候的“绿色核”或“绿心”。

中庭空间的出现，减小了建筑平面进深，这一点正是被动式设计绿色建筑的策略，不仅解决了增加自然采光的问题，也同样给建筑自然通风带来了好处。中庭的设计对于建筑的通风、保温节能、绿色生态起到关键作用。

下面重点介绍中庭在被动式设计中的运用方法。中庭的两种基本生态特性：

① 温室效应（Greenhouse Effect）：侧重于得热；

② 烟囱效应（Chimney Effect）：侧重于通风。

根据气候因素和建筑类型考虑，中庭在平面及剖面形式上各不同，见图 4-2。

a. 寒冷地区和干热地区：适合采用嵌入式（温度波动小）；

b. 湿热地区：适合采用内廊式、外廊式和外包式（加强通风）；

c. 温和地区：选择较为自由。

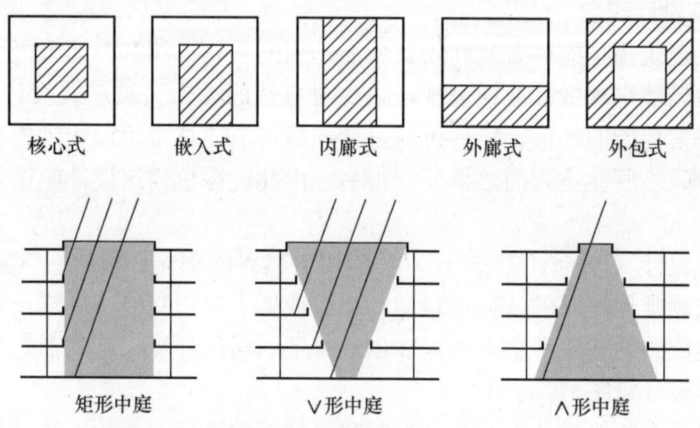

图 4-2　中庭的位置与形状

首先，中庭的平面和剖面形式会影响自然光在建筑内的分布，剖面高宽比（1∶3）是影响自然光分布的关键因素。高宽比小的中庭有利于得热，高宽比大的中庭高耸狭长有利于防热并强化烟囱效应，见图 4-3。

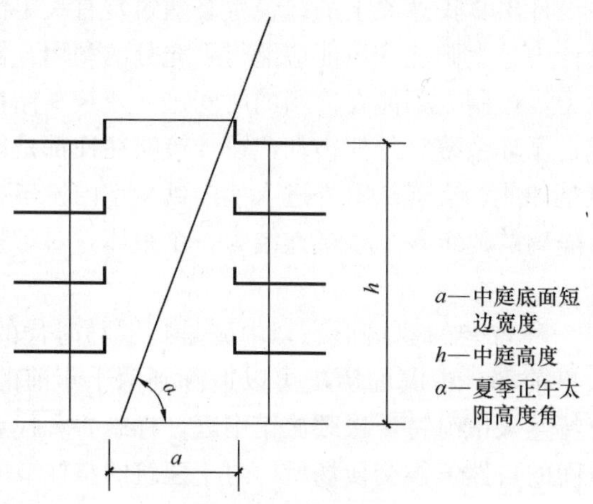

图 4-3　中庭的高宽比

其次，中庭的平面和剖面形式是影响建筑自然通风辅助构造，一些构造设计可以有效强化中庭的自然通风效果，如水平导风百叶、多空隙围护结构、风塔和烟囱等。应用烟囱效应拔风的优秀范例有很多，见图 4-4，传统的如蒙古包的“天窗”拔风。

再者，中庭还是建筑微气候调节的最佳空间，见图 4-5，通常通过对中庭植物种植与水体设置来增加湿度、降温、降噪和清洁室内空气，同时美化环境，调节了建筑室内微气候。在法兰克福商业银行中，福斯特尝试生态中庭的设计，把生物气候的设计原则运用到公共建筑的中庭。

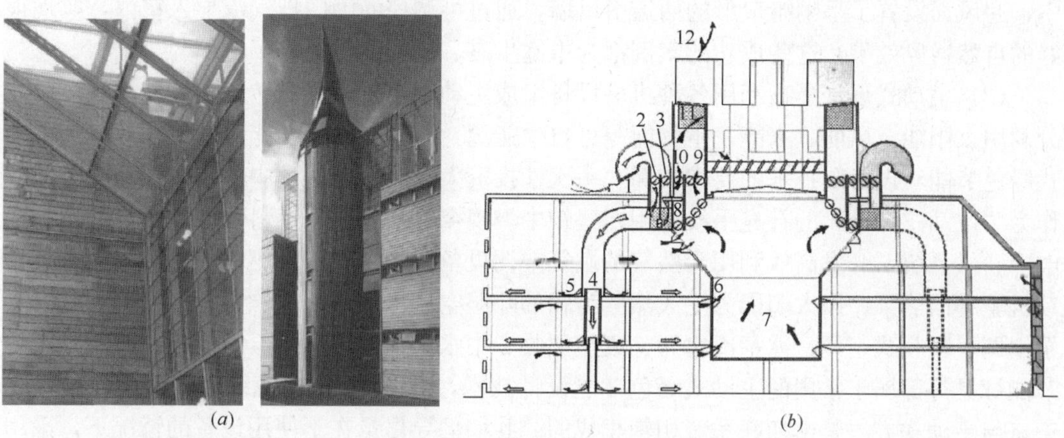

图 4-4　中庭的烟囱效应

(a) 中庭的烟囱效应实景；(b) 中庭的烟囱效应原理

图 4-5　中庭的微气候效应

马来西亚的杨经文从生物气候的角度进行研究，并创造了具有热带地区特色的态建筑，梅纳拉商业办公大楼就是突出的实例，见图 4-6。另外，他在槟榔屿银行大厦设计

图 4-6　KennethYeang（杨经文）的梅纳拉商业办公大楼

中，迎风面设置了呈喇嘛口形的两道引风墙，通过可调控的闸门把气流导入室内，实现很好的自然通风效果，这些成功的案例都为中庭生态、绿色设计提供了范例。

(2) 主动式设计是指利用各种机电设备组成主动系统来收集、转化和储存能量，以充分利用太阳能、风能、水能、生物能等可再生能源，同时提高传统能源的使用效率。主动式绿色节能对设备和技术的要求较高，一次性投资大，在使用过程中还需要消耗能源，应作为“被动式设计”的补充手段应用在建筑中。现今呼吁发展以燃料电池为动力的建筑热电冷联供系统，开发高效利用天然气的燃气空调设备，如燃气轮机驱动的离心机、燃气发动机驱动的热泵、以太阳能为主天然气为辅的除湿空调再生系统等。另外，水源和地源热泵空调、吸收式空调、冰蓄冷空调、废热回收、中水雨水处理利用、智能建筑控制、新型节能灯具等都属于常用的主动式绿色节能设计技术，见图 4-7。建筑绿色设计中，被动式策略与主动式方法是密切联系、相辅相成的。我们倡导尽量在不使用设备的情况下，采用被动式策略及节能技术设计出环境品质相对优良的绿色建筑，只有在被动式设计策略（建筑师）达不到时才加以主动式设计技术（设备工程师）辅助和补充。

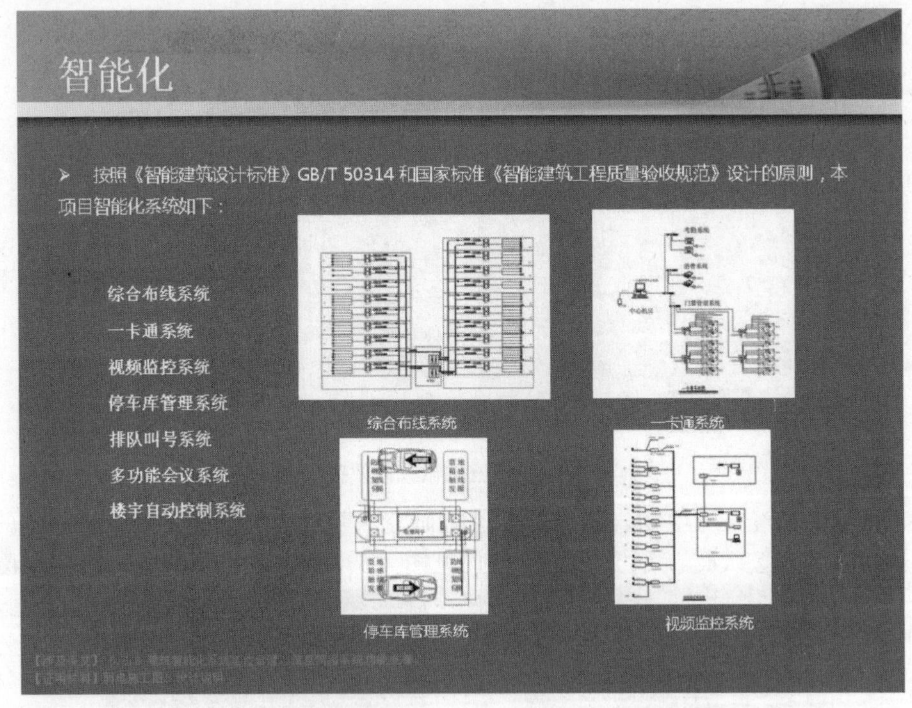

图 4-7　建筑智能控制是“被动式设计”的补充手段之一

某建科大楼就是运用以上设计方法（被动＋主动）完成的绿色三星建筑设计的典型案例。

4.3.1　优先采用“被动式设计”策略案例研究

1. 基于气候和场地条件的建筑体型与布局设计

基于 XX 市夏热冬暖的海洋性季风气候和实测的场地地形、声光热环境和空气品质情况，以集成提供自然通风、自然采光、隔声降噪和生态补偿条件为目标，进行建筑体型和布局设计。“凹”字体型设计与自然通风和采光，见图 4-8。

通过风环境和光环境仿真对比分析，建筑体型采用“凹”字形。凹口面向夏季主导风向，背向冬季主导风向，同时合理控制开间和进深，为自然通风和采光创造基本条件。同时，前后两个空间稍微错开，进一步增强夏季通风能力。

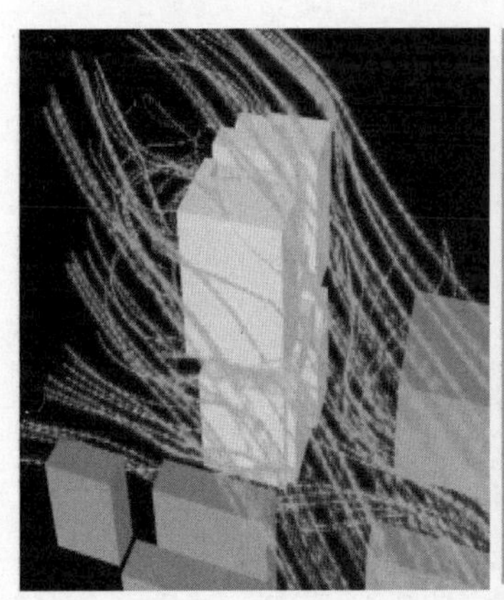

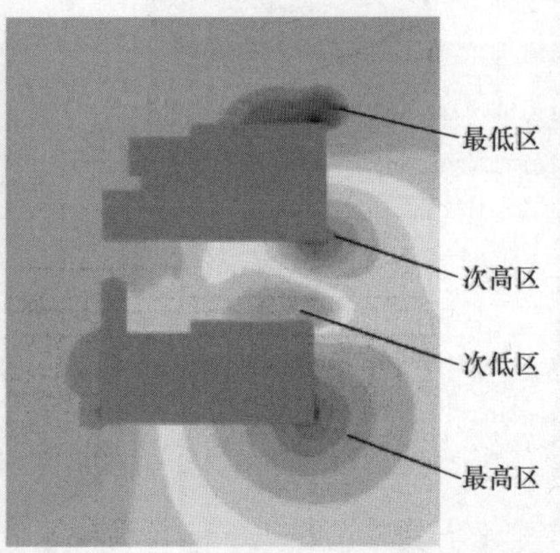

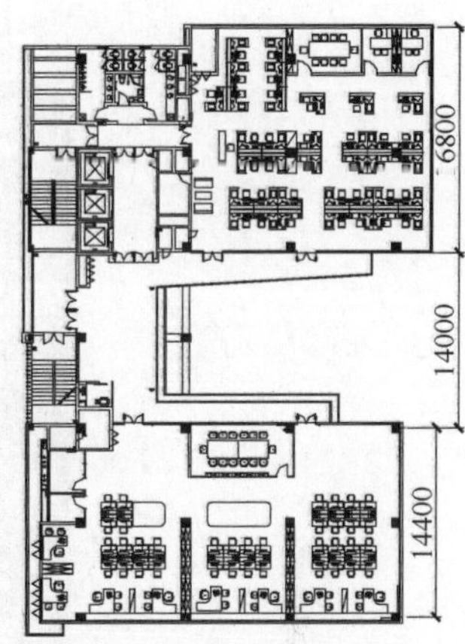

图 4-8　“凹”字体型与通风采光

2. 垂直布局设计与交通组织和环境品质

结合功能区使用性质及其对环境的互动需求进行垂直布局设计，以获得合理的交通组织和适宜的环境品质。中低层主要布置为交流互动空间以便于交通组织，中高层主要布置为办公空间，以获得良好的风、光、声、热环境和景观视野，充分利用和分享外部自然环境，增大人与自然接触面，见图 4-9 和图 4-10。

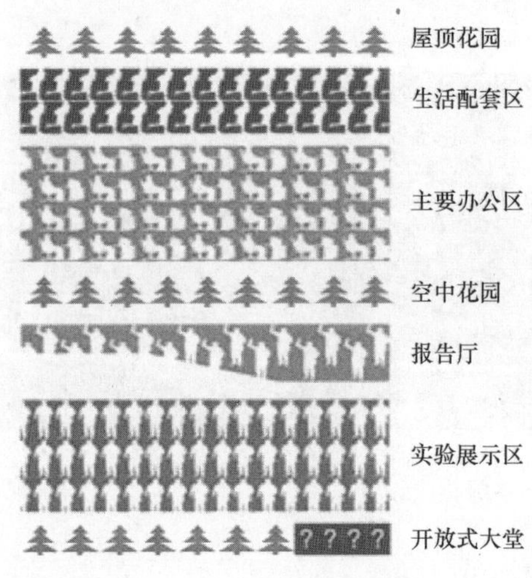

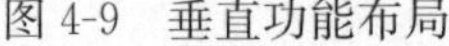

图 4-9　垂直功能布局

图 4-10　噪声模拟分析

3. 平面布局设计与隔热、采光和空气品质

结合朝向和风向进行平面布局设计，以获得良好的采光、隔热效果及空气品质。大楼东侧及南侧日照好，同时处于上风向，布置为办公等主要使用空间；大楼西侧日晒影响室内热舒适性，因此尽量布置为电梯间、楼梯间、洗手间等辅助空间，其中洗手间及吸烟区布置于下风向的西北侧。西侧的辅助房间对主要使用空间构成天然的“功能遮阳”，见图4-11。

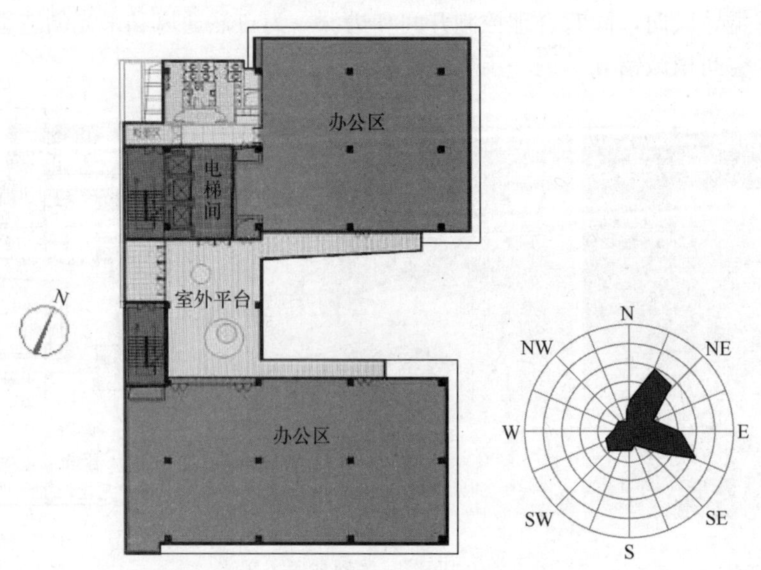

图 4-11　建筑布局与朝向、场地风向

4. 架空绿化设计与城市自然通风和生态补偿

为使大楼与周围环境协调及与社区共享，首层、六层、屋顶均设计为架空绿化层，最大限度对场地进行生态补偿。首层开放式接待大厅和架空人工湿地花园，实现了与周边环境的融合和对社区人文的关怀。架空设计不仅可营造花园式的良好环境，还可为城市自然通风提供廊道，见图 4-12。

图 4-12　架空绿化层设计

5. 开放式空间设计与空间高效利用

结合“凹”字型布局和架空绿化层设计，设置开放式交流平台，灵活用作会议、娱乐、休闲等功能，以最大限度利用建筑空间，提高办公环境舒适度，见图 4-13。

6. 适宜的窗洞设计

“凹”字体型使建筑进深控制在合适的尺度，提高室内可利用自然采光区域比例之外，大楼还利用立面窗户形式设计、天井等措施增强自然采光效果，见图 4-14。

对于实验和展示区等一般需要人工控制室内环境的功能区，采用较小窗墙比的深凹窗洞

图 4-13　各层通风休闲（会议）平台

图 4-14　展示及实验空间深凹窗设计（左：整体视角，右：局部放大）

设计，有利于屏蔽外界日照和温差变化对室内的影响，降低空调能耗。对于可充分利用自然条件的办公空间，采用较大窗墙比的带形连续窗户设计，以充分利用自然采光，见图 4-15。

图 4-15　办公空间连续条形窗设计（左：外立面视角，右：室内视角）

4.3.2　集成采用“主动式设计技术”辅助案例研究

作为被动式技术的补充，集成采用高效的主动式技术。如自然通风与空调技术结合，自然采光与照明技术结合，可再生能源与建筑一体化，绿化景观与水处理结合等。

1. 面向时间空间使用特性、作为自然通风补充的空调技术

利用自然通风等被动技术，在尽量将空调负荷减到最低、空调时间减到最短后，设置空调系统以满足天气酷热时的热舒适需求，见图 4-16。

空调系统设计：摒弃惯用的集中式中央空调，根据房间使用功能和使用时间需求差异，划分空调分区并选用适宜的空调形式，实现按需开启、灵活调节。为空调系统的节能高效运行提供基础条件，见图 4-17。

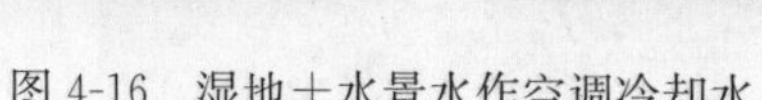

图 4-16　湿地＋水景水作空调冷却水

图 4-17　温湿度独立控制空调

空调系统运行控制：与自然通风密切结合对室内外温湿度进行监测，优先采用自然通风降温，仅当自然通风无法独立承担室内热湿负荷时，才启动空调系统。

2. 面向时间空间使用特性、作为自然采光补充的照明技术

照明系统设计：根据各房间或空间室内布局设计、自然采光设计和使用特性，进行节能灯具类型、灯具排列方式和控制方式的选择和设计。

照明系统控制：与自然采光密切结合，仅当自然采光无法满足光照条件要求时，按需开启人工照明系统，见图 4-18。

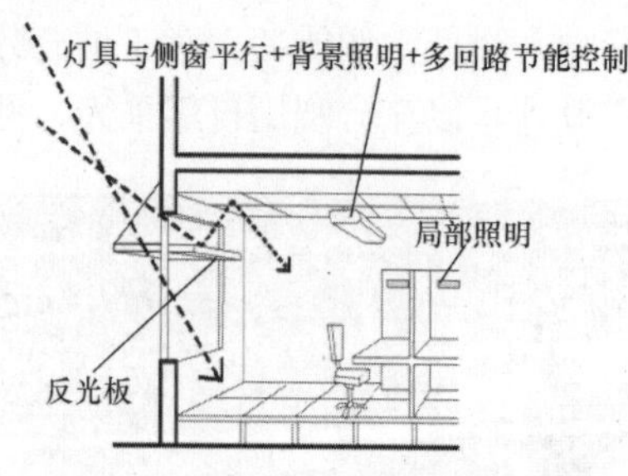

图 4-18　照明设计与自然采光相结合（左：原理图，右：实际采光效果）

3. 与建筑一体化的可再生能源利用技术

避免可再生能源利用技术的简单拼凑，大楼采用可再生能源利用与建筑一体化技术。高效的地源热泵、水源热泵、污水源热泵系统；风光互补系统等，见图 4-19。

图 4-19　与建筑一体化的可再生能源系统

创新的高层太阳能热水解决方案。大楼太阳能热水系统采用了集中-分散式系统用于满足员工洗浴间热水需求，以鼓励员工绿色交通出行。

规模化太阳能光电集成利用。多点应用，大楼在屋面、西立面、南立面均结合功能需求设置了太阳能光伏系统。多类型应用，多种光伏系统分回路并用，以便于对比研究：单晶硅、多晶硅、HIT光伏、透光型非晶硅光伏组件组成。

光伏发电与隔热遮阳集成应用。南面光伏板与遮阳反光板集成，屋顶光伏组件与花架集成，西面光伏幕墙与通风通道集成，发电同时起到遮阳隔热作用。

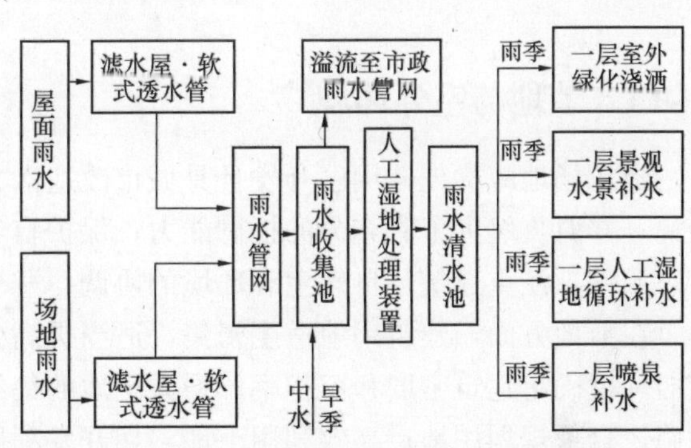

图4-20　中水、雨水人工湿地与环艺集成系统

4. 与绿化景观结合的水资源利用技术

设置中水、雨水、人工湿地与环艺集成系统。将生活污水经化粪池处理后的上清液经生态人工湿地处理后的达标中水供应卫生间冲厕，楼层绿化浇洒用水；将屋顶及场地雨水经滤水层过滤后的雨收集水，经生态人工湿地处理后达标水供应一层室外绿化浇洒；旱季雨水不足时，由中水系统提供道路冲洗及景观水池补水用水，以减少市政用水量，见图4-20～图4-22。

图4-21　室外及空中花园水景雨水调储池

图4-22　人工湿地（左：处理中水，右：处理雨水）

因此，摒弃高尖技术冷拼，集成应用被动式设计策略为主，主动式新型技术为辅，多维度技术创新，是创作绿色建筑设计的最佳解决方法。

4.4 绿色建筑设计的原则

4.4.1 节地与室外环境

建筑场地应优先选用已开发且具城市改造潜力的用地；场地环境应安全可靠，远离污染源，并对自然灾害有充分的抵御能力；保护自然生态环境，充分利用原有场地上的自然生态条件，注重建筑与自然生态环境的协调；避免建筑行为造成水土流失或其他灾害。

在节地方面，建筑用地适度密集，适当提高公共建筑的建筑密度，住宅建筑立足创造宜居环境确定建筑密度和容积率；强调土地的集约化利用，充分利用周边的配套公共建筑设施，合理规划用地；高效利用土地，如开发利用地下空间，采用新型结构体系与高强轻质结构材料，提高建筑空间的使用率。

在降低环境负荷方面，应将建筑活动对环境的负面影响应控制在国家相关标准规定的允许范围内；减少建筑产生的废水、废气、废物的排放；利用园林绿化和建筑外部设计以减少热岛效应；减少建筑外立面和室外照明引起的光污染；采用雨水回渗措施，维持土壤水生态系统的平衡。

在绿化方面，应优先种植乡土植物，采用少维护、耐候性强的植物，减少日常维护的费用；采用生态绿地、墙体绿化、屋顶绿化等多样化的绿化方式，应对乔木、灌木和攀缘植物进行合理配置，构成多层次的复合生态结构，达到人工配置的植物群落自然和谐，并起到遮阳、降低能耗的作用；绿地配置合理，达到局部环境内保持水土、调节气候、降低污染和隔绝噪声的目的。

在交通方面，应充分利用公共交通网络；合理组织交通，减少人车干扰；地面停车场采用透水地面，并结合绿化为车辆遮荫。

4.4.2 节能与能源利用

为降低能耗，应利用场地自然条件，合理考虑建筑朝向和楼距，充分利用自然通风和天然采光，减少使用空调和人工照明；提高建筑围护结构的保温隔热性能，采用由高效保温材料制成的复合墙体和屋面及密封保温隔热性能好的门窗，采用有效的遮阳措施；采用用能调控和计量系统。同时应提高用能效率，采用高效建筑供能、用能系统和设备；合理选择用能设备，使设备在高效区工作；根据建筑物用能负荷动态变化，采用合理的调控措施。

优化用能系统，采用能源回收技术；考虑部分空间、部分负荷下运营时的节能措施；有条件时宜采用热、电、冷联供形式，提高能源利用效率；采用能量回收系统，如采用热回收技术；针对不同能源结构，实现能源梯级利用。

尽可能使用可再生能源。充分利用场地的自然资源条件，开发利用可再生能源，如太阳能、水能、风能、地热能、海洋能、生物质能、潮汐能以及通过热泵等先进技术取自自然环境（如大气、地表水、污水、浅层地下水、土壤等）的能量。可再生能源的使用不应造成对环境和原生态系统的破坏以及对自然资源的污染。可再生能源的应用见表4-1。

可再生能源的应用　　表4-1

可再生能源	利用方式
太阳能	太阳能发电
	太阳能供暖与热水
	太阳能光利用（不含采光）于干燥、炊事等较高温用途热量的供给
	太阳能制冷
地热（100%回灌）	地热发电+梯级利用
	地热梯级利用技术（地热直接供暖—热泵供暖联合利用）
	地热供暖技术
风能	风能发电技术
生物质能	生物质能发电
	生物质能转换热利用
其他	地源热泵技术
	污水和废水热泵技术
	地表水水源热泵技术
	浅层地下水热泵技术（100%回灌）
	浅层地下水直接供冷技术（100%回灌）
	地道风空调

4.4.3　节水与水资源利用

根据当地水资源状况，因地制宜地制定节水规划方案，如中水、雨水回用等，保证方案的经济性和可实施性。

提高用水效率。按高质高用、低质低用的原则，生活用水、景观用水和绿化用水等按用水水质要求分别提供、梯级处理回用；采用节水系统、节水器具和设备，如采取有效措施，避免管网漏损，空调冷却水和游泳池用水采用循环水处理系统，卫生间采用低水量冲洗便器、感应出水龙头或缓闭冲洗阀等，提倡使用免冲厕技术等；采用节水的景观和绿化浇灌设计，如景观用水不使用市政自来水，尽量利用河湖水、收集的雨水或再生水，绿化浇灌采用微灌、滴灌等节水措施。

在雨污水综合利用上，采用雨水、污水分流系统，有利于污水处理和雨水的回收再利用；在水资源短缺地区，通过技术经济比较，合理采用雨水和中水回用系统；合理规划地表与屋顶雨水径流途径，最大程度降低地表径流，采用多种渗透措施增加雨水的渗透量。

4.4.4　节材与材料资源

在节材方面，采用高性能、低材耗、耐久性好的新型建筑体系；选用可循环、可回用和可再生的建材；采用工业化生产的成品，减少现场作业；遵循模数协调原则，减少施工废料；减少不可再生资源的使用。

尽量使用绿色建材，选用蕴能低、高性能、高耐久性和本地建材，减少建材在全寿命周期中的能源消耗；选用可降解、对环境污染少的建材；使用原料消耗量少和采用废弃物生产的建材；使用可节能的功能性建材。

4.4.5 室内环境质量

在光环境方面，设计采光性能最佳的建筑朝向，发挥天井、庭院、中庭的采光作用，使天然光线能照亮人员经常停留的室内空间；采用自然光调控设施，如采用反光板、反光镜、集光装置等，改善室内的自然光分布；办公和居住空间，开窗能有良好的视野；室内照明尽量利用自然光，如不具备自然采光条件，可利用光导纤维、导光管（TDD）、光隧道等引导照明，以充分利用阳光，减少白天对人工照明的依赖；照明系统采用分区控制、场景设置等技术措施，有效避免过度使用和浪费；分级设计一般照明和局部照明，满足低标准的一般照明与符合工作面照度要求的局部照明相结合；局部照明可调节，以有利使用者的健康和照明节能；采用高效、节能的光源、灯具和电器附件。

在热环境方面，优化建筑外围护结构的热工性能，防止因外围护结构内表面温度过高过低、透过玻璃进入室内的太阳辐射热等引起的不舒适感；设置室内温度和湿度调控系统，使室内的热舒适度能得到有效的调控，建筑物内的加湿和除湿系统能得到有效调节；根据使用要求合理设计温度可调区域的大小，满足不同个体对热舒适性的要求。

在声环境方面，采取动静分区的原则进行建筑的平面布置和空间划分，如办公、居住空间不与空调机房、电梯间等设备用房相邻，减少对有安静要求房间的噪声干扰；合理选用建筑围护结构构件，采取有效的隔声、减噪措施，保证室内噪声级和隔声性能符合《民用建筑隔声设计规范》GBJ 118 的要求；综合控制机电系统和设备的运行噪声，如选用低噪声设备，在系统、设备、管道（风道）和机房采用有效的减振、减噪、消声措施，控制噪声的产生和传播。

在室内空气品质方面，对有自然通风要求的建筑，人员经常停留的工作和居住空间应能自然通风。可结合建筑设计提高自然通风效率，如采用可开启窗扇自然通风、利用穿堂风、竖向拔风作用通风等；合理设置风口位置，有效组织气流，采取有效措施防止串气、反味，采用全部和局部换气相结合，避免厨房、卫生间、吸烟室等处的受污染空气循环使用；室内装饰、装修材料对空气质量的影响应符合《民用建筑室内环境污染控制规范》GB 50325 的要求；使用可改善室内空气质量的新型装饰装修材料；设集中空调的建筑，宜设置室内空气质量监测系统，维护用户的健康和舒适；采取有效措施防止结露和滋生霉菌。

4.5 绿色建筑设计的内容

4.5.1 建筑总平面（日照）设计

建筑日照是保证人们良好生活工作环境的前提，每天人体和室内的家具等都需要一定量的日照，所以满窗日照是绿色建筑设计的重要内容，是满足人们生活舒适的保证。

在对建筑进行日照设计的时候，首先要分析建筑物的自身遮蔽和阴影情况，保证室内冬季日照冬至日（或大寒日）时长不少于1h。其次还应该对规划设计方案进行分析，使建筑物的选址不对周边建筑产生日照不利影响，如果不能满足日照时长要求，则应该调整建筑朝向及布局优化总平面设计方案，使其不会对已有的建筑物的日照产生恶化影响。最后还应该控制玻璃幕墙的反射光，减少对周边环境的光污染。图4-23为利用计算机仿真的日照模拟分析示意图。

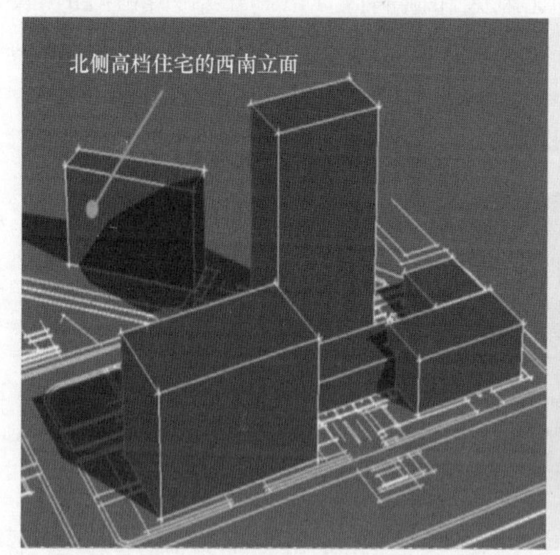

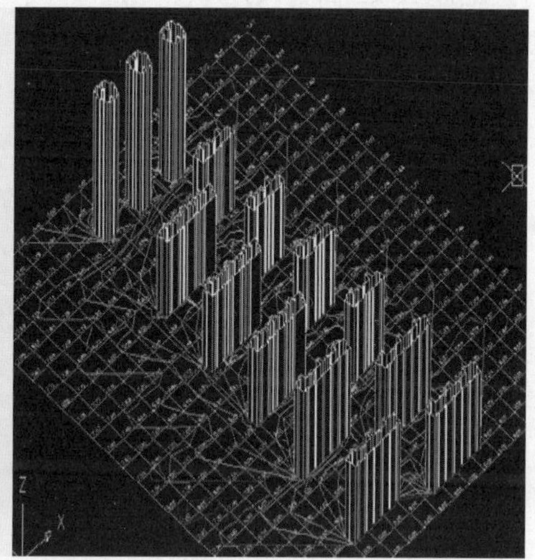

图4-23　日照模拟分析图

4.5.2　建筑物环境噪声模拟设计

环境噪声影响人们舒适生活和高效工作，所以在设计时，应该对环境噪声进行合理的分析和控制，也应该避免建筑物本身产生的噪声对环境产生不利的影响。在建筑物噪声设计时，首先应该用计算机模拟分析建筑物周围交通、工业、施工等环境噪声的分贝等级，将建筑物设计在环境噪声满足建筑物使用功能的要求限度内，如果不能满足建筑物对环境噪声的需求，则应该另选地址或是采取措施，如优化建筑布局、建筑造型、绿化种植带、布置隔声屏障、提高维护结构的隔声降噪性能，使得区域环境噪声满足白天不大于70dB，夜间不大于55dB。具体环境噪声控制规则应该满足《城市区域环境噪声标准》GB 3096—2008里的规定。图4-24为环境噪声模拟分析图的结果展示。

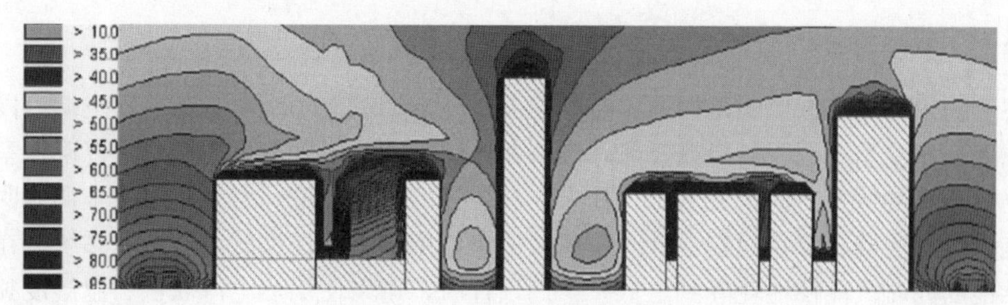

图4-24　环境噪声模拟分析图

4.5.3 风环境模拟设计

建筑合理的通风不仅可以保证室内良好的空气质量还有利于冬季室外行走舒适及夏季更高效的散热，降低室内温度。所以进行建筑物的风环境设计是绿色建筑设计又一重要内容。

在建筑设计时，设计师应该利用计算机模拟分析建筑物内外风环境，控制建筑物周围人行区距地 1.5m 高处风速小于 5m/s，减少无风区和漩涡区，以利于室外散热和污染物消散。如果建筑物的风环境不满足上述基本要求，则应该优化建筑单体设计和群体布局，科学设计建筑物的形体，控制体型系数、合理分布建筑物的门窗位置及设计门窗尺寸。图 4-25 为计算机模拟的建筑物周围风环境示意图。

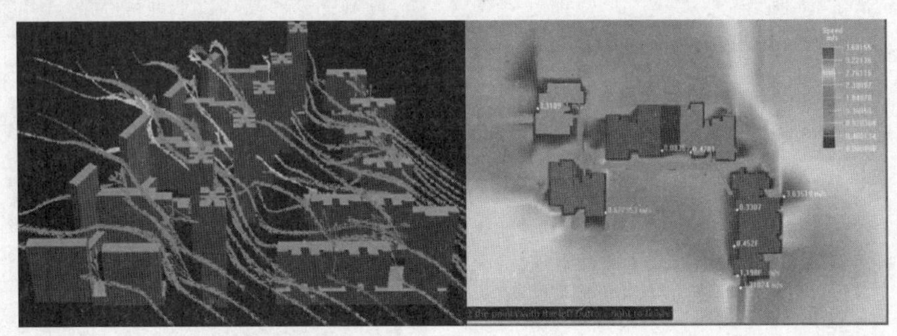

图 4-25　风环境模拟分析图

4.5.4 建筑围护结构设计

围护结构不仅可以将建筑物内部与外界隔开更能起到隔声、保温、遮风挡雨的作用，它是绿色建筑设计的一部分。在进行绿色建筑设计时，应该优先选择保温外墙，外墙的保温形式有外保温、自保温、内保温。在屋顶设计中，应该结合实际情况优先使用保温隔热屋面、种植屋面、坡屋面、避风屋面等。在外窗设计时，应该采用铝合金、PVC、断桥铝隔热、单玻、中空玻璃、低辐射窗，以达到节能耐久的目的。在玻璃幕墙设计时，应该根据实际需求合理选择明框、隐框、呼吸幕墙、Low-E 玻璃幕墙等。在外墙设计时，既要考虑到建筑物对材料性能的需求，也要考虑到建筑物的投资估算的限制，使其在投资估算的成本内保温、隔热等性能最好。图 4-26 分别是外保温墙体和玻璃幕墙的结构构造图。

4.5.5 空调照明设计

建筑物内部的空调照明是保证建筑物内部良好生活工作环境所必需的，空调可以保证室内温度在冬夏季不至于过冷或过热，维持在人体舒适的温度上下，照明可以确保室内在外界光照不够的情况下的采光需求，让人能有合适的视觉环境。但是建筑物空调照明系统是耗能系统，所以在绿色建筑设计时，应该尽量使用节能环保型的空调照明系统，在满足使用功能的同时又能使能耗降到最低。空调设计时，可以使用热电冷联供、温湿度独立控制、离心螺杆机组、热泵机组、全热回收、VRV、VAV、变频等技术来使空调系统更加

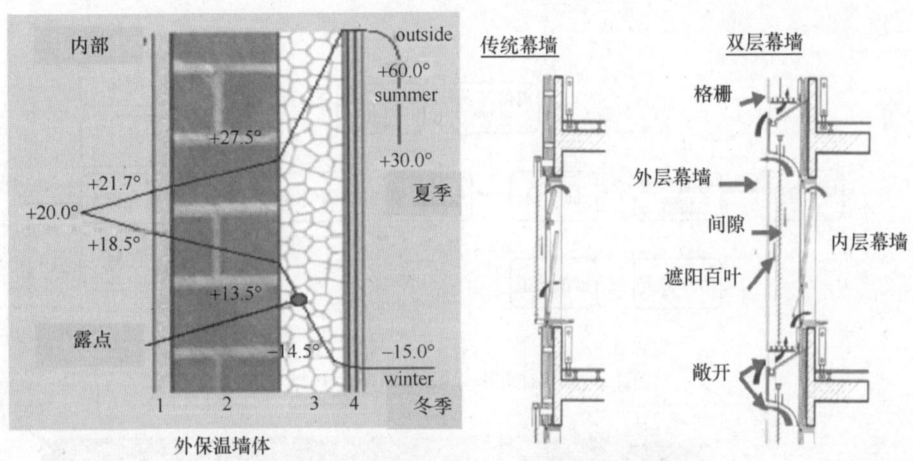

图 4-26　外保温墙体和玻璃幕墙结构构造图

节能。照明系统设计时，应该采用 LED 灯、节能灯、T5、T8、电子镇流器、光感、红外线、定时、光导照明。在电梯选用上，使用无齿轮拽引、能源可再生电梯，可以达到节能 25%。建筑物配电使用高效变配电设备，达到电能最优、最快配置，降低能源损失。图 4-27 是可再生能源电梯、高效变配电设备和节能灯的图例。

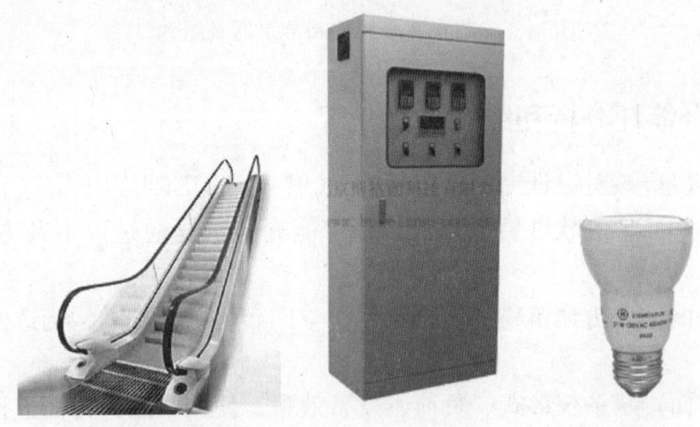

图 4-27　可再生能源电梯、高效变配电设备和节能灯图例

4.5.6　利用雨水和中水的设计

水资源的消耗是建筑物的主要消耗的资源之一，也是绿色建筑设计原则之一，所以在建筑设计时，要充分考虑到建筑物将来可能用到多少水，怎样节约建筑物的水能消耗量，怎样利用雨水、中水。

在设计时，设计雨水收集系统，利用集流设备、储存设备、雨水收集管道等进行雨水收集回用，利用绿地入渗、透水地面入渗、渗透管沟、渗透井、渗透地等进行雨水回渗。利用中水来浇灌植物、冲洗马桶，生化处理中水、物化处理中水、膜处理中水和人工湿地处理中水等方法回收利用中水。还可以通过使用节水浇灌系统、节水器具的使用来达到节水的目的。图 4-28 是雨水中水综合利用的流程图，图 4-29 为节水灌溉系统和节水器具图例。

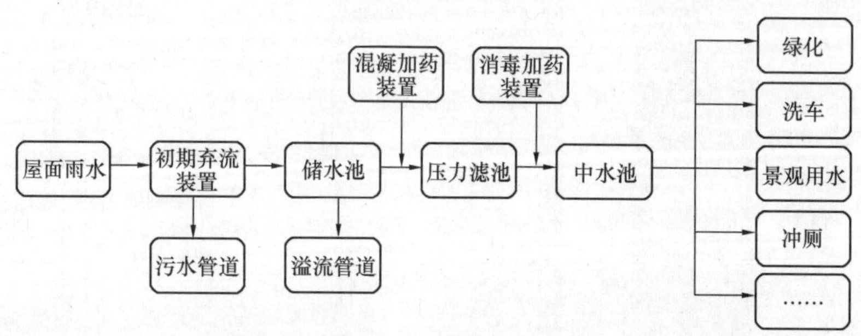

图 4-28　雨水中水综合利用流程图

图 4-29　节水灌溉系统和节水器具图例

4.5.7　建筑综合能耗分析和综合效益分析

在设计优化阶段应该对设计完的建筑通过 DOE-2、ENERGYPLUS、EQUEST、PK-PM、DESIGNBUILDER 等软件模拟分析其综合能耗。主要通过以下几方面来使建筑物的综合能耗最低：

（1）在建筑方面，分析建筑物的体型系数、空间布局、围护结构构造使建筑物达到节能的目的。

（2）在暖通方面，从系统形式、负荷、设备效率、使用时间等方面进行分析达到节能的目的。

（3）在照明方面，从选择灯具、开关控制和提高功率密度的手段来达到节能。

（4）其他设备方面，考虑建筑物内主要耗能设备的能耗量，如电梯、电脑、复印机、打印机等。

图 4-30 为计算机模拟分析的能耗图实例。

好的建筑综合效益是绿色建筑设计的终极目标，其中综合效益包括经济、社会、环境效益。经济效益的分析包括建筑物的投资成本、运行成本、折现率、投资回收期等，好的经济效益代表较低的投资成本、运行成本和短的动态投资回收期。环境效益分析包括减少 CO_2 的排放、减少污水排放、减少噪声光污染、提高室内环境质量。社会效益分析包括生态经济促进区域循环经济发展、合理利用社会自然资源、示范节能减排。

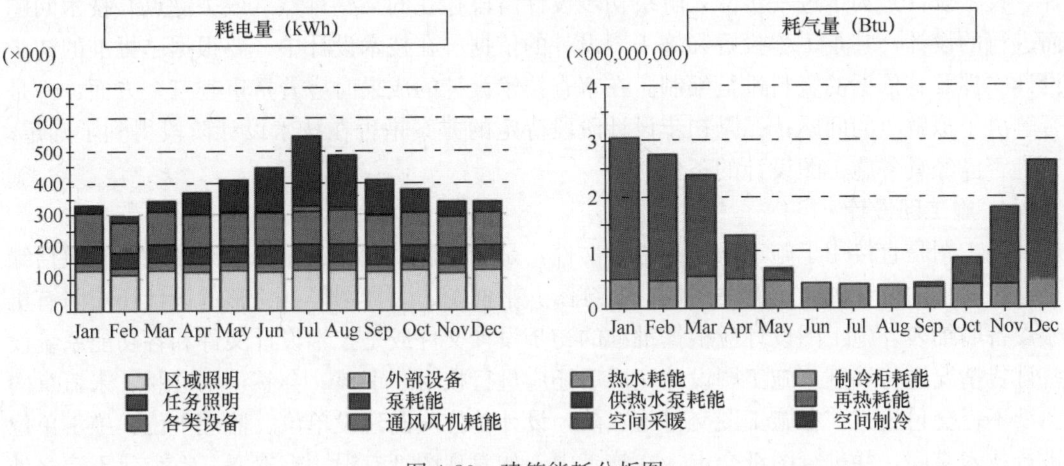

图 4-30　建筑能耗分析图

4.6　绿色建筑设计的程序

任何一项项目的实施都有一定的步骤和要求，这种先后的工作逻辑顺序，我们叫作工作的程序。

绿色建筑设计一般程序有：需求论证、初步设计（即概念方案设计）、技术设计、施工图设计。

设计各阶段要求如下：

1. 需求论证

在绿色需求（星级）确立的前提下，需求论证是用来证明需求的必要性、可能性、实用性和经济性。通过论证提出绿色建筑项目建设的根据，要对同类、同系统的建筑进行认真、细致、深入的调查，对其建设效果有一个本质的了解，并且把同类同系统的建筑所呈现的不同结果，进行全面的分析对比，在考虑影响因素约束条件的情况下，从中找出有规律的东西，以指导设计工作。同时，通过需求论证要给出该绿色建筑项目的可行性论证报告。

2. 初步设计

初步设计又叫总体设计，是根据已批准的绿色建筑可行性报告进行的。它包括绿色建筑的规划方案（总平）、绿色建筑的策划方案（星级申报目标及绿色措施）绿色建筑的设计方案（单体）。

总体设计在是将以上工作在相互配合、组织联系等方面进行统一规划、部署和安排，使整个工程项目在布置上紧凑，流程上顺畅，技术上可靠，施工上方便，经济上合理。初步设计要确定做什么星级的项目，达到什么功能、绿色技术档次与水平、增量成本控制，以及总体上的布局等。在审查初步设计文件时，要着重审查该方案有多少绿，设计是否符合生态规划及绿色建筑相应星级的评审标准。

3. 技术设计

对那些特大型或是特别复杂而无设计经验的绿色建筑项目，要进行绿色建筑技术设计。技术设计是为了进一步深入解决初步设计阶段存在的某些难点（或关键点）技术问题而进行的设计，它是工程投资和施工图设计的依据。在技术设计中，要根据已批准的初步设计文件及其依据的资料进行编制。在审查技术设计的成果时应着重审查三个方面：一是否解决了拟解决的问题；二是初步设计阶段待定的方案是否在技术设计阶段得到了确定；三是否已经具备施工图设计的条件。

4. 施工图设计

施工图是直接用于施工操作的指导文件，是绿色建筑设计工作的最终体现。它包括绿色建筑项目的设计说明、有关图例、系统图、平面图、大样图等，完整的设计还应附有机械设备明细表。施工图设计应根据批准的初步设计文件或是技术设计文件和各功能系统设备订货情况进行编制。施工图设计完成后还应进行校对、审核、会签，未会签、未盖章的图纸不得交付施工。在施工图交付施工前，设计单位应向建设单位、监理单位、施工单位进行技术交底，并进行图纸会审。在施工中，如发现图纸有误、有遗漏、有交代不清之处或是与现场情况不符，需要修改的，应由施工单位提出，经原设计单位签发设计变更通知单或是技术核定单，并作为设计文件的补充和组成部分。任何单位和个人不得擅自修改。

4.7 绿色建筑设计案例

“××市国际企业研发园××研发中心”（三星级）绿色建筑设计

本项目的设计过程遵循绿色建筑设计的程序，是一个从“需求论证”阶段到“初步设计”阶段，再到“施工图设计”阶段（技术设计阶段省略）逐步完成的绿色设计优秀案例。

1. 需求论证

“××市国际企业研发园××研发中心”地处××节能环保产业园启动区核心地段，该园一期启动区为5平方公里。通过国际征集的模式，按照产、城、游融合发展、互动并进的要求，统一规划，分期实施。现已获批“××市节能环保产业创新示范园”称号。项目肩负吸纳国际企业，引领环保绿色科技创业创新重任。

在整个园区建设和发展期充当“引擎”的作用。所以，该研发中心配备了全面的功能，力求成为一个提供全方位服务的综合体。功能分为三大板块：① 门户展示功能，包括了生态技术展厅和园区产业成就展厅（展览各种节能建筑技术的设备实物和资料，如垂直绿化、呼吸式幕墙等）；② 研发引擎，为先期入园企业提供过渡性办公和研发场所；③ 商务配套功能，包括了会议、洽谈、展示和餐饮等服务功能。

综上可见，本项目自然应该是生态建筑的样板。在科创中心的设计中，应按照国家“绿色三星建筑”评级标准进行设计，并整合先进的生态绿色建筑技术，控制增量成本的前提下，有必要、有可能实现绿色建筑设计的技术创新示范。

2. 初步设计

（1）××项目的初步设计又叫总体设计，是根据已批准的绿色建筑可行性报告进行的。对照《绿色建筑评价标准》GB/T 50378—2014，三星级的要求，该项目方案的初步设计按以下方法进行。

① 优先采用被动式设计策略设计的见图 4-31、图 4-34。

② 集成采用主动式设计技术设计的见图 4-35、图 4-36。

(2) ××项目已确定星级标准：三星级。

对照《绿色建筑评价标准》GB/T 50378—2014 相关等级的要求，确定适宜的具体实施目标。

本项目根据初步设计方案建筑特征，采用了大量节能、节水、节地、节材以及环境保护的绿色建筑新技术：

主要亮点技术具体如下：

① 建筑采用了自然采光、保温隔热效果好的隔热金属型材 Low-E 中空玻璃窗，活动金属外遮阳。

② 项目采用了大规模的屋顶绿化，有助于改善热岛效应、降低顶层温度，进而减低空调的耗能。

③ 种植了本土化的乔、灌木，不仅美化了视觉景观，同时达到净化空气、遮阳降噪等效果。

④ 设置雨水回收利用系统，对非传统水源收集处理后再利用。

⑤ 利用地源热泵系统作为集中空调冷热源，并提供生活热水；利用建筑屋面设置光伏发电系统，安装太阳能电池板 140 块，设计容量 37kWp，采用并网一体化设计方案，主要是为本项目提供电力。

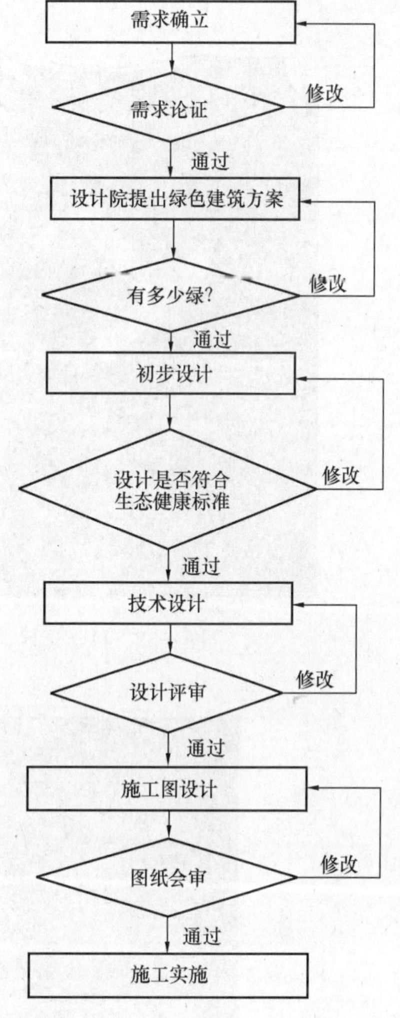

图 4-31　绿色建筑设计的一般过程和程序

⑥ 项目地下一层公共部位采用日光照明光诱导系统，设置 14 组导光筒，充分利用自然光源，减少了电能消耗。

⑦ 利用照明智能化控制系统有效的节约能源消耗，降低运行成本。

(3) ××项目综合效益分析控制

本项目结合××地区气候特征与节能要求，确定节能 65%目标进行节能设计，利用被动式节能技术，充分利用自然通风、自然采光、景观绿化等手段，达到了因地制宜的节能利用。主要表现为以下几点：

① 绿色建筑设计方法、被动节能建筑的设计方法技术先进、经济合理。

② 采用了被动节能建筑的设计方法，应用了加气混凝土砌块加外保温层岩棉、HX 隔离式保温板等围护结构隔热保温技术；应用了地源热泵技术、光导管照明、雨水回收技术、屋顶绿化、本地化乡土植被应用技术等经济适用的绿色技术。

③ 本工程在绿色建筑上的增加投入为 1487.14 万元，单位面积绿色建筑增量成本为

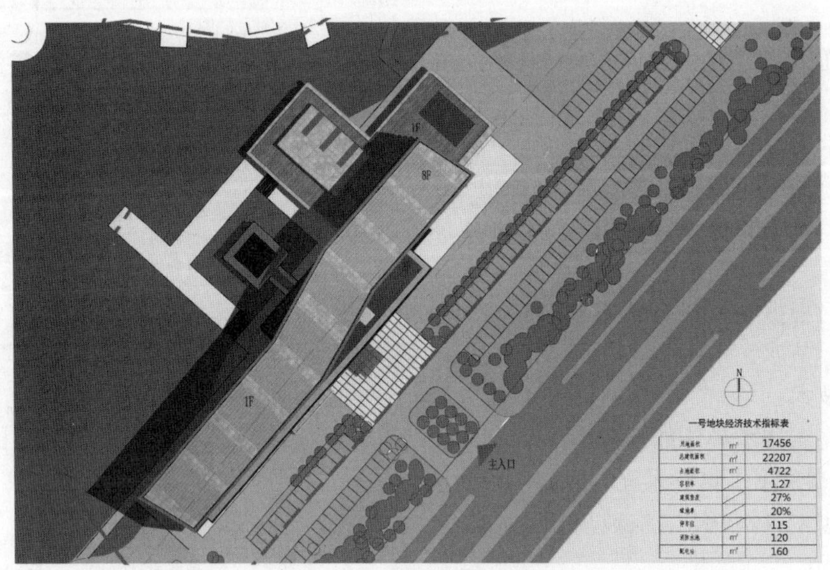

图 4-32　科学选址、合理布局、最佳朝向的总平面设计图

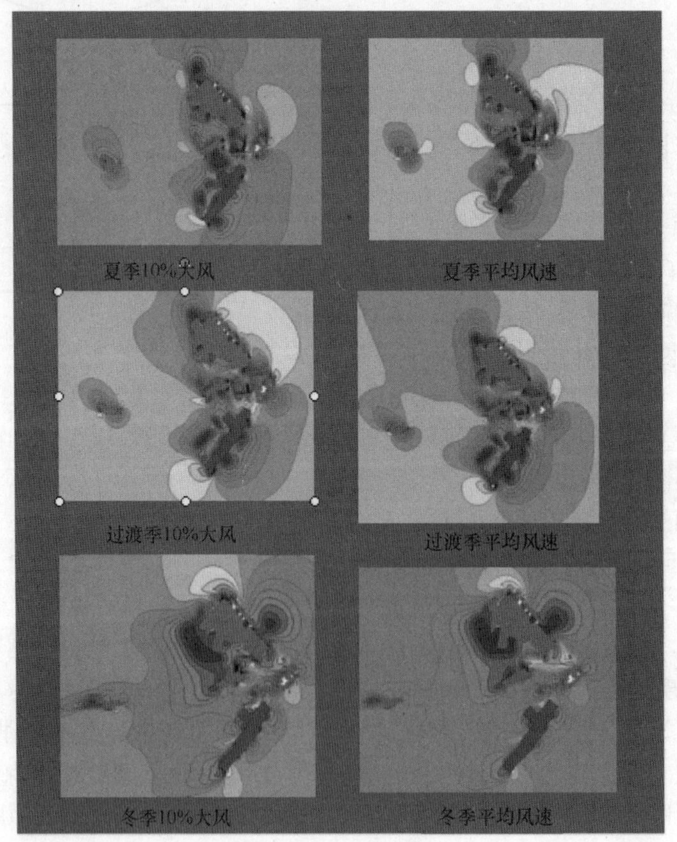

图 4-33　风环境模拟设计

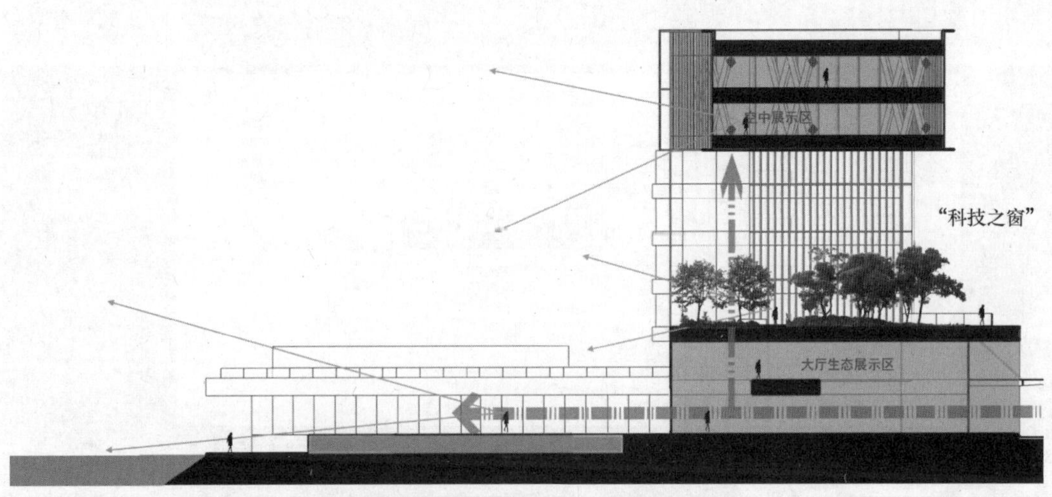

图 4-34　架空通廊、屋顶花园、适宜体型、太阳能利用等被动式设计策略

- 总冷负荷：2424.1kW；
- 总热负荷：1169.1kW；
- 冷热源：23台模块式地源热泵主机，分别采用PR015M型、PR020M、PR030M型、PR040M型号，设置二台153T/h的冷却塔辅助散热，冷却塔采用低噪音式横流塔。

- 制冷量：地源热泵机组2574.9kW；
- 制热量：地源热泵机组2704.5kW
- 输配系统：采用两管制水系统
- 末端：大空间办公及展厅采用全空气空调系统，并选用带热回收功能的设备；地上办公、会议室等采用风机盘管加新风空调系统。

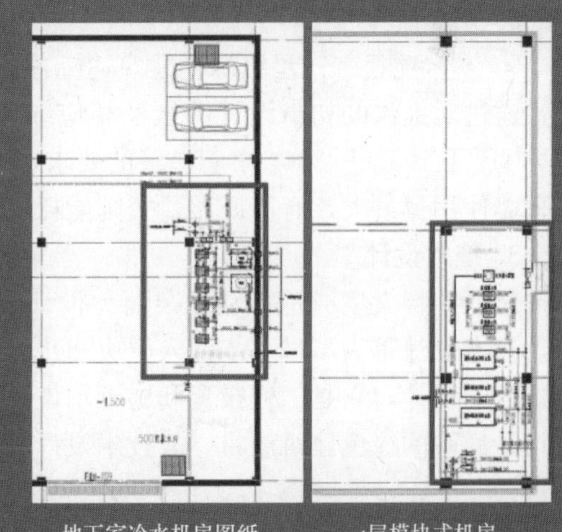

【涉及条文】5.2.18根据当地气候和自然资源条件，充分利用太阳能、地热能等可再生能源，可再生能源产生的热水量不低于建筑生活热水消耗量的10%，或可再生能源发电量不低于建筑用电量的2%。

【证明材料】地源热泵设计文件

图 4-35　智能监控及地源热泵的利用

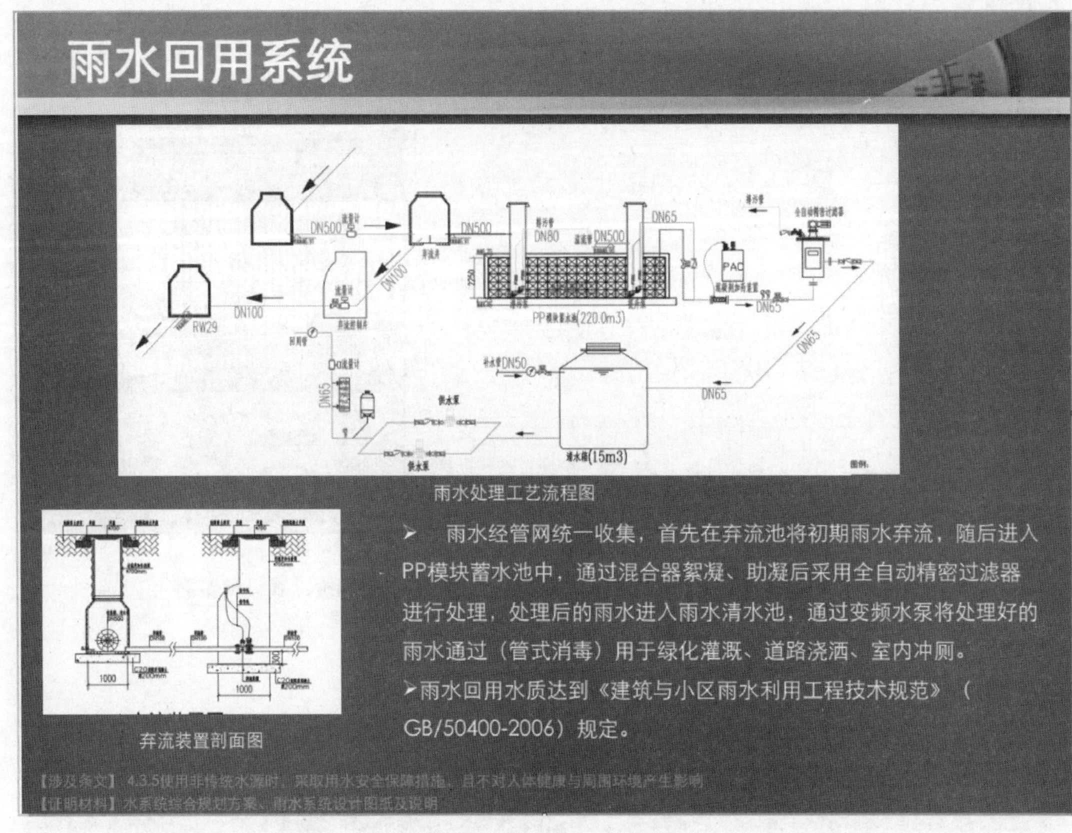

图 4-36 余热回收、雨水回用系统等主动式设计技术

508.09 元/m²。

④ ××项目《三星级绿色建筑达标预评估报告》

通过对提供的初步设计图纸及相应绿色技术措施进行分析，对照《绿色建筑评价标准》GB/T 50378—2014 中三星级的要求，目前的设计已基本达到绿色三星建筑水平。玻璃幕墙使用量过大，有待调整，否则能耗过大。

3. 技术设计

对那些特大型或是特别复杂而无设计经验的绿色建筑项目，要进行绿色建筑技术设计。技术设计是为了进一步深入解决初步设计阶段存在的某些难点（或关键点）技术问题而进行的设计，它是工程投资和施工图设计的依据。本项目不属于特大型或是特别复杂而无设计经验的绿色建筑项目，故技术设计可以从初步设计完成并获得批准后直接进入施工图设计。

4. 施工图设计

（1）施工图是直接用于施工操作的指导文件，是绿色建筑设计工作的最终体现，图 4-37为其中一张施工图。施工图包括绿色建筑项目的设计说明、有关图例、系统图、平面图、大样图等，完整的设计还应附有机械设备明细表。

（2）关键技术

1）被动式关键技术

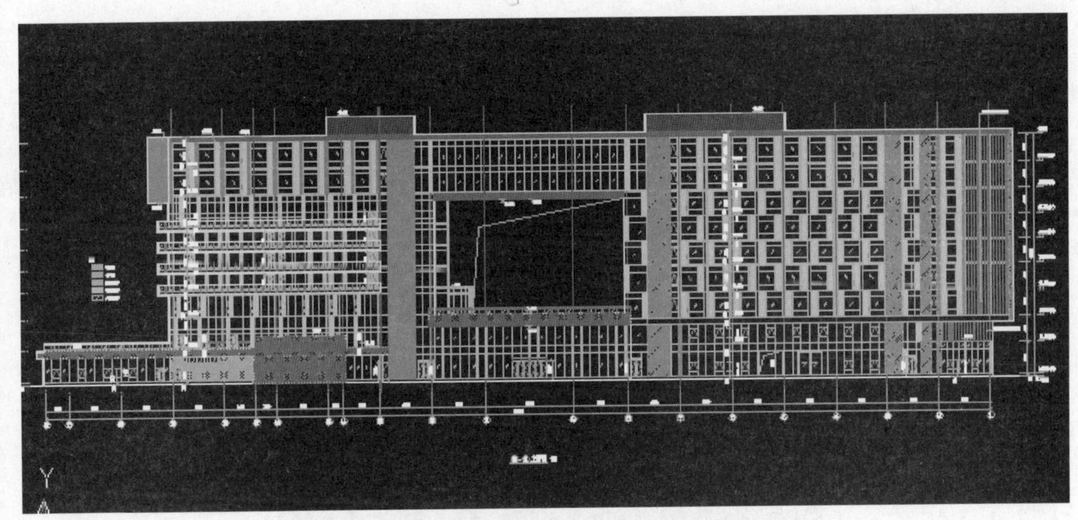

图 4-37　小开窗及可调节遮阳立面施工图设计

① 基地主要出入口设在基地的东侧，距离主要出入口步行距离 500m 范围内共有 1 个公交站点，为江张村公交站，经过该站的公交线路有 106 路，由于项目位于经济开发内，未来规划 3 条公交站点经过本项目，方便人们出行，交通相当便利，且满足步行距离不超过 500m 的条文要求，见图 4-38。

图 4-38　低碳出行的绿色交通设计

② 室外风环境模拟报告

建筑物周围人行区风速低于 5m/s，不影响室外活动的舒适性和建筑通风，见图 4-39。

③ 本项目外立面采用玻璃幕墙和石材幕墙，项目位于××区双湖路以北、花园大道以东，项目西北面为自然水体，周边无任何建筑物。不会对周边建筑产生日照遮挡、光污染及噪声干扰，见图 4-40。

④ 自然采光见图 4-41。

工况	风向	模拟工况(m/s)	最大风速(m/s)	放大系数	达标判断
夏季10%大风	东南偏南风	3.0	<5	1.12	✓
过渡季10%大风	东南风	3.0	<5	1.0	✓
冬季10%大风	东北风	3.5	<5	1.20	✓
夏季平均风速	东南偏南风	2.6	3.5	1.1	✓
过渡季平均风速	东南风	2.5	3.5	1.0	✓
冬季平均风速	东北风	2.4	3	1.15	✓

图 4-39　舒适的室外风环境设计

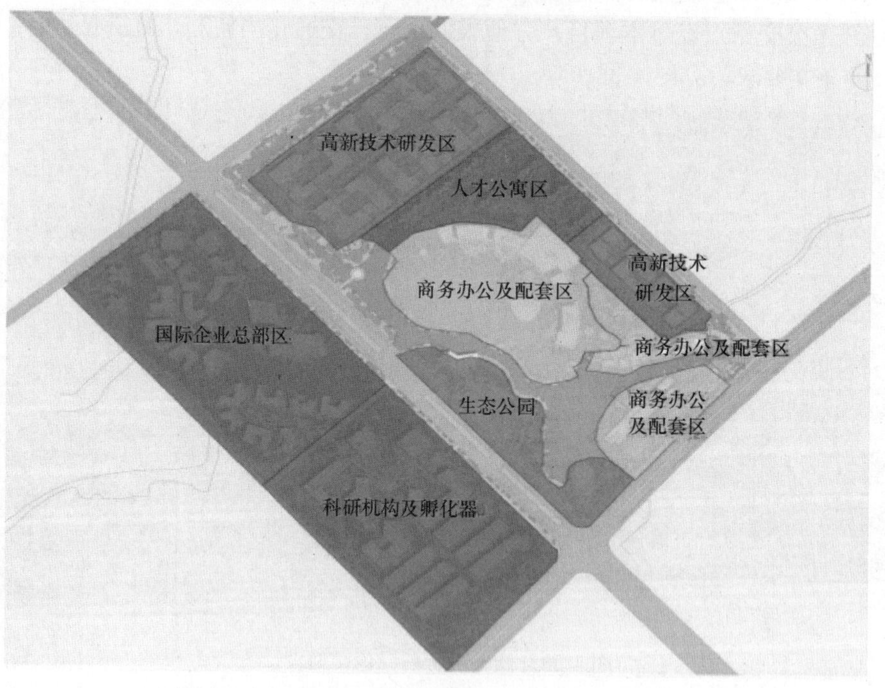

图 4-40　没有光污染及噪声干扰的室外环境设计

⑤ 地下空间的充分利用，见图 4-42。

地下建筑面积：4610.29m²；

建筑占地面积：4589.21m²；

地下建筑面积与建筑占地面积比：100.46%；

地下空间主要功能为：机动车库、消防水泵用房、排风机房、变电站等。

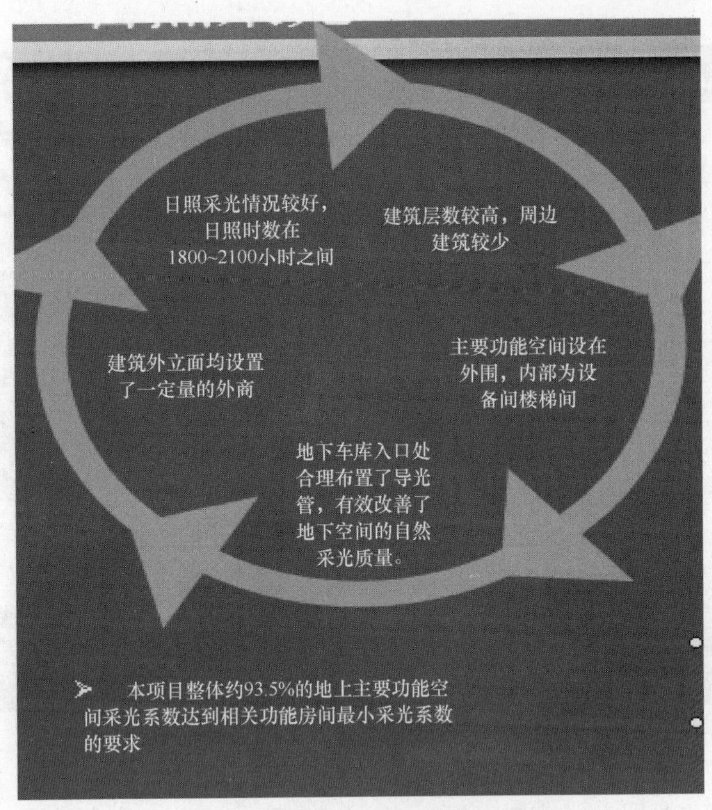

图4-41　充足的地上建筑采光系数

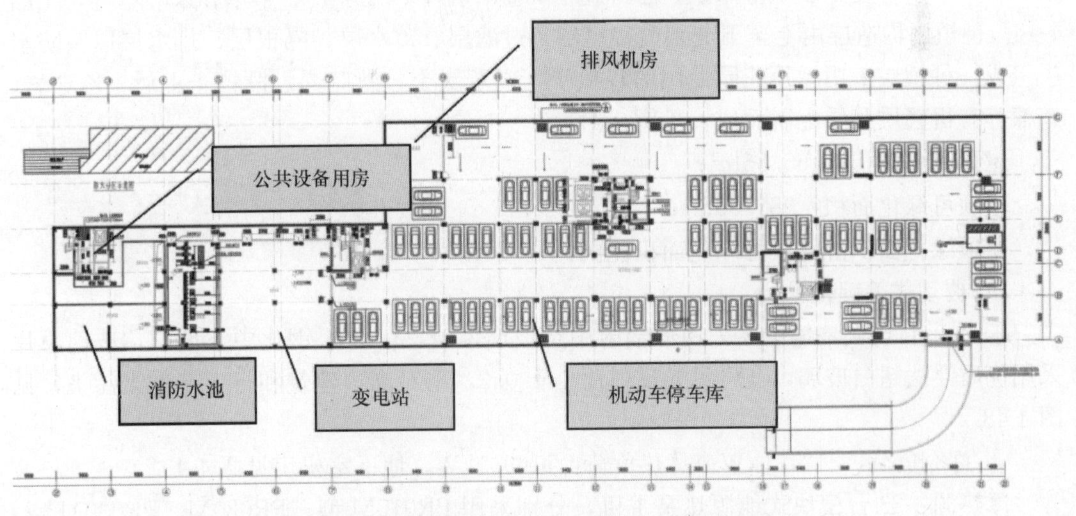

图4-42　地下空间开发用于停车库及设备用房

⑥ 可再循环材料用量达适当的比例，见图4-43。

⑦ 本项目考虑到投资成本问题，因此在连廊8、9层均设置了活动金属百叶外遮阳系统，系统考虑采用梭形叶片，开启角度为0～90°，叶片表面为氟碳喷涂，有优良的抗腐蚀性。控制方式采取手动开关与无线电遥控结合。用户可根据要求，通过调节外遮阳对室

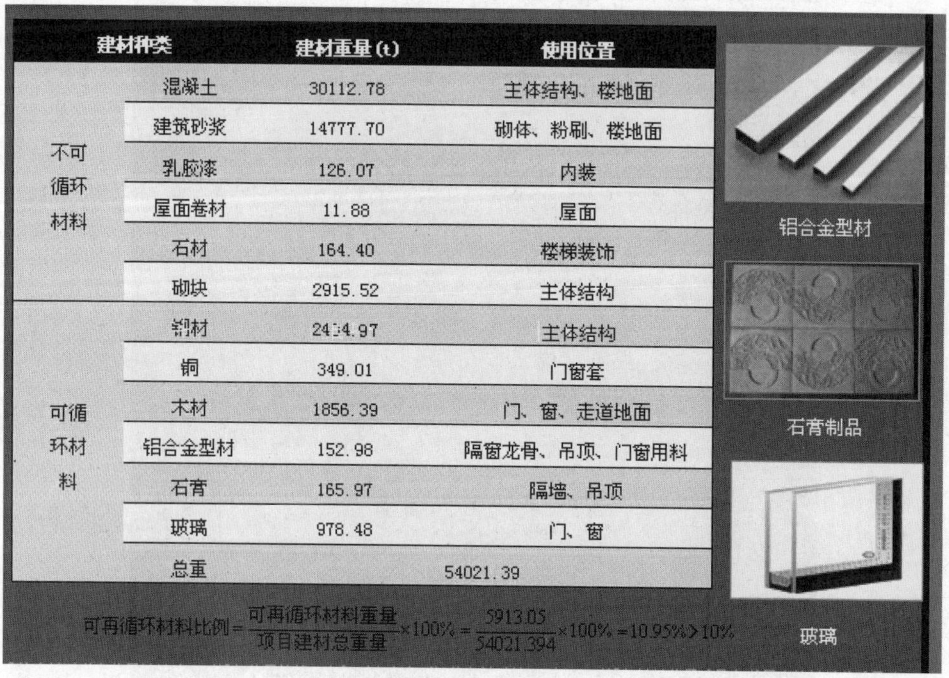

建材种类		建材重量(t)	使用位置
不可循环材料	混凝土	30112.78	主体结构、楼地面
	建筑砂浆	14777.70	砌体、粉刷、楼地面
	乳胶漆	126.07	内装
	屋面卷材	11.88	屋面
	石材	164.40	楼梯装饰
	砌块	2915.52	主体结构
可循环材料	钢材	24[illegible]4.97	主体结构
	铜	349.01	门窗套
	木材	1856.39	门、窗、走道地面
	铝合金型材	152.98	隔窗龙骨、吊顶、门窗用料
	石膏	165.97	隔墙、吊顶
	玻璃	978.48	门、窗
	总重	54021.39	

$$可再循环材料比例=\frac{可再循环材料重量}{项目建材总重量}\times 100\%=\frac{5913.05}{54021.394}\times 100\%=10.95\%>10\%$$

铝合金型材

石膏制品

玻璃

图 4-43　可循环材料的利用

内环境进行调节，见图 4-44 和图 4-45。

⑧ 本项目在裙房屋顶 3 层设有屋顶花园，主要种植一些乔灌木，例如主要种植淡竹、金森女贞、细叶麦冬、八宝景天、小叶栀子、金叶苔草、细叶芒、学草和果岭草等，见图 4-46。种植区构造层由上至下分别由种植层、过滤层、蓄水层、隔根层、排水层以及防水层组成。种植层采用屋顶花园专用的轻质土，以草炭土、熟鸡粪、酒糟、木屑、珍珠岩、砻糠等有机轻质基质配制而成，见图 4-47。

屋顶绿化面积：465.55m^2；

屋顶可绿化面积：987.09m^2；

屋顶绿化面积占屋顶可绿化面积比例：47.16%。

2）被动式关键技术

① 本项目玻璃幕墙主要采用低辐射中空玻璃幕墙，Low-E 钢化中空玻璃，玻璃原片采用优质浮法超白玻璃，其可见光反射比小于 0.2，不对周边建筑和行人产生光污染，见图 4-48。

② 总冷负荷：2424.1kW；总热负荷：1169.1kW，地下室机房见图 4-49。

冷热源：23 台模块式地源热泵主机，分别采用 PR015M 型、PR020M、PR030M 型、PR040M 型号，设置二台 153T/h 的冷却塔辅助散热，冷却塔采用低噪声式横流塔。

制冷量：地源热泵机组 2574.9kW；

制热量：地源热泵机组 2704.5kW；

输配系统：采用两管制水系统；

末端：大空间办公及展厅采用全空气空调系统，并选用带热回收功能的设备；地上办

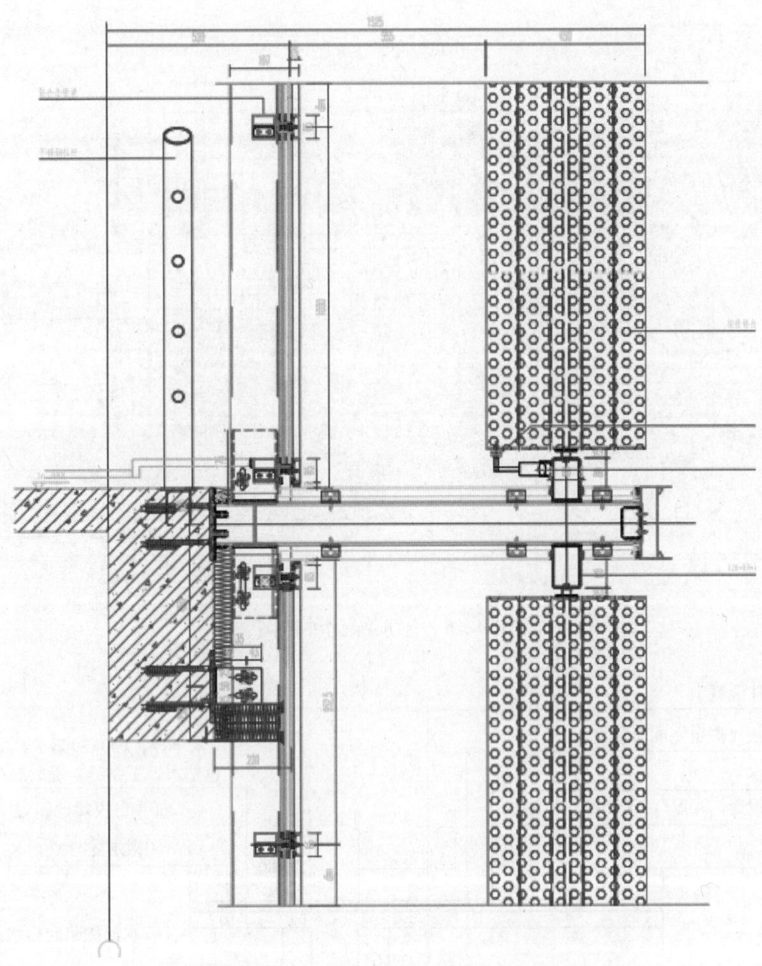

图 4-44　活动金属梭形外遮阳节点大样

图 4-45　活动金属梭形外遮阳

公、会议室等采用风机盘管＋新风系统。

地源热泵埋管钻孔 Φ140mm，有效埋深 100m，采用双 U 形管；换热器系统管群埋管

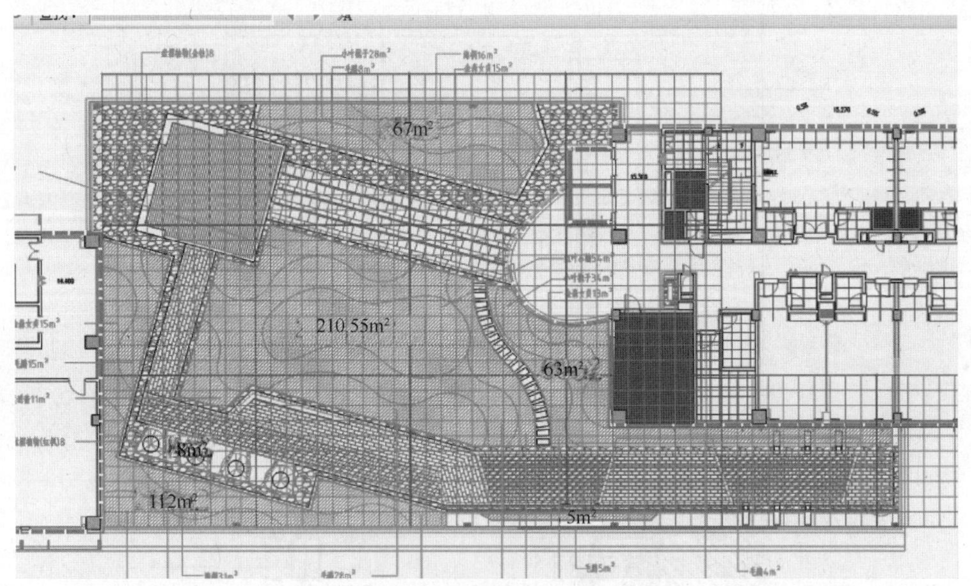

图 4-46　屋顶绿化种植图

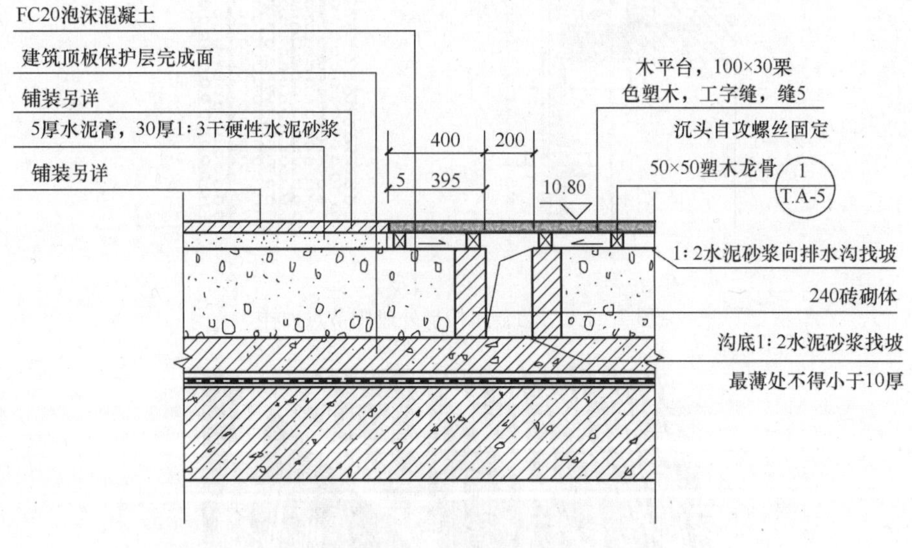

图 4-47　屋顶绿化剖面

间距 4.5m，室外地埋孔 376 口，埋管桩基数为 376 个。地源采集系统埋管和水平连接管用 D32 和 D63 的 PE 管，地源采集系统分集水器主管 DN100，按区域地源埋管管线通过钢塑转换接头分别连接至地源分集水器，地源分集水器总管连接至热泵机房风机盘管加新风空调系统，见图 4-50。

③ 本项目在地下车库入口布置了 14 套尚拓 30DS 光导照明系统，直径为 530mm，对地下车库的采光模拟结果表明，添加导光筒之后，约有 694.37m^2 的建筑面积采光系数达到了《建筑采光设计标准》GB 50033—2001 中相关房间的最小采光系数要求，其面积占地下 1 层停车库的 15%，见图 4-51～图 4-54。

图 4-48　低辐射中空玻璃幕墙，可见光反射比小于 0.2

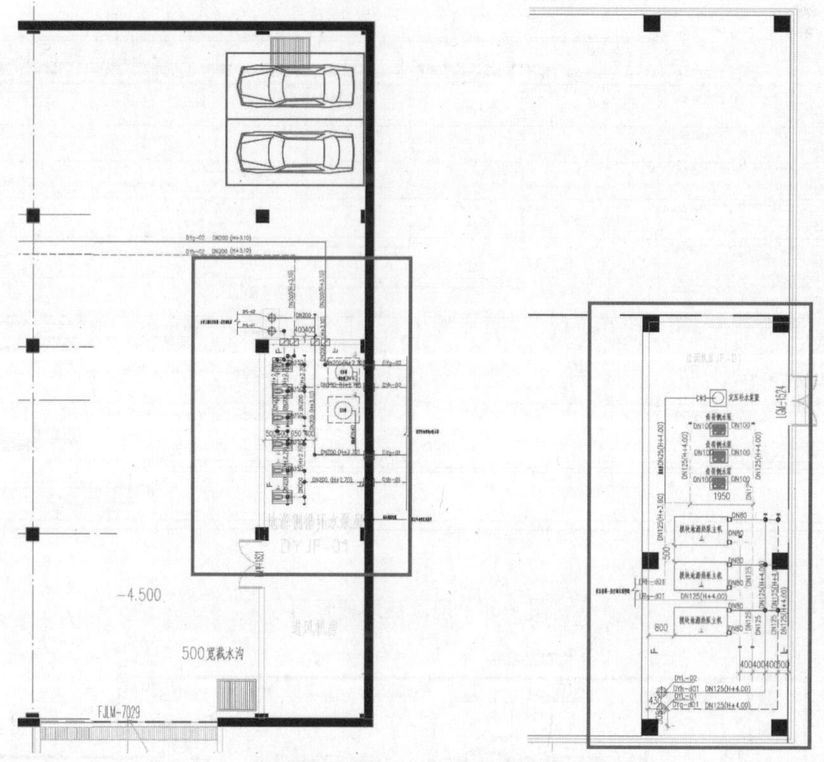

图 4-49　地下室冷水机房图纸

④ 排风热回收见图 4-55 和表 4-2。

本项目大空间办公及展厅采用全空气空调系统，共设 25 个全空气空调系统，其中 6 个组合式空调箱采用带全热回收功能，主要区域为一层多功能厅，二层大洽谈室，八、九层开敞式办公区，型号为 PB020B-QR、PB030D-QR 等，全热回收效率大于 60%。

通过热回收经济性分析，本项目总新风量为 7000m^3/h，夏季可回收热量 135725.84MJ，冬季可回收热量 119140.81MJ，按冬季运行 3 个月，夏季运行 4 个月计算，全年节省电量 70796.3kW・h。

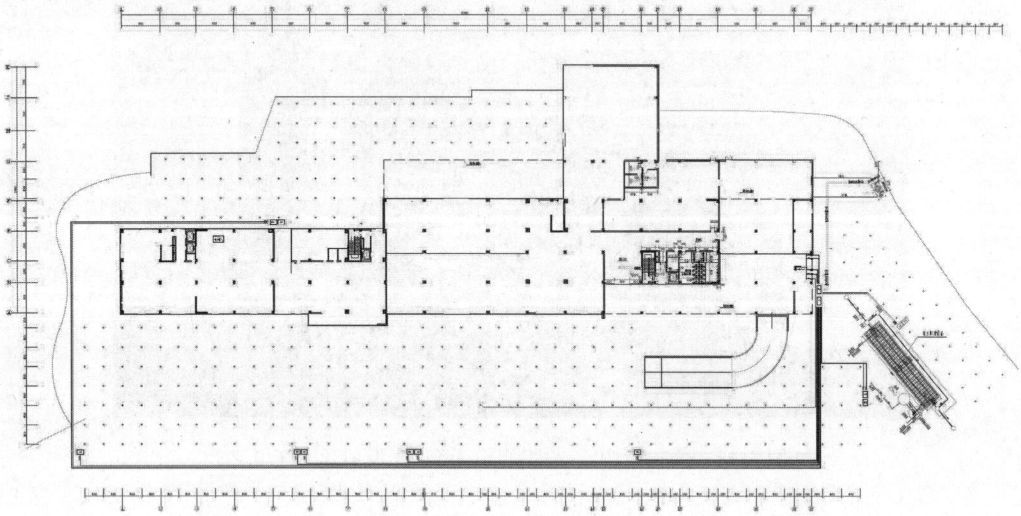

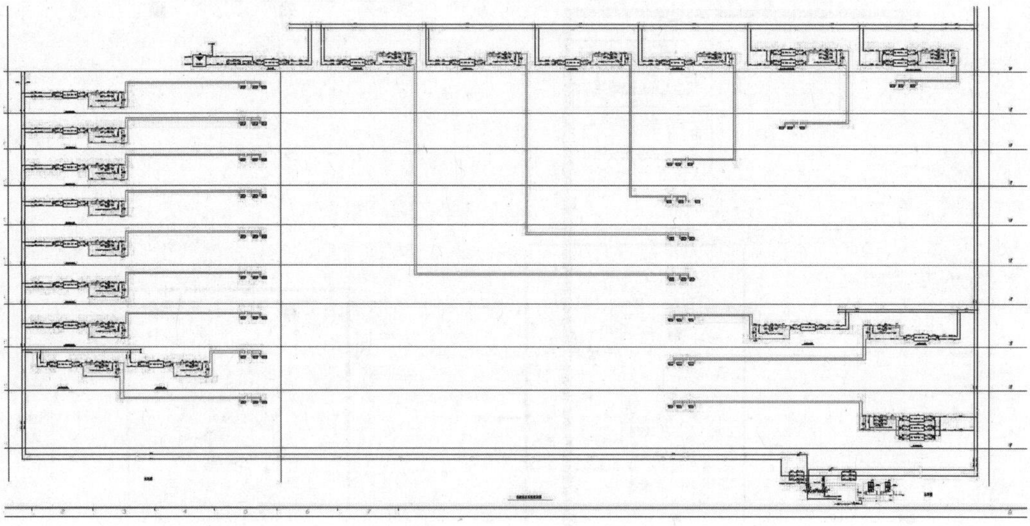

图 4-50 地源热泵埋管图

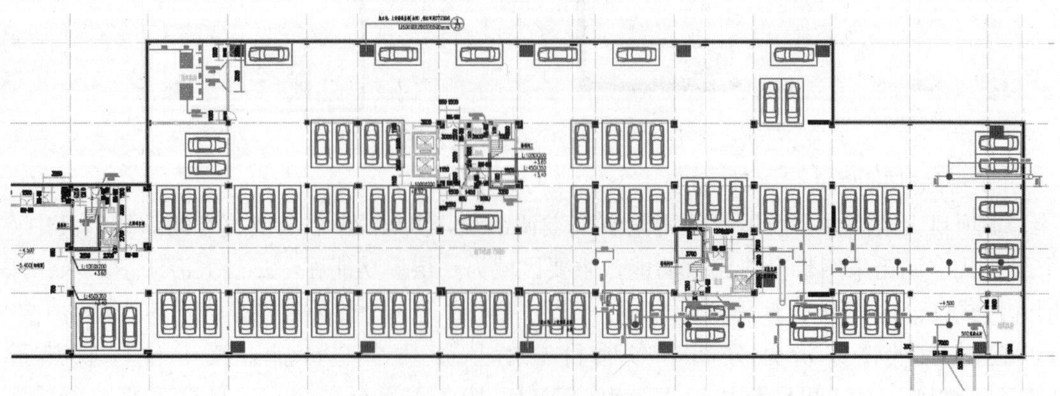

图 4-51 地下室导光管布置

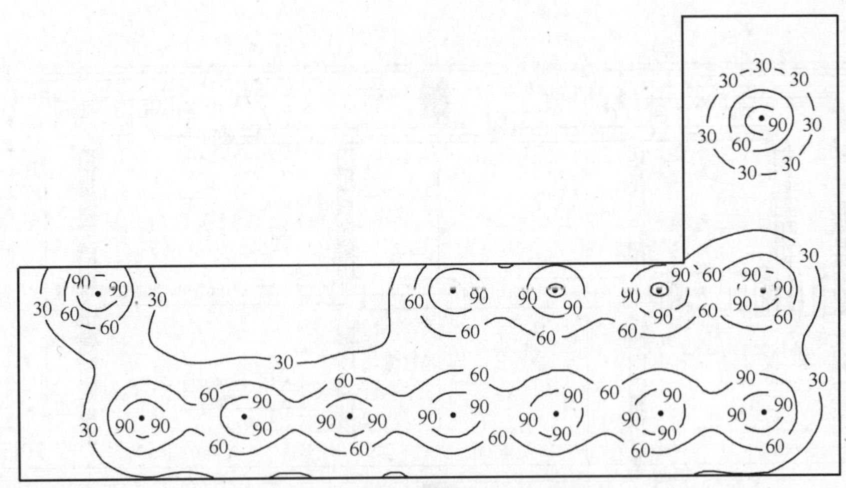

图 4-52　地下室采光照度模拟图

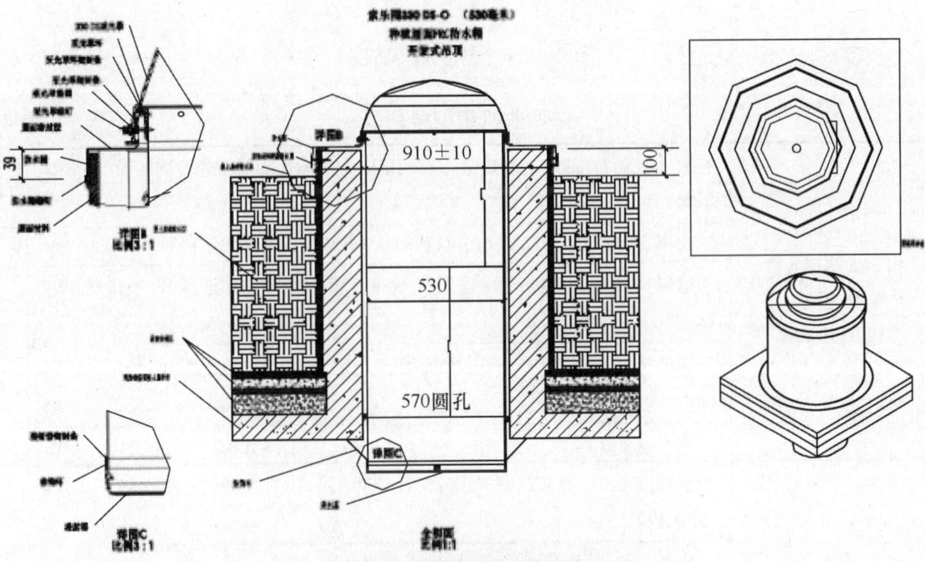

图 4-53　导光管节点图

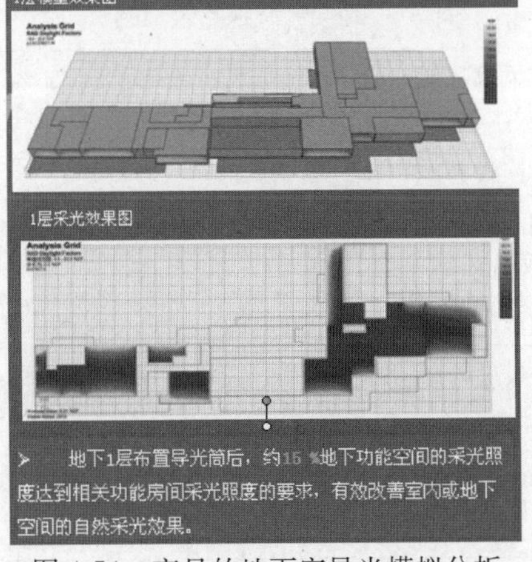

图 4-54　充足的地下室导光模拟分析

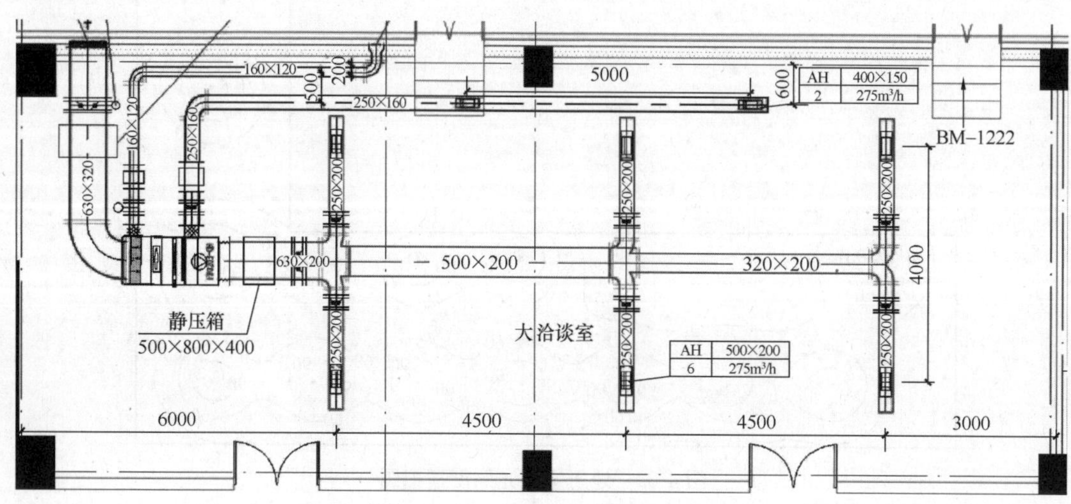

图 4-55　全热回收风管图

热回收机组型号列表　　　　**表 4-2**

29	组合式热回收空气处理机组 PB020B-QR	制冷量：27.2kW；制热量：27.4kW；全压：60Pa（送风机）/38Pa（排风机）	台	1
		功率：0.32kW/380V（送风机）/0.18kW/380V（回风机）		
		送风机风量：2000m/h 送风机效率：$\eta=64\%$；过滤器 $W_s=0.026$W/(m^3/h)		
		排风机风量：500m/h 送风机效率：$\eta=55\%$；过滤器 $W_s=0.019$W/(m^3/h)		
		热回收率≥62%		
30	组合式热回收空气处理机组 PB025B-QR	制冷量：30.9kW；制热量：31.6kW；全压：100Pa（送风机）/60Pa（排风机）	台	1
		功率：0.55kW/380V（送风机）/0.32kW/380V（回风机）		
		送风机风量：2500m^3/h 送风机效率：$\eta=65\%$；过滤器 $W_s=0.04$W/(m^3/h)		
		排风机风量：500m^3/h 送风机效率：$\eta=55\%$；过滤器 $W_s=0.03$W/(m^3/h)		
		热回收率≥62%		
31	组合式热回收空气处理机组 PB030D-QR	制冷量：40.1kW；制热量：41.1kW；全压：160Pa（送风机）/100Pa（排风机）	台	2
		功率：1.1kW/380V（送风机）/0.55kW/380V（回风机）		
		送风机风量：3000m^3/h 送风机效率：$\eta=64\%$；过滤器 $W_s=0.07$W/(m^3/h)		
		排风机风量：1000m^3/h 送风机效率：$\eta=55\%$；过滤器 $W_s=0.05$W/(m^3/h)		
		热回收率≥62%		

续表

32	组合式热回收空气处理机组PB080D-QR	制冷量：99.2kW；制热量：101.4kW；全压：240Pa（送风机）/160Pa（排风机）	台	2
		功率：3kW/380V（送风机）/1.1kW/380V（回风机）		
		送风机风量：8000m³/h 送风机效率：$\eta=64\%$；过滤器 $W_s=0.10$W/(m³/h)		
		排风机风量：2000m³/h 送风机效率：$\eta=55\%$，过滤器 $W_s=0.08$W/(m³/h)		
33	组合式热回收空气处理机组	制冷量：27.2kW；制热量：27.4kW；全压：60Pa（送风机）/39Pa（排风机）	台	2.42

⑤ 余热回收原理

项目采用地源热泵系统，共配置 23 台模块式地源热泵主机，夏季工况下：地源热泵主机 CH-1—22 均处于制冷状态，向冷却水系统提供热量，使冷却水温度升高，同时地源热泵主机 CH-23 处于制热状态下（提供生活热水），从冷却水系统中提取热量，使冷却水温度降低，降低地埋管、冷却塔的处理负荷，同时充分利用了空调系统的余热，达到节能的目的。

热水需求见图 4-56。

项目生活热水日耗水量 14.4m³/d，配置一台 PR015M 模块式地源热泵主机提供热源，设置容积为 9m³ 的生活热水箱，年节约电量 91884.20kW·h，年经济效益 4.78 万元。

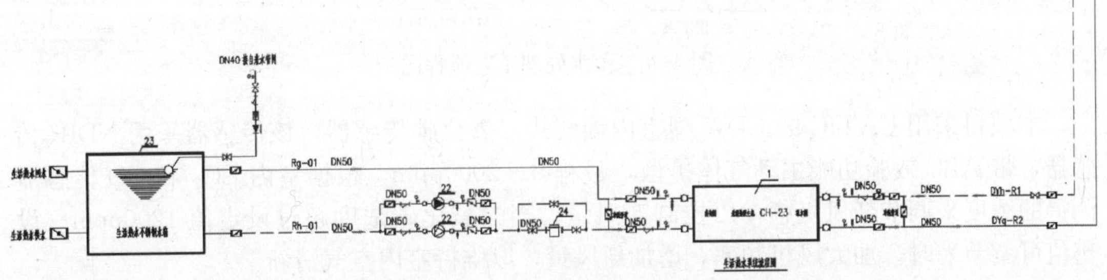

图 4-56　生活热水系统流程图

⑥ 水回用系统见图 4-57、图 4-58。

××市年平均降雨量约为 1062.4mm，降水量比较丰富，属水质性缺水地区，适宜进行雨水收集利用。本项目对场地内所有绿地、道路、屋面的雨水进行收集，利用重力流至雨水处理工艺装置，经过处理后回用于室外绿化浇灌、道路冲洗、室内冲厕汽车抹车、地下车库冲洗等。雨水构筑物设置在地块东南侧室外埋地，根据杂用水用水量进行合理设计，蓄水池为 220m³，清水池为 15m³。

⑦ 室内空气质量监测见图 4-59、图 4-60。

东塔楼 1～2 层大多为大型会议室，8 层和 9 层主要为展厅，考虑到人员密度变化相对较大，为了保证室内的空气质量，在会议室安装了 CO_2 监测器。同时，考虑到人在地下空间时的安全性和舒适性，在室内地下室设置了 CO 监测器。

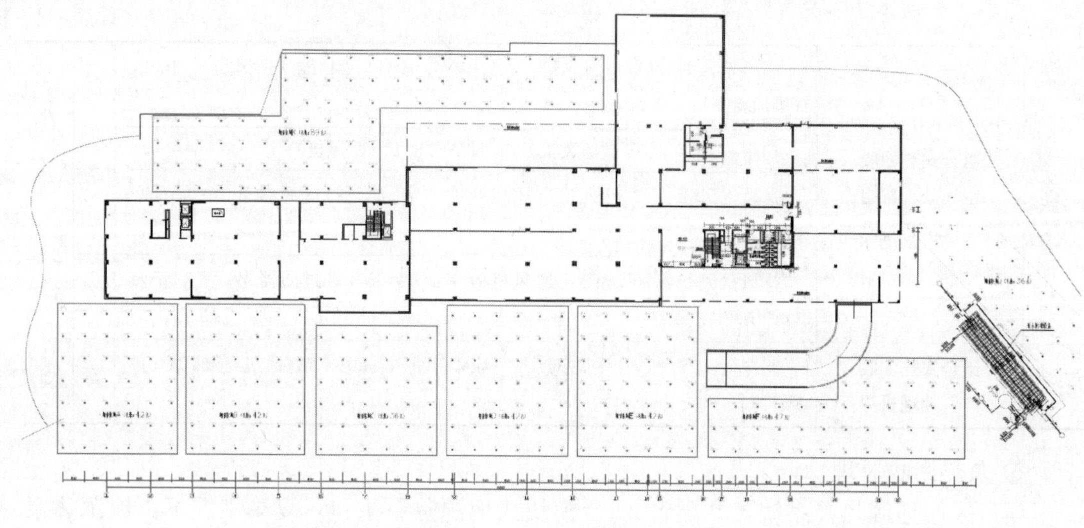

图 4-57　雨水收集范围图

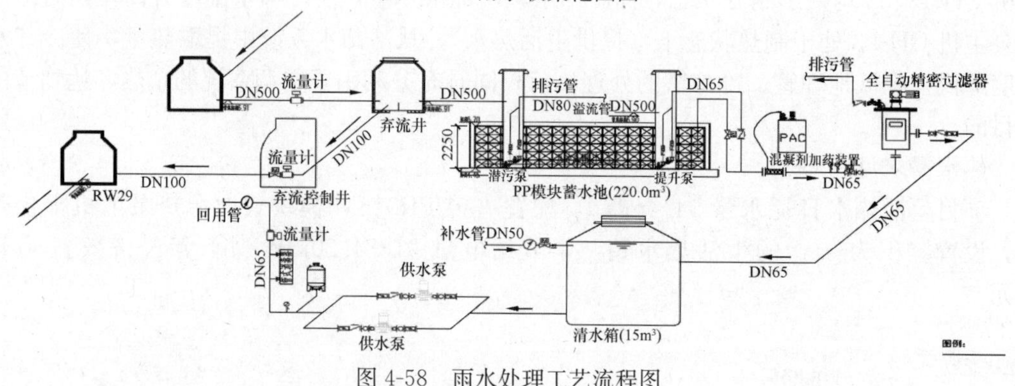

图 4-58　雨水处理工艺流程图

本项目采用 CATIC 的 CDW 型室内墙装式二氧化碳传感器，该传感器采用 NDIR 传感器，带 ABC 效验功能主动气体扩散，量程 0～2000ppm，根据室内 CO_2 和 CO 传感器测得的浓度来调节新风机频率以控制新风量，当二氧化碳浓度超过设定值 1200ppm（设定值可调节）时，加大风机频率，增加新风量，以维持室内空气清新。

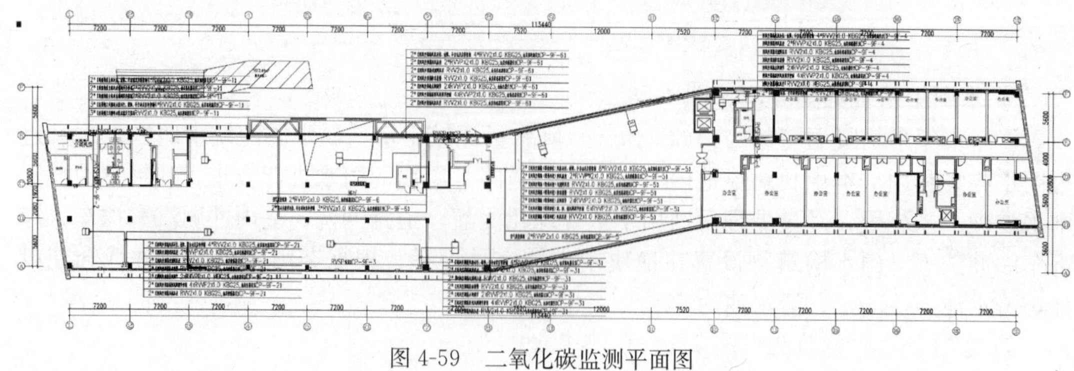

图 4-59　二氧化碳监测平面图

⑧ 节水器具见图 4-61。

⑨ 高效照明见图 4-62。

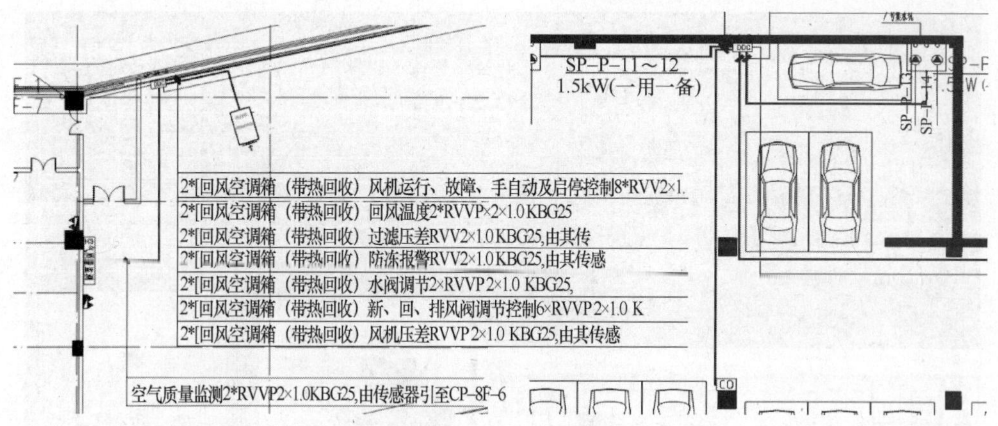

图 4-60　地下室一氧化碳监控平面图

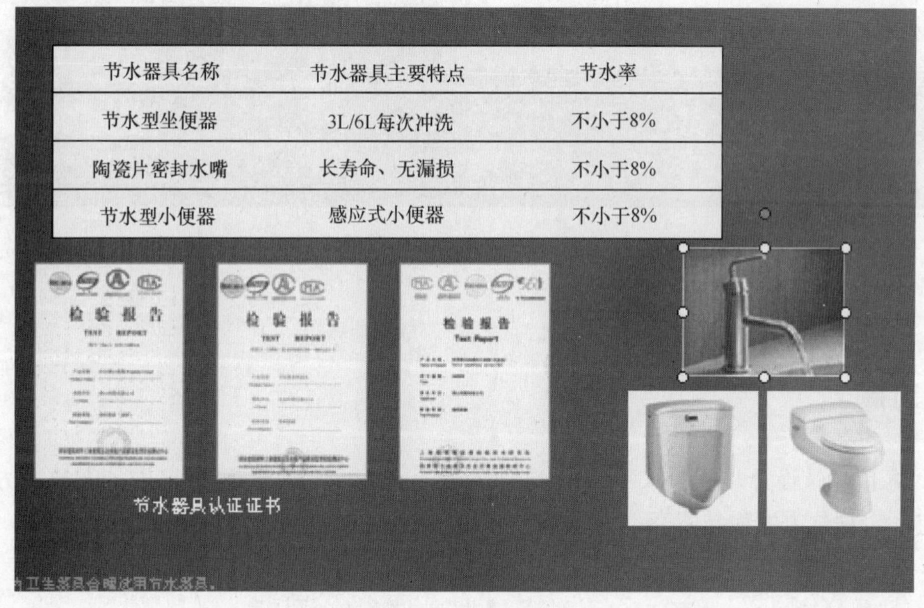

节水器具名称	节水器具主要特点	节水率
节水型坐便器	3L/6L每次冲洗	不小于8%
陶瓷片密封水嘴	长寿命、无漏损	不小于8%
节水型小便器	感应式小便器	不小于8%

图 4-61　节水器具图

案例总结：

本项目的设计过程遵循绿色建筑设计的程序，从“需求论证”阶段到“初步设计”阶段，再到“施工图设计”阶段（技术设计阶段省略）。通过需求论证得出其绿色星级定位：三星级，依据《绿色建筑评价标准》展开绿色建筑设计工作。采取先“被动”后“主动”方法进行绿色规划与设计。在充分利用自然资源（总平布局、朝向选择、建筑型体设计、天然采光、室外遮阳、架空通风、太阳能储存、屋顶花园等）的主动式设计策略下完成“××研发中心楼”的建筑设计方案，再辅以雨水回用、地源热泵加末端全空气空调系统、CO/CO_2 监控系统、楼宇智能控制系统等主动式技术措施共同作为本项目的绿色技术集成，达到《绿色建筑评价标准》规定分值，为下一步申报国家“三星级”绿色设计认证标识打下技术基础。

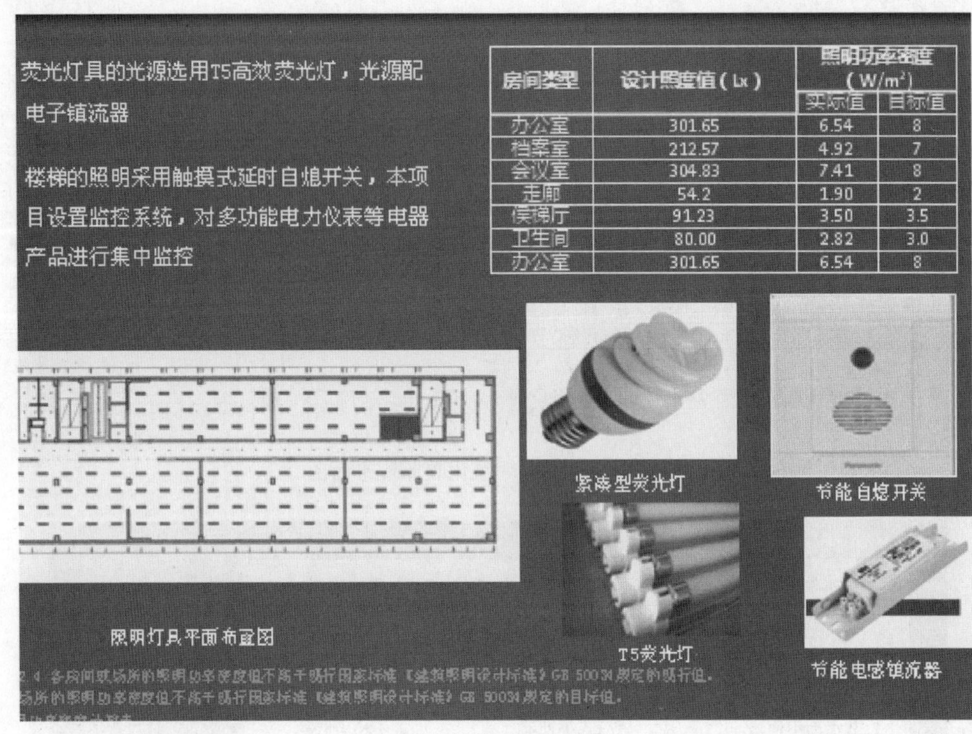

图 4-62　节能照明灯具

课后习题

1. 绿色建筑设计步骤为（　　）。①项目目标确定；②初步设计报告；③技术方案初步确定；④深化方案后技术落实；⑤绿色星级申报；⑥确定技术和指标

A. ①②③④⑤⑥　　B. ①②③⑥④⑤

C. ①③②④⑤⑥　　D. ①③②⑥④⑤

答案：D

2. 绿色建筑规划设计原则不包括（　　）

A. 节约生态环境资源　　B. 使用可再生能源

C. 追求最大经济效益　　D. 保护生态环境

答案：C

第5章　绿色建筑施工管理

5.1　绿色施工概述

施工阶段既是规划设计的实现过程，同时又是大规模地改变自然生态环境，消耗自然资源的过程。它的周期虽然相对较短，但对自然形态的影响却往往是突发性的，对于资源和能源的消耗也是非常集中的。我国尚处于经济快速发展阶段，作为大量消耗资源、影响环境的建筑业，应全面实施绿色施工，承担起可持续发展的社会责任。因此，施行绿色施工已经成为我国建筑业当务之急。

5.1.1　绿色施工背景

早在1993年，Charles J. Kibert[1]教授提出了可持续施工，并介绍了工程施工在环境保护和节约资源方面的巨大潜力。1994年首届可持续施工国际会议在美国召开，会议上将可持续施工定义为："在有效利用资源和遵守生态原则的基础上，创造一个健康的施工环境，并进行维护。"1998年，George Ofori[2]建议与建筑施工可持续性相关的所有主题都应该得到关注和重视，尤其要得到发展中国家的认可。随着可持续施工理念的日趋成熟，许多国家开始实施可持续施工、清洁生产、环保施工或绿色施工。与此同时，一些发达国家率先制定了相关法律与政策，通过与建筑协会、建筑研究所和一些有实力的公司共同协作，出版了《绿色建筑技术手册（设计·施工·运行）》、《绿色建筑设计和建造参考指南》等书籍，这些书籍具有较好的指导性和实践性，大力促进了绿色施工的发展和推广。

近些年来，由于环境问题的日益严重，许多学者呼吁通过加强建筑行业与学术界的密切合作，促使绿色施工更快、更好的发展和普及。目前，国外绿色施工的理念已经融入了建筑行业各个部门、机构，并同时受到最高领导层和消费者的关注。2009年3月，国际标准委员会（International Code Council）（简称ICC）首次发起为新建与现有商业建筑编写《国际绿色施工标准》（IGCC），届时IGCC将被作为一个绿色施工模版以供参考使用。现在2011年秋出版的第三版IGCC已经正式使用。

在我国，由于经济的高速发展，伴随而来的环境的恶化和大气污染，如雾霾、PM2.5、水污染等引起国家、社会高度关注。我国于2007年9月出台的《绿色施工导则》明确指出，绿色施工由施工管理、环境保护、节材与材料资源利用、节水与水资源利用、节能与能源利用、节地与施工用地保护六个方面组成，见图5-1。这六个方面涵盖了绿色施工的基本指标，同时包含了施工策划、材料采购、现场施工、工程验收等各阶段的指标的子集，为实施绿色施工、优化总体方案提供了基础条件。

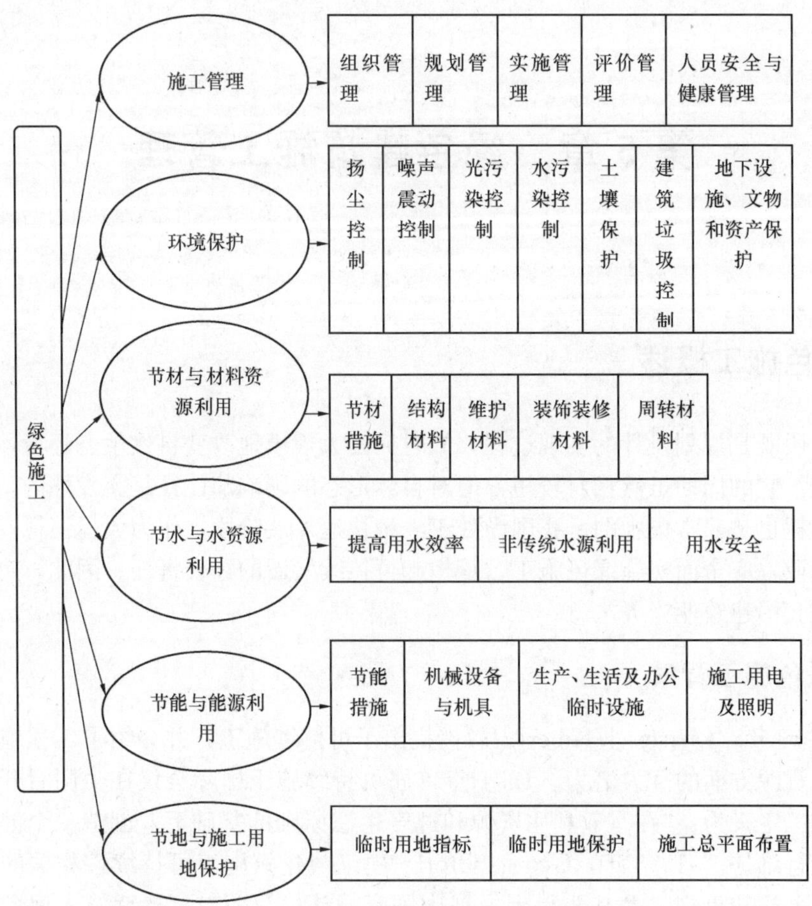

图 5-1　绿色施工总体框架

2010 年 11 月住建部已经发布了《建筑工程绿色施工评价标准》GB/T 50640—2010 并于 2011 年 10 月 1 日实施。该标准建立了建筑工程绿色施工评价框架体系。绿色施工评价框架体系有评价阶段、评价要素、评价指标、评价登记构成。评价阶段按地基与基础工程、结构工程、装饰装修与机电安装工程进行。评价要素由控制项、一般项、优选项三类评价指标组成。评价等级分为不合格、合格和优良。各个社会组织，如中国建筑业协会于 2010 年 7 月 7 日下发了《全国建筑业绿色施工示范工程管理办法（试行）》和《全国建筑业绿色施工示范工程验收评价主要指标》对绿色施工进行推进。

住建部于 2006 年 发布《绿色建筑评价标准》GB/T 50378—2006，于 2014 年 4 日 15 日发布新版《绿色建筑评价标准》GB/T 50378—2014，并于 2015 年 1 月 1 日实施。其中第 9 章施工管理，与 GB/T 50378—2006 相比，绿色建筑评价标准中施工阶段的评分占比由 9%大幅提升至 13% 。

总之，绿色施工已越来越为社会和施工企业所接受，绿色施工在实施中应符合国家的法律、法规及相关的标准规范，实现经济效益、社会效益和环境效益的统一。实施绿色施工，应依据因地制宜的原则，贯彻执行国家、行业和地方相关的技术经济政策。施工企业应运用 ISO 14001 环境管理体系和 OHSAS 18001 职业健康安全管理体系，将绿色施工有关内容分解到管理体系目标中去，使绿色施工规范化、标准化。

5.1.2　绿色建筑施工的概念

我国于 2007 年 9 月出台的《绿色施工导则》明确指出，绿色施工是指工程建设中，在保证质量、安全等基本要求的前提下，通过科学管理和技术进步，最大限度地节约资源与减少对环境负面影响的施工活动，实现四节一环保（节能、节地、节水、节材和环境保护）以卜用简称[4]。

在 2010 年 11 月发布的《绿色施工评价标准》中，绿色施工是指工程建设中，在保证质量、安全等基本要求的前提下，通过科学管理和技术进步，最大限度地节约资源与减少对环境负面影响，实现“四节一环保”（节能、节材、节水、节地和环境保护）的建筑工程施工活动。

绿色施工旨在保护环境、控制污染、是污染最小化；节约资源、降低成本、使成本最小化，效率最大化；构建健康安全舒适的活动空间，见图 5-1。例如，在施工期间进行技术经济分析，确定最环保的施工方法；结合施工方法，进行材料使用的比选，确定最合适的施工机械、设备使用方案，降低材料的储存成本和运输成本；运用先进的绿色施工技术、绿色新型材料等。从总体上来说，绿色施工是对国内当前倡导的文明施工、节约型工地等活动的继承与发展，在绿色施工的概念中管理和技术处于同等重要的地位。

5.1.3　绿色建筑施工的内涵

1. 绿色施工原则

（1）绿色施工是建筑全寿命周期中的一个重要阶段。实施绿色施工，应进行总体方案优化。在规划、设计阶段，应充分考虑绿色施工的总体要求，为绿色施工提供基础条件。

（2）实施绿色施工，应对施工策划、材料采购、现场施工、工程验收等各阶段进行控制，加强对整个施工过程的管理和监督。

2. 绿色施工的内容

绿色施工主要包括节能、节地、节水、节材和环境保护五方面，即我们所说的“四节一环保”。

（1）节约能源

建筑施工的复杂性、综合性和较长的周期特征决定了在整个施工过程中必然消耗大量能源，造成电能、化学能、机械能的浪费。针对这一点，绿色施工要求做到“节约能源”。它其中包括了两个方向：一是降低能耗量，提高能源利用率；二是要寻找环保型能源、降低对不可再生能源的消耗。如：安装节能灯具、采用节电型、高效环保型的施工机械、通过高度有效的管理来提高机械满载率与使用率，根据施工现场进行及时调度、充分利用绿色环保能源（太阳能、风能、热能）等。

（2）节约土地

虽然我国有着广阔的土地，但是人多地少，除去山地和其他不适合人类居住的土地面积，人均居住面积低于世界平均水平，加之我国处于经济快速发展时期，建设用地需求紧张，土地显得尤为珍贵。虽然设计阶段的工作很关键，但是绿色施工也起着重要作用。绿色施工要求对利用的土地进行科学规划，开发地上和地下空间，优选施工方法，减少临时工程用地，减少工程填土或取土，综合利用土地，提高土地利用效率。除此之外，尽力减少对土地的扰动，进行土地硬化处理，防止扬尘；保护原有绿色植被，进行场地绿化，防止造成水土流失也有效节约了土地资源。

（3）节约用水

水资源短缺已经困扰我国多年，我国水资源特点是人均水资源占有量低，而且时空分布不均匀。加之我国部分地区供水设备老化，漏水严重，再生利用率低，生活污水严重，浪费现象也很严重。水资源是保障建筑施工的前提，在工程中使用量很大，这就要求我们需要节水意识。绿色施工提倡节水意识，大力推行节约用水措施，推广节约用水新工艺和新技术，安置和使用节水产品；加强用水资源管理，采取技术可行、经济合理、符合环保要求的节约措施与替代措施，减少或避免施工中水的浪费，高效合理利用水资源；建立中水使用系统，为工地提供生活、生产用水；开源和节流并重，提高水的重复利用率。

（4）节约材料

建筑对材料的需求是巨大的，做到用材的绿色施工意义重大。绿色施工要求通过节约材料来降低建筑业的物耗。因此，它同样包含两方面内容：一是节省用材，二是采用环保材料。如：使用可循环使用的建筑材料，如金属、玻璃等；因地制宜，就地取材；合理堆放现场材料，减少二次搬运，最大限度降低材料损耗；回收利用被拆建筑的建材和物品，优化管线的布置路径，节约材料量；开发废料的其他用途，实现废料的再利用；优选节能环保、持久耐用、性能优越的材料等。

（5）环境保护

建筑业中推行可持续发展战略，环境保护已成为绿色施工的重要目标之一。绿色施工要做到环境保护，需根据施工中出现的具体环境问题，按照环境管理要求，制定环境保护计划，采取有效措施来解决工程施工带来的环境问题。工程中出现的环境问题主要有粉尘污染、噪声污染、光污染、水污染、有害气体污染、固体废弃物以及地下设施、文物和资源保护等。因此，为了减弱工程建设项目施工对环境造成的影响，我们需要做到以下几方面：

① 粉尘污染控制。施工时产生的粉尘是造成空气污染的原因的之一，同时也对施工人员和施工现场两侧一定范围内的居民产生了不良影响。施工扬尘是主要根源，大致分为：施工初期旧建筑物的拆迁；基础开挖、室外市政管网的土石方施工；施工现场混凝土砂浆等材料的搅拌站；建筑物周围裸露的场地；易散落易飞扬的细颗粒散装材料的运输和存放；建筑垃圾的存放和运输；施工现场、周围生产及生活使用的锅炉厨灶等。对于不同粉尘源制定相应的控制措施，如：场地沙土覆盖；工地洒水压尘见图 5-2；设置车辆冲洗台见图 5-3；进出路面硬化见图 5-4；零星用水泥等散材仓库搭成封闭结构见图 5-5；尚未动工的空地进行绿化见图 5-6；使用预拌混凝土和砂浆见图 5-7 等。

② 有害气体控制。有害气体污染包括建筑原料或材料产生的有害气体、汽车、尾气、施工现场机械设备产生的有害气体以及炸药爆炸产生的有害气体等。绿色施工要求建筑施工材料应有无毒无害检验合格证明，杜绝使用含有害物质的材料；控制好现场相关的施工车辆、运输车辆以及大型机械设备排放的尾气；现场采取有害气体监控预警措施，防止有害气体扩散等。

图 5-2　项目部门口及道路两侧的先进的喷淋系统洒水控制扬尘

图 5-3　先进的全自动洗车台，四周喷头角度专为大型车辆设计

图 5-4　硬化道路，现场预制板，板四周预留孔洞方便周转时搬运

图 5-5　零星用水泥等散材仓库搭成封闭结构

图 5-6　非硬化部分种植绿化

图 5-7　使用预拌混凝土和砂浆

③ 水污染控制。建筑施工废水主要有施工废水、雨水、施工场地生活污水等，如不能有效地处理，势必影响周边环境。可以采用泥浆处理技术来减少泥浆的数量；洗车区设置沉淀池；生活污水经化粪池处理后再排出、食堂污水经隔油池处理后再排出；基坑降水作业抽取的地下水再利用；对于化学品等有毒材料、油料的储存地，应有严格的隔水层设计，做好渗漏液收集和处理等措施。

④ 噪声污染控制。施工现场要对现场噪声进行调查，分区测量现场各部分的噪声频谱与噪声级，再依据相关的环境标准确定所容许的噪声级，获得降噪量后，设置合理的降低噪声的措施，进行吸声降噪、消声降噪或者隔声降噪，使得现场噪声不超过国家标准《建筑施工场界环境噪声排放标准》GB 12523—2011 的规定或者地方有关标准规定。城镇夜间施工还应办理夜间施工许可证。

⑤ 光污染控制。工程施工造成的光污染主要有夜间施工强光、电焊弧光等。夜间强光使人夜晚难以入睡，导致精神不振；电焊弧光会伤害人的眼睛，引起视力下降。为了减少对周围居民生活的干扰，采取应对措施。合理编制施工作业计划，施工作业尽量避开夜间与周边居民休息的时间；照明灯加灯罩，且透光方向避开居民；电焊作业进行遮挡，防止弧光外泄。

⑥ 固体废弃物控制。固体废弃物主要是施工中产生的建筑垃圾和生活垃圾等。应提前制定建筑垃圾的处置方案；对现场及时清理，对建筑垃圾及时清运；尽量进行循环利用，做到废物再利用；对生活垃圾进行专门收集，禁止乱堆乱放，并定期送往垃圾场

处理。

⑦ 地下设施、文物和资源保护。前期做好施工现场的环境影响评估，根据评估报告，对施工场地内的重要设施、文物古迹、地下的文物遗址、古树名木等，上报有关部门，并有针对性的制定保护方案，防止后期施工以后造成难以挽回的重大损失。

3. 绿色施工具体措施

（1）节约材料

① 图纸会审时，应审核节材与材料资源利用的相关内容，达到材料损耗率比定额损耗率降低30%。

② 根据施工进度、库存情况等合理安排材料的采购、进场时间和批次，减少库存。

③ 现场材料堆放有序，储存环境适宜，措施得当，保管制度健全，责任落实。

④ 材料运输工具适宜，装卸方法得当，防止损坏和遗撒。根据现场平面布置情况就近卸载，避免和减少二次搬运。

⑤ 采取技术和管理措施提高模板、脚手架等的周转次数。

⑥ 优化安装工程的预留、预埋、管线路径等方案。

⑦ 应就地取材，施工现场500km以内生产的建筑材料用量占建筑材料总重量的70%以上。

（2）节约土地

① 根据施工规模及现场条件等因素合理确定临时设施，如临时加工厂、现场作业棚及材料堆场、办公生活设施等的占地指标。临时设施的占地面积应按用地指标所需的最低面积设计。

② 要求平面布置合理、紧凑，在满足环境、职业健康与安全及文明施工要求的前提下尽可能减少废弃地和死角，临时设施占地面积有效利用率大于90%。

③ 对深基坑施工方案进行优化，减少土方开挖和回填量，最大限度地减少对土地的扰动，保护周边自然生态环境。

④ 红线外临时占地应尽量使用荒地、废地，少占用农田和耕地。工程完工后，及时对红线外占地恢复原地形、地貌，使施工活动对周边环境的影响降至最低。

⑤ 利用和保护施工用地范围内原有绿色植被。对于施工周期较长的现场，可按建筑永久绿化的要求，安排场地新建绿化。

⑥ 施工总平面布置应做到科学、合理，充分利用原有建筑物、构筑物、道路、管线为施工服务。

⑦ 施工现场仓库、搅拌站、仓库、加工厂、作业棚、材料堆场等布置应尽量靠近已有交通线路或即将修建的正式或临时交通线路，缩短运输距离。

⑧ 尽量利用工地原有围墙，其余的使用原建筑拆除后的砖砌筑。

⑨ 宜采用空心砌块、空心隔板等材料，既减轻工程结构自重，又增加使用面积，相对于黏土砖可节省大量土地资源。

⑩ 临时办公和生活用房采用经济、美观、占地面积小、对周边地貌环境影响较小，且适合于施工平面布置动态调整的多层轻钢活动板房。生活区与生产区分开布置。

⑪ 施工现场道路按照永久道路和临时道路相结合的原则布置。施工现场内形成环形通路，减少道路占用土地。

（3）节约用水

① 采用适当的小流量器具与设备，采用先进的节水施工工艺，减少用水量，提高用水效率。

② 施工现场喷洒路面、绿化浇灌不宜使用市政自来水。现场搅拌用水、养护用水应采取有效的节水措施，严禁无措施浇水养护混凝土。

③ 施工现场供水管网应根据用水量设计布置，管径合理、管路简捷，采取有效措施减少管网和用水器具的漏损。

④ 现场机具、设备、车辆冲洗用水必须设立循环用水装置。施工现场办公区、生活区的生活用水采用节水系统和节水器具，提高节水器具配置比率。项目临时用水应使用节水型产品，安装计量装置，采取针对性的节水措施。

⑤ 施工现场设置专门的蓄水池，将降水作业抽取的地下水和收集的雨水循环利用。

⑥ 现场施工区、生活区分别安装水表监控用水情况，确定用水定额指标，并分别计量管理。

⑦ 对混凝土搅拌站点等用水集中的区域和工艺点进行专项计量考核。施工现场建立雨水、中水或可再利用水的搜集利用系统。

⑧ 优先采用中水搅拌、中水养护，有条件的地区和工程应收集雨水养护。

⑨ 处于基坑降水阶段的工地，宜优先采用地下水作为混凝土搅拌用水、养护用水、冲洗用水和部分生活用水。

⑩ 现场机具、设备、车辆冲洗、喷洒路面、绿化浇灌等用水，优先采用非传统水源，尽量不使用市政自来水。

⑪ 在非传统水源和现场循环再利用水的使用过程中，应制定有效的水质检测与卫生保障措施，确保避免对人体健康、工程质量以及周围环境产生不良影响。

（4）环境保护

● 扬尘控制

① 运送土方、垃圾、设备及建筑材料等，不污损场外道路。运输容易散落、飞扬、流漏的物料的车辆，必须采取措施封闭严密，保证车辆清洁。施工现场出口应设置洗车槽。

② 土方作业阶段，采取洒水、覆盖等措施，达到作业区目测扬尘高度小于1.5m，不扩散到场区外。

③ 结构施工、安装装饰装修阶段，作业区目测扬尘高度小于0.5m。对易产生扬尘的堆放材料应采取覆盖措施；对粉末状材料应封闭存放；场区内可能引起扬尘的材料及建筑垃圾搬运应有降尘措施，如覆盖、洒水等；浇筑混凝土前清理灰尘和垃圾时尽量使用吸尘器，避免使用吹风器等易产生扬尘的设备；机械剔凿作业时可用局部遮挡、掩盖、水淋等防护措施；高层或多层建筑清理垃圾应搭设封闭性临时专用道或采用容器吊运。

④ 施工现场非作业区达到目测无扬尘的要求。对现场易飞扬物质采取有效措施，如洒水、地面硬化、围挡、密网覆盖、封闭等，防止扬尘产生。

⑤ 构筑物机械拆除前，做好扬尘控制计划。可采取清理积尘、拆除体洒水、设置隔挡等措施。

⑥ 构筑物爆破拆除前，做好扬尘控制计划。可采用清理积尘、淋湿地面、预湿墙体、

屋面敷水袋、楼面蓄水、建筑外设高压喷雾状水系统、搭设防尘排栅和直升机投水弹等综合降尘。选择风力小的天气进行爆破作业。

⑦ 在场界四周隔挡高度位置测得的大气总悬浮颗粒物（TSP）月平均浓度与城市背景值的差值不大于 0.08mg/m^3。

- 有害气体排放控制

① 禁止对各种废弃物进行焚烧。

② 项目中的施工设备、车辆、机械等的尾气排放须符合国家及地方规定。

③ 尽量采用清洁燃料，如石油气、煤气等。

④ 复检含有害物质的建筑材料，检验合格后再使用。

- 水污染控制

① 在工地配置三级无害化粪池，并连接市政污水处理设施，或者采用移动厕所，由相关公司负责 。

② 采用三级沉降池对施工污水进行自然沉降，并配合沉淀剂和酸碱中和措施后再排放。

③ 施工现场存放的油料和化学溶剂等物品，废弃的油料和化学溶剂集中处理，不得随意倾倒。

④ 污水排放委托有资质的单位进行废水水质检测，提供相应的污水检测报告。

⑤ 采用隔水性能好的边坡支护技术。在缺水地区或地下水位持续下降的地区，基坑降水尽可能少地抽取地下水；当基坑开挖抽水量大于 50 万 m^{3}时，进行地下水回灌，并避免地下水被污染。

⑥ 对于化学品等有毒材料、油料的储存地，要进行严格的隔水层设计，做好渗漏液收集和处理。

- 噪声控制

① 工地须遵循国家标准《建筑施工场界环境噪声排放标准》GB 12523—2011，并对噪声进行检测和记录，实时控制。

② 工地的降噪设备应设置在远离居民区的一侧，或者采取搭设隔声棚等降噪措施。

③ 运输车辆进入工地严禁鸣笛，装卸材料时须轻拿轻放。

④ 使用低噪声、低振动的机具，采取隔声与隔振措施，避免或减少施工噪声和振动

- 光污染控制

① 尽量避免或减少施工过程中的光污染。夜间室外照明灯加设灯罩，透光方向集中在施工范围。

② 电焊作业时进行适当遮挡，避免电弧光外泄。

- 固体废弃物控制

① 对塑料、金属、玻璃、纸等进行分类回收利用，力争建筑垃圾的再利用和回收率达到 30%，建筑物拆除产生的废弃物的再利用和回收率大于 40%。

② 无法再利用的固体废弃物进行压实或破碎后，及时清运。还可采用地基填埋、铺路等方式提高再利用率，力争再利用率大于 50%。

③ 对生活垃圾的消纳能力强的地区或者生活垃圾中含较多易腐有机物的情况，采用堆肥的方案处理。

④ 制定建筑垃圾减量化计划，如住宅建筑，每万平方米的建筑垃圾不宜超过400t。

⑤ 施工现场生活区设置封闭式垃圾容器，施工场地生活垃圾实行袋装化，及时清运。对建筑垃圾进行分类，并收集到现场封闭式垃圾站，集中运出。

- 地下设施、文物和资源保护

① 施工前应调查清楚地下各种设施，做好保护计划，保证施工场地周边的各类管道、管线、建筑物、构筑物的安全运行。

② 施工过程中一旦发现文物，立即停止施工，保护现场并通报文物部门并协助做好工作。

③ 避让、保护施工场区及周边的古树名木。

④ 逐步开展统计分析施工项目的 CO_2 排放量，以及各种不同植被和树种的 CO_2 固定量的工作

4. 绿色施工的特点

绿色施工与传统施工相比有以下特点：

（1）低能耗、低浪费。建筑项目对建材、水、土地、能源的需求是很大的，绿色施工在保证工程质量的同时，还减少了资源的浪费和能源的消耗，提高了资源利用率，总的来说具有低能耗、低浪费的特点。

（2）综合性强。传统的施工对于技术的要求很高，绿色施工除了传统施工所具备的技术等层面的问题外，还需要环境、水、能源、土地等方面的知识。更重要的是，对于施工过程中工作的细化程度有更严格的要求，只有真正了解施工过程中能源的消耗、建材的运用、水的利用，才能够知道如何节约并付诸行动。所以，绿色施工综合性更强，涉及面更广。

（3）生态和谐。前面提到的绿色施工内容就给我们列举了一个很关键的方面——环境保护，这就决定了绿色施工具有保护生态、创建和谐绿色建筑的功能。采取相关措施，切实做好保护工作，使建筑与人、社会、自然的关系向着生态和谐发展。

（4）经济高效。在节能降耗的意识规范下，工程师懂得运用生态规律指导工人在施工中如何减少浪费，减少对能源的消耗，控制了成本，使绿色建筑更为经济。而且，绿色施工还有一个人员调度的问题，组织管理施工人员进行科学高效的作业，施工效率得到提高。

（5）系统科学。传统施工追求的目标重在质量、工期和利益，这表明它的整个施工体系是围绕着三个方面而成。绿色施工在此基础上拓展了生态、节能、和谐、可持续等新领域，使施工更科学，理论体系更系统。

（6）信息技术支持。随着项目施工的进展，各种资源的利用量是随着工程量和进度计划安排的变化而变化的。通常，传统施工在选择机械、设备、材料等资源时往往主观的方式进行决策，如此选择相对较为粗放，为保险起见，决策者一般会刻意高估资源需求量，从而导致不必要的浪费，此外，在工程量动态变化中进行动态调整的工作更是难上加难。因此，只有借助信息技术才能高效的动态监管，实施绿色施工[5]。如BIM技术软件进行管线综合平衡和碰撞检查，减少管线返工损失；运用鲁班软件精确算量，并根据施工进度计划合理安排材料进场。现场主要材料（钢筋、水泥等）按照一周进行储备，其他材料随需随进，减少材料储存损耗。

5.2 绿色施工管理

绿色施工管理主要包括组织管理、规划管理、实施管理、评价管理和人员安全与健康管理五个方面，在这五个方面管理的侧重点和管理方法各有不同。

5.2.1 组织管理

组织管理就是通过建立绿色施工管理体系，制定系统完整的管理制度和绿色施工整体目标，将绿色施工的工作内容具体分解到管理体系结构中去，使参建各方在项目负责人的组织协调下各司其职地参与到绿色施工过程中，使绿色施工规范化、标准化。由于项目经理是绿色施工第一负责人，所以承担着绿色施工的组织实施和设计目标实现的责任。施工过程中，项目经理的工作内容就成了组织管理的核心。

1. 绿色施工管理体系

形成绿色施工管理体系所采取的措施：①设立两级绿色施工管理机构，总体负责项目绿色施工实施管理。一级机构为建设单位组织协调的管理机构（绿色施工管理委员会），其成员包括建设单位、设计单位、监理单位、施工单位。二级机构为施工单位建立的管理实施机构（绿色施工管理小组），主要成员为施工单位各职能部门和相关协力单位。建设单位和施工单位的项目经理应分别作为两级机构绿色施工管理的第一责任人。②各级机构中任命分项绿色施工管理责任人，负责该机构所涉及的与绿色施工相关的分项任务处理和信息沟通。③以管理责任人为节点，将机构中不同组织层次的人员都融入绿色施工管理体系中，实现全员、全过程、全方位、全层次管理。

2. 任务分工及职能责任分配

管理任务分工，在项目实施阶段应对各参建单位的管理任务进行分解，见图 5-8。

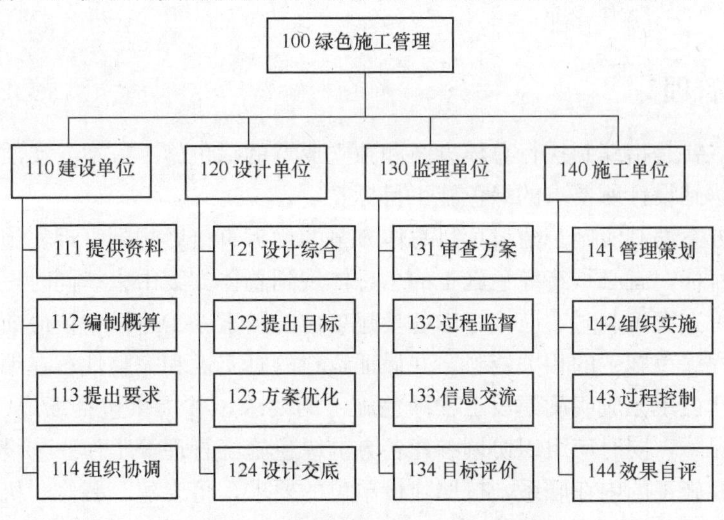

图 5-8　绿色施工管理任务分解结构

管理任务分工应明确表示各项工作任务由哪个单位或部门（个人）负责，由哪些单位或部门（个人）参与，并在项目实施过程中不断对其进行跟踪调整完善。管理职能责任分配，通过管理任务分解，建立责任分配矩阵，见表 5-1。

责任分配矩阵表　　表 5-1

任务		责任者								
编码	名称	领导班子	安全部	质量部	工程部	技术部	物资部	商务部	信息部	其他
111	提供资料	S			C	F	C	C		
112	编制概算	S			C	C	C	F		
113	提出要求		C	C	C	F	C			
114	组织协调	F	C	C	C	C		C	C	
121	设计综合	S			C	F			C	
122	提出目标	S	J	J	C	F	C	C		
123	方案优化	S			C	F	C			
124	设计交底		J	J	C	F	C			
131	审查方案	S	C	C	C	F	C	C	C	
132	过程监督		J	J	F	C	C	C	C	
133	信息交流	C	C	C	C	C	C	C	F	
134	目标评价		J	J	F	C	C		C	
141	管理策划	S	C	C	F	C	C	C	C	
142	组织实施	S	J	J	F	C	C			
143	过程控制	S	J	J	F	C	C	C	C	
144	效果自评	S	J	J	F	C	C	C	C	

注：C 参与，F 负责，J 监督，S 审批。

5.2.2 规划管理

规划管理主要是指编制执行总体方案和独立成章的绿色施工方案，实质是对实施过程进行控制，以达到设计所要求的绿色施工目标。

（1）总体方案编制实施。建设项目总体方案的优劣直接影响到管理实施的效果，要实现绿色施工的目标，就必须将绿色施工的思想体现到总体方案中去。同时，根据建筑项目的特点，在进行方案编制时，应该考虑各参建单位的因素：①建设单位应向设计、施工单位提供建设工程绿色施工的相关资料，并保证资料的真实性和完整性；在编制工程概算和招标文件时，建设单位应明确建设工程绿色施工的要求，并提供包括场地、环境、工期、资金等方面的保障，同时应组织协调参建各方的绿色施工管理等工作。②设计单位应根据建筑工程设计和施工的内在联系，按照建设单位的要求，将土建、装修、机电设备安装及市政设施等专业进行综合，使建筑工程设计和各专业施工形成一个有机统一的整体，便于施工单位统筹规划，合理组织一体化施工。同时，在开工前设计单位要向施工单位作整体工程设计交底，明确设计意图和整体目标。③监理单位应对建设工程的绿色施工管理承担监理责任，审查总体方案中的绿色专项施工方案及具体施工技术措施，并在实施过程中做好监督检查工作。④实行施工总承包的建设工程，总承包单位应对施工现场绿色施工负总责，分包单位应服从总承包单位的绿色施工管理，并对所承包工程的绿色施工负责。实行代建制管理的，各分包单位应对管理公司负责。

（2）绿色施工方案编制实施。在总体方案中，绿色施工方案应独立成章，将总体方案中与绿色施工有关的内容进行细化。①应以具体的数值明确项目所要达到的绿色施工具体目标，比如材料节约率及消耗量、资源节约量、施工现场环境保护控制水平等。②根据总体方案，提出建设各阶段绿色施工控制要点。③根据绿色施工控制要点，列出各阶段绿色施工具体保证实施措施，如节能措施、节水措施、节材措施、节地与施工用地保护措施及环境保护措施等。④列出能够反映绿色施工思想的现场各阶段的绿色施工专项管理手段。

5.2.3　实施管理

实施管理是指绿色施工方案确定之后，在项目的实施管理阶段，对绿色施工方案实施过程进行策划和控制，以达到绿色施工目标。

（1）绿色施工目标控制。建设项目随着施工阶段的发展必将对绿色施工目标的实现产生干扰。为了保证绿色施工目标顺利实现，可以采取相应措施对整个施工过程进行控制。①目标分解。绿色施工目标包括绿色施工方案目标、绿色施工技术目标、绿色施工控制要点目标以及现场施工过程控制目标等，可以按照施工内容的不同分为几个阶段，将绿色施工策划目标的限值作为实际操作中的目标值进行控制。②动态控制。在施工过程中收集各个阶段绿色施工控制的实测数据，定期将实测数据与目标值进行比较，当发现偏离时，及时分析偏离原因、确定纠正措施、采取纠正行动，实现PDCA循环控制管理，将控制贯穿到施工策划、施工准备、材料采购、现场施工、工程验收等各阶段的管理和监督之中，直至目标实现为止。

（2）施工现场管理。建设项目环境污染和资源能源消耗浪费主要发生在施工现场，因此施工现场管理的好坏，直接决定绿色施工整体目标能否实现。绿色施工现场管理应包含的内容有：①明确绿色施工控制要点。结合工程项目的特点，将绿色施工方案中的绿色施工控制要点进行有针对性的宣传和交底，营造绿色施工的氛围。②制定管理计划。明确各级管理人员的绿色施工管理责任，明确各级管理人员相互间、现场与外界（项目业主、设计、政府等）间的沟通交流渠道与方式。③制定专项管理措施，加强一线管理人员和操作人员的培训。④监督实施。对绿色施工控制要点要确保贯彻实施，对现场管理过程中发现的问题进行及时详细的记录，分析未能达标的原因，提出改正及预防措施并予以执行，逐步实现绿色施工管理目标。

5.2.4　评价管理

绿色施工管理体系中应建立评价体系。根据绿色施工方案，对绿色施工效果进行评价。评价应由专家评价小组执行，制定评级指标等级和评分标准，分阶段对绿色施工方案、实施过程进行综合评估，判定绿色施工管理效果。根据评价结果对方案、施工技术和管理措施进行改进、优化。常用的评价方法有层次分析法、模糊综合评判法、数据包络分析法、人工神经网络评价法、灰色综合评价法等。

5.2.5 人员安全与健康管理

贯彻执行 ISO 14001 环境管理体系和 OHSAS 18001 职业健康安全管理体系要求，制订施工防尘、防毒、防辐射、防振动等措施，保障施工人员的长期职业健康。合理布置施工场地，保护生活及办公区不受施工活动的有害影响。提供卫生、健康的工作与生活环境，加强对施工人员的住宿、膳食、饮用水等生活与环境卫生等管理，改善施工人员的生活条件。施工现场建立卫生急救、保健防疫制度，并编制突发事件预案，设置警告提示标志牌、现场平面布置图和安全生产、消防保卫、环境保护、文明施工制度板、公示突发事件应急处置流程图。

5.3 绿色建筑施工评价

绿色施工评价应以建筑工程项目施工过程为对象，以“四节一环保”为要素进行。绿色施工的评价贯穿整个施工过程，评价的对象可以是施工的任何阶段或分部分项工程。评价要素是环境保护、节材与材料资源利用、节水与水资源利用、节能与能源利用、节地与施工用地保护五个方面。

推行绿色施工的项目，应建立绿色施工管理体系和管理制度，实施目标管理，施工前应在施工组织设计和施工方案中明确绿色施工的内容和方法。项目部根据预先设定的绿色施工总目标，进行目标分解、实施和考核活动。要求措施、进度和人员落实，实行过程控制，确保绿色施工目标实现。

为保证绿色施工推进，明确了建设单位、监理单位和施工单位在绿色施工中的责任。

实施绿色施工，建设单位应履行下列职责：①对绿色施工过程进行指导；② 编制工程概算时，依据绿色施工要求列支绿色施工专项费用；③参与协调工程参建各方的绿色施工管理。

实施绿色施工，监理单位应履行下列职责：①对绿色施工过程进行督促检查；②与施工组织设计施工方案的评审；③见证绿色施工过程。实施绿色施工，施工单位应履行下列职责：①总承包单位对绿色施工过程负总责，专业承包单位对其承包工程范围内的绿色施工负责；②项目经理为绿色施工第一责任人，负责建立工程项目的绿色管理体系，组织编制施工方案，并组织实施；③组织进行绿色施工过程的检查和评价。

绿色施工应做到：①根据绿色施工要求进行图纸会审和深化设计；② 施工组织设计及施工方案应有专门的绿色施工章节，绿色施工目标明确，内容应涵盖“四节一环保”要求；③ 工程技术交底应包含绿色施工内容；④建立健全绿色施工管理体系；⑤对具体施工工艺技术进行研究，采用新技术、新工艺、新机具、新材料；⑥建立绿色施工培训制度，并有实施记录；⑦根据检查情况，制定持续改进措施。

发生下列事故之一，不得评为绿色施工合格项目：①施工扰民造成严重社会影响；严重社会影响是指施工活动对附近居民的正常生活产生很大的影响的情况，如造成相邻房屋出现不可修复的损坏、交通道路破坏、光污染和噪声污染等，并引起群众性抵触的活动。②工程死亡责任事故（施工生产安全死亡事故）；③损失超过 5 万元的质量事故，并造成严重影响；造成严重影响是指直接经济损失达到5万元以上，工期发生相关方难以接受的延误情况。④施工中因“四节一环保”问题被政府管理部门处罚；⑤传染病、食物中毒等群体事故。

绿色施工评价宜按地基与基础工程、结构工程、装饰装修与机电安装工程等三个阶段进行。为便于工程项目施工阶段定量考核，将单位工程按形象进度划分为三个施工阶段。绿色施工应依据环境保护、节材与材料资源利用、节水与水资源利用、节能与能源利用和节地与施工用地保护等五个要素进行评价。绿色施工依据《建筑工程绿色施工导则》“四节一环保”五个要素进行绿色施工评价。针对不同地区或工程应进行环境因素分析，对评价指标进行增减，并列入相应要素评价。由于工程性质和所在地域不同，工程的环境因素是不同的。因此在评价前应会同建设和监理单位对具体工程进行客观分析，据实增减评价指标的相应条款列入要素后进行评价。

绿色施工评价要素均包含控制项、一般项、优选项三类评价指标。绿色施工评价分为不合格、合格和优良三个等级。

5.3.1 绿色建筑施工评价的组织和程序

绿色施工评价应以建筑工程项目施工过程为对象，以“四节一环保”为要素进行。单位工程绿色施工评价的组织方是建设单位，参与方为项目实施单位和监理单位。施工阶段要素和批次评价应由工程项目部组织进行，评价结果应由建设单位和监理单位签认。企业应进行绿色施工的随机检查，并对绿色施工目标的完成情况进行评估。项目部会同建设和监理方根据绿色施工情况，制定改进措施，由项目部实施改进。项目部应接受业主、政府主管部门及其委托单位的绿色施工检查。

绿色建筑施工评价的程序如下：①单位工程绿色施工评价应在项目部和企业评价的基础上进行。②单位工程绿色施工应由总承包单位书面申请，在工程竣工验收前进行评价。③单位工程绿色施工评价应检查相关技术和管理资料，并听取施工单位《绿色施工总体情况报告》，综合确定绿色施工评价等级。④单位工程绿色施工评价结果应在有关部门备案。

5.3.2 绿色建筑施工评价框架体系

绿色施工评价宜按地基与基础工程、结构工程、装饰装修与机电安装工程等三个阶段进行。为便于工程项目施工阶段定量考核，将单位工程按形象进度划分为三个施工阶段，见图5-9。绿色施工应依据环境保护、节材与材料资源利用、节水与水资源利用、节能与能源利用和节地与施工用地保护等五个要素进行评价。针对不同地区或工程应进行环境因素分析，对评价指标进行增减，并列入相应要素评价。由于工程性质和所在地域不同，工程的环境因素是不同的。因此在评价前应会同建设和监理单位对具体工程进行客观分析，据实增减评价指标的相应条款列入要素后进行评价。

绿色施工评价要素均包含控制项、一般项、优选项三类评价指标。绿色施工评价分为不合格、合格和优良三个等级。

绿色施工过程中应采集和保存过程管理资料、见证资料和自检评价记录等资料。绿色施工资料是指与绿色施工有关的施工组织设计、施工方案、技术交底、过程控制和过程评价等相关资料，以及用于证明采取绿色施工措施，使用绿色建材和设备等相关资料。

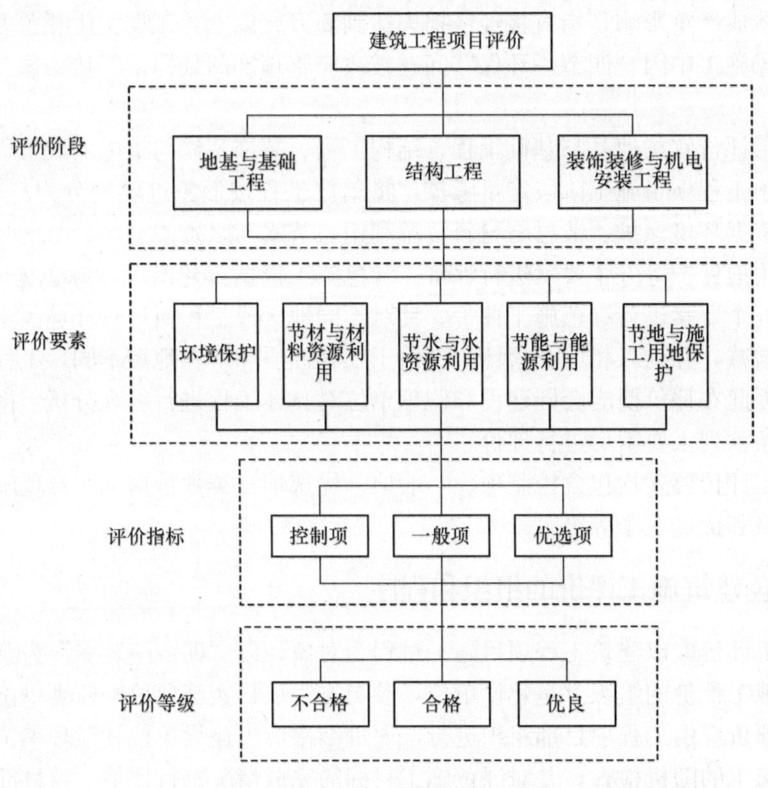

图 5-9 绿色施工评价框架体系

5.3.3 绿色建筑施工评价的方法

绿色施工项目评价次数每月应不少于一次，且每阶段不少于一次。

绿色建筑施工评分方法如下：

(1) 控制项指标，必须全部满足，评价方法见表 5-2。

控制项评价方法 **表 5-2**

序号	评分要求	结论	说明
1	措施到位，全部满足考评指标要求	合格	进入一般评价流程
2	措施不到位，不满足考评指标要求	不合格	一票否决，为非绿色施工项目

(2) 评分项指标，根据实际发生项具体条目的执行情况计分，见表 5-3。

一般项计分标准 **表 5-3**

序号	评分要求	评分
1	措施到位，满足考评指标要求	2
2	措施基本到位，部分满足考评指标要求	1
3	措施不到位，不满足考评指标要求	0

(3) 加分项项指标，根据完成情况按实际发生项条目加分，加分方法见表 5-4。

优选项加分标准　　**表 5-4**

序号	评 分 要 求	评分
1	措施到位，满足考评指标要求	1
2	措施不到位，不满足考评指标要求	0

1）要素评价得分

① 评分项得分按百分制折算，如式 5-1。

$$A=\frac{B}{C}\times 100 \tag{5-1}$$

式中　B——实际发生项条目实得分；

C——实际发生项条目应得分；

A——折算分。

② 加分项加分：按优选项实际发生条目加分求和（D）。

③ 要素评价得分：要素评价得分（F）＝一般项折算分（A）＋优选项加分（D）。

2）批次评价得分

① 批次评价应按表 5-5 进行要素权重确定。

② 批次评价得分（E）＝∑要素评价得分（F）× 权重系数。

批次评价要素权重系数表　　**表 5-5**

评价阶段 / 评价要素	地基与基础、结构工程、装饰装修与机电安装
环境保护	0.3
节材与材料资源利用	0.2
节水与水资源利用	0.2
节能与能源利用	0.2
节地与施工用地保护	0.1

3）评价阶段

阶段评价得分（G）＝∑批次评价得分（E）／评价批次数

4）单位工程绿色评价得分

① 单位工程评价应按表 5-6 进行要素权重确定。

② 单位工程评价得分（W）＝∑阶段评价得分（G）× 权重系数

单位工程要素权重系数表　　**表 5-6**

评价阶段	权重系数
地基与基础	0.3
结构工程	0.5
装饰装修与机电安装	0.2

5）单位工程项目绿色施工等级判定

① 满足以下条件之一者为不合格：控制项不满足要求；单位工程总得分 $w<60$ 分；

结构工程阶段得分<60 分。

② 满足以下条件者为合格：控制项全部满足要求；单位工程总得分 60 分$\leqslant w<$80 分，结构工程得分$\geqslant$60 分；至少每个评价要素各有一项优选项得分，优选项各要素得分$\geqslant$1，总分$\geqslant$5。

③ 满足以下条件者为优良：控制项全部满足要求；单位工程总得分 $w\geqslant$80 分，结构工程得分$\geqslant$80 分；至少每个评价要素中有两项优选项得分。优选项各要素得分$\geqslant$2，总分$\geqslant$10。

单位工程绿色施工评价资料应包括：①绿色施工组织设计专门章节，施工方案的绿色要求、技术交底及实施记录；②绿色施工自检及评价记录；③第三方及企业检查资料；④绿色技术要求的图纸会审记录；⑤单位工程绿色施工评价得分汇总表；⑥单位工程绿色施工总体情况总结；⑦单位工程绿色施工相关方验收及确认表。绿色施工评价资料应按规定存档。

绿色施工资料应采集和保存过程管理资料、见证资料和自检评价记录等绿色施工资料。绿色施工资料是指与绿色施工有关的施工组织设计、施工方案、技术交底、过程控制和过程评价等相关资料，以及用于证明采取绿色施工措施，使用绿色建材和设备等相关资料。

5.4 绿色建筑施工案例

中国建筑业协会于 2010 年 7 月 7 日下发了《全国建筑业绿色施工示范工程管理办法（试行）》和《全国建筑业绿色施工示范工程验收评价主要指标》对绿色施工进行推进。目前绿色施工示范工程在国内一些施工企业中推广，如中国建筑股份有限公司、中国建筑第八工程局有限公司、北京建工集团有限责任公司、江苏省建工集团有限公司、天津住宅集团建设工程总承包有限公司、中铁建工集团有限公司等都有多项工程进行绿色施工。中国建筑业协会发布了多批全国建筑业绿色施工示范工程名单，总计有一千多项全国建筑业绿色施工示范工程。如：

北京某奥运场馆，主赛场为钢筋混凝土多筒筒体——框架＋钢结构挑篷结构，预赛场为框架结构，共计 16 片场地，17400 个座位，占地约 16.68hm^2，建筑面积 26514m^2，承担 2008 年北京奥运会和残奥会比赛。项目建立健全了绿色施工管理体系，进行了管理任务分解和职能责任分配矩阵确定，将绿色施工管理指标层层分解到人；对绿色施工方案中“四节一环保”的具体管理措施、绿色施工控制要点及具体控制目标指标，实施过程动态控制，并从组织、管理、经济和技术等方面制定纠偏和预防措施，采用信息化技术保证了绿色施工目标实现。加强施工管理人员的培训，改善施工操作人员的安全职业健康水平，通过开展目视管理、合理定置和“5S”活动，使现场各生产要素均处于受控状态，保证了绿色施工管理活动正常进行。项目根据绿色施工评价的评价等级和评分标准，通过专家及管理顾问小组对各阶段绿色施工过程予以评价，取得了显著的管理效果。

（1）在施工中成功应用多项新技术、新工艺，其中包括超长连续变截面清水混凝土墙体施工技术、大跨度悬挑斜梁施工技术、彩色混凝土架空屋面板施工技术、纤维混凝土看台面层施工技术、太阳能热水系统、地源热泵系统及生态膜污水处理系统技术等。

（2）通过精细管理，项目绿色施工概算节省10%以上，项目未发生人员伤亡事故，在保证施工管理环境、实现资源能源节约的同时，真正达到奥运工程“安全、质量、工期、功能、成本”五统一要求，实现了“绿色奥运、科技奥运、人文奥运”三大理念。

（3）完成了各项管理目标指标，并获得了“文明安全工地”、“总公司CI形象金奖”、“08工程绿色施工优秀工地”、“国家优质工程”等众多奖项。

近年来，在北京、上海、广东、江苏等省市当地政府建设行政主管部门也积极推进绿色施工工作，部分将文明工地评定和绿色施工结合，取得了良好成效，如南京证大大拇指广场项目一期工程、江苏大剧院工程、无锡正方园科技大厦等绿色施工都在实施中。

课后练习

一、单项选择题

1. 绿色施工管理不包括（　　）。

A. 组织管理　B. 规划管理　C. 投标管理　D. 人员安全与健康管理

答案：C

2. 节约材料中，施工现场就地取材时，500km以内生产的建筑材料用量需占建筑材料总重量的（　　）以上。

A. 55%　B. 60%　C. 65%　D. 70%

答案：D

3. 合理安排施工流程，避免大功率用电设备同时使用，降低用电负荷峰值，属于绿色施工的（　　）。

A. 节材与材料资源利用　B. 节水与水资源利用

C. 节能与能源利用　D. 节地与土地资源保护

答案：C

4. 审查总体方案中的绿色专项施工方案及具体施工技术措施，并在实施过程中承担监督检查工作的单位是（　　）。

A. 建设单位　B. 设计单位　C. 监理单位　D. 施工单位

答案：C

5. 向业主方提供《项目绿色建筑预评估报告》是绿色建筑工程师（　　）阶段的重要工作。

A. 初步设计　B. 施工图设计

C. 结构设计　D. 深化设计

答案：A

6. 施工过程中，组织管理的核心是（　　）。

A. 绿色施工管理体系　B. 绿色施工管理制度

C. 项目经理　D. 施工单位

答案：C

7. 下面选项中，直接决定绿色施工整体目标实现的是（　　）。

A. 绿色施工组织　　B. 施工现场管理　C. 施工目标控制　D. 施工方案设计

答案：B

8. 绿色施工的核心是（　　）。

A. 组织管理　　B. 规划管理　　C. 实施管理　　D. 评价管理

答案：C

9. 以下不属于绿色施工的宗旨的是（　　）。

A. 保护环境、控制污染，使污染最小化

B. 节约资源、降低成本

C. 在提升质量的基础上放弃成本最小化

D. 构建健康安全舒适的活动空间

答案：C

10. 与传统施工相比，绿色施工进行了许多改进和完善，以下不是绿色施工特点的是（　　）。

A. 低能耗　　B. 生态和谐　　C. 系统科学　　D. 仅对技术的要求很高

答案：D

二、多项选择题

1. 下列关于绿色施工评价的说法正确的是（　　）。

A. 绿色施工评价应以建筑工程项目施工过程为对象

B. 绿色施工评价的对象可以是施工的任何阶段或分部分项工程

C. 绿色施工评价要素是节材与材料资源利用、节水与水资源利用、节能与能源利用、节地与施工用地保护四个方面

D. 绿色施工评价要素均包含控制项、一般项、优选项三类评价指标

E. 绿色施工评价宜按地基与基础工程、结构工程、装饰装修与机电安装工程等三个阶段进行

答案：ABDE

2. 发生下列（　　）事故，不得评为绿色施工合格项目。

A. 损失超过 10 万元的质量事故并造成严重影响

B. 工程死亡责任事故

C. 损失超过 5 万元的质量事故并造成严重影响

D. 传染病、食物中毒等群体事故

E. 施工扰民造成严重社会影响

答案：BCDE

3. 绿色建筑全过程监管是指包括在（　　）环节加强监管。

A. 立项　　B. 规划

C. 使用　　D. 施工

E. 建材生产

答案：ABCD

4. 在施工现场应针对不同的污水，设置相应的处理设施，如（　　）等。

A. 沉淀池　　　　　　　　　　B. 隔油池

C. 车辆清洗台　　　　　　　　D. 蓄水池

E. 化粪池

答案：ABE

5. 下列关于绿色施工评价的说法正确的是（　　）。

A. 绿色施工评价应以建筑工程项目施工过程为对象

B. 绿色施工项目评价次数每月应不少于一次，且每阶段不少于一次

C. 绿色建筑施工控制项指标，必须全部满足

D. 绿色施工评价要素均包含控制项、评分项、加分项三类评价指标

E. 单位工程总得分 $w<60$ 分，判断为单位项目合格

答案：ABCD

6. 下列（　　）属于绿色施工中的节地与土地资源利用。

A. 项目部用绿化代替场地硬化，减少场地硬化面积

B. 采用高效环保型的施工机械

C. 加气混凝土砌块必须采用手锯开砖，减少剩余部分砖的破坏

D. 利用消防水池或沉淀池，收集雨水及地表水，用于施工生产用水

E. 施工现场材料仓库、钢筋加工厂、作业棚、材料堆场等布置靠近现场临时交通线路，缩短运输距离

答案：AE

第 6 章　绿色建筑运营管理

6.1　建筑及设备运行管理

6.1.1　物业管理机构

绿色建筑运营管理是在传统物业服务的基础上进行提升，是对住区以及公共建筑、给排水、燃气、电力、电信、保安、绿化、保洁、停车、消防与电梯和供热空调系统等的管理以及对建筑运营过程的计划、组织、实施和控制，通过物业的运营过程和运营系统来确保绿色建筑的质量，降低运营成本、管理成本以及节省建筑运行中的各项消耗（含能源消耗和人力消耗）。

物业管理机构是绿色建筑运营管理主体。工程项目竣工验收后需要交给物业管理公司去维护管理，组建物业公司应有相关职称技术及管理人员构成，应具备资质要求。

物业管理机构应具有有关管理机构体系认证。负责运营管理的物业管理单位应通过ISO 14001 环境管理体系认证，是提高环境管理水平的需要，可达到节约能源，降低消耗，减少环保支出，降低成本的目的，减少由于污染事故或违反法律、法规所造成的环境风险。

物业管理单位应该具有完善的管理措施，定期进行物业管理人员的培训。ISO 9001 质量管理体系认证可以促进物业管理单位质量管理体系的改进和完善，提高其管理水平和工作质量。

《能源管理体系要求》GB/T 23331—2012 是在组织内建立起完整有效的、形成文件的能源管理体系，注重过程的控制，优化组织的活动、过程及其要素，通过管理措施，不断提高能源管理体系持续改进的有效性，实现能源管理方针和预期的能源消耗或使用目标。

绿色建筑评价中在评价运营管理时需要查阅相关认证证书和相关的工作文件。

6.1.2　管理制度

绿色建筑的运营管理需要建立和健全各种管理制度，是绿色建筑运营管理控制项必须满足的要求，管理制度的建立适用于各类民用绿色建筑的运行评价，对星级的评定以及保障绿色住区建筑正常维护运营至关重要。

1.《绿色建筑评价标准》GB/T 50378—2014 控制项

（1）物业管理机构应制定节能、节水、节材与绿化管理制度。

① 节能管理制度主要包括节能方案、节能管理模式和机制、分户分项计量收费等。

② 节水管理制度主要包括节水方案、分户分类计量收费、节水管理机制等。

③ 耗材管理制度主要包括维护和物业耗材管理。

④ 绿化管理制度主要包括苗木养护、用水计量和化学药品的使用制度等。

节能、节水、节材、绿化的操作管理制度是指导操作管理人员工作的指南，应挂在各个操作现场的墙上，促使操作人员严格遵守，以有效保证工作的质量。

可再生能源系统、雨废水回用系统等节能、节水设施的运行维护技术要求高，维护的工作量大，无论是自行运行维护还是购买专业服务，都需要建立完善的管理制度及应急预案。日常运行中应做好记录。本条的评价方法为查阅相关管理制度、操作规程、应急预案、操作人员的专业证书、节能节水设施的运行记录，并现场核查。

（2）物业管理机构应制定垃圾管理制度，合理规划垃圾物流，对生活废弃进行分类收集，垃圾容器设置规范要求。

建筑运行过程中产生的生活垃圾有家具、电器等大件垃圾，有纸张、塑料、玻璃、金属、布料等可回收利用垃圾；有剩菜剩饭、骨头、菜根菜叶、果皮等厨余垃圾；有含有重金属的电池、废弃灯管、过期药品等有害垃圾；还有装修或维护过程中产生的渣土、砖石和混凝土碎块、金属、竹木材等废料。首先，根据垃圾处理要求等确立分类管理制度和必要的收集设施，并对垃圾的收集、运输等进行整体的合理规划，合理设置小型有机厨余垃圾处理设施。其次，制定包括垃圾管理运行操作手册、管理设施、管理经费、人员配备及机构分工、监督机制、定期的岗位业务培训和突发事件的应急处理系统等内容的垃圾管理制度。最后，垃圾容器应具有密闭性能，其规格和位置应符合国家有关标准的规定，其数量、外观色彩及标志应符合垃圾分类收集的要求，并置于隐蔽、避风处，与周围景观相协调，坚固耐用，不易倾倒，防止垃圾无序倾倒和二次污染。

该条进行绿色星级评价方法为查阅建筑、环卫等专业的垃圾收集、处理设施的竣工文件，垃圾管理制度文件，垃圾收集、运输等的整体规划，并现场核查。设计评价预审时，查阅垃圾物流规划、垃圾容器设置等文件。

2. 实施能源资源管理激励机制，管理业绩与节约能源资源、提高经济效益挂钩

管理是运行节约能源、资源的重要手段，必须在管理业绩上与节能、节约资源情况挂钩。因此要求物业管理单位在保证建筑的使用性能要求、投诉率低于规定值的前提下，实现其经济效益与建筑用能系统的耗能状况、水资源和各类耗材等的使用情况直接挂钩。采用合同能源管理模式更是节能的有效方式。

本条的绿建评价方法为查阅物业管理机构的工作考核体系文件业主和租用者以及管理企业之间的合同。

3. 建立绿色教育宣传机制，编制绿色设施使用手册，形成良好的绿色氛围

（1）要有绿色教育宣传工作记录本；

（2）向使用者提供设施使用手册；

（3）相关绿色行为与成效获得公共媒体报道。

在建筑物长期的运行过程中，用户和物业管理人员的意识与行为，直接影响绿建筑的目标实现，因此需要坚持倡导绿色理念与绿色生活方式的教育宣传度，培训各类人员正确使用绿色设施，形成良好的绿色行为与风气。本条的绿色建筑评价方法为查阅绿色教育宣传的工作记录与报道记录，绿色设施使用手册，并向建筑使用者核实。

6.1.3 技术管理

1.《绿色建筑评价标准》GB/T 50378—2014 控制要点

（1）绿色建筑节能、节水设施应工作正常，且符合设计要求。

绿色建筑设置的节能、节水设施，如热能回收设备、地源/水源热泵、太阳能光伏发电设备、太阳能光热水设备、遮阳设备、雨水收集处理设备等，均应工作正常，才能使预期的目标得以实现。本条的评价方法是查阅节能、节水设施的竣工文件、运行记录，并现场核查设备系统的工作情况。

（2）供暖、通风、空调、照明等设备的自动监控系统应工作正常，且运行记录完整。这是控制项必须满足的要求。

供暖、通风、空调、照明系统是建筑物的主要用能设备。本条主要考察其实际工作正常，及其运行数据。因此，需对绿色建筑的上述系统及主要设备进行有效的监测，对主要运行数据进行实时采集并记录；并对上述设备系统按照设计要求进行自动控制，通过在各种不同运行工况下的自动调节来降低能耗。对于建筑面积 2 万 m^2 以下的公共建筑和建筑面积 10 万 m^2 以下的住宅区公共设施的监控，可以不设建筑设备自动监控系统，但应设简易有效的控制措施。

本条的评价方法是查阅设备自控系统竣工文件、运行记录，并现场核查设备及其自控系 统的工作情况。设计评价预审时，查阅建筑设备自动监控系统的监控点数。

2. 定期检查、调试公共设施设备，并根据运行检测数据进行设备系统的运行优化

具有设施设备的检查、调试、运行、标定记录，且记录完整；制定并实施设备能效改进方案。保持建筑物与居住区的公共设施设备系统运行正常，是绿色建筑实现各项目标的基础。机电设备系统的调试不仅限于新建建筑的试运行和竣工验收，而应是一项持续性、长期性的工作。因此，物业管理单位有责任定期检查、调试设备系统，标定各类检测器的准确度，根据运行数据，或第三方检测的数据，不断提升设备系统的性能，提高建筑物的能效管理水平。

本条的评价方法是查阅相关设备的检查、调试、运行、标定记录，以及能效改进方案等文件。

3. 对空调通风系统进行定期检查和清洗

（1）制定空调通风设备和风管的检查和清洗计划

（2）实施第 1 款中的检查和清洗计划，且记录保存完整

随着国民经济的发展和人民生活水平的提高，中央空调与通风系统已成为许多建筑中的一项重要设施。对于使用空调可能会造成疾病转播（如军团菌、非典等）的认识也不断提高，从而深刻意识到了清洗空调系统，不仅可节省系统运行能耗、延长系统的使用寿命，还可保证室内空气品质，降低疾病产生和传播的可能性。空调通风系统清洗的范围应包括系统中的换热器、过滤器，通风管道与风口等，清洗工作符合《空调通风系统清洗规范》GB 19210—2003 的要求。本条的评价方法是查阅物业管理措施、清洗计划和工作记录。

4. 非传统水源的水质和用水量记录完整准确

（1）定期进行水质检测，记录完整

（2）用水量记录完整、准确

为保证合理使用非传统水源，实现节水目标，必 须定期对使用的非传统水源的水质进行检测，并对其水质和用水量进行准确记录。所使用的 非传统水源应满足现行国家标准《城市污水再生利用 城市杂用水水质》GB/T 18920—2002 的要求。非传统水源的水质检测间隔应不小于 1 个月，同时，应提供非传统水源的供水量记录。本条的评价方法为查阅非传统水源的检测、计量记录。设计评价预审时，查阅非传统水源的水表设计文件。

5. 智能化系统的运行效果满足建筑运行与管理的需要

（1）居住建筑的智能化系统满足现行国家行业标准《居住区智能化系统配置与技术要求》CJ/T 174—2003 的基本配置要求，公共建筑的智能化系统满足现行国家标准《智能建筑设计标准》GB/T 50314—2015。

（2）智能化系统工作正常，符合设计要求。

通过智能化技术与绿色建筑其他方面技术的有机结合，可望有效提升建筑综合性能。由于居住建筑/居住区和公共建筑的使 用特性与技术需求差别较大，故其智能化系统的技术要求也有所不同；但系统设计上均要求达到基本配置。此外，还对系统工作运行情况也提出了要求。

居住建筑智能化系统应满足《居住区智能化系统配置与技术要求》CJ/T 174—2003 的基本配置要求，主要评价内容为居住区安全技术防范系统、住宅信息通信系统、居住区建筑设备监控 管理系统、居住区监控中心等。

公共建筑的智能化系统应满足《智能建筑设计标准》GB/T 50314—2015 的基础配置要求，主要评价内容为安全技术防范系统、信息通信系统、建筑设备监控管理系统、安（消）防监控中心等。国家标准《智能建筑设计标准》GB/T 50314—2015 以系统合成配置的综合技术功效对智能化系统工程标准等级予以了界定，绿色建筑应达到其中的应选配置（即符合建筑基本功能的基础配置）的要求。

本条的评价方法为查阅智能化系统竣工文件、验收报告及运行记录，并现场核查。设计评价预审时，查阅安全技术防范系统、信息通信系统、建筑设备监控管理系统、监控中心等设计文件。

6. 应用信息化手段进行物业管理，建筑工程、设施、设备、部件、能耗等档案及记录齐全

（1）设置物业管理信息系统

（2）物业管理信息系统功能完备

（3）记录数据完整

信息化管理是实现绿色建筑物业管理定量化、精细化的重要手段，对保障建筑的安全、舒适、高效及节能环保的运行效果，提高物业管理水平和效率，具有重要作用。采用信息化手段建立完善的建筑工程及设备、能耗监管、配件档案及维修记录是极为 重要的。本条第 3 款是在本标准控制项第 10.1.3、10.1.5 条的基础上所提出的更高一级的要求，要求相关的运行记录数据均为智能化系统输出的电子文档。应提供至少 1 年的用水量、用电量、用气量、用冷热量的数据，作为评价的依据。

本条的评价方法为查阅针对建筑物及设备的配件档案和维修的信息记录，能耗分项计量和监管的数据，并现场核查物业信息管理系统。

6.1.4 环境管理

1.《绿色建筑评价标准》GB/T 50378—2014 控制要点

（1）运行过程中产生的废气、污水等污染物应达标排放。

本条主要考察建筑的运行。除了本标准第 10.1.2 条已做出要求的固体污染物之外，建筑运行过程中还会产生各类废气和污水，可能造成多种有机和无机的化学污染，放射性等 物理污染，以及病原体等生物污染。此外，还应关注噪声、电磁辐射等物理污染（光污染已在第 4.2.4 条体现）。为此需要通过合理的技术措施和排放管理手段，杜绝建筑运行过程中相关污染物的不达标排放。相关污染物的排放应符合现行标准《大气污染物综合排放标准》GB 16297—1996、《锅炉大气污染物排放标准》GB 13271—2014、《饮食业油烟排放标准》GB 18483—2001、《污 水综合排放标准》GB 8978—1996、《医疗机构水污染物排放标准》GB 18466—2005、《污水排入城镇下水道水质标准》CJ 343—2010、《社会生活环境噪声排放标准》GB 22337—2008、《制冷空调设备和系统 减少卤代制冷剂排放规范》GB/T 26205—2010 等的规定。

本条的绿建评价方法为查阅污染物排放管理制度文件，项目运行期排放废气、污水等污染物的排放检测报告，并现场核查。

① 采用无公害病虫害防治技术，规范杀虫剂、除草剂、化肥、农药等化学品的使用，有效避免对土壤和地下水环境的损害。建立和实施化学品管理责任制；病虫害防治用品使用记录完整；采用生物制剂、仿生制剂等无公害防治技术。

无公害病虫害防治是降低城市及社区环境污染、维护城市及社区生态平衡的一项重要举措。对于病虫害，应坚持以物理防治、生物防治为主，化学防治为辅，并加强预测预报。因此，一方面提倡采用生物制剂、仿生制剂等无公害防治技术，另一方面规范杀虫剂、除草剂、化肥、农药等化学药品的使用，防止环境污染，促进生态可持续发展。

本条的评价方法为查阅病虫害防治用品的进货清单与使用记录，并现场核查。

② 栽种和移植的树木一次成活率大于 90%，植物生长状况良好。

a. 记录完整；

b. 现场观感良好。

对绿化区做好日常养护，保证新栽种和移植的树木有较高的一次成活率。发现危树、枯死树木应及时处理。

本条的评价方法为查阅绿化管理报告，并现场核实和用户调查。

③ 垃圾收集站（点）及垃圾间不污染环境，不散发臭味。

a. 垃圾站（间）定期冲洗；

b. 垃圾及时清运、处置；

c. 周边无臭味，用户反映良好。

重视垃圾收集站点与垃圾间的景观美化及环境卫生问题，用以提升生活环境的品质。垃圾站（间）设冲洗和排水设施，并定期进行冲洗、消杀；存放垃圾能及时清运、并做到垃圾不散落、不污染环境、不散发臭味。本条所指的垃圾站（间），还应包括生物降解垃圾处理房等类似功能间。

本条绿色建筑评价方法为现场考察和用户抽样调查。设计评价评审时，查阅垃圾收集站点、垃圾间等冲洗、排水设施设计文件。

④ 实行垃圾分类收集和处理。

a. 垃圾分类收集率达到 90%；

b. 可回收垃圾的回收比例达到 90%；

c. 对可生物降解垃圾进行单独收集和合理处置；

d. 对有害垃圾进行单独收集和合理处置。

垃圾分类收集就是在源头将垃圾分类投放，并通过分类的清运和回收使之分类处理或重新变成资源，减少垃圾的处理量，减少运输和处理过程中的成本。除要求垃圾分类收集率外，还分别对可回收垃圾、可生物降解垃圾（有机厨余垃圾）提出了明确要求。需要说明的是，对有害垃圾必须单独收集、单独运输、单独处理，这是《城镇环境卫生设施设置标准》CJJ 27—2005 的强制性要求。

本条的评价方法为查阅垃圾管理制度文件、各类垃圾收集和处理的工作记录，并进行现场核查和用户抽样调查。

6.2 建筑节能检测和诊断

6.2.1 建筑节能检测

1. 建筑节能检测含义

建筑节能是指在建筑物的规划、设计、新建（改建、扩建）、改造和使用运营过程中，执行节能标准，采用节能型的技术、工艺、设备、材料和产品，提高保温隔热性能和供暖供热、空调制冷制热系统效率，加强建筑物用能系统的运行管理，利用可再生能源，在保证室内热环境质量的前提下，减少空调、照明、热水供应的能耗，即在保证提高建筑舒适性的条件下，合理使用能源，不断提高能源利用效率。简单来说，建筑节能就是要“减少建筑中能量的散失”和“提高建筑中能源利用率”。

建筑节能检测是用标准的方法、适合的仪器设备和环境条件，由专业技术人员对节能建筑中使用原材料、设备、设施和建筑物等进行热工性能及与热工性能有关的技术操作。

节能检测中应当考虑到现场测试的特殊性，选择适当的测试方法及测试仪表。一般来说，在满足工程测试需要的精度基础上，测试仪器的使用以及测试方法的选择需要遵循以下原则：

（1）在确保测试结果准确的前提下，测试方法应尽量简便、易操作；

（2）测试仪器一般应为使用起来较方便的便携式仪器，且不会对测试现场内的设备和管路等造成损坏。

2. 建筑节能检测内容

（1）现场检测

① 空调系统节能检测（风口风量、总风量及水流量等）；

② 供暖供热系统节能检测（总表及分户热计量、温度控制装置、水力平衡度、室外管网热输送效率、补水率、供暖能耗等）；

③ 围护结构系统节能检测（传热系数、保温层构造、保温板与基层粘接强度、后置锚固件抗拉强度）；

④ 配电与照明系统检测（照度及照明功率密度）；

⑤ 建筑物隔热性能检测；

⑥ 室内舒适度检测；

⑦ 建筑物围护结构热工缺陷检测；

⑧ 房间气密性检测；

⑨ 公共场所检测（室内温度、湿度、大气压、新风量、采光系数和噪声等）。

（2）实验室检测

① 建筑节能材料（保温材料包括燃烧 A 级、B 级、C 级，保温板、保温浆料、胶粘剂、增强网、界面剂、抹面抗裂砂浆等）产品和性能参数检测；

② 材料燃烧性能检测，包括单体燃烧（SBI）、不燃性、材料热值、氧指数测试、可燃性试验；

③ 风机盘管热工性能和噪声检测；

④ 供暖散热器热工性能检测；

⑤ 电线电缆电阻和外径检测；

⑥ 中空玻璃检测（露点、遮阳系数、可见光透射比等）；

⑦ 建筑外窗抗风压、水密性、气密性及保温性能（传热系数）检测；

⑧ 同条件保温样块热阻检测；

⑨ 建筑幕墙抗风压、水密性、气密性、平面内变形及保温性能检测。

3. 建筑节能检查

（1）墙体、屋面、门窗、地面保温隔热工程质量评价；

（2）墙体、屋面、门窗、地面热工性能及室内热环境评价；

（3）系统节能性能检测。

采暖、通风与空调、配电与照明工程安装完成后，应进行系统节能性能检测，且应由建设单位委托具有相应检测资质检测机构检测出具报告。受季节影响未进行的节能性能检测项目，应在保修期内补做。

检测项目如下：室内温度；供热系统室外管网的水利平衡度；供热系统补水率；室外管网的热输送效率；各风口的风量；通风与空调系统的总风量；调机组的水流量；空调系统冷热水、冷却水总流量；平均照度与照明功率密度。

系统节能性能检测的项目和抽样数量也可以在工程合同中约定，必要时可增加其他检测项目，但在合同中约定的检测项目和抽样数量不应低于《建筑节能工程施工质量验收规范》GB 50411—2007 规定。

6.2.2 建筑节能诊断

建筑的节能诊断的目的是为了找出建筑在用能过程中存在的问题，发掘节能潜力，指导业主根据问题对建筑能耗进行优化控制和改造，提高建筑用能效率，更大程度地降低建筑运行能耗。

节能诊断的主要工作和诊断报告内容要求节能诊断的对象包括建筑物的能源消耗状

况、围护结构热工性能、暖通空调系统、照明系统以及其他用电设备等所有与建筑物用能环节的测试和分析，为顺利开展节能诊断，被诊断对象应提供表6-1中的资料。

节能诊断需要提供的资料　　**表6-1**

类别		内容要求
建筑物的基本情况	建筑专业施工图	建筑设计总说明（建筑物功能、建筑面积、空调面积、高度、层数、人数/机构设置、建筑年代、地理位置等）；建筑平面图、立面图、剖面图；建筑门窗表、建筑外墙及屋面做法
	电气专业施工图	电气专业总说明（含光源说明、照明设备清单及负荷计算）；供配电系统图；各层照明系统及平面图
	暖通专业施工图	供暖、通风、空调系统设计总说明（含主要设备表及技术参数）；供暖、通风及空调系统原理图；空调系统的锅炉房、热力站、冷站、泵房、冷却塔等的平、剖面图；各层供暖、通风及空调系统平、剖面图
	给排水专业施工图	给排水设计总说明（含主要设备表及技术参数），给水系统原理图，给水系统平、剖面图
运行管理数据	施工记录	以上各项实施改造的详细记录、图纸
	运行记录	各类耗电设备的运行策略及详细运行记录；燃气、燃油、燃煤设备的运行策略及详细运行记录
	计量记录	各类能源和资源的年消耗量、逐月消耗量及其收费标准；分项、分区的电、水、冷/热、燃气、燃油耗量计量记录

6.2.2.1　既有居住建筑节能诊断

1. 供暖、空调能耗现状的调查

调查统计应符合《民用建筑能耗数据采集标准》JGJ/T 154的有关规定。主要能耗包括集中供暖（供冷）的既有居住建筑，测量或统计供暖（空调）能耗；非集中供热、供冷的既有居住建筑，测量或调查住户空调供暖设备容量、使用情况和能耗（耗电、耗煤、耗气等）；如不能直接获得供暖空调能耗，可调查统计既有居住建筑总耗电量及其他类型能源的总耗量等，间接估算供暖空调能耗。

2. 室内热环境的现状诊断

应按国家现行标准《民用建筑热工设计规范》GB 50176、《严寒和寒冷地区居住建筑节能设计标准》JGJ 26、《夏热冬冷地区居住建筑节能设计标准》JGJ 134、《夏热冬暖地区居住建筑节能设计标准》JGJ 75以及《居住建筑节能检测标准》JGJ/T 132执行。应采取现场调查和检测室内热环境状况为主，住户问卷调查为辅的方法。

既有居住建筑室内热环境诊断应调查、检测下列内容并将结果提供给节能诊断报告：①室内空气温度 ②室内空气相对湿度③外围护结构内表面温度，在严寒和寒冷地区还应包括热桥等易结露部位的内表面温度，在夏热冬冷和夏热冬暖地区还应包括屋面和西墙的内表面温度④在夏热冬暖和夏热冬冷地区，建筑室内的通风情况⑤住户对室内温度、湿度的主观感受等。

3. 建筑围护结构的现状诊断

围护结构节能诊断前，应收集资料：

（1）建筑设计施工图、计算书及竣工图；

（2）建筑装修和改造资料；

（3）现场检查墙体屋面外窗遮阳户门等；

（4）进行围护结构热工计算和检测：屋顶及外墙的保温性能隔热性能、房间的气密性和外窗的气密性，维护结构缺陷；提供围护结构各组成部分的传热系数；建筑物耗热量指标（严寒、寒冷地区集中供暖建筑）。

外围护结构各部位建筑材料性能的测试较为复杂。对于寒冷地区围护结构的节能应重点关注建筑本身的保温性能，而夏热冬暖地区应重点关注建筑本身的隔热与通风性能，夏热冬冷地区则二者均需兼顾。表 6-2 为不同气候区、不同类型（透明、非透明）外围护结构节能诊断的检测项。

外围护结构节能诊断的检测项 **表 6-2**

气候区	外围护结构节能诊断项目
严寒和寒冷地区	1. 外围护结构主体部位传热系数 2. 外围护结构冷热桥部位内表面温度及热工缺陷 3. 遮阳设施的综合遮阳系数 4. 外窗及透明幕墙的气密性
夏热冬冷地区	1. 外围护结构主体部位传热系数 2. 外围护结构热桥部位内表面温度及热工缺陷 3. 遮阳设施的综合遮阳系数 4. 玻璃（或其他透明材料）的可见光透射比、传热系数、遮阳系数 5. 外窗及透明幕墙的气密性
夏热冬暖地区	1. 遮阳设施的综合遮阳系数 2. 外围护结构主体部位传热系数 3. 玻璃（或其他透明材料）的可见光透射比、传热系数、遮阳系数

外围护结构主体部位传热系数和冷热桥可以采用热流计、热箱法和红外热像仪法等来判定。

4. 集中采暖系统的现状诊断（仅对集中供暖居住建筑）

供暖系统节能诊断前，应收集下列资料：

（1）供暖系统设计施工图、计算书和竣工图纸；

（2）历年维修改造资料；

（3）供暖系统运行记录及 3 年以上能源消耗量。

供暖系统诊断时，应对下列内容进行现场检查、检测、计算并将结果提供节能诊断节能诊断报告。

（1）锅炉效率、单位锅炉容量的供暖面积；

（2）单位建筑面积供暖耗煤量（折合成标准煤）、耗电量和水量；

（3）根据建筑耗热量、耗煤量指标和实际供暖天数推算系统的运行效率；

（4）供暖系统补水率；

（5）室外管网水力平衡度、调控能力；

（6）室外管网输送效率；

（7）室内供暖系统形式、水力失调状况和调控能力。

对锅炉效率、系统补水率、室外管网水力平衡度、室外管网热损失率、耗电输热比等指标参数的检测应按现行行业标准居住或者公建节能检测标准执行。

既有居住建筑节能诊断后，应出具节能诊断报告，初步的节能改造建议和节能改造潜力分析。

6.2.2.2　既有公共建筑节能诊断

1. 一般规定

(1) 公共建筑节能改造前应对建筑物外围护结构热工性能、采暖通风空调及生活热水供应系统、供配电与照片系统、监测与控制系统进行节能诊断。

(2) 宜提供下列资料。

①工程竣工图和技术文件；

②历年房屋修缮及设备改造记录；

③相关设备技术参数和近1～2年的运行记录；

④ 室内温湿度状况；

⑤近1～2年的燃气、油、电、水、蒸汽等能源消费账单。

(3) 公建节能改造前应制定详细的节能诊断方案，节能诊断后应编写节能诊断报告。节能诊断报告应包括系统概况、检测结果、节能诊断与节能分析、改造方案建议等内容。对于综合诊断项目，应在完成各子系统节能诊断报告基础上再编写项目节能诊断报告。

(4) 公建节能诊断项目的检测方法应符合现行行业标准《公共建筑节能检验标准》JGJ 177的有关规定。

(5) 承担公共建筑节能检测的机构应具备相应的资质。

2. 外围护结构热工性能诊断

(1) 对建筑外围护结构热工性能，应根据气候区和外围护结构的类型对下列内容进行选择性节能诊断：

传热系数；热工缺陷及部位内表面温度；遮阳设施的综合遮阳系数；外围护结构的隔热性能；玻璃或其他透明材料的可见光投射比、遮阳系数；外窗、透明幕墙的气密性；房间气密性或建筑物整体气密性。

(2) 外围护结构热工性能诊断步骤：

①查阅竣工图，了解建筑外围护结构的构造做法和材料，建筑遮阳设施的种类和规格，以及设计变更等信息。

②对外围护结构状况进行现场调查，调查了解外围护结构保温系统完好程度，实际施工做法与竣工图纸的一致性，遮阳设施的实际使用情况和完好程度。

③对确定的节能诊断项目进行外围护结构热工性能计算和检测。依据诊断结果和节能改造判定原则与方法，确定外围护结构的节能环节和节能潜力，编写外围护结构热工性能节能诊断报告。

(3) 采暖通风空调及生活热水供应系统诊断

1) 对于暖通空调生活热水系统应根据系统设置情况对下列选择性节能判断。

①建筑物室内的平均温度、湿度；

②冷水机组、热泵机组的实际性能系数；

③锅炉和水泵的运行效率；

④水系统供回水温差；

⑤冷却塔冷却性能；

⑥冷源系统能效系统；

⑦水系统补水率；

⑧风机单位风量耗功率；

⑨系统新风量；

⑩风系统平衡度；

⑪能量回收装置的性能；

⑫空气过滤器的积尘情况；

⑬管道保温性能。

2）暖通空调生活热水系统节能诊断应按下列步骤进行。

①通过查阅竣工图和现场调查，了解采暖通风空调及生活热水供应形式，系统划分形式，设备配置及系统调节控制方法等信息；

②查阅运行记录，了解暖通空调及生活热水供应系统运行状况及运行控制策略等信息；

③对确定的节能诊断项目进行现场检测；

④依据诊断结果和本规范第 4 章的规定，确定暖通空调及生活热水供应系统环节和节能潜力，编写节能诊断报告。

（4）供配电系统诊断

内容包括：

①系统中仪表、电动机、电器、变压器等设备状况；

② 供配电系统容量及结构；

③用电分项计量；

④无功补偿；

⑤供用电电能质量。

（5）照明系统诊断

①灯具类型；

②照明灯具效率和照度值；

③照明功率密度值；

④照明控制方式；

⑤有效利用自然光情况；

⑥照明系统节电率。

（6）监测与控制系统

1）诊断内容包括：

①暖通空调系统监测与控制的基本要求；

②生活热水监测与控制的基本要求；

③照明、动力设备监测与控制的基本要求；

④现场仪表控制设备及元件状况。

2）现场控制设备及元件节能诊断包括：

①控制阀门及执行器选型与安装的选型及安装；

②变频器型号和参数；

③温度、流量、压力仪表；

④与仪表配套的阀门安装；

⑤传感器的准确性；

⑥控制阀门、执行器及变频器的工作状态。

（7）综合诊断

1）公建应在外围护结构热工性能、暖通空调及生活热水供应系统、供配电与照明系统监测与控制系统的分项诊断基础上进行综合诊断。

2）公共建筑综合诊断。

①公建年能耗量及其变化规律；

②能耗构成及各分项所占比例；

③针对公建能源利用情况，分析存在的问题和关键因素，提出节能改造方案；

④进行节能改造的技术经济分析；

⑤编写节能诊断报告。

6.2.2.3　空调系统节能诊断

1. 冷热源的节能诊断

冷热源是空调系统中耗能最大的设备，业主对其维护保养也较为重视，基本能够做到运行状况的连续记录。冷热源的节能诊断应根据系统设置情况，对下列项目进行选择性节能诊断：冷热源正常运行时间；冷热源设备所使用燃料或工质是否满足环保要求；空调系统实际供回水温差；典型工况下冷热源机组的性能参数；冷热源系统能效比；冷热源系统的运行情况。

2. 冷热水输配系统节能诊断

输配系统会将冷热量及新风配送到各个建筑空间。实际上水泵运行时间长，而且通常定速运行，不能根据负荷变化而进行调节，再加上普遍存在的水泵选型偏大导致泵常年在低效点工作，因此在大楼总能耗中所占的比重甚至要和冷机相当。据调查目前建筑系统中水泵的电力消耗（包括集中供热系统水泵电耗）占我国城镇建筑运行电耗的10%以上。输配系统节能可能是目前既有建筑中潜力最大的环节，对此应给予足够的重视。对输配系统的节能诊断应根据系统设置情况，选择性的对下列项目进行节能诊断：管道保温性能；冷冻水流量分配及水系统回水温度一致性；水系统压力分布；水泵效率。

对于空调冷热水输配系统节能，水泵的能耗是主要部分，与管道的散热或吸热相比较，节能潜力也跟大一些。因此空调水泵节能诊断是重点。目前空调末端设备大都带有水量控制、调节装置，而且负荷侧水量是变化的。这就需要在设计上确保：①在变水量的情况下每个末端设备的作用压头的变化在合理范围之内；②末端设备水量调节阀的阀芯类型、流量系数等技术参数合理。

冷热水输配管道的保温是空调系统施工中一个非常重要的分项工程。管道保温不良，直接影响空调使用达不到设计要求，造成冷热量的大量散失。很多实际工程中均存在某些区域冬季不暖或夏季不凉快的现象，实际原因多数是由于工程竣工后空调水系统从未做过水力平衡，导致部分末端水量不足，为满足这部分末端的换热要求，只能增大总水量，使得其他末端的水量变大，导致总水量变大。

6.2.2.4 照明系统及室内设备节能诊断

照明和室内设备的用电是建筑中占比重很大的系统。对照明系统和室内设备的节能诊断应根据系统设置情况，选择性的对下列项目进行节能诊断：照明灯具效率和照度值；照明功率密度值；公共区域照明控制；有效利用自然光；照明节电率检验；室内设备耗能合理。

目前国家对灯具的能耗有明确规定有《管型荧光灯镇流器能效限定值及能效等级》GB 17896—2012、《普通照明用双端荧光灯能效限定值及能效等级》GB 19043—2013、《普通照明用自镇流荧光灯能效限定值及能效等级》GB 19044—2013、《单端荧光灯能效限定值及节能评价值》GB 19415—2013、《高压钠灯能效限定值及能效等级》GB 19573—2013。这些标准规定了荧光灯和镇流器的能耗限定值等参数，《建筑照明设计标准》GB 50034—2013 中规定了灯具的效率允许值、灯具效率参考值及公共建筑照度标准值参考。照明灯具效率和照度值都应该满足上面所给的条件，如果建筑物中采用的灯具不是节能灯具或不符合能效限定值的要求，或灯具效率不符合要求就应该进行更换。

公共区域照明是能耗浪费的重点区域，照度标准值参照《建筑照明设计标准》GB 50034—2013 中规定的值，表 6-3 是公共建筑采光标准值。照明系统的节能诊断还应检查有效利用自然光情况，房间的采光系数或采光窗地面积比应符合《建筑采光设计标准》GB/T 50033—2013 的规定。有条件时，宜随室外天然光的变化自动调节人工照明照度；宜利用各种导光和反光装置将天然光引入室内进行照明；宜利用太阳能作为照明能源。

公共建筑采光标准 **表 6-3**

建筑性质	房间名称	采光系数最低值 Cmin（%）	窗地面积比（Ac/Ad）
办公建筑	办公室	2	2
	视频工作者	3	1
	设计室、绘图室	1/5	1/5
	复印室	1/3.5	1/7
学校建筑	教室实验室	2	1/5
	阶梯教室、报告厅	2	1/5
	走到楼梯间	0.5	1/12
图书馆	阅览室、开架书库	2	1
	目录室	0.5	1/5
	书库	1/7	1/12
旅馆	客房	1	2
	大堂	1/7	1/5
	会议厅	1/7	1/5
医院	药房	2	—
	检查室	1	1
	候诊室	2	2
	病房	1/5	—
	诊疗室	1/7	1/7
	治疗室	1/5	1/5

6.3　既有建筑的节能改造

6.3.1　既有建筑的基本概念

既有建筑是相对于新建建筑而言的，根据存在形态的不同，可以分为三类：

(1) 第一类是指以文物形式存在的古建筑，这类建筑物承担着民族文化传承的重要使命，需要我们加以保护和继承。

(2) 第二类是广泛存在的旧城区和旧工业区建筑，这类建筑物是某一历史时期经济生活的主要场所，但是随着社会经济的发展，不再适应城市规划和发展的需要，这类建筑物需要根据城市建设的情况加以拆除或改建。

(3) 第三类是指大量使用期内的一般建筑，这类建筑物普遍存在一些使用上的不舒适性或者功能上的不完善性，普遍存在安全性、耐久性、适应性等问题。

我国既有建筑能耗具有以下特点：

(1) 建筑能耗增长快。1996 年，我国建筑年消耗 3.35 亿吨标准煤，占能源消费总量的 24%，目前，建筑能耗已近全社会总能耗的 30%。随着人民生活质量的改善，建筑能耗占全社会总能耗的比例还将增长。1997 年以来，我国每年发电量按 5%～8%的速度增长，而工业用电量每年减少 17.9%。由于空调耗电量大（2007 年全国新增房间空调器装机容量 1600 万 kW）且使用时间集中，很多城市的空调负荷占到尖峰负荷的 50%以上，上海、北京、济南、武汉、广州等城市普遍存在夏季缺电现象。

(2) 用能系统能效低。我国建筑能耗约 50%～60%是供暖和空调能耗。北方城市集中供热的热源主要以燃煤锅炉为主。锅炉的单台热功率普遍较小，热效率低，污染严重；供热输配管网保温隔热性能差；整个供热系统的综合效率仅为 35%～55%，远低于先进国家 80%左右的水平，而且整个系统的电耗、水耗也极高。公共建筑中央空调系统综合效率也很低，例如，上海市 9 幢办公楼统计的平均耗能量为每年 1，800 兆 J/m^3，与日本同气候条件的办公楼节能标准每年 1，256 兆 J/m^3 相比超过 43.3%；针对北京市十余家大型商场运行能耗的测试表明，这些商场的全年空调系统运行能耗平均大约是每 700 兆 J/m^3，而日本同类建筑的平均全年能耗大约是每年 500 兆 J/m^3，高出将近 40%。

(3) 围护结构的保温隔热性能差。我国的建筑围护结构保温隔热性能普遍较差，外墙和窗户的传热系数为同纬度发达国家的 3～4 倍。以多层住宅为例，外墙的单位面积能耗是发达国家的 4～5 倍，屋顶的单位面积能耗是发达国家 2.5～5.5 倍，外窗的单位面积能耗是 1.5～2.2 倍，门窗空气渗透率则是发达国家的 3～6 倍。

由此可见，既有建筑节能改造的重点是提高围护结构的保温性能和供暖空调系统以及其他用能系统的用能效率。

6.3.2　既有建筑改造的基本概念

既有建筑节能改造，是指对不符合民用建筑节能强制性标准的既有建筑的围护结构、供热系统、供暖制冷系统、照明设备和热水供应设施等实施节能改造的活动。既有建筑节能改造的目的是在保证舒适度的情况下降低建筑物的使用能耗。既有建筑节能改造的对象是不符合民用建筑节能强制性标准的建筑。既有建筑节能改造的范围包括建筑物围护结构节能改造、供暖空调系统节能改造以及供配电和照明设备节能改造等。

6.3.3 既有建筑节能改造方案评价

在建立改造方案评价的指标体系时充分重视改造效果方面的指标。另外还应对节能改造产生的各种隐性效益给予综合考虑。这样建立的指标体系对选取能真正体现节能改造所产生的社会效益的方案有很大帮助。评价指标体系应该遵循一般性原则：系统性、科学性、可操作性、可对比性与可持续性、定量指标与定性指标相结合的原则。技术指标不能仅仅将其作为技术问题来看待，还要考虑其所产生的经济效益和社会效益，而且对节能改造项目来说，更要考虑实施的技术对能耗和环境的影响。外围护结构节能改造方案的评价内容见表6-4。

节能改造方案评价列项表（以外围结构改造方案评价为例） 表6-4

<table>
<tr><th>目　标</th><th>一级综合指标项目</th><th>二级分类指标项目</th></tr>
<tr><td rowspan="15">改造方案的综合评价</td><td rowspan="4">改造增量成本指标</td><td>构造改造成本</td></tr>
<tr><td>供暖系统改造成本</td></tr>
<tr><td>改造后使用成本</td></tr>
<tr><td>拆除成本</td></tr>
<tr><td rowspan="4">经济效益指标</td><td>节煤量</td></tr>
<tr><td>省电量</td></tr>
<tr><td>维修费用节约量</td></tr>
<tr><td>环境效益</td></tr>
<tr><td rowspan="4">外结构能耗指标</td><td>外墙能耗</td></tr>
<tr><td>屋面能耗</td></tr>
<tr><td>门窗能耗</td></tr>
<tr><td>交通空间能耗</td></tr>
<tr><td rowspan="3">施工指标</td><td>工期</td></tr>
<tr><td>技术</td></tr>
<tr><td>组织管理能力</td></tr>
</table>

节能改造方案评价依据各个系统的能耗特点进行区分。建筑的节能检测及诊断信息作为节能改造方案的评价依据，与规定的节能量进行对比得出各项节能改造的实际指标，然后依据各项节能指标在系统中的权重对改造工程进行综合评价。实际工作中，节能改造方案的设计必须根据节能整体解决方案，着手进行详细的节能改造工程设计工作，并编制详细的实施方案，报业主批准。设计及措施要遵循国家有关的政策标准，如《公共建筑节能设计标准》GB 50189—2014、《既有居住建筑节能改造技术规程》JGJ/T 129—2012以及《公共建筑节能改造技术规范》JGJ 176—2009、《严寒和寒冷地区居住建筑节能设计标准》JGJ 26—2010、《夏热冬冷地区居住建筑节能设计标准》JGJ 134—2010、《夏热冬暖地区居住建筑节能设计标准》JGJ 75—2012。

6.3.4　既有居住建筑节能改造步骤和要求

（1）既有居住建筑，在实施全面节能改造前，应先进行抗震、结构、防火等性能评估，其主体结构的后续使用年限不应少于 20 年。

（2）既有建筑改造前应进行节能诊断，并应根据节能诊断结果，制定全面的或部分的节能改造方案。

（3）建筑节能改造的诊断．设计和施工，应由具有相应的建筑检测、设计、施工资质的单位和专业技术人员承担。宜以一个住宅小区或者单体公建为单位，应同步实施对建筑围护结构的改造和供暖系统的全面改造，改造后，在保证同一室内热舒适水平的前提下，热源端的节能量不应低于 20%。不具备全面改造条件时，应优先选择对室内热环境影响大、节能效果显著的环节实施部分改造。

（4）严寒和寒冷地区既有居住建筑实施全面节能改造后，集中供暖系统应具有室温调节和热量计量的基本功能。工程应优先选用安全、对居民干扰小，工期短，对环境污染小、施工工艺便捷的墙体保温技术，并宜减少湿作业施工。

（5）夏热冬冷地区与夏热冬暖地区的既有居住建筑，应优先提高外窗的保温和遮阳性能、屋顶和西墙的保温隔热性能，并宜同时改善自然通风条件。

（6）既有建筑节能改造不得采用国家明令禁止和淘汰的设备、产品和材料。

（7）既有建筑节能外墙节能改造工程的设计应兼顾建筑外立面的装饰效果，并应满足墙体保温、隔热、防火、防水等的要求。

（8）既有建筑节能改造应制定和实行严格的施工防火安全管理制度。外墙改造采用的保温材料和系统应符合国家现行有关放火标准的规定。

6.3.5　既有建筑节能改造方案

1. 既有居住建筑节能改造一般规定

（1）根据节能诊断结果和预定的节能目标制定节能改造方案，并对节能改造方案的效果进行评估。

（2）严寒和寒冷地区按《严寒和寒冷地区居住建筑节能设计标准》JGJ 26—2010 中静态方方法，对建筑实施改造后的供暖耗热量指标进行计算，并应符合其标准，室内系统应满足计量要求。其全面节能改造方案应包括建筑围护结构节能改造方案和供暖系统节能改造方案，并应有评估内容，详见 JGJ 26—2010 标准内容。

（3）夏热冬冷地区和夏热冬暖地区应分别按《夏热冬冷地区居住建筑节能设计标准》JGJ 134—2010 和《夏热冬暖地区居住建筑节能设计标准》JGJ 75—2012 中动态计算方法对建筑实施改造后的空调能耗进行计算（夏热冬冷部分地区有采暖）。

（4）夏热冬冷地区和夏热冬暖地区宜对改造后建筑顶层房间的夏季室内热环境进行评估。其节能改造方案主要针对建筑结构。评估内容分别见 JGJ 134—2010 和 JGJ 75—2012。

2. 严寒和寒冷地区既有居住节能改造方案

（1）内容包括：建筑围护结构和供暖系统节能改造方案。

（2）围护结构节能改造方案应确定外墙、屋面等保温层的厚度并计算外墙平均传热系数和屋面传热系数，确定外窗、单元门、户门传热系数。

（3）围护结构节能改造方案应评估下列内容。

①建筑物耗热量指标；

②围护结构传热系数；

③节能潜力；

④建筑热工缺陷；

⑤改造的技术方案和措施，以及相应的材料和产品；

⑥改造的资金投入和资金回收期。

（4）严寒和寒冷地区供暖系统节能改造方案应符合。

①改造后的燃煤锅炉年均运行效率不应低于68%，燃气及燃油锅炉年均运行效率不应低于80%。

②对于改造后的室外供热管网，管网保温效率应大于97%，补水率不应大于总循环流量的0.5%，系统总流量应为设计值100%～110%，水力平衡度应在0.9～1.2范围之内，耗电输热比应符合《严寒和寒冷地区居住建筑节能设计标准》JGJ 26—2010的有关规定。

（5）供暖系统节能改造方案应评估下列内容。

①供暖期间单位建筑面积耗标煤量（耗气量）指标；

②锅炉运行效率；

③室外管网输送效率；

④热源（热力站）变流量运行条件；

⑤室内系统热计量仪表状况及系统调节手段；

⑥供热效果；

⑦节能潜力；

⑧改造的技术方案和措施，以及相应的材料和产品；

⑨改造的资金投入和资金回收期。

3. 夏热冬冷地区和夏热冬暖地区既有居住节能改造

方案应主要针对建筑维护结构，应确定外墙、屋面等保温层的厚度。计算外墙和屋面传热系数，确定外窗传热系数和遮阳系数。

4. 公共建筑节能改造单项判定原则与方法

（1）外围护结构单项判定：当公建因结构或者防火存在安全隐患、外墙屋面外窗屋面透明部分，及幕墙存在传热系数超标等热工问题时需要对围护结构节能改造。

（2）暖通空调及生活水供应系统单项判定。

1）表现在设备运行时间接近或超过其正常使用年限，燃料或者工质不满足环保要求。

2）锅炉热效率低于规定值，或者锅炉改造或更换的静态投资回收期小于或者等于8年时。

3）冷水机组或者热泵机组实际性能系数低于规定值且机组改造或更换的静态投资回收期小于或者等于8年时，宜进行相应改造。

4）当公建采暖空调系统的热源设备无随室外气温变化进行供热量调节的自动控制装置时，应进行相应的改造。

5）当采暖空调系统循环水泵的实际水量超过原设计值的20%，或循环水泵实际运行效率低于铭牌值的80%时，应对泵进行相应调节或者改造。

6）当空调系统冷水管的保温存在结露情况时，应进行相应的改造。

7）当公共建筑中的采暖空调系统不具备室温调控手段时，应进行相应改造。

8）对于采用电热锅炉、电热水器作为直接采暖和空调系统的热源，当符合下列情情况之一，且当静态投资回收期小于或等于8年时，应改造为其他热源方式。

a. 以供冷为主，采暖负荷小且无法利用热泵提供热源的建筑；

b. 无集中供热与燃气源、煤、油等燃料的使用受到环保或者消防严格限制的建筑；

c. 夜间可利用低谷电进行蓄热，且蓄热式电锅炉不在昼夜用电高峰时段启用的建筑；

d. 采用可再生能源发电地区的建筑；

e. 采暖和空调系统中需要对局部外区进行加热的建筑。

（3）供配电系统单项判定

①当供配电系统不能满足更换用电设备功率和配电参数要求时，或者主要电器为淘汰产品时，对配电柜和配电回路进行改造；

②长期负荷率低于20%，对变压器进行改造；

③未设置用电分项计量或者分项计量电能回路用电校核不合格时；

④无功补偿不满足要求，当投资静态回收期小于5年时，宜进行改造；

⑤供电电能质量不满足要求。

（4）监测与控制系统单项判定

当监测与控制系统无用电分项计量或不能满足改造前后对比节能效果时，应进行改造；当监测与控制系统配置的传感器、阀门及配套的执行器、变频器等的选型及安装不符合设计、产品说明书及现行国标《自动化仪表工程施工及验收规范》中有关规定时，或者准确性及工作状态不能满足要求时，应进行改造。

5. 公共建筑节能改造分项判定原则与方法

（1）公建经外围护结构节能改造，采暖通风空调能耗降低10%以上，且静态投资回收期小于或等于8年时，宜对外围护结构节能改造。

（2）公建采暖通风空调及生活热水供应系统经节能改造，系统能耗降低20%以上且静态投资回收期小于或等于5年时，宜进行节能改造。

（3）公共建筑未采用节能灯具或采用的灯具效率及光源不符合国家现行规定，且静态投资回收期小于或等于2年或节能率达到20%以上时，宜进行改造。

6. 综合判定

通过改善公共建筑外围护结构热工性能，提高采暖通风空调及生活热水供应系统、照明系统的效率，在保证相同的室内热环境参数前提下，与未采取节能改造措施前相比，采暖通风空调及生活热水供应系统、照明系统的全年能耗降低30%以上，且静态投资回收期小于或等于6年时，应进行改造。

6.3.6　节能改造施工的质量验收

（1）既有建筑改造后，应进行节能改造工程施工质量验收，并应符合现行国家标准《建筑节能工程施工质量验收规范》GB 50411—2007有关规定。

（2）验收应有业主方、设计单位、施工单位以及建设主管部门的代表参加。

（3）验收内容进行分项工程和检验批划分。

课后习题

1. 绿色住宅建筑的运营管理评价标准中最难以实现的是（　　）。
A. 制定并实施节能、节水、节材与绿化管理制度
B. 住宅水、电、燃气分户分类计量收费
C. 智能化系统正确定位
D. 对可生物降解垃圾进行单独收集或设置可生物降解垃圾处理房
答案：D

2. 绿色住宅建筑的运营管理评价标准中最容易实现的是（　　）。
A. 设备、管道的设置便于维修、改造和更换
B. 住宅水、电、燃气分户分类计量收费
C. 智能化系统正确定位
D. 对可生物降解垃圾进行单独收集或设置可生物降解垃圾处理房
答案：B

3. 下列属于绿色公共建筑运营管理评价中优选项的是（　　）。
A. 具有并实施资源管理激励机制，管理业绩与节约资源、提高经济效益挂钩。
B. 建筑施工兼顾土方平衡和施工道路等设施在运营过程中的使用
C. 分类收集和处理废弃物
D. 办公商场类建筑耗电、冷热量等实行计量收费
答案：A

4. 下面属于绿色建筑运营管理中节能与节水管理的内容有（　　）。
A. 实现分户分类计量与收费
B. 建立建筑和设备系统的维护制度
C. 生活垃圾分类收集
D. 建立绿化管理制度
答案：A

5. 绿色建筑运营管理的内容不包括（　　）。
A. 节地管理　　B. 资源管理
C. 改造利用　　D. 环境管理体系
答案：A

6. 运营管理的分项指标不包括（　　）。
A. 智能化系统　　B. 改造利用
C. 节水规划　　D. 环境管理体系
答案：A

第7章 绿色建筑评价

7.1 绿色建筑评价概述

绿色建筑在实践领域的实施和推广有赖于建立明确的绿色建筑评估体系，一套清晰地绿色建筑评估体系对绿色建筑概念的具体化，使绿色建筑脱离空中楼阁真正走入实践，以及对人们真正理解绿色建筑的内涵，都起着极其重要的作用。

国际上对于绿色建筑的评价大概经历了以下三个不同阶段。第一阶段主要是进行相关产品及技术的一般评价、介绍与展示。第二阶段主要是对与环境生态概念相关的建筑热、声、光等物理性能进行方案设计阶段的软件模拟与评价。第三阶段以“可持续发展”为主要评价尺度，对建筑整体的环境表现进行综合审定与评价。这一阶段在各个国家相继出现了一批作用相似的评价工具。今后，将对现阶段已有的评价工具与设计阶段的模拟辅助工具进行整合，并利用网络信息技术使评价方式与辅助设计手段得到更广泛和全面的应用与发展。

近30年来，绿色建筑从理念到实践，在发达国家逐步完善，形成了较成体系的设计方法、评估方法，各种新技术、新材料层出不穷。一些发达国家还组织起来，共同探索实现建筑可持续发展的道路，如：加拿大的“绿色建筑挑战”（GREEN BUILDING CHALLENGE）行动，采用新技术、新材料、新工艺，实行综合优化设计，使建筑在满足使用需要的基础上所消耗的资源、能源最少。日本颁布了《住宅建设计划法》，提出“重新组织大城市居住空间（环境）”的要求，满足21世纪人们对居住环境的需求，适应住房需求变化。德国在20世纪90年代开始推行适应生态环境的住区政策，以切实贯彻可持续发展的战略。法国在20世纪80年代进行了包括改善居住区环境为主要内容的大规模住区改造工作。瑞典实施了“百万套住宅计划”，在住区建设与生态环境协调方面取得了令人瞩目的成就。

绿色建筑评价体系的建立，由于其涉及专业领域的广泛性、复杂性和多样性而成为一种非常重要的却又复杂艰巨的工作。它不仅要求各个领域专家通力合作，共同制订出一套科学的评价体系和标准，而且要求这种体系和标准在实际操作中能简单易行。

7.2 绿色建筑评价标准

国家标准《绿色建筑评价标准》GB/T 50378—2014（以下简称《新标准》），自2015年1月1日起实施，原《绿色建筑评价标准》GB/T 50378—2006同时作废，新版标准是在原国家标准《绿色建筑评价标准》GB/T 50378—2006 版基础上进行修订完成的，原标准在编制过程中参考了 LeeD 和 BREEAM 等国外评估体系，同时也从我国国情出发对指标体系以及评价内容进行了调整。这是我国第一部绿色建筑综合评价标准。该标准明确了绿色建筑的定义、评价指标和评价方法，确立了我国以“四节一环保”为核心内容的绿色建筑发展理念和评价体系。自 2006 年发布实施以来，已成为我国各级、各类绿色建筑标准研究和编制的重要基础，有效指导了我国绿色建筑实践工作。

“十二五”以来，我国绿色建筑快速发展。绿色建筑的内涵和外延不断丰富，各行业，各类别绿建践行绿色理念的需求不断提出，2006 年版的《绿色建筑评价标准》已经不能完全适应现阶段绿色建筑实践和评价工作的需求。因此根据住房和城乡建设部《关于印发〈2011 年工程建设标准规范制订，修订计划〉的通知》（建标〔2011〕17 号）的要求，由原主编单位会同相关单位在原国家标准《绿色建筑评价标准》GB/T 50378—2006 基础上进行修订，推出新的国家《绿色建筑评价标准》GB/T 50378—2014，自 2015 年 1 月 1 日起实施。原 GB/T 50378—2006 同时作废。国外绿色建筑评估体系调研：英国 BREEAM 2011 版、美国 LEED v4 版（公开征求意见稿）德国 DGNB 2012 版。

本标准共分 11 章，主要技术内容：总则、术语、基本规定、节地与室外环境、节能与能源利用、节水与水资源利用、节材与材料资源利用、室内环境质量、施工管理、提高与创新。

新的国家《绿色建筑评价标准》GB/T 50378—2014 主要修改内容：

（1）标准适用范围由住宅建筑和公共建筑中的办公建筑、商场建筑和旅馆建筑，扩展至各类民用建筑。

（2）将评价分为设计评价和运行评价。

（3）绿色建筑评价指标体系在节地与室外环境、节能与能源利用、节水与水资源利用、节材与材料资源利用、室内环境质量和运营管理指标基础上，增加“施工管理”类评价指标。

（4）调整评价方法。将 2006 年版标准中的一般项和优选项合并为评分项，对各类评价指标评分，并在每类评价指标评分满足最低得分的要求前提下，以总得分确定绿色建筑等级。

（5）评价定级方法：控制项及得分。

（6）评价指标体系：四节一环保、施工管理、运行管理。

（7）增设加分项，鼓励绿色建筑技术、管理的提高与创新。

7.2.1 评价标准原则和适用性

为贯彻国家技术经济政策，节约资源，保护环境，规范绿色建筑的评价，推进可持续发展，制定本标准。

有限的资源和脆弱的环境是全球发展所面临的两大问题，为实现人类的可持续发展，必须高度关注“节约资源”和“环境保护”。绿色建筑的核心就是“节约资源”和“环境保护”。

本标准适用于绿色民用建筑的评价。建筑因功能不同，其能源和对环境的影响存在较大差异。2006 年版《绿色建筑评价标准》编制时，考虑到我国当时建筑业市场情况，侧重于评价总量大的住宅建筑和公共建筑中能源资源消耗较多的办公建筑、商场建筑、旅馆建筑。新标准将使用范围扩展至覆盖民用建筑各主要类型，并兼具通用性和可操作性，以适应现阶段绿色建筑实践及评价工作的需要。

绿色建筑评价应遵循因地制宜的原则，结合建筑所在地域的气候、环境、资源、经济及文化等特点，对建筑全寿命期内**节能、节地、节水、节材、环境保护**等性能进行综合评价。结合建筑功能要求，综合考虑，统筹兼顾，总体平衡。

7.2.2　评价标准基本规定

(1) 绿色建筑的评价应以单栋建筑或建筑群体为评价对象。评价单体时，凡涉及系统性、整体性的指标，应基于该栋建筑所属工程项目的总体进行评价。

不对建筑中的某一部分开展评价，而以整栋建筑为基本评价对象，但运行评价要视情况决定是否可将一栋建筑中的某部分区域作为评价对象，例如大型商住楼中的商业部分。

常见的系统性、整体性指标主要有：人均居住地、容积率、绿地率、人均公共绿地、年径流总量控制率等。对于系统性、整体性的指标，应基于该指标所覆盖的范围或区域进行总体评价。运行评价时单体建筑内部分区域作为评价对象的情况也应照此执行。

(2) 绿色建筑的评价分为设计评价和运行评价。

设计评价应在建筑工程施工图设计文件审查通过后进行。设计评价的重点在评价绿色建筑采取的“绿色措施”和预期效果上。设计评价所评的是建筑的“绿色措施”设计。

运行评价应在建筑通过竣工验收并投入使用一年后进行。运行评价不仅要评价“绿色措施”，而且要评价这些措施所产生的实际效果，除此之外，运行评价还要关注绿色建筑在施工过程中留下的“绿色足迹”，关注绿色建筑在正常运行后的科学管理。运行评价所评的是已经投入运行的建筑。

(3) 对申请评价方要求：申请评价方应进行建筑全寿命期技术经济分析，合理确定建筑规模，选用适当的建筑技术、设备和材料，对规划、设计、施工、运行阶段进行全过程控制，并提交相应分析、测试报告和相关文件。

(4) 对评价机构要求。评价机构应按本标准的有关要求，对申请评价方提交的报告、文件进行审查，出具评价报告，确定等级。对申请运行评价的建筑，尚应进行现场考察。

7.2.3　评价等级与划分

(1) 绿色建筑评价指标体系由节地与室外环境、节能与能源利用、节水与水资源利用、节材与材料资源利用、室内环境质量、施工管理、运营管理7类指标组成。每类指标均包括控制项和评分项。评价指标体系还统一设置加分项。

增加了“施工管理”类评价指标，实现对建筑全寿命期内各环节和阶段的覆盖。

将本标准2006年版中“一般项”和“优选项”合并改为“评分项”。

为鼓励绿色建筑在节约资源，保护环境的技术、管理上的创新和提高，新标准增设了“加分项”。全部加分项条文集中，单独成章。

(2) 设计评价时，不对施工管理和运营管理2类指标进行评价。

设计评价“节地、节能、节水、节材、室内环境质量”五类指标。运行评价应再增加“施工”和“运营”共7类指标，见表7-1。

GB/T 50378—2014 评价指标体系图 **表 7-1**

<table>
<tr><td rowspan="7">绿色建筑评价指标体系</td><td>节地与环境</td><td>土地利用</td><td>室外环境</td><td>交通设施公共服务</td><td>场地设计场地生态</td><td rowspan="7">提高与创新</td></tr>
<tr><td>节能与能源利用</td><td>建筑与围护结构</td><td>供暖通风空调</td><td>照明与电气</td><td>能量综合利用</td></tr>
<tr><td>节水与水资源利用</td><td>节水系统</td><td colspan="2">节水器具与设备</td><td>非传统水源</td></tr>
<tr><td>节材与材料资源利用</td><td colspan="2">节材设计</td><td colspan="2">材料选用</td></tr>
<tr><td>室内环境质量</td><td>室内声环境</td><td>室内光环境与视野</td><td>室内热湿环境</td><td>室内空气质量</td></tr>
<tr><td>施工管理</td><td>环境保护</td><td>资源节约</td><td>过程管理</td><td></td></tr>
<tr><td>运营管理</td><td>管理制度</td><td>技术管理</td><td>环境管理</td><td></td></tr>
</table>

(3) 控制项的评定结果为满足和不满足；评分项和加分项的评定结果为分值。

(4) 绿色建筑评价应按总得分确定等级。

与本标准 2006 年版依据各类指标一般项达标以及优选项达标的条文数确定绿色建筑等级的方式不同，本版标准依据总得分来确定绿色建筑的等级。

(5) 评价指标体系 7 类指标的总分均为 100 分。7 类指标各自的评分项得分 Q1、Q2、Q3、Q4、Q5、Q6、Q7 按参评建筑该类指标的评分项实际得分值除以适用于该建筑的评分项总分值再乘以 100 分计算。

7 类指标的总分均为 100 分，称为**"理论满分"**对于某一具体的参评建筑而言，由于功能、所处地域的气候、环境、资源等方面客观上存在差异，总有一些条文不适用，对不适用的评分条文不予评定。因此，适用于该参评建筑的评分项的条文数量和实际可能达到的满分值就小于 100 分了，称为**"实际满分"。**

实际满分＝理论满分(100 分)－∑不参评条文的分值＝∑参评条文的分值

每类指标的得分:Q1÷7＝(实际得分值/实际满分)×100 分

例如:Q2＝(72/80) ×100＝90 分

(6) 加分项的附加得分 Q8 按本标准第 11 章的有关规定确定。

(7) 绿色建筑评价的总得分按下式进行计算，其中评价指标体系 7 类指标评分的权重 w1～w7 按表 7-2 取值。

$$\sum Q = w1Q1 + w2Q2 + w3Q3 + w4Q4 + w5Q5 + w6Q6 + w7Q7 + Q8$$

根据总得分确定被评定建筑的绿色星级 **表 7-2**

		节地与室外环境 w_1	节能与能源利用 w_2	节水与水资源利用 w_3	节材与材料资源利用 w_4	室内环境质量 w_5	施工管理 w_6	运营管理 w_7
设计阶段	居住建筑	0.21	0.24	0.20	0.17	0.18	—	—
	公共建筑	0.16	0.28	0.18	0.19	0.19	—	—
运行阶段	居住建筑	0.17	0.19	0.16	0.14	0.14	0.10	0.10
	公共建筑	0.13	0.23	0.14	0.15	0.15	0.10	0.10

绿色建筑的最低条件：满足全部控制项的要求，每类指标最低得分 40 分。

一、二、三星级对应总得分别为 50、60、80 分。

(8) 评价与定级方法（3 个层次，6 个步骤）

3个层次：控制项，评分项和加分项。

6个步骤：所有控制项必须满足；对各评分项逐条评分，再分别计算各一级指标得分；所有一级指标的最低得分要求必须满足；加分项评分；总得分=5（或7）个一级指标的加权得分+加分项得分；

(9) 绿色建筑分为一星级、二星级、三星级3个等级。3个等级的绿色建筑均应满足本标准所有的控制项的要求，且每类指标的评分项得分不应小于40分。当绿色建筑总得分分别达到50分、60分、80分时，绿色建筑等级分别为一星、二星、三星级。在满足全部控制项和每类指标最低得分的前提下，绿色建筑按总得分确定等级。

7.3　绿色建筑评价标识与管理

7.3.1　绿色建筑标识的等级和类别

绿色建筑评价标识（以下简称“评价标识”），是指对申请进行绿色建筑等级评定的建筑物，依据《绿色建筑评价标准》和《绿色建筑评价技术细则（试行）》，按照确定的程序和要求，确认其等级并进行信息性标识的一种评价活动。标识包括证书和标志。

绿色建筑评价标识分为“绿色建筑设计评价标识”和“绿色建筑评价标识”。绿色建筑设计评价标识是对处于规划设计阶段和施工阶段的住宅建筑和公共建筑进行评价标识，标识有效期为2年。绿色建筑评价标识是对已竣工并投入使用的住宅建筑和公共建筑进行评价标识，标识有效期为3年。评价标识的申请遵循自愿原则，评价标识工作遵循科学、公开、公平和公正的原则。绿色建筑等级由低至高分为一星级、二星级和三星级三个等级。申请规划设计阶段评价标识的建筑，应当完成绿色建筑相关内容施工图设计并通过施工图审查；申请竣工投入使用阶段评价标识的建筑，应当通过工程质量验收并投入使用一年以上，未发生重大质量安全事故，无拖欠工资和工程款。申请单位应符合基本建设程序和其他相关政策、法规、标准规范。

7.3.2　绿色建筑标识的管理机构

住房和城乡建设部负责指导和管理绿色建筑评价标识工作，制定管理办法，监督实施，公示、审定、公布通过的项目。对审定的项目由住房和城乡建设部公布，并颁发证书和标志。住房和城乡建设部委托部科技发展促进中心负责绿色建筑评价标识的具体组织实施等日常管理工作，并接受建设部的监督与管理。住房和城乡建设部科技发展促进中心负责对申请的项目组织评审，建立并管理评审工作档案，受理查询事务。

具体做法为住房和城乡建设部负责指导全国绿色建筑评价标识工作和组织三星级绿色建筑评价标识的评审，研究制定管理制度，监制和统一规定标识证书、标志的格式、内容，统一管理各星级的标志和证书；指导和监督各地开展一星级和二星级绿色建筑评价标识工作。住房和城乡建设部选择确定具备条件的地区，开展所辖区域一星级和二星级绿色建筑评价标识工作。各地绿色建筑评价标识工作由当地住房和城乡建设主管部门负责。拟开展地方绿色建筑评价标识的地区，需由当地住房和城乡建设主管部门向住房和城乡建设部提出申请，经同意后开展绿色建筑评价标识工作。地方住房和城乡建设主管部门可委托中国城市科学研究会在当地设立的绿色建筑专委会或当地成立的绿色建筑学协会承担绿色建筑评价标识工作。

申请开展绿色建筑评价标识工作的地区应具备以下条件：

(1) 省、自治区、直辖市和计划单列城市；

(2) 依据《绿色建筑评价标准》制定出台了当地的绿色建筑评价标准；

(3) 明确了开展地方绿色建筑评价标识日常管理机构，并根据《绿色建筑评价标识管理办法（试行）》制定了工作方案或实施细则；

(4) 成立了符合要求的绿色建筑评价标识专家委员会，承担评价标识的评审。

各地绿色建筑评价标识工作的技术依托单位应满足以下条件：①具有一定从事绿色建筑设计与研究的实力，具有进行绿色建筑评价标识工作所涉及专业的技术人员，副高级以上职称的人员比例不低于30%；②科研类单位应拥有通过国家实验室认可（CNAS）或计量认证（CMA）的实验室及测评能力；③设计类单位应具有甲级资质。

组建的绿色建筑评价标识专家委员会应满足以下条件：

(1) 专家委员会应包括规划与建筑、结构、暖通、给排水、电气、建材、建筑物理等七个专业组，每一专业组至少由三名专家组成；

(2) 专家委员会设一名主任委员、七名分别负责七个专业组的副主任委员；

(3) 专家委员会专家应具有本专业高级专业技术职称，并具有比较丰富的绿色建筑理论知识和实践经验，熟悉绿色建筑评价标识的管理规定和技术标准，具有良好的职业道德；

(4) 专家委员会委员实行聘任制。

具备条件的地区申请开展绿色建筑评价标识工作，应提交申请报告，包括负责绿色建筑评价标识日常管理工作的机构和技术依托单位的基本情况，专家委员会组成名单及相关工作经历，开展绿色建筑评价标识工作实施方案等材料。住房和城乡建设部对拟开展绿色建筑评价标识工作的申请进行审查。

经同意开展绿色建筑评价标识工作的地区，在住房和城乡建设部的指导下，按照《绿色建筑评价标识管理办法（试行）》结合当地情况制定实施细则，组织和指导绿色建筑评价标识管理机构、技术依托单位、专家委员会，开展所辖区域一、二星级绿色建筑评价标识工作。开展绿色建筑评价标识工作应按照规定的程序，科学、公正、公开、公平进行。各地住房和城乡建设行政主管部门对评价标识的科学性、公正性、公平性负责，通过评审的项目要进行公示。省级住房和城乡建设主管部门应将项目评审情况及经公示无异议或有异议经核实通过评定，将拟颁发标识的项目名单、项目简介、专家评审意见复印件、有异议项目处理情况等相关资料一并报住房和城乡建设部备案。通过评审的项目由住房和城乡建设部统一编号，省级住房和城乡建设主管部门按照编号和统一规定的内容、格式，制作颁发证书和标志，并公告。住房和城乡建设部委托住房和城乡建设部科技发展促进中心组织开展地方相关管理和评审人员的培训考核工作，负责与各地绿色建筑评价标识相关单位进行沟通与联系。住房和城乡建设部对各地绿色建筑评价标识工作进行监督检查，不定期对各地审定的绿色建筑评价标识项目进行抽查，同时接受社会的监督。对监督检查中和经举报发现未按规定程序进行评价，评审过程中存在不科学、不公正、不公平等问题的，责令整改直至取消评审资格。被取消评审资格的地区自取消之日起 1 年内不得开展绿色建筑评价标识工作。各地要加强对本地区绿色建筑评价标识工作的监督管理，对通过审定标识的项目进行检查，及时总结工作经验，并将有关情况报住房和城乡建设部。

7.3.3　绿色建筑评价标识的申请

申请绿色建筑评价标识遵循自愿的原则，申请单位提出申请并由评价标识管理机构受理后应承担相应的义务。组织评审过程中，严禁以各种名义乱收费。

评价标识的申请应由业主单位、房地产开发单位提出，鼓励设计单位、施工单位和物业管理单位等相关单位共同参与申请。申请单位应当提供真实、完整的申报材料，填写评价标识申报书，提供工程立项批件、申报单位的资质证书，工程用材料、产品、设备的合格证书、检测报告等材料，以及必须的规划、设计、施工、验收和运营管理资料。评价标识申请在通过申请材料的形式审查后，由组成的评审专家委员会对其进行评审，并对通过评审的项目进行公示，公示期为 30 天。经公示后无异议或有异议但已协调解决的项目，由建设部审定。对有异议而且无法协调解决的项目，将不予进行审定并向申请单位说明情况，退还申请资料。其申请程序见图 7-1。

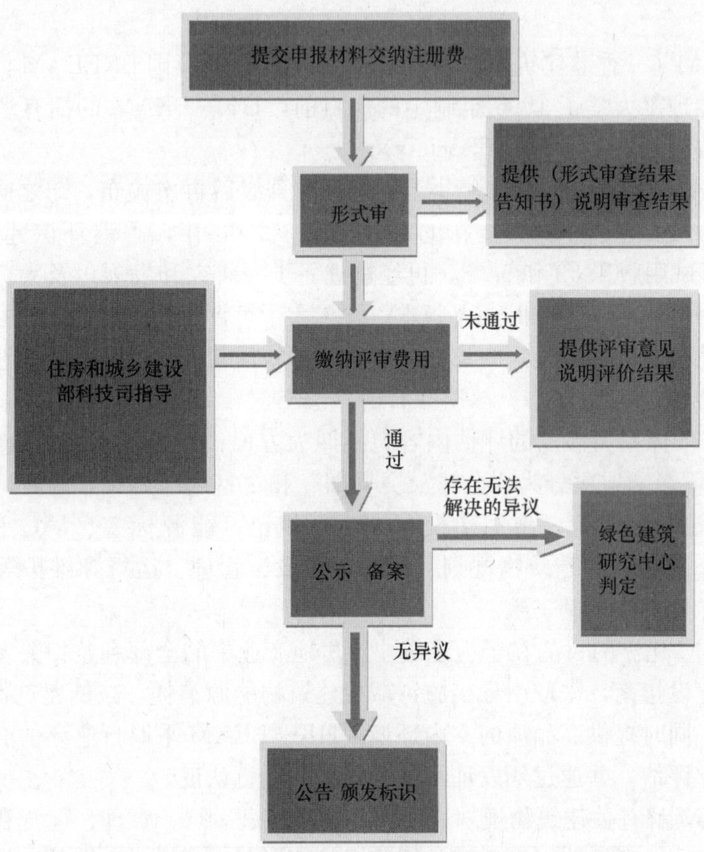

图 7-1　绿色建筑评价工作流程图

7.3.4 绿色建筑标识的使用

标识持有单位应规范使用证书和标志，并制定相应的管理制度。任何单位和个人不得利用标识进行虚假宣传，不得转让、伪造或冒用标识。凡有下列情况之一者，暂停使用标识：

(1) 建筑物的个别指标与申请评价标识的要求不符；

(2) 证书或标志的使用不符合规定的要求 。

凡有下列情况之一者，应撤销标识。①建筑物的技术指标与申请评价标识的要求有多项（三项以上）不符的；②标识持有单位暂停使用标识超过一年的；③转让标识或违反有关规定、损害标识信誉的；④以不真实的申请材料通过评价获得标识的；⑤无正当理由拒绝监督检查的。

被撤销标识的建筑物和有关单位，自撤销之日起 3 年内不得再次提出评价标识申请。若标识持有单位相关规定，知情单位或个人可向建设部举报。

7.4 我国香港地区绿色建筑评估体系（HK—BEAM）

HK—BEAM（《香港建筑环境评估标准》）是在借鉴英国 BREEAM 体系主要框架的基础上，由香港理工大学于 1996 年制定的。目前，HK—BEAM 的拥有者和操作者均为香港环保建筑协会（HK—BEAM Society）。

1999 年，“办公建筑物”版本经小范围修订和升级后再次颁布，与之同时颁布的还有用于高层住宅类建筑物的一部全新的评估方法。2003 年，香港环保建筑协会发行了 HK—BEAM 得试用版 4.03 和 5.03，再经过进一步一研究和发展以及大范围修订，在试用版的基础上修订而成 4.04 和 5.04 版本。除扩大了可评估建筑物的范围之外，这两个版本还扩大了评估内容的覆盖面，将那些认为是对建筑质量和可持续性进一步定义的额外问题纳入到评估内容。

HK—BEAM 体系所涉及的评估内容包括两大方面：一是“新修建筑物”；二是“现有建筑物”。环境影响层次分为“全球”、“局部”和“室内”三种。同时，为了适应香港地区现有的规划设计规范、施工建设和试运行规范、能源标签、IAQ 认证等，HK—BEAM 包括了一系列有关建筑物规划、设计、建设、管理、运行和维护等措施，保证与地方规范、标准和实施条例一致。

HK—BEAM 建立的目的在于为建筑业及房地产业中的全部利益相关者提供具有地域性、权威性的建设指南，采取引导措施，减少建筑物能源消耗，减低建筑物对环境可能造成的负面影响，同时提供高品质的室内环境。HK—BEAM 采取自愿评估的方式，对建筑物性能进行独立评估，并通过颁发证书的方式对其进行认证。

HK—BEAM 就有关建筑物规划、设计、建设、试运行、管理、运营和维护等一系列持续性问题制定了一套性能标准。满足标准或规定的性能标准即可获得“分数”。针对未达标部分，则由指南部分告之如何改进未达标的性能，将得分进行汇总即可得出一个整体性能等级。根据获得的分数可以得到相应分数的百分数（%），出于对室内环境质量重要性的考虑，在进行整体等级评定时，有必要去掉最低室内环境质量得分的最低百分比，见表 7-3，HK—BEAM 的评估程序见表 7-4。

HK—BEAM 评分等级　　**表 7-3**

等　级	整　体	室内环境质量
铂金级	75%	65%（极好）
金级	65%	55%（很好）
银级	55%	50%（好）
铜级	40%	45%（中等偏上）

HK—BEAM 评估程序　　**表 7-4**

顺序	程序	内　容
1	资格审核	所有新秀和最近重新装修的建筑物均有资格申请 HK—BEAM 评估，包括但不限于办公楼、出租楼、餐饮楼和服务用楼、图书馆、教育用楼、宾馆和居民公寓等
2	开始阶段	在建筑物的设计阶段启动评估程序能够带来较好的效果，建议在开始阶段即进行 HK—BEAM 评估，便于设计人员有针对性地对提高建筑物整体性能而进行修改
3	指南	香港环保建筑协会评估员将会给客户发放问卷，问卷详细包含了评估要求的信息。评估员将安排时间与设计团队讨论设计细节。之后，评估员将根据从问卷和讨论中收集到的信息进行评估，并产生一份临时报告，此报告将确认取得的分数，可能的得分以及需做改善而获得的得分，在此基础上，可能促使客户对设计或建筑物规范进行修改
4	颁证	如本评估法标准下大多数分数的取得是根据建设和竣工时的实际情况而定，那么证书证书只能在建筑物竣工之时发放，对于已做评估登记的建筑开发项目，其在评估中使用的评分和评估标准按注册时的评分和评估标准为准，除非客户申请使用注册后新产生的评分和标准
5	申诉程序	对整个评估或任何部分的异议均可直接提交到香港环保建筑协会，由协会执行委员会进行裁定，客户在任何时候有权以书面形式陈述申诉内容并提交给协会

目前，主要由香港环保建筑协会负责执行 HK—BEAM。香港有近九成耗电量用于建筑营运。HK—BEAM 已在香港推行多年，以人均计算，就评估的建筑物和建筑面积而言，HK—BEAM 在世界范围内都处于领先地位。已完成的评估方案主要包括带空调设备的商务建筑物和高层住宅建筑物。在建筑物环境影响知识的普及中，香港环保建筑协会也在积极宣传"绿色和可持续建筑物"的理念；同时，为了积极配合宣传，香港政府提出以政府部门为范例，规定新建政府建筑物都必须向 HK—BEAM 进行申请认证，希望以评级制度推动环保建筑的发展。

7.5　我国台湾地区绿色建筑评估体系

我国台湾地区的绿色建筑研究开展较早，于 1979 年出版了《绿色设计省能对策》一书，开创了建筑省能研究的里程碑。1998 年，建筑研究所提出了本地区的绿色建筑评估体系，包括基地绿化、基地保水、水资源、日常节能、二氧化碳减量、废弃物减量及垃圾污水改善项评估指标外，新增生物多样性与室内环境指标，形成 9 项评估指标系统，将台湾地区绿色建筑从“消耗最少地球资源，制造最少废弃物”的消极定义，扩大为“生态、节能、减废、健康”（EEWH 评估系统）的积极定义，并于 2003 年度正式施行。2005 年新增分级评估，其目的在于认定合格绿色建筑的品质优劣，经过评估后将合格依其优劣程度，依序分为钻石级、黄金级、银级、铜级与合格级。

我国台湾地区的绿色建筑标章评估体系分为“生态、节能、减废、健康”4 大项指标群，包含生物多样性指标、绿化量指标、基地保水指标、日常节能指标、二氧化碳减量指标、废弃物减量指标、室内环境指标、水资源指标、污水垃圾改善指标等 9 项指标。

通过绿色建筑表彰制度评估的建筑物，根据其生命周期中的设计阶段和施工完成后的使用阶段可分为绿色建筑候选书及绿色建筑标章两种：取得使用执照的建筑物，并合乎绿色建筑评估指标标准的颁授绿色建筑标章；尚未完工但规划设计合乎绿色建筑评估指标标准的新建建筑物颁授候选绿色建筑证书。

在 1999 年绿色建筑标章制度实施的初期，并不强制要求每个申请案件均能通过 7 项指标评估，但规定至少要符合日常节能和水资源两项门槛指标基准值，达到省水、省电及低污染的目标即可通过评定。至 2003 年，评估体系扩大到 9 项指标，评估的门槛也相应提高，除必须符合日常节能及水资源两项门槛指标外，还需符合两项自选指标。

根据评估的目的和使用者的不同，绿色建筑标章评估过程可分为规划评估、设计评估和奖励评估以下 3 个阶段：

（1）规划评估。又称简易查核评估，主要作用是为开发业者、规划设计人员所开设的绿色建筑策略解说与简易查核法，提供设计前的投资策略和设计对策规划。

（2）设计评估。又称设计失误评估，主要作用是为建筑设计从业人员在进行细部设计时提供评估依据，并对设计方案进行反馈和检讨。

（3）奖励评估。又称推广应用评估，主要作用是为政府、开发业者、建筑设计者提供专业的酬金、容积率、财税、融资等奖励政策的依据。

项目编号：____________

绿色建筑设计标识
申报书

项 目 名 称 ________________________

申 报 单 位 ________________________ **（盖章）**

____

参 与 单 位 ________________________

____

申 报 时 间 ________________________

中国城市科学研究会　制

二〇一四年十一月

说　　明

1．申报书一律采用 A4 纸和四号宋体字打印，一式**两**份，装订成册，并提供电子文档。

2．绿色建筑设计标识可由业主单位、房地产开发单位、设计单位等相关单位共同申报；设计单位应作为申报单位之一。

3．绿色建筑设计标识为多个单位联合申报的，在申报单位概况一栏里需分别介绍。

4．项目名称和申报单位名称等应采用规范名称；否则，可能影响后续文件和（或）标识证书署名的准确性。

5．本申报书是标识评价的重点内容之一，请如实填写。

一、工程基本情况

1．建筑类型

□住宅　　□办公　　□商店　　□旅馆　　□其他：________

2．申报绿色建筑设计标识等级　　□一星级　□二星级　□三星级

3．项目进度安排

项 目 立 项 时 间：　　　年　　月　　日

完成施工图审查时间：　　　年　　月　　日

（计划）开 工 时间：　　　年　　月　　日

（计划）竣 工 时间：　　　年　　月　　日

4．是否有经过绿色建筑培训的技术人员参与申报　□是　□否

5．项目所在地建委联系信息

联系人：　　　　电话：　　　　手机：

通讯地址：　　　　　　　　　　邮编：

6．建设单位

负责人：　　　　电话：　　　　手机：

联系人：　　　　电话：　　　　手机：

通讯地址：　　　　　　　　　　邮编：

电子邮箱：

7．设计单位

负责人：　　　　电话：　　　　手机：

联系人：　　　　电话：　　　　手机：

通讯地址：　　　　　　　　　　邮编：

电子邮箱：

8．咨询单位（如与设计单位相同，可不填写）

负责人：　　　　电话：　　　　手机：

联系人： 电话： 手机：

通讯地址： 邮编：

电子邮箱：

9. 申报联系人（重要）： 手机：

10. 项目效果图（申报范围为局部时应标示）

项目总平面图（申报范围为局部时应标示）

二、关键评价指标情况

指标	单位	填报数据（小数点后保留两位）
建筑高度	m	
建筑层数	层	
申报建筑面积	万m^2	
容积率	%	
绿地率	%	
透水铺装比例	%	
调雨水功能面积比例	%	
场地年径流总量控制率	%	
建筑总能耗	MJ/a	
单位面积能耗	kWh(m^2a)	
节能率	%	
新型热泵空调供冷供热总能耗	MJ/a	
新型热泵空调负荷比例	%	
可再生能源提供的生活用热水	m^3	
可再生能源提供生活用热水比例	%	
可再生能源提供的电量	kWh/a	
可再生能源提供的电量比例	%	
非传统水源用水量	m^3/a	
用水总量	m^3/a	
非传统水源利用率	%	
工业化预制构件比例	%	
建筑材料总重量	t	
可再利用和可再循环材料重量	t	
可再利用和可再循环材料利用率	%	
住宅建筑还需填写以下指标：		
人均用地面积	m^2	
人均公共绿地面积	m^2	
绿地率	%	

地下建筑面积与 地上建筑面积比	%	
公共建筑还需填写以下指标：		
地下建筑面积与总用地面积比	%	
地下一层建筑面积与总用地面积的比	%	
屋顶绿化面积占屋顶可绿化面积比	%	
耗电输冷（热）比	%	
可重复使用隔断（墙）比例	%	

三、增量成本情况（小数点后保留两位）

项目建筑面积（平方米）：1,000

工程总投资（万元）：1,000

为实现绿色建筑而增加的初投资成本（万元）：20

单位面积增量成本（元/平方米）：200.0

绿色建筑可节约的运行费用（万元/年）：0.0

实现绿建采取的措施	单价	标准建筑采用的常规技术和产品	单价	应用量	应用面积（㎡）	增量成本	备注
合计						0	

注：1．成本增量的基准点是满足现行相关标准（含地方标准）要求的“标准建筑”；

2．对于部分减少了初投资的技术应用，其增量成本按负数计；

3．备注部分填写是否有政府补贴/优惠政策及依据；

4．本表内容为《绿色建筑标识评价增量成本计算表》的摘要版。

四、工程概况（工程性质、工程投资、用地面积、建筑面积、结构形式、开发与建设周期、解决的主要技术问题等情况）

五、主要技术措施简介

1．节地与室外环境

（选址、土地利用、室外环境、交通设施与公共服务、场地设计与场地生态等）

8

GB/T50378-2014 CSUS-GBRC

2．节能与能源利用

（建筑节能设计、独立分项计量、高效能设备和系统、节能高效照明、建筑与围护结构、供暖、通风与空调、照明与电气、能量综合利用等）

9

3．节水与水资源利用

（水系统规划设计、节水系统、节水器具与设备、非传统水源利用等情况）

4．节材与材料资源利用

（造型、节材设计、材料选用等情况）

5．室内环境质量

（隔声、温度、湿度、新风量、围护结构保温隔热设计、室内声环境、室内光环境与视野、室内热湿环境、室内空气质量等情况）

6．创新与提高

（性能提高和创新应用情况）

六、申报单位概况

（包括人员组成、技术力量、设备条件、固定资产、年产值、负债以及对绿色建筑项目实施的贡献、承担的工作内容等。）

七、项目主要参加人员

姓　名	职　务	职　称	承担主要工作	是否经过绿色建筑培训

八、项目创新点、推广价值和综合效益分析

1．项目创新点
2．项目推广价值
3．综合效益分析

<table>
<tr><td>九、申报单位意见

我单位已完全理解贵会关于绿色建筑设计标识申报、标识管理的相关要求，并愿意在项目实施和运行使用过程中，协助中国城市科学研究会开展绿色建筑相关研究工作。

（盖章）

年　　月　　日</td></tr>
<tr><td>十、评审专家委员会意见

（盖章）

年　　月　　日</td></tr>
<tr><td>十一、中国城市科学研究会意见

（盖章）

年　　月　　日</td></tr>
</table>

课后练习

一、单项选择题

1. 在（　　）阶段，绿色建筑咨询工程师按照《绿色建筑评价标准》要求，完成各项方案分析报告，协助业主完成绿色建筑设计评价标识认证的申报工作。

A. 初步设计　　B. 深化设计　　C. 结构设计　　D. 设计标识申报阶段

答案：D

2. 以下属于绿色建筑评价标准中的节水与水资源利用的控制项是（　　）。

A. 合理规划地表与屋面雨水径流途径，降低地表径流

B. 建筑材料中有害物质含量符合现行国家标准 GB 18580～18588 和《建筑材料放射性核素限量》GB 6566 的要求

C. 选用效率高的用能设备和系统

D. 采取有效措施避免管网漏损

答案：D

3. 采用集中采暖和（或）集中空调系统的住宅，设置室温调节和热量计量设施。这是绿色建筑评价标准中节能与能源利用的（　　）。

A. 控制项　　B. 加分项　　C. 评分项　　D. 以上都不对

答案：A

4. 采用集中采暖或集中空调系统的住宅，设置能量回收系统（装置）。这是绿色建筑评价标准中节能与能源利用的（　　）。

A. 控制项　　B. 一般项　　C. 优选项　　D. 以上都不对

答案：B

5. 若住区出入口到达公共交通站点的步行距离超过 500m，则该建筑在进行绿色建筑评价标识时，（　　）。

A. 一定不能获得绿色建筑评价标识

B. 不一定能获得绿色建筑评价标识

C. 一定能获得绿色建筑评价标识

D. 以上都不对

答案：B

6.《绿色建筑评价标准》中要求每套住宅至少有 1 个居住空间满足日照标准的要求。当有 4 个及 4 个以上居住空间时，至少有 2 个居住空间满足日照标准的要求。审核该项要求时需提供（　　）。

A. 日照模拟计算报告　　B. 热岛模拟分析报告

C. 风环境报告　　D. 噪声分析报告

答案：A

7. 以下（　　）不属于住宅建筑和公共建筑申请“绿色建筑设计评价标识”前必须完成的条件。

A. 完成施工图设计　　　　　　B. 通过施工图审查
C. 取得施工许可证　　　　　　D. 完成初步设计
答案：D
8. 某住宅建筑小区中未设置密闭的垃圾容器。进行绿色建筑评价，则该建筑（　　）。
A. 一定不能获得绿色建筑评价标识
B. 可能获得绿色建筑评价标识
C. 一定能获得绿色建筑评价标识
D. 以上都不对
答案：A
9. 下列可在绿色建筑评价中的节水与水资源利用指标中得 15 分的是（　　）。
A. 有市政再生水供应的情况下，办公楼商场类建筑非传统水源利用率不低于 20%
B. 无市政再生水供应的情况下，旅馆类建筑非传统水源利用率不低于 2%
C. 有市政再生水供应的情况下，办公楼商场类建筑非传统水源利用率不低于 50%
D. 有市政再生水供应的情况下，旅馆类建筑非传统水源利用率不低于 10%
答案：C
10. 下列属于绿色建筑评价中的节材与材料资源利用指标控制项的有（　　）。
A. 不采用国家和地方禁止和限制使用的建筑材料及制品
B. 建筑结构材料合理采用高性能混凝土、高强度钢
C. 绿化、景观、洗车等用水采用非传统水源
D. 合理利用场地内已有建筑物、构筑物
答案：A

二、多项选择题

1. 下列属于绿色公共建筑运营管理评价控制项的是（　　）。
A. 制定并实施节能节水等资源节约与绿化管理制度
B. 建筑运行过程中无不达标废气、废水排放
C. 物业管理部门通过 ISO 14001 环境管理体系认证
D. 办公商场类建筑耗电、冷热量等实行计量收费
E. 分类收集和处理废弃物
答案：ABE
2. 绿色建筑评价标识可由（　　）共同参与。
A. 施工单位　　B. 业主单位　　C. 设计单位　　D. 房地产开发单位
E. 贷款银行
答案：ABCD
3. 下列属于《绿色建筑评价标准》的特点是（　　）。
A. 由政府组织，社会自愿参与
B. 分项评价的体系框架简单易懂
C. 要求绿色建筑的评价是以建筑群或建筑单体为对象
D. 由政府组织，企业强制参与
E. 评价单栋建筑时，凡涉及室外环境的指标，应以该栋建筑所处环境的评价结果

为准

答案：ABCE

4. 申报公共建筑的绿色建筑设计评价标识时，需提供的相关资料包括（　　）。

A. 日照模拟分析报告

B. 热岛模拟预测分析报告

C. 风环境模拟预测分析

D. 建筑照明设计文件

E. 施工日志

答案：ABCD

5. 申报绿色建筑评价标识时，为评定节地与室外环境的分值，需提供如下（　　）。

A. 场地地形图

B. 运行能耗实测报告

C. 景观设计文件

D. 日照模拟分析报告

E. 植物配植报告

答案：ACDE

第8章 合同能源管理

8.1 合同能源管理的基本内容

8.1.1 合同能源管理的概念

合同能源管理（Energy Performance Contracting，简称 EPC），是 20 世纪 70 年代在西方发达国家开始发展起来一种基于市场运作的全新的节能机制。在这种机制之中，节能服务公司（Energy Service Corporation，ESCO）通过与客户签订节能服务合同，为客户提供节能改造的相关服务，并从客户节能改造后获得的节能效益中收回投资和取得利润。

合同能源管理不是推销产品或技术，而是推销一种减少能源成本的财务管理方法。其经营机制是一种节能投资服务管理；客户见到节能效益后，ESCO 才与客户一起共同分享节能成果，取得双赢的效果。

合同能源管理也可以理解为是一种以缓解能源短缺、降低能源损耗、提高节能收益为目的，通过市场机制控制企业能耗，并以节能改造为手段对项目进行能源成本控制的项目管理机制。合同能源管理的投资回报的保障是节能服务带来的预期节能效益。

8.1.2 合同能源管理机制的实质

合同能源管理机制的实质是一种以减少的能源费用来支付节能项目全部成本的投资方式。这种投资方式允许用户使用未来的节能收益为工厂和设备升级，降低目前的运行成本，提高能源利用效率。节能服务合同在实施节能项目的企业（用户）与专门的营利性能源管理公司之间签订，它有助于推动节能项目的开展。

节能服务公司与用能单位以契约形式约定节能项目的节能指标，节能服务公司为实现节能目标向用能单位提供必要的服务，用能单位以节能效益支付节能服务公司的投入及其合理利润的节能服务机制。

8.1.3 合同能源管理的类型

国内外合同能源管理实践中存在着多种管理类型，目前成熟的合同能源管理类型有以下三种：

（1）节能效益分享型

在项目合作期客户和节能服务公司分享节能效益。节能改造的投入和风险由能源服务公司承担，项目施工完成后，经双方共同确认节能率后，节能效益首先保证能源服务公司收回投资成本，然后双方按比例分享节能效益。项目合同结束后，节能设备无偿移交课后使用，以后所产生的节能收益权贵客户享受。

主要特点如下：

①节能项目（节能收益占整个项目总收益的50%以上）；

②ESCO提供项目的资金；

③ESCO提供项目的全过程服务；

④合同规定节能指标及检测和确认节能量（或节能率）的方法；

⑤合同期内ESCO与客户按照合同约定分享节能效益，合同结束后设备和节能效益全部归客户企业所有。

例如，在5年项目合同期内，客户企业和ESCO双方分别分享节能效益的20%和80%，ESCO必须确保在项目合同期内收回其项目成本以及利润。此外，在合同期内双方分享节能效益的比例可以变化。例如，在合同期的头2年里，ESCO分享100%的节能效益，合同期的后3年里客户和ESCO双方各分享50%的节能效益。

节能服务公司向银行借贷资金投资节能项目，担保公司对节能公司提供担保并收取担保费用（2%～3%）左右，节能服务公司根据与客户约定的节能率，在保证收回投资成本（即归还贷款）以后，再与客户分享节能效益直至合同期满。

（2）节能保证型

客户和节能服务公司双方都可以投资，而客户作为主要投资方，节能服务公司向客户承诺一定比例的节能量，达不到承诺节能量的部分，由节能服务公司负担；超出承诺节能量的部分，双方分享或节能服务公司独享，直至节能服务公司收回全部节能项目的投资收益后，项目合同结束，节能设备移交给客户使用，以后所产生的节能收益全归客户享受。

主要特点如下：

①客户提供全部或部分项目资金；

②ESCO提供项目的全过程服务；

③合同规定节能指标及检测和确认节能量（或节能率）的方法；

④合同明确规定：如果在合同期项目没有达到承诺的节能量，由ESCO赔付全部未达到的节能量的经济损失；

⑤客户向ESCO支付服务费和ESCO所投入的资金。

例如，ESCO保证客户锅炉的燃料费减少10%，而所有附加的节能效益全归ESCO享受。节能项目合作双方均可投资，而客户必须作为投资主要投资方，投资主体的资金来源可以是自有资金也可以向银行进行贷款，客户直接投资，则项目改造完成后，节能服务公司首先应收回投资收益（如有贷款银行直接与客户协商还贷事宜）项目结束。

（3）能源费用托管型

客户委托节能服务公司进行能源系统的运行管理和节能改造，并按照双方约定支付能源托管费用；节能服务公司负责管理客户整个能源系统的运行和维护工作，节能服务公司负责改造客户的高耗能设备并管理其用能设备。项目合同结束后，节能设备无偿移交给客户使用，以后所产生的节能收益全归客户享受。

主要特点如下：

①按合同规定的标准，ESCO为客户管理和改造能源系统，承包能源费用；

②合同规定能源服务质量标准及其确认方法，不达标时，ESCO按合同给予补偿；

③ESCO的经济效益来自能源费用的节约，客户的经济效益来自能源费用（承包额）的减少。

客户直接投资，节能服务公司靠双方约定的项目改造、施工及受托管理、维护节能设备来收取项目成本和利润。

以上现有的合同能源管理商业模式可以灵活使用，主要以合作双方相互谈判最终约定的合同条款为主。

从目前情况看，大部分合同是上述三种方式之一或某几种方式的结合。对每一种付款方式都可以作适当变通，以适应不同耗能企业的具体情况和节能项目的特殊要求。但是，无论采用哪种付款方式，建议均应坚持以下原则：

①ESCO和客户双方都必须充分理解合同的各项条款；

②合同对ESCO和客户双方来说都是公平的，以维持双方良好的业务关系；

③合同应鼓励ESCO和客户双方致力于追求可能的最大节能量，并确保节能设备在整个合同期内连续而良好的运行。

8.1.4 合同能源管理的特点

对建筑节能以合同能源管理模式为客户服务，克服了我国目前在节能工作上面临的诸如企业节能投资意识不强，节能投资资金不足，系统效率不高，以及节能投资服务落后等一系列问题。同时以合同能源管理模式为客户服务能促进全社会各种技术可行、经济合理的节能项目能普遍实施。与传统的实施节能项目的方式相比，合同能源管理机制具有以下特点：

1. 客户零风险

在合同能源管理开展的项目，客户可通过节能服务公司ESCO获得部分或全额项目融资，以克服资金障碍。ESCO为客户实施的节能项目，通常会有明显的节能及经济效益，具有高回报率。客户可以通过节约的能源费用来支付ESCO的服务费用，并取得节能效益。ESCO帮助客户开展的节能项目所采用的技术是成熟的，设备是规范的，所开展的项目以节能效益为主。通常项目合同签订时，ESCO会承诺保证不影响生产情况下实现节能效益为前提，如项目不能实现预期的节能量，ESCO将承担由此而造成的损失。因此对客户来说，项目的技术风险趋于零。

2. 高度整合

ESCO为客户提供集成化节能服务和设计总体的节能方案。ESCO不是银行，但可以为客户的节能项目提供资金。ESCO不一定是节能技术拥有者或节能设备制造商，但可以为客户选择提供先进、成熟的节能技术和设备。ESCO也不一定拥有实施工程项目的能力，但可以向客户保证节能项目的工程质量。

3. 多方共赢

合同能源管理机制涉及该业务的各方、节能服务公司ESCO、客户、银行、节能设备制造商、施工单位等建立了一种多赢共赢的合作关系。借助于一个节能改造项目的实施，ESCO 可以在合同期内通过分享大部分的节能效益而收回投资同时取得合理的利润；客户除了在合同期内分享小部分节能效益，还将在合同期结束后获得该项目下所安装设备的所有权及全部的节能效益；银行可以连本带息地收回对该项目的贷款；节能设备制造商可以实现其产品的销售等等。在合同能源管理模式中，介入的各方形成了基于共同利益的合作关系，成功实现节能量成为相关各方共同的目标和努力方向。

8.1.5　节能改造 EPC 模式类型选择

目前愿意进行节能改造的项目业主主要采取两种方式，即自行改造和委托 ESCO。前者是指业主与设计单位、施工单位、材料供应商等分别签订合同，后者是指业主仅与 ESCO 签订节能服务合同，由 ESCO 组织施行节能改造。然而业主在采用 EPC 模式类型实施建筑节能改造时，面临的 EPC 模式选择问题，不仅需要考虑自身情况，还要考虑 ESCO 状况及外部环境政策等。因此，业主必然需要一套评价 EPC 模式类型选择的指标体系。

为了全面客观地反映影响 EPC 模式类型选择的各项评价因素，并使评价指标体系便于操作运算，EPC 模式类型选择指标体系应遵循下列原则：

（1）目的性。指标体系必须要能科学、规范地评价目标项目所用的 EPC 模式能够迎合我国市场经济运行机制、提高经济效益、提高能源利用效率、减少环境污染、切实推动我国节能服务市场的健康发展。

（2）科学性。指标体系的构建要有科学依据，只有坚持科学性，评价的结果才可信。由于建筑节能改造涉及众多生产消费环节，且有很强的地域性，因此评价指标必须能准确适时地反映建筑节能改造所产生的经济、能源、环境和社会效益。

（3）系统性。指标体系是由多学科相关原理结合形成的系统，同时是一个具有阶梯层次结构且各体系层次之间是相互适应统一，存在密切内在联系的有机整体。

（4）定量与定性相结合。指标设定具有相对稳定性，以便借助指标体系探索系统发展变化的规律。EPC 模式选择的评价指标体系应尽可能量化，但对于一些难以量化、意义重大的指标，须用定性指标来描述。

（5）可操作性。由于通过指标体系得出的是一个可操的方案，因此设计的指标体系必须要求明确、定义清楚，同时要尽可能利用现行统计数据，还须考虑当前技术水平限制。对于不可行的指标，概不纳入指标体系中。指标设置尽量少而精、简洁直观、客观实际、便于操作运行。

构建 EPC 模式类型选择指标体系在遵循以上各项原则的前提下，针对不同的研究对象，采取不同的方法，能客观合理地反映各研究对象的实际情况。该评价指标体系还将能反映目标建筑耗能状况及节能潜力；从技术、财务、制度等方面综合评价节能服务公司进行建筑节能改造的水平；明确反映出发展方面所做的努力和存在的不足；帮助政府看清我国在建筑节能服务市场方面所做的努力及取得的成效和存在的不足，由此确定下一步工作的重心，并制定相应的政策，使建筑节能服务市场健康发展等。

EPC 模式类型选择评价指标体系示例，如表 8-1 所示。

EPC模式类型选择评价指标体系示例　　表8-1

EPC模式选择	ESCO情况	技术水平	方案设计
			施工组织管理水平
			施工质量管理水平
			施工技术水平
		资金情况	经营能力
			资金回收
			融资难易程度
		公司管理体制	财务管理能力
			风险应对能力
			项目实施及运行管理
	建筑情况	建筑自身	门窗节能潜力
			外围护结构节能潜力
			屋顶节能
		设备	更新价值
			设备运行情况
			运行及维护人员水平
		业主	信誉
			支付能力
			节能意识
			支付方式
	制度政策	税收、财政政策	
		现行财务管理制度	
		节能评价指标	
		能源费用收费制度	

8.2　合同能源管理的运作

合同能源管理属于节能管理机制，重点在于通过市场来控制节能成本以达到获取节能效益。节能服务公司与节能客户之间签订节能改造合同，通过合同执行合同能源管理机制。通过合同约定节能指标和服务以及投融资和技术保障，整个节能改造过程由节能服务公司统一完成；在合同期内，节能服务公司的投资回收和合理利润由节能效益来支付；在合同期内项目的所有权归节能服务公司所有，并负责管理整个项目工程，如设备保养、维护及节能检测等；合同结束后，节能服务公司要将全部节能设备无偿移交给耗能企业并培养管理人员、编制管理手册等，此后由耗能企业自己负责经营；节能服务公司承担节能改造的全部技术风险和投资风险。

8.2.1　合同能源管理公司

合同能源管理公司又称为节能服务公司（ESCO）。节能服务公司（ESCO）是一种基于合同能源管理机制运作的、以赢利为直接目的的专业化能源公司。节能服务公司与愿意进行节能改造的用户签订节能服务合同，为用户的节能项目进行自由竞争或融资，向用户提供能源效率审计、节能项目设计、原材料和设备采购、施工、监测、培训、运行管理等一系列节能服务，并通过与用户分享项目实施后产生的节能效益来赢利和滚动发展。能源管理合同在实施节能项目的企业（用户）与专门的节能服务公司（ESCO）之间签订，它有助于推动节能项目的实施。从节能服务公司（ESCO）的业务运作方式可以看出，节能服务公司（ESCO）是市场经济下的节能服务商业化实体，在市场竞争中谋求生存和发展，与传统的节能改造模式有根本性的区别。

8.2.2　节能服务的主要内容

合同能源管理在商业模式下向客户提供的节能服务的主要内容有：

1. 能源审计

ESCO公司针对客户的具体情况，测定客户当前用能量和用能效率，提出节能潜力所在，并对各种可供选择的节能措施的节能量进行预测。

2. 节能改造方案设计

根据能源审计的结果，ESCO公司根据客户的能源系统现状提出如何利用成熟的节能技术来提高能源利用效率、降低能源成本的方案和建议。如果客户有意向接受ESCO公司提出的方案和建议，ESCO公司就可以为客户进行项目设计。

3. 节能项目施工图设计

在合同签订后，一般由EMC公司组织对节能项目进行施工图设计，对项目管理、工程时间、资源配置、预算、设备和材料的进出协调等进行详细的规划，确保工程顺利实施并按期完成。

4. 节能项目融资

ESCO公司向客户的节能项目投资或提供融资服务，ESCO公司可能的融资渠道有：ESCO公司自有资金、银行商业贷款、从设备供应商处争取到的最大可能的分期支付以及其他政策性的资助。当ESCO公司采用通过银行贷款方式为节能项目融资时，ESCO公司可利用自身信用获得商业贷款，也可利用政府相关部门的政策性担保资金为项目融资提供帮助。

5. 原材料和设备采购

ESCO公司根据项目设计的要求负责原材料和设备的采购，所需费用由ESCO公司筹措。

6. 施工安装和调试

根据合同，由ESCO公司负责组织项目的施工、安装和调试。通常，由ESCO公司或其委托的其他有资质的施工单位来进行。由于通常施工是在客户正常运转的设备或生产线上进行，因此，施工必须尽可能不干扰客户的运营，而客户也应为施工提供必要的条件和方便。

7. 运行、保养和维护

设备的运行效果将会影响预期的节能量，因此，ESCO公司应对改造系统的运行管理和操作人员进行培训，以保证达到预期的节能效果。此外，ESCO公司还要负责组织安排好改造系统的管理、维护和检修。

8. 节能量监测分析及效益保证

ESCO公司与客户共同监测和确认节能项目在合同期内的节能效果，以确认合同中确定的节能效果是否达到。另外，ESCO公司和客户还可以根据实际情况采用“协商确定节能量”的方式来确定节能效果，这样可以大大简化监测和确认工作。

9. ESCO收回节能项目投资和获取利润

对于节能效益分享项目，在项目合同期内，ESCO公司对与项目有关的投入（包括土建、原材料、设备、技术等）拥有所有权，并与客户分享项目产生的节能效益。在ESCO公司的项目资金、运行成本、所承担的风险及合理的利润得到补偿之后（即项目合同期结束），设备的所有权一般将转让给客户。客户最终就获得高能效设备和节约能源的成本，并享受ESCO公司所留下的全部节能效益。

8.2.3 节能服务公司的业务程序

节能服务公司（ESCO）为合同能源管理机制的载体，所以合同能源管理的业务程序见图8-1，即为节能服务公司承接节能项目管理的程序（以节能运行服务型为例）。

图8-1　合同能源管理的业务流程

1. 与客户接洽

接洽交流的内容涉及节能改造项目的细节，具体可包括：客户的业务，所用能耗设备类型，生产工艺，解释客户关心的问题，节能潜力区域，项目比选，项目决策。

2. 实地调查

调查客户公司现运行的耗能设备的基本参数和规模，检测耗能设备的操作及运行情况，发掘节能潜力环节。审核耗能设备历史成本数据，计算潜在节能量。其历史成本数据包括：设备能耗的历史数据及其相关历史记录。

3. 项目建议

起草项目建议书，对节能项目概况及预估节能效益进行描述。与客户协商项目建议，并解答客户对节能改造的疑问。

4. 签订节能服务合同

合同内容包括：双方责任、准确的项目节能量、节能量的计算及测定方法、项目工作计划。

5. 工程施工

依据合同中确立的项目工作计划展开施工，通过工程项目管理办法保证工程进度及工程质量。

6. 工程验收

确保设备按计划运行，监测节能量以确定符合合同要求，向客户提供有关变更设备的详细资料，培训新设备操作人员的操作技能。

7. 项目维护运行

依据合同条款，节能服务公司向客户提供项目/设备的维护服务。在合同期内，对项目运行进行管理，并依据合同条款从项目的节能效益中获取合理回报。节能服务公司需培训新项目设备的维护技术人员，以确保合同期满后，项目设备仍能持续产生节能效益。

8. 项目移交

合同期满，ESCO 须按合同条款将已建成的节能项目的运营权、管理权移交客户公司（即项目所有权归属方）。

8.2.4　节能服务合同的订立

节能服务合同不属于合同法确定的任何一个有名合同的范畴，它与合同法确定的有名合同有着本质的区别，即合同价款由标的物产生的效益决定。但是，同其他合同一样，节能服务合同的订立也应当遵循《中华人民共和国合同法》及相关法律法规的要求。无论签订何种节能服务合同，都应该坚持自愿公平、诚实信用、协商一致、合作共赢四个原则。

节能服务合同是节能服务公司实施合同能源管理项目的重要载体。订立合同时，可参照国家质量监督检验检疫总局、国家标准化委员会于 2010 年 8 月联合发布的 GB/T 24915—2010《合同能源管理技术通则》，并注意以下事项：

1. 成本分担问题

对于节能服务公司承担部分项目建设成本的合同，可能存在项目内容、权益、责任、风险划分不清的情形。各方应该在合同中明确各自投资的数额、资金的用途等，确定各方应享有的权益和应承担的责任，避免项目出现问题时，产生纠纷，影响各方利益。

2. 节能量确定问题

如果节能量确认方法不规范，或者与项目相关联的其他设备存在问题，可能导致节能量难以确定。合同中应明确节能量确认的方法、谁负责进行节能量确认、节能量确认时项目设备及其他关联设备运行状况和运行时间等，还应该明确节能服务公司和用能单位无法就节能量达成一致时的解决办法等。

3. 试运行验收问题

试运行验收约定不清，可能导致节能服务公司违约，遭受损失。在约定试运行和验收条款时，应该明确设备安装完毕后有关各方共同对安装质量进行检查，合格后进行设备调试。如果各项调试合格，一般由用能单位负责进行试运行。在试运行期间可对设备进行调试，无任何异常现象后，有关各方签署试运行证明书。

4. 效益归属问题

项目实际运行中，实际节能量与预计的节能量相比总会有差异。节能服务公司在签订合同时，就应该事先考虑到这个问题，明确约定超出预计节能量的部分应该如何分配、低于预计节能量的部分应该如何确定责任、谁来承担相应的损失等。超出或低于预计节能效益的部分归属约定不清，可能导致双方对这部分效益的归属产生争议。

5. 所有权归属问题

如果对附属设备的所有权或因项目改造升级形成的所有权约定不清，可能导致产权争议。

6. 涉及第三方问题

合同对涉及第三方等相关方的问题规定不清，可能影响项目的顺利实施。一般情况下，除了用能单位和节能服务公司以外，完成一个合同能源管理项目还要有设备供应商、施工安装商等第三方的参与。因此，在节能服务合同及其关联合同（设备购销合同、施工安装合同、节能量确认合同等）中，要明确约定涉及第三方的义务和责任。

8.2.5 节能服务公司的业务特点

节能服务公司作为商业化运作的公司，须面向客户做节能产品营销，但是节能服务公司的特殊性在于其销售的不是有形的产品，而是无形的节能效益。所以节能服务公司具体业务具有以下特点：

1. 商业性

ESCO是商业化运作的公司，以合同能源管理机制实施节能项目来实现赢利的目的。

2. 整合性

ESCO业务不是一般意义上的推销产品、设备或技术，而是通过合同能源管理机制为客户提供集成化的节能服务和完整的节能解决方案，为客户实施“交钥匙工程”；ESCO不是金融机构，但可以为客户的节能项目提供资金；ESCO不一定是节能技术所有者或节能设备制造商，但可以为客户选择提供先进、成熟的节能技术和设备；ESCO也不一定自身拥有实施节能项目的工程能力，但可以向客户保证项目的工程质量。对于客户来说，ESCO的最大价值在于：可以为客户实施节能项目提供经过优选的各种资源集成的工程设施及其良好的运行服务，以实现与客户约定的节能量或节能效益。

3. 多赢性

多赢性是EPC业务的一大特点，一个该类项目的成功实施将使介入项目的各方包括：ESCO、客户、节能设备制造商和银行等都能从中分享到相应的收益，从而形成多赢的局面。对于分享型的合同能源管理业务，ESCO可在项目合同期内分享大部分节能效益，以此来收回其投资并获得合理的利润；客户在项目合同期内分享部分节能效益，在合同期结束后获得该项目的全部节能效益及ESCO投资的节能设备的所有权，此外，还获得节能技术和设备建设和运行的宝贵经验；节能设备制造商销售了其产品，收回了货款；银行可连本带息地收回对该项目的贷款，等等。

4. 风险性

ESCO通常对客户的节能项目进行投资，并向客户承诺节能项目的节能效益，因此，ESCO承担了节能项目的大多数风险。可以说，ESCO业务是一项高风险业务。EPC业务的成败关键在于对节能项目的各种风险的分析和管理。

5. 专业性

ESCO公司的技术专业性，决定了项目管理的专业性。ESCO必须根据自己所擅长的技术领域开展业务。只有运用自己熟悉的技术建设项目，ESCO才敢于签订长期合同，才能获得更大的节能效益。

6. 长期性

在多数合同能源管理项目运作模式中，节能服务公司需要先期投入项目成本，一次性占用资金较多。项目成功实施后，节能服务公司需要根据项目产生的节能效益，分次逐步收取服务费（一般情况下，多数节能服务公司是按月或按季收取服务费），直至合同结束。因此，节能服务公司的资金往往都变成固定资产沉淀在项目上，导致了资金周转慢，占用时间长。

8.2.6　节能服务公司的技能

合同能源管理的业务内容和节能服务公司的业务特点，要求节能服务公司应具备五种基本的技能：融资能力，技术能力，风险控制能力，管理能力，市场开发能力。

1. 融资能力

由于合同能源管理项目投入的一次性和资金占用的长期性，融资能力成为节能服务公司持续发展的必要能力。就目前国内合同能源管理发展状况来看，节能服务公司多数是中小企业，本身经济实力不强，资产规模较小，自身担保资源有限，不易取得银行贷款，融资能力弱。这些严重阻碍了其发展的前景。

然而合同能源管理项目对资金的需求量大，同时节能服务公司实施项目也需要大量资金支持。如果融资能力跟不上，后续资金不足，将会导致项目延期，长此以往，必将影响节能服务公司的发展，甚至影响公司的生存。

所以，在条件具备的时候，节能服务公司应当增加资本，开拓多重融资渠道，以增强融资能力。

2. 技术能力

节能服务公司收益具有高风险性，最主要的风险之一就是技术风险。技术能力是节能服务公司实施合同能源管理项目并从节能效益中收回投入、获取利润的重要支撑。节能服务公司的技术能力越强，在项目谈判中越有议价权，可实现的收益越高，在实施项目过程中的技术风险越小。

对自有技术来说，“技术能力”并不仅限于对技术的持有，更重要的是持续创新能力。这是由于自有技术的市场领先程度直接决定了节能服务公司的核心竞争力和收益空间，应防止被模仿和超越。

对引进的技术来说，更重要的是甄别和运用能力。节能服务公司要具有整合所需技术资源的能力，包含寻找可靠的、适合项目要求的技术与选定最适合项目要求的技术的能力，以及改进节能技术以适应项目实施条件的能力。

节能服务公司的技术能力体现在合同能源管理的各个方面上，包含节能设备制造或节能技术开发、能源审计、节能方案设计、节能项目实施、节能量评估和验证等。但是，并不是每个节能服务公司都需要具有这样全面的能力。

3. 风险控制能力

合同能源管理项目的成败取决于风险控制能力。风险控制能力体现在如何发现及识别风险、如何规避风险和如何控制风险。

风险存在于合同能源管理项目的整个过程中。在节能服务合同签订之前，要发现识别出项目所有风险点，能规避的规避，不能规避的要提前制定应对预案；在项目实施过程中，已出现隐患但尚未发生的风险，应及时采取补救措施，防止情况的恶化；对于已发生的风险。应及时采取坚决措施，控制风险扩大，减少损失。

4. 管理能力

合同能源管理运作模式的整合性、共赢性，决定了节能服务公司必须具有良好的管理能力。管理能力是指在有限资源的约束下，对项目涉及的内容和流程进行有效管理，使各个环节相互衔接，对人、财、物等各种资源达到合理配置，获得高效利用，从而实现各方共赢。

项目管理能力包括：合同能源管理模式运用和创新能力、投资管理能力、建设管理能力、运行管理能力、收益管理能力、沟通与协调能力等。

5. 市场开发能力

节能服务公司越来越多，用能单位对节能服务的要求越来越高，节能服务公司只有具备很强的市场开发能力，才能应对越来越激烈的市场竞争。

市场开发的实质就是推广合同能源管理机制，销售未来的节能量，获取未来节能收益。自开发之初，市场开发人员就需要对项目提出初步建议，预测项目节能效益，推荐合同能源管理模式，说服用能单位接受合同能源管理机制。这就要求市场开发人员不但要熟悉合同能源管理运作模式，还应具备一定的专业知识和巧妙的营销艺术。

节能服务公司进行市场开发需要遵循一定的原则。

选择客户的原则。良好的项目机会，投资适中，节能效益明显，采用的技术成熟，较多的项目机会。高耗能企业或能源利用效率低的企业存在较多的项目机会。管理层对合同能源管理机制比较认同，具有合作精神，信誉好。

选择项目的原则。项目所采用的技术成熟，技术风险较低，节能效果好，获利较高的项目，可复制性强的项目，投资适中的项目。

8.2.7 节能服务公司的类型

1. 技术型

技术性节能服务公司是指以某种或多种节能技术为基础发展起来的节能服务公司。他们一般拥有一个或多个技术特长，盈利能力强。有的在节能咨询和项目设计等方面拥有专有的技术力量，在某一细分市场中有很强的竞争力。

2. 投资型

投资型节能服务公司以拥有资金优势为主要特征，其市场定位往往是有节能潜力或节能需求，但因缺乏资金无力实施节能项目的用能单位。这类公司以资金为纽带，可以在市场上对接技术、设备及其他相关服务，从而为用能单位提供集成化的节能服务。投资型节能服务公司主要是通过节能项目投资，以节能服务费的形式，获得与其融资成本的利差。显然，这类节能服务公司竞争优势的形成对资金依赖性非常强。

3. 厂商型

厂商型节能服务公司是指设备制造商成立的节能服务公司，它从设备销售商转型而来的节能服务公司以及附属于设备制造商的节能服务公司。这类节能服务公司借助节能设备厂商的影响力开拓市场，依靠厂商强大的资金、技术实力实施节能项目。厂商为其带来的品牌、企业信誉等效应增强了其在某一特定行业的竞争力。这类公司依靠厂商，不但卖设备，还卖服务。它们以提供综合节能改造方案为手段，同时实现设备销售和节能服务，有效地拓展了自己的效益空间。

4. 综合型

综合型节能服务公司一般有着多种资源，有的既有技术又有资金，有的以技术和管理见长，有的整合资源能力强等。还有部分大企业针对自己的需求，专门成立节能服务公司。这些公司一般由母公司所有并监管，其节能服务主要集中在其母公司的业务区域内。

不同类型节能服务公司的投入产出对比见表8-2。

不同类型节能服务公司的投入产出对比 **表8-2**

类　型	投　入	收　益
技术型节能服务公司	一种或多种专项节能技术投入，并承担运行维护	技术投入的服务费用
投资型节能服务公司	资金投入	项目转让和股权投资
厂商型节能服务公司	设备及相关服务	设备销售和节能服务收益
综合型节能服务公司	技术、资金、设备、运营等各方面服务	多资源投入产生的节能效益

8.2.8 节能服务公司的备案

注册节能服务公司名单实行审核备案、动态管理制度，国家发展改革委会同财政部将根据各地节能服务产业发展水平和节能服务公司综合考评等具体情况，适时调整节能服务公司名单。备案名单内的节能服务公司可在全国各地实施合同能源管理项目，同时项目可向项目所在地省级财政部门和节能主管部门申请财政奖励资金支持，各地不得对节能服务公司设置注册地域要求。

节能服务公司审核备案需提供的有关材料：

（1）企业基本情况简介，主要包括成立日期，经营范围，经营及财务状况，财务管理制度等；

（2）合同能源管理项目开展情况、合同模式及节能效果，合同能源管理项目投资、收入及其在企业投资总额、营业额中的相应比重；

（3）合同能源管理项目应用的主要节能技术及产品情况，其中自主研发和获得专利的节能技术及产品情况，专职技术人员及合同能源管理人员的姓名、职称、年龄、学历、专业等；

（4）企业工商营业执照、税务登记证和财务报表复印件；

（5）企业注册资金、银行信用等级等证明材料；

（6）已实施项目用户单位的反馈意见及项目运营状态证明。

附录：合同能源管理（GB/T 24915—2010）

1. 范围

本标准规定了合同能源管理的术语和定义、技术要求和参考合同文本。本标准适用于合同能源管理项目的实施。

2. 规范性引用文件

下列文件中的条款通过本标准的引用而成为本标准的条款。凡是注日期的引用文件，其随后所有的修改单（不包括勘误的内容）或修订版均不适用于本标准，然而，鼓励根据本标准达成协议的各方研究是否可使用这些文件的最新版本。凡是不注日期的引用文件，其最新版本适用于本标准。

GB/T 2587 用能设备能量平衡通则

GB/T 2589 综合能耗计算通则

GB/T 3484 企业能量平衡通则

GB/T 13234 企业节能量计算方法

GB/T 15316 节能监测技术通则

GB/T 17166 企业能源审计技术通则

3. 术语和定义

下列术语和定义适用于本标准。

3.1　合同能源管理 energy performance contracting：EPC

节能服务公司与用能单位以契约形式约定节能项目的节能目标，节能服务公司为实现节能目标向用能单位提供必要的服务，用能单位以节能效益支付节能服务公司的投入及其合理利润的节能服务机制。

3.2　合同能源管理项目 energy performance contracting project

按合同能源管理机制实施的节能项目。

3.3　节能服务公司 energy services company：ESCO 提供用能状况诊断、节能项目设计、融资、改造（施工、设备安装、调试）、运行管理等服务的专业化公司。

3.4　能耗基准 energy consumption baseline

由用能单位和节能服务公司共同确认的，用能单位或用能设备、环节在实施合同能源管理项目前某一时间段内的能源消耗状况。

3.5　项目节能量 project energy savings

在满足同等需求或达到同等目标的前提下，通过合同能源管理项目实施，用能单位或用能设备、环节的能源消耗相对于能耗基准的减少量。

4. 技术要求

4.1　合同能源管理项目的要素包括用能状况诊断、能耗基准确定、节能措施、量化的节能目标、节能效益分享方式、测量和验证方案等。

4.2　用能状况诊断可按照 GB/T 2587、GB/T 3484、GB/T 15316、GB/T 17166 及相关标准执行。

4.3　能耗基准确定可按照 GB/T 2589、GB/T 13234 及相关标准执行，并应得到双方的确认。

4.4　节能措施应符合国家法律法规、产业政策要求以及工艺、设备等相关标准的规定。

4.5　测量和验证是通过测试、计量、计算和分析等方式确定项目能耗基准及项目节能量、节能率或能源费用节约的活动。测量和验证方案作为合同的必要内容应充分参照已有的标准规范成果，并遵循以下原则：

（1）准确性。应准确反映用能单位实际能耗状况和预期的及达到的节能目标。

（2）完整性。应充分考虑所有影响实现节能目标的因素，对重要的影响因素应进行量化分析。

（3）透明性。应对双方公开相关技术细节，避免合同实施过程中可能的争议。

4.6　项目节能量的确定可按照 GB/T 13234 及相关标准规范执行。

4.7　能耗基准确定、测量和验证等工作可委托合同双方认可的第三方机构进行监督审核。

5. 合同文本

合同能源管理包括节能效益分享型（参见附录 A）、节能量保证型、能源费用托管型、融资租赁型、混合型等类型的合同。合同文本是合同能源管理项目实施的重要载体。项目各相关方可参照附录 A 参考合同的格式，开发专门的合同能源管理项目实施合同文本。

附录 A：参考合同样本

<table>
<tr><td rowspan="8">甲方
（用能单位）</td><td>单位名称</td><td colspan="3"></td></tr>
<tr><td>法定代表人</td><td></td><td>委托代理人</td><td></td></tr>
<tr><td>联系人</td><td colspan="3"></td></tr>
<tr><td>通讯地址</td><td colspan="3"></td></tr>
<tr><td>电话</td><td></td><td>传真</td><td></td></tr>
<tr><td>电子邮箱</td><td colspan="3"></td></tr>
<tr><td>开户银行</td><td colspan="3"></td></tr>
<tr><td>账号</td><td colspan="3"></td></tr>
<tr><td rowspan="8">乙方
（节能服务公司）</td><td>单位名称</td><td colspan="3"></td></tr>
<tr><td>法定代表人</td><td></td><td>委托代理人</td><td></td></tr>
<tr><td>联系人</td><td colspan="3"></td></tr>
<tr><td>通讯地址</td><td colspan="3"></td></tr>
<tr><td>电话</td><td></td><td>传真</td><td></td></tr>
<tr><td>电子邮箱</td><td colspan="3"></td></tr>
<tr><td>开户银行</td><td colspan="3"></td></tr>
<tr><td>账号</td><td colspan="3"></td></tr>
</table>

鉴于本合同双方同意按“合同能源管理”模式就项目（以下简称“项目”或“本项目”）进行专项节能服务，并支付相应的节能服务费用。双方经过平等协商，在真实、充分地表达各自意愿的基础上，根据《中华人民共和国合同法》及其他相关法律法规的规

定，达成如下协议，并由双方共同恪守。

第1节 术语和定义

双方确定：本合同及相关附件中所涉及的有关名词和技术术语，其定义和解释如下：……

第2节 项目期限

2.1 本合同期限为____，自____始，至____。（根据附件一项目方案填写）

2.2 本项目的建设期为____，自____始，至____。（根据附件一项目方案填写）

2.3 本项目的节能效益分享期的起始日为____，效益分享期为____。（根据附件一项目方案填写）

第3节 项目方案设计、实施和项目的验收

3.1 甲乙双方应当按照本合同附件一所列的项目方案文件的要求以及本合同的规定进行本项目的实施。

3.2 项目方案一经甲方批准，除非双方另行同意，或者依照本合同第7节的规定修改之外，不得修改。

3.3 乙方应当依照第2.2条规定的时间依照项目方案的规定开始项目的建设、实施和运行。

3.4 甲乙双方应当按照附件一之文件13的规定进行项目验收。

第4节 节能效益分享方式

4.1 效益分享期内项目节鸵量/率预计为____，预计的节能效益为____。该前述预计的指标可按照附件一中文件2规定之公式和方法予以调整。

4.2 效益分享期内，乙方分享____%的项目节能效益。具体的分期分享比例如下：……

4.3 双方应当按照附件一之文件3规定的程序和方式共同或者委托第三方机构对项目节能量进行测量和确认，并按照附件一下之文件7的格式填制和签发节能量确认单。

4.4 节能效益由甲方按照第4.2条的规定分期支付乙方，具体支付方式如下：

(1) 在相应的节能量确认后，乙方应当根据确认的节能量向甲方发出书面的付款请求，叙明付款的金额，方式以及对应的节能量；

(2) 甲方应当在收到上述付款请求之后的____日内，将相应的款项支付给乙方；

(3) 乙方应当在收款后向甲方出具相应的正式发票。

4.5 如双方对任何一期节能效益的部分存在争议，该部分的争议不影响对无争议部分的节能效益的分享和相应款项的支付。

第5节 甲方的义务

5.1 如根据相关的法律法规，或者是基于任何有权的第三方的要求，本项目的实施必须由甲方向相应的政府机构或者其他第三方申请许可、同意或者批准，甲方应当根据乙

方的请求，及时申请该等许可、同意或者是批准，并在本合同期间保持其有效性。甲方也应当根据乙方的合理要求，帮助其获得其他为实施本项目所必需的许可、同意或者是批准。

5.2　甲方应当根据乙方的合理要求，及时提供节能项目设计和实施所必需的资料和数据，并确保其真实、准确、完整。

5.3　提供节能项目实施所需要的现场条件和必要的协助，如清理施工现场、合理调整生产、设备试运行等。

5.4　根据附件一之文件6的相关规定，指派具有资质的操作人员参加培训。

5.5　甲方应提供必要的资料和协助，配合乙方或双方同意的第三方机构开展节能量测量和验证。

5.6　甲方应根据项目方案的相关规定，及时协助乙方完成项目的试运行和验收，并提供确认安装完成和试运行正常的验收文件。

5.7　甲方应根据附件一的规定对设备进行操作、维护和保养。在合同有效期内，对设备运行、维修和保养定期作出记录并妥善保存____年。甲方应根据乙方的合理要求及时向其提供该记录。

5.8　甲方应当根据项目方案的规定，为乙方或者乙方聘请的第三方进行项目的建设、维护、运营及检测、修理项目设施和设备提供合理的协助，保证乙方或者乙方聘请的第三方可合理地接近与本项目有关的设施和设备。

5.9　节能效益分享期间，如设备发生故障、损坏和丢失，甲方应在得知此情况后及时书面通知乙方，配合乙方对设备进行维修和监管。

5.10　甲方应保证与项目相关的设备、设施的运行符合国家法律法规及产业政策要求。

5.11　甲方应保证与项目相关的设备、设施连续稳定运行且运行状况良好。

5.12　甲方应当按照本合同的规定，及时向乙方付款。

5.13　甲方应当将与项目有关的其内部规章制度和特殊安全规定要求及时提前告知乙方、乙方的工作人员或其聘请的第三方，并根据需要提供防护用品。

5.14　甲方应当协助乙方向有关政府机构或者组织申请与项目相关的补助、奖励或其他可适用的优惠政策。

5.15　其他。

第6节　乙方的义务

6.1　乙方应当按照附件一的项目方案文件规定的技术标准和要求以及本合同的规定，自行或者通过经甲方批准的第三方按时完成本项目的方案设计、建设、运营以及维护。

6.2　乙方应当确保其工作人员和其聘请的第三方严格遵守甲方有关施工场地安全和卫生等方面的规定，并听从甲方合理的现场指挥。

6.3　乙方应当依照附件一之文件6的相关规定，对甲方指派的操作人员进行适当的培训，以使其能承担相应的操作和设施维护要求。

6.4　乙方应当根据相应的法律法规的要求，申请除必须由甲方申请之外的有关项目的许可、批准和同意。

6.5　乙方安装和调试相关设备、设施应符合国家、行业有关施工管理法律法规和与项目相对应的技术标准规范要求，以及甲方合理的特有的施工、管理要求。

6.6　在接到甲方关于项目远行故障的通知之后，乙方应根据附件一的相关规定和要求，及时完成相关维修或设备更换。

6.7　乙方应当确保其工作人员或者其聘请的第三方在项目实施、运行的整个过程中遵守相关法律法规，以及甲方的相关规章制度。

6.8　乙方应配合双方同意的第三方机构或甲方开展节能量测量和验证。

6.9　其他________。

第7节　项 目 的 更 改

7.1　项目开始运行之后，甲方和乙方的项目负责人应当至少每____进行一次工作会议，讨论与项目运行和维护有关的事宜。

7.2　如在项目的建设期间出现乙方作为专业的节能服务提供者能够合理预料之外的情况，从而导致原有项目方案需要修改，则乙方有权对原有项目方案进行修改并实施修改的方案，但前提是不会对原有项目方案设定的主要节能目标和技术指标造成重大不利影响。除非该情况的出现是由甲方的过错造成，所有由此产生的费用由乙方承担。

7.3　在本项目运行期间，乙方有权为优化项目方案、提高节能效益对项目进行改造，包括但不限于对相关设备或设施进行添加、替换、去除、改造，或者是对相关操作、维护程序和方法进行修改。乙方应当预先将项目改造方案提交甲方审核，所有的改造费用由乙方承担。

7.4　在本项目运行期间，甲方拆除、更换、更改、添加或移动现有设备、设施、场地，以致对本项目的节能效益产生不利影响，甲方应补偿乙方由此节能效益下降造成的相应的损失。

第8节　所有权和风险分担

8.1　在本合同到期并且甲方付清本合同下全部款项之前，本项目下的所有由乙方采购并安装的设备、设施和仪器等财产（简称“项目财产”）的所有权属于乙方。本合同顺利履行完毕之后，该等项目财产的所有权将无偿转让给甲方，乙方应保证该等项目财产正常运行。项目财产清单见附件一之文件9。

8.2　项目财产的所有权由乙方移交给甲方时，应同时移交本项目继续运行所必需的资料。如该项目财产的继续使用需要乙方的相关技术和/或相关知识产权的授权，乙方应当无偿向甲方提供该等授权。如该项目财产的继续使用涉及第三方的服务和/或相关知识产权的授权，该等服务和授权的费用由____方承担。

8.3　项目财产的所有权不因甲方违约或者本合同的提前解除而转移。在本合同提前解除时，项目财产依照第11.6条的规定处理。

8.4　在本合同期间，项目财产灭失、被窃、人为损坏的风险由____方承担或依照附件一的相关规定处理。

第9节　违 约 责 任

9.1　如甲方未按照本合同的规定及时向乙方支付款项，则应当按照每日____的比率向乙方支付滞纳金。

9.2 如甲方违反除第9.1条外的其他义务，乙方对由此而造成的损失有权选择以下任意一种方式要求甲方承担相应的违约赔偿责任：

(1) 按照以下标准延长节能效益分享的时间____；

(2) 按照以下标准增加乙方节能效益分享的比例____；

(3) 直接要求甲方赔偿损失；

(4) 依照第11.5条的规定解除合同，并要求甲方赔偿全部损失。

9.3 如果乙方未能按照项目方案规定的时间和要求完成项目的建设，除非该等延误是由于不可抗力或者是甲方过错造成，则乙方应当按照每日的比率，向甲方支付误工的赔偿金。

9.4 如果乙方违反除9.3条外的其他义务，甲方有权对由此造成的损失选择以下任一种方式要求乙方承担相应的违约赔偿责任。

(1) 按照以下标准降低乙方节能效益分享的比例____；

(2) 按照以下标准缩短乙方节能效益分享的时间____；

(3) 直接要求乙方赔偿损失；

(4) 依照第11.5条的规定，解除合同，并要求乙方赔偿损失。

9.5 本条规定的违约责任方式不影响甲乙双方依照法律法规可获得的其他救济手段。

9.6 一方违约后，另一方应采取适当措施，防止损失的扩大，否则不能就扩大部分的损失要求赔偿。

第10节 不可抗力

10.1 本合同下的不可抗力是指超出了相关方合理控制范围的任何行为、事件或原因，包括但不限于：

(a) 雷电、洪水、风暴、地震、滑坡、暴雨等自然灾害、海上危险、航行事故、战争、骚乱、暴动、全国紧急状态（无论是实际情况或法律规定的情况）、戒严令、火灾或劳工纠纷（无论是否涉及相关方的雇员）、流行病、隔离、辐射或放射性污染；

(b) 任何政府单位或非政府单位或其他主管部门（包括任何有管辖权的法院或仲裁庭以及国际机构）的行动，包括但不限于法律、法规、规章或其他有法律强制约束力的法案所规定的没收、约束、禁止、干预、征用、要求、指示或禁运。但不得包括一方资金短缺的事实。

10.2 如果一方（“受影响方”）由于不可抗力事件的发生，无法或预计无法履行合同下的义务，受影响方就必须在知晓不可抗力的有关事件的5日内向另一方（“非影响方”）提交书面通知，提供不可抗力事件的细节。

10.3 受影响方必须采取一切合理的措施，以消除或减轻不可抗力事件有关的影响。

10.4 在不可抗力事件持续期间，受影响方的履行义务暂时中止，相应的义务履行期限相应顺延，并将不会对由此造成的损失或损坏对非影响万承担责任。在不可抗力事件结束后，受影响方应该尽快恢复履行本合同下的义务。

10.5 如果因为不可抗力事件的影响，受影响方不能履行本合同项下的任何义务，而且非影响方在收到不可抗力通知后，受影响方的不能履行义务持续时间达90个连续日，且在此期间，双方没有能够谈判达成一项彼此可以接受的替代方式来执行本合同下的项目，任何一方可向另一方提供书面通知，解除本协议，而不用承担任何责任。

第11节　合 同 解 除

11.1　本合同可经由甲乙双方协商一致后书面解除。

11.2　本合同可依照第10.5条（不可抗力）的规定解除。

11.3　当甲方迟延履行付款义务达____日时，乙方有权书面通知甲方后解除本合同。

11.4　当乙方延误项目建设期限达____日时，甲方有权书面通知乙方后解除本合同。

11.5　当本合同的一方发生以下任一情况时，另一方可书面通知对方解除本合同：

（a）一方进入破产程序；

（b）一方的控股股东或者是实际控制人发生变化，而且该变化将严重影响到该方履行本合同下主要义务的能力；

（c）一方违反本合同下的主要义务，且该行为在另一方书面通知后____日内未得到纠正。

11.6　本合同解除后，本项目应当终止实施，除非双方另行按照附件二的规定处理，项目财产由乙方员责拆除、取回，并根据甲方的合理要求，将项目现场恢复原状，费用由乙方承担，甲方应对乙方提供合理的协助。如乙方经甲方合理提前通知后拒绝履行前述义务，则甲方有权自行拆除相关设备，并就因此产生的费用和损失向乙方求偿。

11.7　本合同的解除不影响任意一方根据本合同或者相关的法律法规向对方寻求赔偿的权利，也不影响一方在合同解除前到期的付款义务的履行。

第12节　合同项下的权利、义务的转让

双方约定，合同项下权利、义务的转让按照以下方式进行：

……

第13节　人身和财产损害和赔偿

13.1　如果在履行本合同的过程中，因一方的工作人员或受其指派的第三方人员（“侵权方”）的故意或者是过失而导致另一方的工作人员或者是任何第三方的人身或者是财产损害，侵权方应当为此负责。如果另一方因此受到其工作人员或者是该第三方的赔偿请求，则侵权方应当负责为另一方抗辩，并赔偿另一方由此而产生的所有费用和损失。

13.2　受损害或伤害的一方对损害或伤害的发生也有过错时，应当根据其过错程度承担相应的责任，并适当减轻造成损害或伤害一方的责任。

第14节　保 密 条 款

双方确定因履行本合同应遵守的保密义务如下：

14.1　甲方：

14.1.1　保密内容（包括技术信息和经营信息）：____________。

14.1.2　负有保密义务的人员范围：____________。

14.1.3　保密期限：____________。

14.1.4　泄密责任：＿＿＿＿＿＿。

14.2　乙方：＿＿＿＿＿＿。

14.2.1　保密内容（包括技术信息和经营信息）：＿＿＿＿＿＿。

14.2.2　负有保密义务的人员范围：＿＿＿＿＿＿。

14.2.3　保密期限：＿＿＿＿＿＿。

14.2.4　泄密责任：＿＿＿＿＿＿。

第15节　争议的解决

因本合同的履行、解释、违约、终止、中止、效力等引起的任何争议、纠纷，本合同各方应友好协商解决。如在一方提出书面协商请求后15日内双方无法达成一致，双万同意选择以下几种方式解决争议：

1. 调解/诉讼/仲裁

(a) 任何一方均可向＿＿（双方同意的第三方机构）或双方另行同意的第三方机构提出申请，由其作为独立的第三方就争议进行调查和调解，并出具调解协议，另一方应当在＿＿日内同意接受该调查和调解。双方应根据第三方机构的要求提供所有必要的数据、资料，并接受其实地调查。

(b) 如果双方无法对第三方机构的选择达成～致，或者在一方书面提起调解申请后的45日内无法达成调解协议，双方同意采取以下＿＿种方式最终解决争议：

(1) 向＿＿仲裁委员会申请仲裁；

(2) 向＿＿人民法院提起诉讼。如双方无法达成调解协议，调解的费用由双方平均分摊。

(c) 如果调解的被申请方不依照上述 (1) 段的规定接受调解，或者任何一方对达成的调解协议拒不执行，则无论依照 (2) 段选择的争议解决方式达成的结果如何，该拒绝接受调解或者拒绝履行调解协议的一方都应承担对方为解决争议所产生的所有费用，包括律师费、调解费以及仲裁费/诉讼费。

2. 诉讼/仲裁

双方同意不经由调解程序，直接采取以下第＿＿种方式最终解决争议：

(1) 向＿＿仲裁委员会申请仲裁；

(2) 向＿＿人民法院提起诉讼。

第16节　保　　险

16.1　双方约定按以下方式购买保险

……

16.2　双方应协商避免重复投保，并及时告知对方已有的或准备进行的相关项目、财产和人员的投保情况。

第17节　知识产权

本合同涉及的专利实施许可和技术秘密许可，双方约定如下：

……

第18节 费用的分担

18.1 双方应当各自承担谈判和订立本合同的花费。

18.2 除非本合同下的其他条款另有规定，双方应当各自承担履行本协议下义务的费用。

18.3 受限于第18.2条的规定，除非本合同下的其他条款或附件另有规定，则方应当负责本项目的投资，并承担本项目的方案设计、建设、运营、监测的所有费用，包括项目所需设备、设施、技术购置、更换的费用。

第19节 合同的生效及其他

19.1 项目联系人职责如下：

……

19.2 一方变更项目联系人的，应在____日内以书面形式通知另一方。未及时通知并影响本合同履行或造成损失的，应承担相应的责任。

19.3 本合同下的通知应当用专人递交、挂号信、快递、电报、电传、传真或者电子邮件的方式发送至本合同开头所列的地址。如该通知以口头发出，则应尽快在合理的时间内以书面方式向对方确认。如一方联系地址改变，则应当尽速书面告知对方。本合同中所列的地址即为甲、乙双方的收件地址。

19.4 本合同附件是属于本合同完整的一部分，如附件部分内容如与合同正文不一致，优先适用合同附件的规定。

19.5 本合同的修改应采取书面方式。

19.6 本合同可由双方通过传真签署，经授权代表签字的合同的传真件具有与原件同样的效力。

19.7 本合同自双方授权代表签署之日起生效。合同文本一式____份，具有同等法律效力，双方各执____份。

19.8 本合同由双方授权代表于____年____月____日在签订。

甲方（盖章）	乙方（盖章）
授权代表签字：	授权代表签字：
通讯地址：	通讯地址：
电话：	电话：
传真：	传真：
开户行：	开户行：

课后习题

一、单项选择题

1. 节能公司以出租方式向项目投入设备及技术，在项目实施阶段，客户通过支付租金的方式支付节能公司投入的成本及所要求的收益。这是合同能源管理模式中的(　　)。

A. 项目运行服务型　　B. 项目运行服务型

C. 节能效益分享型　　D. 融资租赁型

答案：D

2. 合同能源管理在商业模式下向客户提供的节能服务的主要内容不包括(　　)。

A. 节能改造方案设计　　B. 节能项目融资

C. 节能量监测分析及效益保证　　D. 节能项目立项

答案：D

3. 在建筑中运用合同能源管理机制的优点是(　　)。

A. 能缓解建筑前期开发成本压力　　B. 效益回收期长

C. 单位时间项目投资减少　　D. 风险应对机制相对完善

答案：A

4. 在合同能源管理过程中，对内部环境进行的项目评价内容除了技术评估还包括(　　)。

A. 方案评估　　B. 资本评估

C. 政策评估　　D. 能耗评估

答案：D

二、多项选择题

1. 下列关于合同能源管理的说法正确的是（　　）。

A. 合同能源管理是一种推销方法

B. 合同能源管理是以节能改造为手段对项目进行能源成本控制的项目管理机制

C. 合同能源管理是一种节能技术

D. 合同能源管理是一种市场服务方式

E. 合同能源管理是一种以减少的能源费用来支付节能项目全部成本的投资方式

答案：BE

第 9 章　美国 LEED 评估体系

LEED（Leadership in Energy and Environmental Design）即由美国绿色建筑协会建立并推行的《绿色建筑评估体系》（Leadership in Energy & Environmental Design Building Rating System），国际上简称 LEED，是目前在世界各国的各类建筑环保评估、绿色建筑评估以及建筑可持续性评估标准中被认为是最完善和最有影响力的评价体系。

9.1　LEED 简介

9.1.1　时代与社会背景

LEED 标准由美国绿色建筑先驱之一罗伯特·瓦松（Robert K. Watson）创立的美国绿色建筑协会制定。被称为美国“LEED 之父”的罗伯特·瓦松，19 世纪 70 年代读大学时就曾为协助创建研究能源效能的洛杉矶研究所而在海拔 8000 英尺的山上帐篷里居住过数月。那时美国的建筑和生态学者就已开始探讨绿色建筑的理念。不过这一理念到了克林顿担任总统时，才得到大力支持，白宫本身也开始环保化。奥巴马担任总统后，白宫的建筑更是以身作则，欲成为 LEED 认证的绿色低碳建筑。

根据美国能源部统计，建筑物消耗超过全美 30%的能源以及 60%的电力供应。20 世纪 60 年代到 70 年代，美国经历了严重的“能源危机”——1973 年的阿以战争爆发而引起的阿拉伯石油禁运能源危机。在这次能源危机当中，能源成本受到了越来越多的关注，开始出现一些采取可持续发展措施的办公楼，采取的绿色设计包括调整建筑物朝向以避免东西向的太阳辐射、双层反射玻璃、以及节能的内部灯光系统等。同时，环保运动进入了主流的声音。

在这样的背景下，20 世纪 80 年代，建筑行业开始向节能转型。于是在 20 世纪 90 年代众多民间组织逐渐兴起，其中最为著名的就是罗伯特·瓦松于 1994 年创立的美国绿色建筑委员会（USGBC，U. S. Green Building Council），与此同时，人们也开始更加理性地关注建筑环境性能。USGBC 的核心目标就是要转变建筑行业的习惯和企业的设计、建造、操作等的方法，使其对环境和社会更负有责任感，使建筑更健康、更繁荣，最终更加提高人们的生活质量。罗伯特·瓦松在 USGBC 担任指导委员会主席直至 2006 年。在任期间与中国建设部和中国科学院联系紧密，为中国绿色建筑的发展做出了积极贡献。

LEED 是美国绿色建筑委员会（USGBC）于 1995 年制定并颁布的绿色建筑评价体系。同时能为建筑设计、建造、运营的相关人员提供了达到其标准的手段与策略，能更好地指导绿色建筑的实践。LEED 目前也为加拿大，墨西哥，印度等多个国家和地区制定了符合其地方特性的标准，并进一步推广 LEED 在世界范围内的应用。

LEED 评价体系不是美国第一个绿色建筑评价体系，但它是唯一一个在全国范围内被许多私人机构（Herman Miller，Ford Motor Co，Natural Resources Defense Council），地方政府（Portland OR，Seattle WA，SanJose CA），联邦政府团体（GSA，Department of State）所承认和采用的系统。

9.1.2　LEED 的特点

LEED 标准是非政府行为，只是由美国的专业机构颁发，但由于获得美国环境保护署（EPA）的背书，并与 EPA 的“能源之星”（Energy Star）项目挂钩，美国一些联邦机构和地方政府在管理新的公共建筑时就采用了这个系统，并给予采用该系统的私人开发商以鼓励和批复的“快速通道”优惠。LEED 由此奠定在美国绿色低碳地产业的权威地位。不仅如此凡获得该机构认证的，就可以获得建筑所在州、市的税务减免待遇。马里兰、纽约和俄勒冈州对通过 LEED 认证的建筑物还提供信用贷款，美国联邦政府的中央管理部门也已要求自 2003 财政年度起其所有的建筑物都必须通过 LEED 认证。美国建筑商希望获得 LEED 认证，其动力除能减税、贷款外，它也是极有力的形象宣传，可吸引买主、租户及收取较高的租金。

虽然 LEED 为自愿采用的标准，但自从其发布以来，已被美国 48 个州和国际上 7 个国家所采用，在部分州和国家已被列为当地的法定强制标准加以实行，如俄勒冈州、加利福尼亚州、西雅图市，加拿大政府正在讨论将 LEED 作为政府建筑的法定标准。而美国国务院、环保署、能源部、美国空军、海军等部门都已将 LEED 列为所属部门建筑的标准。

许多学者提到 LEED 评定认证的三个典型特点：商业行为、第三方认证及企业自愿认证行为。LEED 一直保持高度权威性和自愿认证的特点，使得其在美国乃至全球范围内取得了很大成功，成为当前应用最为广泛的一种绿色建筑评估体系。

9.1.3　LEED 的评价主体

USGBC（U. S. Green Building Council）即美国绿色建筑委员会是一个第三方，非政府，非营利机构，建立于 1994 年。从建立之初，它就致力于推进建筑设计，建造，运营方式的变革，把绿色建筑的理念付诸实践。LEED 的成功与 USGBC 的努力是分不开的。

1. USGBC 组织架构

USGBC 的成员来自美国建筑行业和相关行业的著名机构，包括地方和国家的建筑设计公司（如 SOM），建筑产品制造商（如 Johnson Controls，Ford Motorland），环境团体（如自然资源保护委员会，Global Green 和落基山脉研究所），建筑行业组织（如施工规范研究院、美国建筑师协会），建筑开发商（如 Turner 建筑公司，Bovis 租借公司），零售商和建筑业主（如 Gap 和 Starbucks），金融业领袖（如美洲商业银行）以及众多联邦政府，州政府和地方政府机构。

USGBC 的会员制度是开放的、均衡的，即各种企业都可以申请加入委员会成为会员，而且来自不同类型企业的会员数量在委员会中也相对均衡，这就保证了整个委员会的运作及其制定的评估体系和各种策略不会偏向于某一类型的企业，而且是均衡各方利益的结果，并且反映了各种类型企业不同需求的协调。

USGBC 会员制度，为执行委员会的各项重要计划和活动提供了一个平台，各种政策和策略的制定、修订、以及各项工作计划的安排，都是基于来自整个建筑行业中不同类型企业会员们的需要而确定。委员会每年也都要进行年度回顾，以确保其各项工作是有助于解决会员们提出的各种问题，其实也就是协调整个美国建筑行业在绿色建筑发展中的各种矛盾，并逐步推进整个行业的变革。这种机制使得美国绿色建筑委员会的各种意见得到了整个美国社会的认可，并具有相当的影响力。

2. 委员会结构

作为一个有效运转的联合体，USGBC 的核心是其各个专业委员会，如管理委员会，教育委员会，以及各种不同的 LEED 评估体系的专业委员会等。各个委员会的会员们（也就是来自不同类型公司的企业代表）共同制定各种有关的策略，并由 USGBC 的员工和外聘的专业顾问来进行具体执行。这些不同的专业委员会为其会员们提供了一个讨论交流的场所，来自不同立场的各种不同观点在这里得以碰撞、沟通，求同存异、建立联盟、稳步推进各种合作的解决方案，最终逐步影响了建筑行业中各个方面的变革。图 9-1 为现行的 USGBC 组织架构示意图。

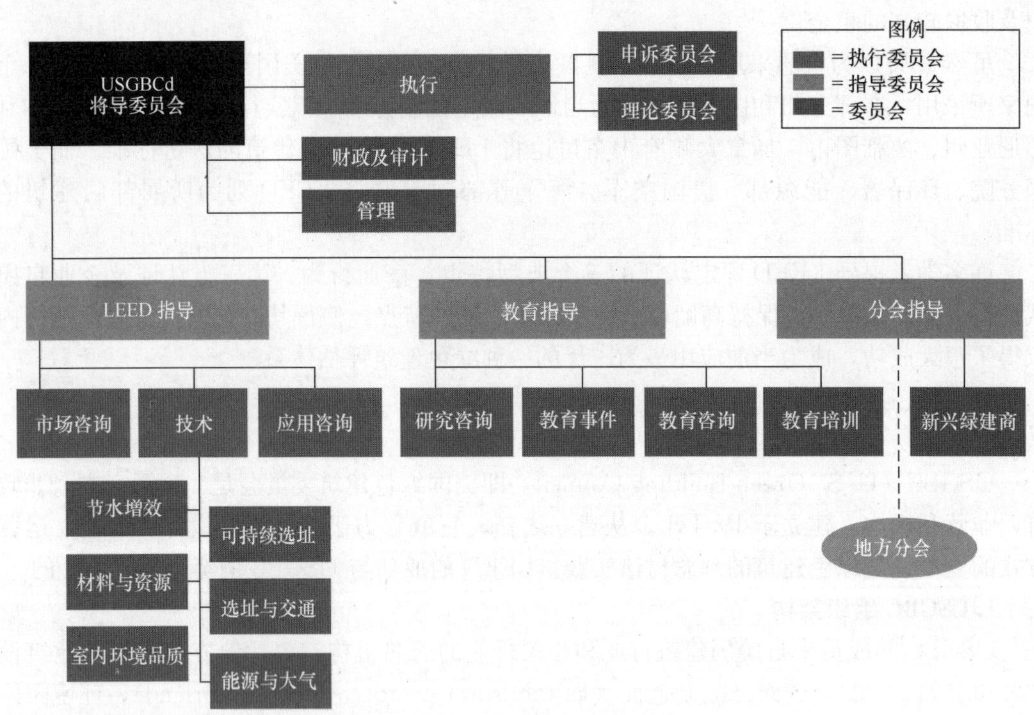

图 9-1　USGBC 组织架构

LEED 指导委员会（LEED Steering Committee）在整个架构中处于核心的地位。在 LEED 指导委员会下面，是各个 LEED 横向市场产品（LEED-NC 等）的专业委员会，这些产品专业委员会同时也负责其自身产品的应用指南（Application Guides）的开发。同时，为了确保有关评估要求在不同 LEED 产品中的一致性和连贯性，LEED 指导委员会之下还成立了一个专业技术咨询委员会（Technical Scientific Advisory

Committee），这个委员会按照LEED评估系统的5个方面，分为5个专员技术咨询小组（Technical Advisory Groups，简称TAG），主要协助编写各得分点的释疑和LEED体系的技术改进。

9.1.4 LEED评估体系

LEED评估体系也从最初的新建建筑建造标准LEED-NC，发展到包括既有建筑的绿色改造标准LEED- EB、商业建筑内部装修标准LEED-CI、建筑主体结构建造标准LEED-CS、生态住居标准LEED-Home及社区规划标准LEED-ND等六个主要方面，其中新建建筑又可分为新建/大修项目、建筑群/校园与学校（LEED for School)、医疗养老院（LEED for Healthcare)、零售业建筑（LEED for Retail）及实验室建筑等不同类别，见表9-1。

问世于1995年的LEED的主要目的是推广整体建筑设计流程，用可以识别的全国性认证来改变市场走向，促进绿色竞争和绿色供应。LEED评价体系主要由以下几个评价标准构成：

(1) LEED-NC（LEED for New Construction）——“新建和大修项目”分册：用于指导新建或者改建、高性能的商业和研究项目，例如商业建筑（包括办公建筑)、公共建筑（图书馆、博物馆、教堂等)、旅馆、不低于4层的住宅等等，尤其关注办公建筑和公共建筑。基于LEED-NC，开发了一系列纵向市场工具，如LEED-SC（LEED for School）用于学校项目，LEED-HC（LEED for Health-Care）用于医疗建筑评估，（LEED for Retail）用于零售业建筑，还有LEED-MBC（LEED for Multiple Buildings & On-Campuses Building Projects，多建筑和大学建筑)，LEED-Laboratories等等5大方面。

LEED for School——“学校项目”分册

该评价标准是在LEED NC评价标准的基础上，加上教室声学、整体规划、防止霉菌生长和场地环境的评估，专门针对中小学校而制定的评价标准。从2007年4月起，所有新建和大修的中小学校，可以直接使用该标准。

LEED for Retail——“商店”分册

该评价标准由2个评价体系构成，一个是以LEED NC2.0版为基础，主要针对新建建筑和大修建筑；另一个是以LEED CI2.0版为基础，主要针对室内装修项目。该评价标准针对商店设计和施工的特点，阐述了在灯光、项目场地、安全、能源和用水等方面的注意事项和可替代方法。

LEED for Healthcare——“疗养院”分册

该评价标准以LEED NC为基础，针对疗养院的病人和医务人员的特点，进行技术指导。

(2) LEED-EB（LEED for Existing Building）——“既有建筑”分册：用于现有建筑可持续运行性能的评价标准。

该评价标准是USGBC用于LEED评价建筑在设计、施工、运行的全寿命周期内评价体系的一部分。可用于第1次要求认证的既有建筑项目，也可用于已获得LEED NC认证的建筑。该评价标准给业主和维护人员实现可持续运行、保护环境提供了机会。

(3) LEED-CI（LEED for Commercial Interior）——“商业建筑室内”分册：用于

办公楼、零售业、研究建筑等出租空间特殊开发的评价标准。如（LEED for Retail）用于零售业建筑。

该评价标准给予那些不能控制整幢大楼运行的租户和设计师一定的权利来做出可持续的选择。建筑内的绿色材料有利于健康和提高工作效率，减少运行维护费用，减少对环境影响。该评价标准包括：出租空间的选择、有效利用水资源、能源性能优化、照明控制、资源利用以及室内空气质量等。

（4）LEED-CS（LEED for Core and Shell）——“建筑主体与外壳”分册：用于评估那些使用者不能控制的、涉及室内设计和设备选择的项目。

该评价标准则一对设计师、施工人员、开发商和要求建筑主体和外壳进行可持续设计施工的业主。主体和外壳主要包括：主体结构、围护结构和建筑系统，如空调系统等。该评价标准限制了开发商可以控制的部分，使开发商能够实施有利于租户的绿色策略。它是LEED CI评价标准的补充完善，两者合在一起就建立了开发商或业主与租户的绿色建筑评价标准。LEED CS预认证是该评价标准的一个特点，预认证可以给开发商或业主提供潜在的客户，可以加大融资。申请LEED CS认证的项目也可以申请预认证，但预认证不是LEED认证。

（5）LEED-Home——“住宅”分册：用于住宅建筑开发的评价标准。主要针对独立式住宅、联排住宅等。集合住宅一般由LEED-NC评价。

该评价标准于2005年8月开始试行，从2007年5月开始，已有375个建设单位根据试行程序申请了6000个有代表性的住宅，其中200个被认证。该评价标准于2007年通过投票后发行正式版本。该标准的特点是当地认证，建设单位与当地或附近的具有LEED Home评价资质的机构联系，由该机构进行认证。

（6）LEED-ND（LEED for Neighborhood Development）——“社区规划”分册：用于小区开发的评估体系。

9.1.5 LEED发展

1. LEED版本演进

USGBC早期致力于开发一个能够确切定义绿色建筑的评价系统，在研究既有评价体系（特别是英国的BREEAM）后，于1998年推出了LEED 1.0试行版。LEED 1.0是一个建立在自愿参与基础上的国家标准，立志于推动高效能，可持续建筑的发展。从1998年到2000年3月，利用该试行版对12座建筑进行了认证，根据这个试行阶段得到的回馈信息，对LEED进行了广泛的修订工作。2000年3月，发布LEED2.0，又分别于2002年和2005年对LEED进行了修正，推出LEED2.1与LEED2.2版本，在此后的过程中，LEED每两年会对其自身版本做出修订，分别为LEED 2007和LEED2009，基本上是在LEED2.2基础上对评分细则的修订。LEED v3包括三个部分，一是2009版LEED评价标准即LEED2009，二是LEED认证在线工具（LEED On-line），三是基于ISO标准的认证模式变更。2008年USGBC专门成立了“绿色建筑认证中心”（GBCI Green Building Certification Institute），专门负责有关认证事宜。LEED2009共有九种不同的认证系统，不同的LEED认证系统适用于不同的建筑类型，形成了LEED认证的横向市场产品体系。

LEED 认证体系的发展历程　　表 9-1

序号	LEED	建立时间	评定对象
1	LEED-NC1.0（LEED for New Construction）	1998.8	新建商业建筑物
2	LEED-NC2.0	2000.6	新建商业建筑物
3	LEED-NC2.1	2002.11	新建商业建筑物
4	LEED-CI（LEED for Commercial Interior）	2002.7	商业建筑室内
5	LEED-CS（LEED for Core & Shell）	2002.7	建筑主体和外壳
6	LEED-EB（LEED for Existing Building）	2002.7	现存建筑物
7	LEED-H（LEED for Home）	2005.8	住宅建筑
8	LEED-ND（LEED for Neighborhood）	2005.8	社区规划
9	LEED-NC2.2	2005.11	新建商业建筑物
10	LEED for School	2007.4	学校项目
11	LEED for Healthcare	草稿	疗养院
12	LEED for Retail	试行	商店

2009 版的 LEED v3.0 评价体系主要用于指导设计高性能的商业和科研项目，主要侧重于商业建筑、公共建筑。该分册已经更新了多次，越来越符合实际情况。

LEED V4 是 LEED 绿色建筑评估体系的最新升级，早在 2012 年 10 月 2 日，USGBC 便开始对 LEED V4 草案征求公众意见，直到正式版发布，总共经历了 6 次公众意见征集阶段 。LEED 新版的测试工作则是在 2012 年 11 月开始，一直持续到 2013 年的 5 月底 。在 2013 年 4 月期间还有一个“共识体自愿参与 ”的阶段 。“共识体 ”是指能代表 USGBC 会员整体的 、平衡且多样的一个群体，在这个阶段，对 LEED 新版投票有兴趣的 USGBC 会员组织雇员可以自愿选择加入共识体，以参与最终的投票 。2013 年 6 月则是最终的投票阶段，参与者可以对 LEED 体系中一些技术上的改变以及对新版的评估体系进行投票

2013 年 5 月底，美国绿色建筑委员会正式发布了 LEED 绿色建筑评估体系的 V4 版本，并于 2013 年 7 月 2 日在华盛顿通过了最终的会员投票，得票率达到 86% 。LEED v4 于 2013 年 11 月 20 日在 Greenbuild 2013 大会上正式发布实施。以取代 2009 年 4 月发布的 LEED V3（即 LEED 2009）版本 。2014 年 11 月 29 日，USGBC 宣布：LEED 2009 评价系统的项目注册截止日期由原来的 2015 年 6 月 15 日延后至 2016 年 10 月 31 日。另外值得注意的是，项目提交 LEED 2009 认证的截止日期仍维持不变，为 2021 年 6 月 30 日。故目前新注册 LEED 项目，可选 2009 评价系统，也可以选择 V4 系统评估。目前 LEED V3 版本和 LEED V4 版本并存，且 LEED V3 版本应用时间较长，而采用 LEED V4 评价的案例极少，因此，本章仍主要介绍 LEED V3，仅在后面部分会列出 LEED V4 与 LEED V3 的区别。

LEED 的发展从新建建筑单个类别推广至建设领域其他建筑类别，力求涵盖所有房屋开发类型和全面建筑过程，成为美国绿色建筑认证体系中最具有公信力的标准。应用最广的 LEED v3 在结合了更多建筑业的新技术和新发展的基础上，加强了 LEED 系统资源的整合与优化，参考指南的归并同时也有助于降低同时进行多个类别项目评估人员的难度，

使 LEED 认证系统更具统一性和准确性 LEED v3 版本由三个部分组成：LEED2009，LEED 网上申请和评审系统（LEED-Online）及专业认证机构（GBCI），较之前的版本更关注认证系统的用户界面友好度，简化认证文件及评级程序，同时更具公开性、公平性。

2. 目标定位

从开发伊始，LEED 就致力于成为能够促进“市场转型”的工具。在美国的建筑市场中，绝大多数都采用了略微高于线性建筑规范的技术措施；大概有 5%的项目违反了有关条例规定，没有达到标准；另有 5%投入较大成本、采用了非常先进的技术策略。LEED 主要针对那些愿意领先于市场、相对较早采用改善环境性能技术的项目群。

3. 评价产品组合策略

在随后 LEED 十几年的发展历程中，它从一个单一的评分系统发展成为了一系列涵盖了几乎所有建筑项目的体系。成熟的 LEED v2009 的产品是以 LEED-NC 为核心的 9 个评价体系，具体内容在下一小节中已经详细论述。值得注意的它们都是由特定的产品委员会与 TAG 写作研发，都保持五个核心评分项和一个奖励评分项的分类形式和“前提条件—核心评分项的—创新得分”的结构。具体的每个指标如何满足前提条件、如何达到评分要求，可以依照横向市场的需求进行调整，以利于实施。每一项指标的层次也要遵守“目的—要求—技术/策略”的格式。

另外，LEED 评价最有特点的一个方面是它各个评价体系的评价对象是有重合的，如一个新建的学校既可用 LEED-NC 来评价，也可用 LEED-SC 来评价。

4. LEED 推广与应用

经过 10 余年的发展，LEED 已经成为公认的现有的主要评价系统中市场运作最为成功者。自从 1998 年 LEED 1.0 版本发行之后，LEED 在美国经历了一个指数型的增长。截止到 2012 年 7 月 LEED 已经认证超过了 8000 余个建筑项目，另外还有近 24000 个项目在 LEED 注册。约 5000 人具备成为专业认证人员的要求。各州根据自身特点开发了 LEED 的地区版本，以推进当地绿色建筑的实践活动。LEED 已经建立了非常有影响的商标形象，无论 LEED 的支持者或者反对者都同意这样一个事实：LEED 确实有助于美国的建筑行业朝着健康方向发展，它改变了人们对待建筑环境性能的态度，教育了很多建筑师重新看待各种环境问题。

9.1.6 LEED 各评价体系对比

LEED 评价家族的 9 大评价体系在内容设置上有很大的不同，由表 9-2 可以看出，选址效率、紧凑完整联系的社区二项只有在 LEED-ND（社区开发）和 LEED-HO（独立住宅）才有，这是 LEED 技术委员会专门为这两个评价体系开发的性能指标项。

可持续的场地（SS），水资源利用（WE），能源利用与大气层保护（EA），材料和资源的循环利用（MR），室内环境质量（IEQ）这五项是 LEED 评价体系的核心项，各核心项分值比例见图 9-2。此外还有创新与 LEED 认证（ID）项，作为 LEED 鼓励创新技术应用和推广 LEED 的手段，也出现在每个 LEED 评价体系之中。

由表 9-2 可以看出，对于不同的评价体系，也就是对不同的建筑种类，LEED 的评分标准在评价侧重上差异较大，这是 LEED 各个技术委员会充分考虑到不同项目的特点后，结合实际评价的结果做出的调整。另外在评价得分细节上各个体系也不尽相同。

LEED 各个评价体系的一级条目对比　　**表 9-2**

	LEED-NC	LEED-EB	LEED-CI	LEED-CS	LEED-SC	LEED-RE	LEED-HE	LEED-ND	LEED-HO
选址效率	×	×	×	×	×	×	×	√	√
可持续的场地	√	√	√	√	√	√	√	√	×
紧凑完整联系的社区	×	×	×	×	×	×	×	√	√
水资源利用	√	√	√	√	√	√	√	√	×
能源和大气层保护	√	√	√	√	√	√	√	√	×
材料和资源循环利用	√	√	√	√	√	√	√	√	×
室内环境质量	√	√	√	√	√	√	√	√	×
用户意识	×	×	×	×	×	×	×	√	×
创新及 LEED 认证	√	√	√	√	√	√	√	√	×

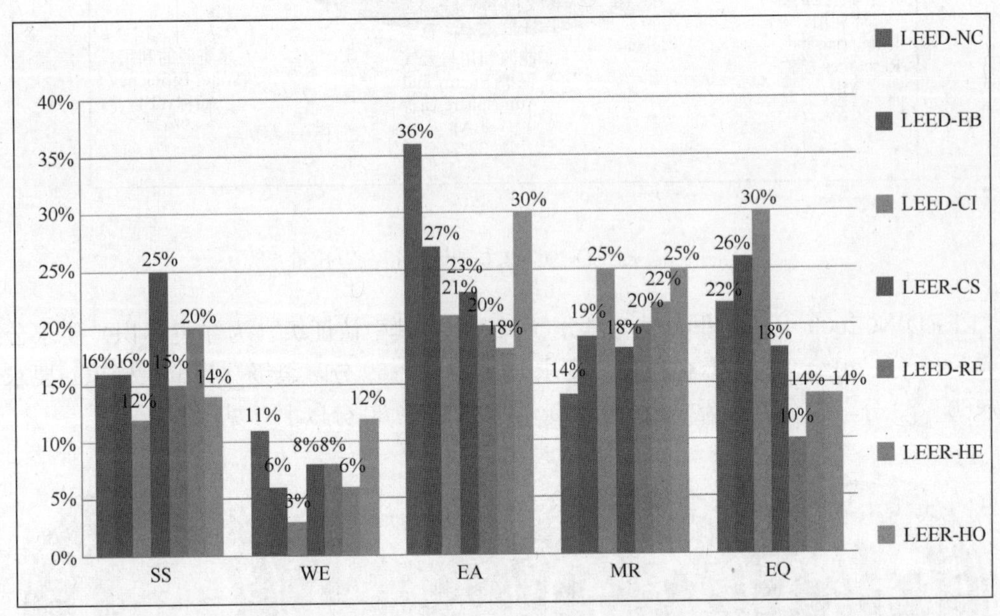

图 9-2　LEED 评价体系核心项分值比例

9.2　典型评价工具 LEED-NC

LEED NC2009 评价体系以可持续的基地，水资源利用，能源利用与大气保护，材料和资源的循环利用，室内环境质量，设计中的创新，地域优先 7 大项评价建筑的环境性能。在每一大项中又分为若干小项，其中有的小项是必要项，如果建筑项目没有达到该项要求，则将不能获得认证；其他项为非必要项，建筑项目根据具体的评分要求得分，大部分非必要项为 1 分项，少部分为多分项，最终累计建筑项目得分，予以评级，各项评估得分点比重见图 9-3。

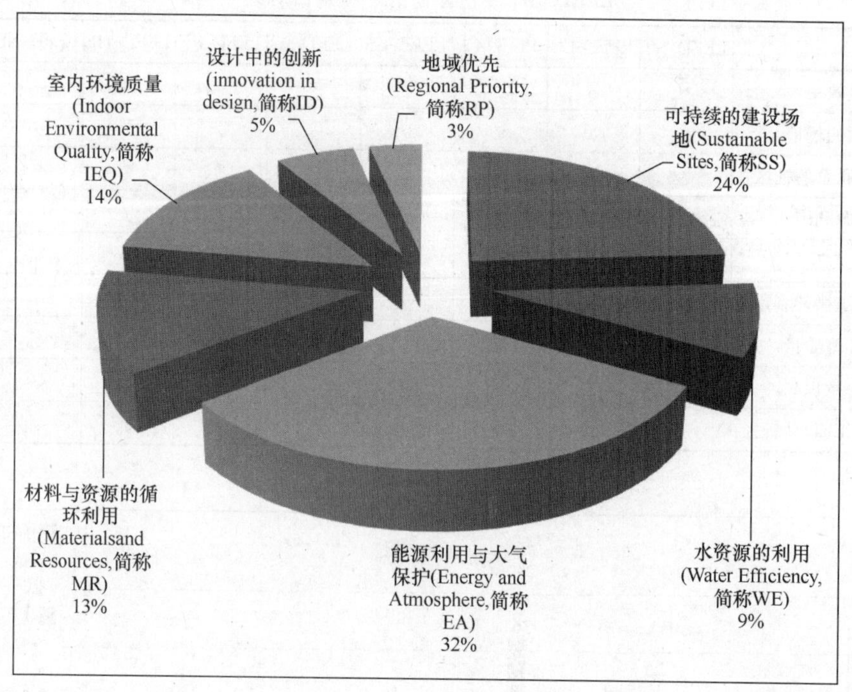

图 9-3　LEED-NC v3.0 的评估得分点比重

LEED NC2009 中共有非必要项得分点 110 个，其中认证级（为绿色标识）要求分数为 40～49 分，银级（为浅蓝色标识）要求分数为 50～59 分，金级（为金色标识）要求分数为 60～79 分，铂金级（为银白色标识）要求分数在 80 分以上，见图 9-4。

图 9-4　LEED 评价体系的认证标识

作为 LEED 评价体系的原型系统，LEED-NC 是整个评价体系的基础与核心，LEED-CS 、LEED-HE 都是在 LEED-NC 基础上衍生出来的。对一个评价体系的二级条目的分析是研究一个评价体系关键，故而，以下就从二级条目的范围深入了解 LEED 的评价内容。以下内容作者根据 LEED v2009 版评价标准翻译。

表 9-3 附有 LEED - NC v3.0 的各项得分明细。

LEED-NC v3.0 的各项得分统计　　　　**表 9-3**

一级条目	二级条目	性质	得分	总分
可持续的建设场地（Sustainable Sites，简称 SS）	施工污染防治	必要项		
	场址评估	非必要项	1	
	场址开发 保护和恢复栖息地	非必要项	2	10
	空地	非必要项	1	
	雨水管理	非必要项	3	
	降低热岛效应	非必要项	2	
选址与交通	降低光污染	非必要项	1	
	LEED 社区开发选址	必要项		6
	敏感土地保护	非必要项	1	
	高优先场址	非必要项	2	
	周边密度和多样化土地使用	非必要项	5	
	优良公共交通连接	非必要项	5	6
	自行车设施	非必要项	1	
	停车面积减量	非必要项	1	
	绿色机动车	非必要项	1	
用水效率（Water Efficiency，简称 WE）	室外用水减量	必要项		
	室内用水减量	必要项		
	建筑整体用水计量	必要项		
	室外用水减量	非必要项	2	11
	室内用水减量	非必要项	6	
	冷却塔用水	非必要项	2	
	用水计量	非必要项	1	
能源与大气（Energy and Atmosphere，简称 EA）	基本调试和查证	必要项		
	最低能源表现	必要项		
	建筑整体能源计量	必要项		
	基础冷媒管理	必要项		
	增强调试	非必要项	6	
	能源效率优化	非必要项	18	33
	高阶能源计量	非必要项	1	
	能源需求反应	非必要项	2	
	可再生能源生产	非必要项	3	
	增强冷媒管理	非必要项	1	
	绿色电力和碳补偿	非必要项	2	
材料与资源（Materials and Resources，简称 MR）	可回收物存储和收集	必要项		
	营建和拆建废弃物管理计划	必要项		
	减小建筑生命周期中的影响	非必要项	5	
	建筑产品分析公示和优化-产品环境要素声明	非必要项	2	13
	建筑产品分析公示和优化 -原材料的来源和采购	非必要项	2	
	建筑产品分析公示和优化 -材料成分	非必要项	2	
	营建和拆建废弃物管理	非必要项	2	
室内环境质量（Indoor Environmental Quality，简称 IEQ）	最低室内空气质量表现	必要项		
	环境烟控	必要项		16
	增强室内空气质量策略	非必要项	2	

续表

一级条目	二级条目	性质	得分	总分
室内环境质量（Indoor Environmental Quality，简称 IEQ）	低逸散材料	非必要项	3	16
	施工期室内空气质量管理计划	非必要项	1	
	室内空气质量评估	非必要项	2	
	热舒适	非必要项	1	
	室内照明	非必要项	2	
	自然采光	非必要项	3	
	优良视野	非必要项	1	
	声环境表现	非必要项	1	
设计中的创新（Innovation in Design，简称 ID）	创新	非必要项	5	6
	LEED Accredited Professional	非必要项	1	
地域优先（Regional Priority，简称 RP）	地域优先	非必要项 RPC1	1～4	4

9.2.1 可持续的建设场地

可持续的建设场地（Sustainable Sites，简称 SS）本项的设置主要针对的是建筑项目在场地范围内对环境的影响。

1. 必要项 SSP1——建设中的污染防治

评价目的：建筑过程中控制污染以降低对水和空气质量的负面影响。

评价内容：在总平设计中，有具体的污染防治与沉降控制方案，包括地表土的再利用，尘埃和颗粒物的防治，施工期间的土壤损失保护等，并且必须符合美国环境保护局（EPA）或者地方性法规的相关条文规定。

技术手段与设计策略：考虑运用永久性的或临时性人性化策略，例如地坪绿化，地膜覆盖，场地护坡等。

2. 非必要项 SSC1——基地选择

评价目的：避免不适当的土地开发，以减少不适当的基地选址对环境造成的影响。

评价内容：不在以下的地区兴建建筑物、道路或停放场地：农业用地，濒危动物的栖息地，标高在百年一遇洪水水位以上 5 英尺以内的地区，湿地等等。

技术手段与设计策略：选择合适的地点进行建设，优化建筑方案使得建筑基地的不利影响最小化。考虑地下停车场和与相邻的项目共享设施。

3. 非必要项 SSC2——开发强度

评价目的：将建筑项目纳入到城市现有基础设施体系之中，保护绿地栖息地与自然资源。

评价内容：项目开发强度不超过 60000 平方英尺每英亩。如有地方性规定，也应予以满足。

技术手段与设计策略：在项目选址的过程中考虑对城市的影响。

4. 非必要项 SSC3——废弃地的再开发

评价目的：利用在已经被污染或者预期有可能被污染的土地，以减少土地开发的压力。

评价内容：开发在被污染的基地（根据美国有关规定确定），或者废弃地。需要有效的治理污染措施。

技术手段与设计策略：在选址的过程中，优先考虑废弃地。制定包含一套技术手段的治理措施，如生物反应治理，抽出处理技术。

5. 非必要项 SSC4.1 ——替代交通——公共交通的引入

评价目的：降低汽车对环境的影响。

评价内容：在距基地1/2英里的范围内有铁路或轻轨或地铁网站，或者1/4英里范围内有两条以上的公交网站或为建筑使用者设立的班车网站。

技术手段与设计策略：尽量选址在交通枢纽周围。

6. 非必要项 SSC4.2 ——替代交通——自行车存放

评价目的：降低汽车使用对环境的影响。

评价内容：对公共建筑，能为不少于使用者5%的人提供自行车存放设施（包括更衣淋浴设施），居住建筑为10 %。

技术手段与设计策略：为建筑设计便于自行车使用的交通设施。

7. 非必要项 SSC4.3——替代交通——清洁能源汽车

评价目的：降低汽车使用对环境的影响。

评价内容：能为不少于使用者3%的人提供清洁能源汽车的停放场地，或为他们设置充能装置（液体或者气体充能装置必须独立通风或置于室外）。

技术手段与设计策略：为清洁能源车设立或与相邻建筑共享充能装置。

8. 非必要项 SSC4.4——替代交通——停车容量

评价目的：降低汽车使用对环境的影响。

评价内容：优化建筑的停车容量，必须满足要求但不能超出过多，为共享汽车者（carpool）提供不少于停车量5%的优先停车位。

技术手段与设计策略：最小化建筑停车容量，考虑与接临建筑共享停车场。

9. 非必要项 SSC5.1——场地开发——保护栖息地

评价目的：保留基地自然状态，限制破坏自然的范围，提升基地中的生物多样性。

评价内容：对于新建基地，在所有建筑，道路周围40英尺的范围内限制清理土方，在25英尺范围内使用透水透气的地面铺装或者自然绿地，对于再开发的基地，要把最少50%的场地（除去建筑用地）换为自然绿地，或者透水透气的地面铺装。

技术手段与设计策略：详细的现场调查，制定一整套保护基地现有自然状况的措施。设立明确标志限定建设范围。尽量与邻近建筑共享基础设施。

10. 非必要项 SSC5.2——场地开发——最大化开敞空间

评价目的：保留基地自然状态，限制破坏自然的范围，提升基地中的生物多样性。

评价内容：对于开敞空间面积有地方规定的，超过地方规定的25 %。对于没有的，至少保留与建筑占地面积相等的开敞空间。

技术手段与设计策略：优化建筑设计方案，限制建设范围，运用地下车库，与相邻建筑共享基础设施。

11. 非必要项 SSC6.1——雨水径流——径流量控制

评价目的：增加场地渗透，减少或消除来自雨水径流及其污染物的污染。

评价内容：非渗透地面超过 50%的场地：实施措施，使雨水径流峰值流量和速度不能超过开发前水平。非渗透地面小于 50%场地：实施措施，使雨水径流峰值流量和速度比开发前水平降低 25 %。

技术手段与设计策略：应用绿化屋面，透水砖及其他措施，以尽量减少不透水表面。收集雨水用于园林灌溉，冲洗厕所等。

12. 非必要项 SSC6.2——雨水径流——径流水质控制

评价目的：防止自然水流的污染。

评价内容：对于年平局降水量 90%的雨水径流必须施行有效防止污染方案。

技术手段与设计策略：建立一体化的自然或人工处理雨水径流体系，如人工湿地，植被过滤。

13. 非必要项 SSC7.1——热岛效应防治——非屋顶

评价目的：减少热岛效应对微气候，人和野生动物栖息地的影响。

评价内容：对基地 50%以上的区域综合运用以下措施防止吸热：绿化遮阳，构造遮阳，开放式网格路面系统。

技术手段与设计策略：考虑使用新的涂料和着色剂实现浅色的表面，使用高反射的材料，减少热量的吸收。

14. 非必要项 SSC7.2——热岛效应防治——屋顶

评价目的：减少热岛效应对微气候，人和野生动物栖息地的影响。

评价内容：运用高反射的屋顶材料大于整个屋顶面积 7 5 %，或者绿化屋面大于屋顶面积的 50%。

技术手段与设计策略：运用高反射材料或绿化屋面降低屋顶吸热。

15. 非必要项 SSC8——光污染防治

评价目的：消除来自建筑和基地光线对周围环境的侵入，减少对夜间环境影响。

评价内容：按照北美照明工程学会（IESNR）的照明手册的较低照度水平进行照明设计。室内外使用初始发光流明度大于 3500/1000 的灯具时应使用必要的技术措施防治光污染。

技术手段与设计策略：运用灯光模拟减少对基地外的光辐射和夜间的光污染，建筑使用低反射表面与低射角灯具。

9.2.2 水资源的利用

水资源的利用（Water-Efficiency，简称 WE）。美国是水资源较为丰富的国家之一。但由于洗衣机，冲水马桶等自来水设备的普及，在大幅提高了现代人类口常生活的方便性与舒适性同时，带来了大量的浪费，已经造成了严重水资源枯竭的危机。为了缓解此危机，本大项强调建筑物使用节水器材，并且明确节水量标准，鼓励新技术在节水方面使用，希望引导建筑在不影响使用者的生活需求下，有效改善用水效率。

1. 必要项 WEP1——降低用水量

评价目的：提高建筑物内用水效率，减少城市供水和污水处理系统的负担。

评价内容：运用节水侧率，节省建筑估算用水量的 20%，建筑用水计算是根据使用者人数估算，必须只包括以下装置和固定装置：冲便器，厕所水龙头，淋浴，厨房水槽水龙头。

技术手段与设计策略：使用替代水源（例如，雨水，中水，空气调节器凝结水）。运用获得相关认证的节水器具。

2. 非必要项 WEC1——节水绿化景观

评价目的：限制使用自来水，地表水，浅层地下水对基地景观的灌溉。

评价内容：利用雨水，中水系统灌溉绿化景观，占灌溉用水 50%的加 2 分，全部使用的加 4 分。

技术手段与设计策略：进行土壤/气候分析，以确定适当的植物，使用高效率设备和控制器。

3. 非必要项 WEC2 废水处理技术创新

评价目的：减少废水产生和自来水需求，同时扩大当地含水层的补给。

评价内容：降低基地范围内废水产生量 50%，或者处理基地范围内产生废水量的 50%，处理后的废水必须在本基地范围内再利用。

技术手段与设计策略：使用高效节水设备及干式设备（如干式小便器），以减少废水量。考虑使用中水系统，雨水收集系统。

4. 非必要项 WEC3 降低用水量

评价目的：进一步提高建筑物内用水效率，减少城市供水和污水处理系统的负担。

评价内容：运用综合策略，使建筑更加节水，节水 30%2 分，35% 3 分，40%4 分（不包括景观灌溉用水）。

技术手段与设计策略：使用高效节水设备及干式设备（如干式小便器），以减少废水量。考虑使用中水系统，雨水收集系统。

9.2.3　能源利用与大气保护

能源利用与大气保护（Energy and Atmosphere，简称 EA）。作为建筑环境性能四大重要内容之一建筑耗能效率，本大项也是评估体系中分量最重的，分别从耗能系统的设计，安装调试，整体性能，以及再生能源使用等方面对建筑进行评估，同时也为建筑节能设计提供了可信的参考与依据。

1. 必要项 EAP1——主要耗能系统的安装调试

评价目的：根据业主的项目要求，进行该项目耗能系统的安装，校准，使其达到设计标准，以降低能源使用，运营成本，减少承包商回调。

评价内容：必须有具有资质的相关人员组成项目小组来制定和实施计划，安装调试耗能系统，得出完整的调试报告。暖气，通风，空调和制冷系统，采光照明与控制，生活热水系统，可再生能源系统（例如，风能，太阳能）必须通过项目小组的调试，达到设计标准。

技术手段与设计策略：雇佣在能源系统设计，安装和操作；规划和流程管理；故障排除，操作和维修程序；耗能系统自动化控制等方面具有丰富经验的人员组成项目小组。

2. 必要项 EAP2——能耗最小化

评价目的：建筑能耗达到能满足要求的最低水平，减少过度能源使用对环境的影响。

评价内容：通过计算机能耗模拟，进行设计，达到节能 10%的效果。或者遵从满足美国供暖、制冷与空调工程师学会（ASHRAE）提供的各项节能措施。

技术手段与设计策略：运用计算机模拟，量化节能指标。并且遵守地方性法规中关于节能的规定。

3. 必要项 EAP3——制冷剂的使用

评价目的：减少平流层臭氧损耗。

评价内容：不使用氟氯化碳的为制冷剂的空调制冷系统。对已有的制冷系统要进行逐步改造使其达到要求。

技术手段与设计策略：对于现有的空调系统，列出设备的清单，制定不合格制冷剂替换时间表。对于新系统，使用无氟氯化碳的制冷剂。

4. 非必要项 EAC1 ——能效最优化（1～19 分项）

评价目的：在 EAP2 的基础上进一步减少建筑能耗。

评价内容：通过计算机能耗模拟，节能达到 12%的得 1 分，每增加 2 %的节能多得 1 分，最多得 19 分。或者运用 ASHRAE 提供的节能手册进行设计，可得 1 分。

技术手段与设计策略：运用计算机模拟，量化节能指标。并且遵守地方性法规中关于节能的规定。

5. 非必要项 EAC2——基地中的可再生能源（1～7 分项）

评价目的：鼓励基地中再生能源的自给供应，以减少化石燃料的能源使用对环境的影响。

评价内容：在基地范围内生产并使用可再生能源系统，其产生的能源占建筑总能耗的 1%（按价值计算）的得 1 分，每增加 2%多得 1 分，最多得 7 分。

技术手段与设计策略：评估项目使用可再生能源的潜力，包括太阳能，风能，地热，生物质能。

6. 非必要项 EAP3——耗能系统预调试

评价目的：在设计初期就考虑建筑各个耗能系统的调试工作且在各个系统完之后进行额外的工作保证其流畅运行。

评价内容：根据 EAP1 项中的要求组成项目小组，根据设计档，施工文件备份检查各个能耗系统，提出审查意见。

技术手段与设计策略：雇佣在能源系统设计，安装和操作；规划和流程管理；故障排除，操作和维修程序；耗能系统自动化控制等方面具有丰富经验的人员组成项目小组。

7. 非必要项 EAP4——进一步的制冷剂管理

评价目的：减少臭氧消耗，遵守蒙特利尔议定书，同时最大限度地减少制冷剂使用对气候的影响。

评价内容：不使用任何制冷剂，或者选用的空调制冷设备没有任何对臭氧层产生不利影响的化合物的排放。

技术手段与设计策略：提高制冷剂设备的使用寿命，维修设备，以防止制冷剂泄漏到大气中。

8. 非必要项 EAP5——测量与检验

评价目的：建立长效的建筑能耗监测与量化系统。

评价内容：根据美国相关标准建立长效的监测与量化系统。若能耗超过预期过多，实施具体措施予以纠正。

技术手段与设计策略：安装必要的计量设备衡量能源使用。比较建筑能耗的预期表现与实际表现。

9. 非必要项 EAP6——绿色能源

评价目的：鼓励零污染能源，可再生能源的并网使用。

评价内容：使用经过美国能源部认定的绿色电能达到建筑基本用电量的 35%，且至少使用两年。基本用电量的估算应使用美国能源部的数据库。

技术手段与设计策略：尽量运用来自太阳能，风能，地热能，生物能的绿色电力，或者其他符合绿色能源认证的能源。

9.2.4 材料与资源的循环利用

材料与资源的循环利用（Materialsand Resources，简称 MR）。建筑的建造运营是一项高污染的产业，不只在水泥，钢铁瓷砖生产阶段产生高度污染，在营建过程及日后的拆除废弃过程之中污染也非常严重。建筑在建筑施工及日后拆除过程中产生的工程不平衡土方，废弃建材，拆除废弃物，扬尘等，足以破坏周遭环境卫生及人体健康。本项指标主要针对建筑设计，构造设计乃至施工管理过程中固体及空气污染，促进循环可再生材料的使用。

1. 必要项 MRP1——循环再生物的储存和收集

评价目的：减少建筑使用者产生的垃圾量，以及其对垃圾堆填区的占用。

评价内容：为整个大楼资源回收提供便利条件，建立循环再生材料的收集和储藏区。必须包括：纸，瓦楞纸板，玻璃，塑料和金属。

技术手段与设计策略：指导建筑用户运用回收程序。考虑使用纸板打包机，回收槽及其他废物管理策略，进一步加强材料回收力度。

2. 非必要项 MRC1.1——建筑再利用——保留现有的墙，地板和屋顶

评价目的：扩大现有楼宇的生命周期，节约资源，减少浪费，减少新建筑物由其材料制造和运输对环境的影响。

评价内容：保存建筑物的现存结构（包括承重和维护结构）达到 55%的 1 分，75%的 2 分，95%的 3 分（新建部分必须进入计算）。若新建部分超过原有建筑面积的一倍，此项不得分。

技术手段与设计策略：再利用现有的建筑承重与维护结构元素，消除其污染威胁改善窗户，管道设备资源利用效率。

3. 非必要项 MRC1.2 ——建筑再利用——保留现有内部装饰构件

评价目的：扩大现有楼宇的生命周期，节约资源，减少浪费，减少新建筑物由其材料制造和运输对环境的影响。

评价内容：利用现有的室内构件（例如室内墙壁，门窗，地板和天花板系统）超过 50%（新建部分必须进入计算）。若新建部分超过原有建筑面积的一倍，此项不得分。

技术手段与设计策略：再利用现有的建筑承重与维护结构元素，消除其污染威胁改善窗户，管道设备资源利用效率。

4. 非必要项 MRC2——建设过程中废弃物管理

评价目的：减少由建筑建设产生的各种废物对环境的影响，使其易于循环再利用。

评价内容：建筑建设中产生的废物必须进行回收利用，利用率达到50%得1分，达到75%的得2分。

技术手段与设计策略：采用建筑废料管理计划，考虑回收纸板，金属，砖，矿物纤维面板，混凝土，塑料，清洁木材，玻璃。

5. 非必要项 MRC3——材料再利用

评价目的：利用可循环建筑材料和产品，以减少对原生材料的需求，及其开采和加工对环境的影响。

评价内容：使用可循环建筑材料，其价值占总材料费用的5%得1分，10%得2分。机械，电气，管道组件和电梯等特种设备的材料不能包括在此计算。

技术手段与设计策略：在建筑的梁，地板，镶板，门及门框，橱柜和家具使用循环再生材料。

6. 非必要项 MRC4——再生材料的使用

评价目的：利用再生建筑材料和产品，以减少对原生材料的需求，及其开采和加工对环境的影响。

评价内容：使用再生建筑材料，其价值占总材料费用的10%得1分，20%得2分。机械，电气，管道组件和电梯等特种设备的材料不能包括在此计算。

技术手段与设计策略：在施工过程中确保指定的再生材料的使用与安装。考虑材料的经济性和材料性。

7. 非必要项 MRC5——地方建材的使用

评价目的：增加地方建筑材料的使用，刺激需求，从而支持当地资源的利用和减少由交通造成的环境影响。

评价内容：使用地方建筑材料（在建筑当地生产制造的材料），其价值占总材料费用的10%得1分，20%得2分。机械，电气，管道组件和电梯等特种设备的材料不能包括在此计算。

技术手段与设计策略：在施工过程中，确保安装指定的当地材料，并量化本地材料总数的百分比。在选择产品和材料时考虑经济和性能属性。

8. 非必要项 MRC6——快速再生材料的使用

评价目的：以快速再生材料替代有限原材料和较周期循环材料

评价内容：使用快速再生材料（再生周期在10年之内），其价值占总材料费用的2.5%。

技术手段与设计策略：使用再生材料，考虑使用竹子，羊毛，棉，油毡，纸板及软木材料。

9. 非必要项 MRC7——认证木材

评价目的：合理使用木材，负责任的态度保护森林资源。

评价内容：使用森林管理理事会（FSC）认证的木制建筑构件，如结构框架，二维框架，地板，地板，木门和装饰，其价值占总材料费用的50%。

技术手段与设计策略：确定FSC认证的木材产品供货商，确定FSC认证的木材产品安装和量化指标。

9.2.5 室内环境质量

室内环境质量（Indoor Environmental Quality，简称IEQ）。室内空间作为人类活动的重要区域，因此室内环境对丁人类生活的影响至关重要。室内环境指标以“健康性”与“环保性”的角度来评价室内环境，契合了绿色建筑本质要点。本大项针对影响人体健康与环保效应的室内综合环境指标，包括室内装修与声，光，热，空气质量，并且考虑到了人在室内空间中的感受，同时对不利于人体健康的材料也予以限制。

1. 必要项IEQR1——室内空气质量最低标准

评价目的：提高室内空气质量，达到最低标准，有益于使用者的舒适与健康。环境烟草烟气控制

评价内容：满足美国供暖、制冷与空调工程师学会（ASHRAE）提供的相关标准的最低限度。并且自然与机械通风系统要符合ASHRAE和当地法规的要求。

技术手段与设计策略：优化通风系统设计，使室内环境舒适，并且降低能耗。运用ASHRAE提供的设计手册，详细核对各项参数。

2. 必要项IEQR2——环境烟草烟气控制

评价目的：减少烟草烟气对建筑用户，空气分配系统，室内表面的影响。室外新风监测

评价内容：禁止在室内，入口、进气口和通气窗25英尺以内吸烟，为吸烟者提供吸烟室或吸烟区，评估吸烟室（区）的换气率和内饰装修。

技术手段与设计策略：禁止在室内吸烟，通过设计，使围护结构，通风系统最优化，减少烟草烟气对建筑影响。

3. 非必要项IEQC1——室外新风监测

评价目的：监测新风系统，保证用户的健康舒适。

评价内容：对新风系统使用长效的二氧化碳浓度的检测，使其浮动范围在设计标准的10%内浮动，一旦超出发出警告，或者使用其他设备加大换气量。

技术手段与设计策略：在建筑的通风系统和空调系统中安装二氧化碳浓度监测设备。

4. 非必要项IEQC2——加强通风

评价目的：提供额外的空气流通，改善室内空气质量和促进建筑用户舒适度，健康度和生产力。

评价内容：对于机械通风系统，其通风量超过ASHRAE制定标准中最小通风量的30%。对于自然通风，达到英国皇家屋宇装备工程师学会（CIBSE）制定的标准。

技术手段与设计策略：对于不同功能不同大小的使用空间，恰当选取适当的通风方式，使用软件模拟通风效果。

5. 非必要项IEQC3.1——建设中的室内空气质量控制——主体结构修建时

评价目的：减少由建设或翻修导致室内空气质量问题，促进建筑工人和使用者的舒适度和健康。

评价内容：在施工过程中，达到或超过美国空气调节协会制定的标准，安装防潮吸音材料。固定安装空气处理系统要在施工期间使用。

技术手段与设计策略：实施室内空气质素管理措施，以保障供暖，通风和空调（HVAC）系统在建设中的使用。

6. 非必要项 IEQC3. 2——建设中的室内空气质量控制——入住前

评价目的：减少由建设或翻修导致室内空气质量问题，促进建筑工人和使用者的舒适度和健康。

评价内容：运用各种措施保证建筑内空气质量在入住前达到标准。包括在入住前使用过滤措施，或进行空气质量测试

技术手段与设计策略：考虑室内涂料，装修措施对室内空气环境的影响。

7. 非必要项 IEQC4. 1——低挥发性材料：胶粘剂和密封剂

评价目的：减少由建设或翻修导致室内空气质量问题，促进建筑工人和使用者的舒适度和健康。

评价内容：所有建筑物的胶粘剂和密封剂必须遵守限制挥发性有机化合物（VOC）使用的相关规定。

技术手段与设计策略：限制挥发性有机化合物在以下产品中的使用：胶粘剂，地板胶，防火密封胶，嵌缝，管道密封剂。

8. 非必要项 IEQC4. 2——低挥发性材料：油漆和涂料

评价目的：减少由建设或翻修导致室内空气质量问题，促进建筑工人和使用者的舒适度和健康。

评价内容：所有建筑物的油漆和涂料必须遵守限制挥发性有机化合物（VOC）使用的相关规定。

技术手段与设计策略：确保指定的低 VOC 的油漆和涂料在建筑中的使用。

9. 非必要项 IEQC4. 3——低挥发性材料：合成木材和中密度材料

评价目的：减少由建设或翻修导致室内空气质量问题，促进建筑工人和使用者的舒适度和健康。

评价内容：所有建筑物的合成木材和中密度材料必须遵守限制挥发性有机化合物（VOC）使用的相关规定。

技术手段与设计策略：暂无

10. 非必要项 IEQC5——室内化学污染源控制

评价目的：尽量减少用户接触有害微粒和化学污染物。

评价内容：所有建筑物的合成木材和中密度材料必须遵守限制挥发性有机化合物（VOC）使用的相关规定。

技术手段与设计策略：暂无

11. 非必要项 IEQC6. 1——系统可控性——照明

评价目的：提高人对照明系统的控制，使人的建康，舒适得到保证。

评价内容：为 90%以上的用户提供照明控制装置，在共享空间提供照明系统控制，使其满足人的需求与偏好。

技术手段与设计策略：集成照明系统控制并将其纳入照明体系的设计，提供环境和任

务照明，同时管理照明能源使用。

12. 非必要项 IEQC6.2——系统可控性——热舒适

评价目的：提高人对热舒适性系统的控制，使人的建康，舒适得到保证。

评价内容：为 50%以上的用户提供空调系统控制装置。在使用者 20 英尺以内必须有可开启窗或控制窗扇开闭装置。窗口大小与共享空间的空调系统必须符合 ASHRAE 的相关规定。

技术手段与设计策略：设计可控制窗扇开启的装置，对特殊地点（如空调出气口）进行综合测算使其满足相关热舒适性要求。

13. 非必要项 IEQC7.1——热舒适——设计

评价目的：提供舒适热环境，保证使用者的健康与工作效率。

评价内容：设计供暖，通风和空调（HVAC）系统及围护结构，以满足 ASHRAE 关于热舒适性的标准。

技术手段与设计策略：运用各种手段，使围护结构满足预期的标准。以综合的方式评估室内空气温度，辐射温度，风速和相对湿度。

14. 非必要项 IEQC7.2——热舒适——监测

评价目的：对建筑热环境进行长效评测。

评价内容：设计热环境监测系统，使建筑长时间达到 IEQC7.1 中的标准。并在入住 6～18 个月后进行调查，若超过 20%的受访者不满意建筑热环境，必须对各系统进行修正。

技术手段与设计策略：建立热舒适标准和记录验证建筑性能。

15. 非必要项 IEQC8.1——日照和视野——日照

评价目的：为建筑使用者提供良好的室内空间与室外空间联系，在建筑的常用区域引入阳关和创造优良视野。

评价内容：在建筑 75%以上的经常使用区域在 9 月 21 口达到天然光照度 25 坎德拉英尺，或者运用侧窗，天窗等符合构造要求。

技术手段与设计策略：考虑遮阳措施，建筑朝向对日照的影响，使用高透射玻璃，运用计算机模拟分析日照结果。

16. 非必要项 IEQC8.2——日照和视野——视野

评价目的：为建筑使用者提供良好的室内空间与室外空间联系，在建筑的常用区域引入阳关和创造优良视野。

评价内容：对于建筑 90%以上的经常使用区域，应该能使用户在地面上 30～90 英寸的范围内，透过玻璃看到室外。对于私密性较强的空间，可缩小到 75 %。

技术手段与设计策略：合理设计空间，为遮阳系统，玻璃设计控制设备。

9.2.6　设计中的创新

设计中的创新（Innovation in Design，简称 ID）。本项设置在于鼓励设计团队和项目运用创新手段设计绿色建筑，对于运用创新手段的建筑给予额外加分；另外，在设计团队中有 LEED 认可的专业人员参与的也给予额外加分，用于推广 LEED 评价体系。

1. 非必要项 IDC1——设计创新（1～5 分项）

评价目的：为设计团队和项目提供机会，使建筑能够有更卓越环境性能。（包括 LEED 体系中涉及和未涉及的策略与措施）

评价内容：建筑运用其他策略与措施（LEED 未涉及），获得显著的，可衡量的环境性能，每项策略的应用得 1 分，最多 5 分。运用 LEED 涉及的策略与措施，达到 LEED 评分要求最高指标以上的，可加 1 分，最多加 3 分。

技术手段与设计策略：运用具体策略或措施，使建筑表现出全面的环境性能，量化环保指标。

2. 非必要项 IDC2——LEED 专业认可

评价目的：支持和鼓励 LEED 绿色建筑设计一体化的要求，简化申请和认证过程。

评价内容：项目小组至少有 1 个主要参与者应获得 LEED 的专业认可（LEED AP）。

技术手段与设计策略：给参与项目的相关人员提供教育机会，使其获得 LEED 认证。

9.2.7 地域性

地域性（Regional Priority，简称 RP）。在 LEED-NC2009 还新增了地域性（RP）项，是在前六项评分内容的基础上由地域理事会根据美国各地不同的气候状况，筛选对当地尤为重要的小项，并且适当提高其评分要求，如果达到，则此建筑将得到额外奖励分。目前此项的评分尚不能应用于美国之外的项目，美国之内的项目是根据其所在州的不同来区分筛选小项的不同。

非必要项 RPC1——地域优势（1～4 分项）

评价目的：建筑优化设计以符合具体地域的气候。

评价内容：USGBC 的地域理事会提供得分参考，满足一项得一分，最多可获得 4 分。

技术手段与设计策略：根据建筑的具体位置进行设计。

9.3 LEED V4 与 LEED V3 的修改对比

9.3.1 LEED V4 产品体系的变化

LEED 并非是单一的评价标准，而是一系列评价标准所组成的评估体系，根据评价范围和建筑类型的不同，USGBC 都开发了对应的 LEED 评价标准 。此次发布的 LEED V4 版本，USGBC 对整个 LEED 产品线进行了一次合并与调整 。首先，根据评估范围的不同把所有的 LEED 评价标准划分为 5 个大类，分别是：建筑设计及施工（BD&C）、室内设计及施工（ID&C）、既有建筑：运营及维护（EB：O&M）、社区开发（ND）、住宅（HOMES），然后把这 5 类评估标准所适用的建筑类型列出，形成一个产品矩阵，见图 9-5 。

实际上，由于这种分类方法是根据评估范围和内容的不同来划分，因此，相同大类下的具体评价指标是大同小异的，这样就可以把产品矩阵中同一类评估标准整合在一起，成

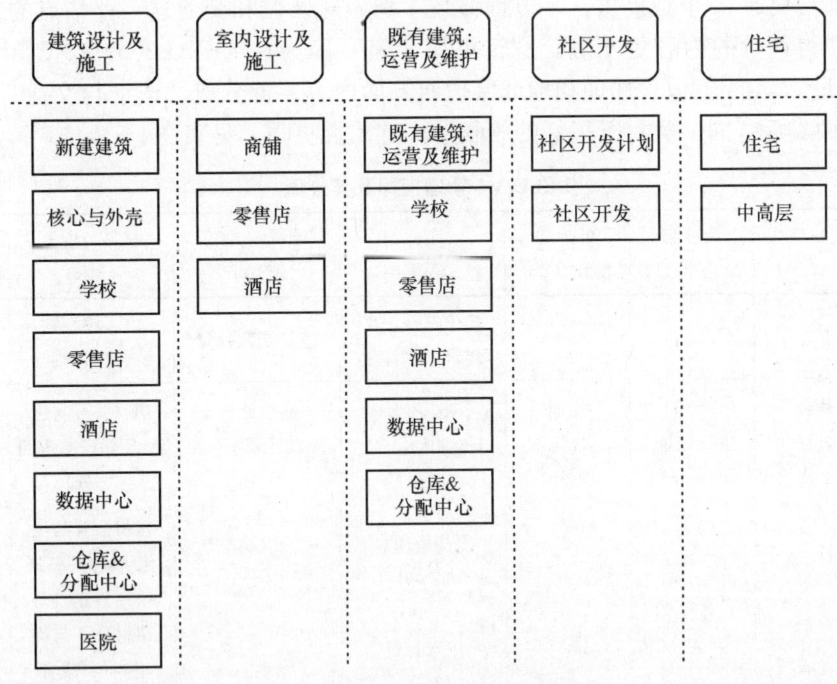

图 9-5　LEED V4 产品矩阵

为一个包含多种建筑类型的评估标准。这种做法一方面把整个 LEED 评估标准的总数减少到 5 个，使得整个 LEED 评估体系不那么零碎，更加系统，从而降低了理解难度；另一方面通过对评估范围和评估对象的划分，使得项目在选择认证标准的时候，能更方便地选择所适用的标准。在 LEED V4 版本中，USGBC 不但调整了整个 LEED 评估体系的组织结构，同时也分别从纵向和横向对其进行了内容上的扩充。在产品线上，USGBC 新开发了针对数据中心（Data Center）、仓库和分配中心（Warehouse & Distribution Centers）等建筑类型的 LEED 标准，使得 LEED 评估体系的适用范围进一步得到完善。

9.3.2　LEED V4 评价标准的变化

在针对不同评估范畴的具体评价标准上，LEEDV4 也有不小的变化，这里以最常用的 LEED V4 forBD+C：NC&MR 为例进行分析。

1. 评估类目的变化

在 LEED 2009（NC&MR）中，对建筑物进行评估是从可持续场址、节水、能源与大气、材料与资源、室内环境质量、设计中创新、地方优先等 7 个方面进行考察的，其中每一个评估方面都称为一个类目（Category），每个类目中包含多个具体的评价指标。评价指标分为必要项（Prerequisite）和得分项（Credit）两种，前者是指项目必须要达到的条件，而后者是指对项目的某一方面进行评估从而取得一定的分数。值得注意的是，若不满足必要项的要求，则项目无法通过 LEED 认证，而不仅仅是在包含该必要项的类目中无法得分。在 LEED V4 中，最显著的一个变化是增加了“选址与交通”类目（Location and TransportationCategory），使得对建筑物的评价类目增加到 8 个。实际上，“选址与交通”并不是完全新增的，其大部分评价指标都来自上一版本的“可持续场址”。此次把“选址与交通”单独提出，一方面体现了新版对区位和交通这一评估点的重视，另一方面也使得评价的内容更明确，逻辑更加合理。因为在 LEED 2009（NC&MR）中，“可持续场址”实际上包含选址和场址保护两方面内容，拆分成“选址与交通”、“可持续场址”两类后，同一类目下指标的关联性、连贯性更强，见表 9-4。

LEED V4 新增指标及其分值 **表 9-4**

		选址与交通（LT）	可持续场址（SS）	节水（WE）	能源与大气（EA）	材料与资源（MR）	室内环境质量（IEQ）
必要项				减少室外用水 建筑用水计量	建筑能源计量	施工废弃物管理计划	
得分项	整合过程（1分）	LEED ND场址（16分）	场地评定（1分）	减少室外用水（2分） 冷却塔用水（2分） 用水计量（1分）	高级能源计量（1分） 需求响应（2分）	建材公开与优化-环保产品声明（2分） 建材公开与优化-原材料来源（2分） 建材公开与优化-材料成分（2分）	室内照明（2分） 声学性能（1分）

2. 评价指标的变化

（1）指标结构

LEED V3 版本每个评价指标都包括“目的”（Intent）、“要求”（Requirements）、“技术措施和策略”（Potential Technologies & Strategies）3 个部分。“目的”表明设置该评价指标的目的，“要求”表明要满足该必要项或得分项所需达到的条件，“技术措施和策略”则表明为了达到上面的要求所推荐采取的技术措施和策略。此次 LEED V4 版本只保留了“目的”和“要求”两个部分，“目的”部分基本与旧版保持一致，“要求”部分则通过与旧版“技术措施和策略”部分的有机结合，得到了完善和补充，不但内容更加详细，技术策略也更加具体、明确，同时保持与时俱进，比如在评估中所需参照的相关规范和数据都升级到了最新的版本。

（2）指标严格性

LEED V4 则有了较为显著的变化。这里以能源与大气类目中“必要项 2- 最低能效”为例。LEED V3 要求新建建筑和重大改造项目的能效水平相对 AHRAE 90.1-2007 中基准建筑模型分别有 10%和 5%的提升，而 LEED V4 中则要求新建建筑和重大改造项目的能效水平相对 AHRAE 90.1-2010 分别有 5%和 3%的提升。由于 AHRAE 90.1-2010 中的基准建筑模型的严格程度已经比 LEED V3 中的要求高出 30%以上，因此不难看出，LEED V4 在指标方面比旧版更为严格。当然，这种变化要结合时代背景来看。由于发布时间较早，LEED V3 中对能效的基本要求甚至达不到目前一些地方法案的要求，所以，LEED V4 在指标严格性方面的提升也就顺理成章了。

（3）指标数量

在 LEED V4 中上一版本的评价指标大都得到了继承和保留，同时，新增了 17 个全新的评价指标（不包括更名或者合并的指标），其中 4 个必要项，13 个得分项，共计 19 分（分数不包括“LEED ND 场址”一项），约占总分的 17%。但与此相反，其评价指标总数却较旧版有所减少。在 LEED V4 中共有 55 个评价指标，其中 12 个先决条件、43 个得分点，而 LEED 2009（NC&MR）中共有 57 个评价指标，其中 8 个先决条件，49 个得分点（以官方提供的 CHECKLIST 为准，其中地方优先、设计中创新均只算作一项）。可见，LEED V4 在扩充内容的同时也在结构和形式上进行了优化，以避免整个评价标准过于臃肿，见表 9-5。

（4）指标细节

新版取消了所有评价指标中的二级子项，比如 LEED 2009 版本里“可持续场址”类目的得分点 6.1“雨洪设计 - 水质控制”和 6.2“雨洪设计 - 流量控制”被合并为一项“雨洪管理”，这也使得 LEED V4 在形式上得到了精简。

3. 总分、评级上的变化

（1）LEED V4 版本的总分仍然是 110 分，和旧版一样。各个评价类目的分值基本保持稳定，调整均不超过 2 分。其中，旧版的“可持续场址”（26）拆分为“选址与交通”（16 分）、“可持续场址”（10 分），分值可视作不变；“节水”由旧版的 10 分增加到 11 分；“能源与大气”由 35 分减少至 33 分；“材料与资源”由 14 分减少至 13 分；“室内环境质量”由 15 分增加至 16 分；“设计中创新”和“地方优先”仍然是 6 分和 4 分保持不变。

（2）项目的等级评定也保持不变，即得分在 40～49 分为认证级、50～59 分为银级、60～79 分为金级、80～110 分为铂金级。

4. 权重和权重体系的变化

（1）权重的变化

随着 LEED V4 中指标的增删和分值调整，各个类目间的权重关系也发生了变化，但由于各类目分值调整均不超过 2 分，因此权重变化并不显著，见图 9-6。两个版本中，权重值最大的仍然是“能源与大气”类目，占整个评价标准的分值均超过 30%，可见节能减排始终是 LEED 评估内容的重中之重。

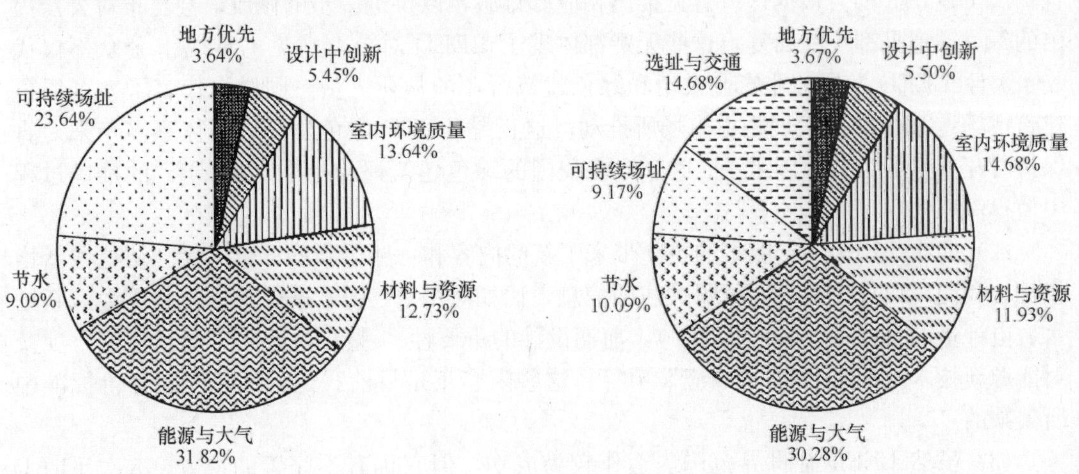

图 9-6　LEED V3（左）与 LEED V4（右）类目权重对比

（2）权重体系的变化

虽然 LEED V4 与 LEED V3 相比在评价指标和评价类目的最终权重分值上变化不大，但两者的权重体系则有着显著的不同。

LEED V3 采用了一个三级权重系统，3 个层级分别是“影响类”、“活动组”和“指标”，分别对应着加权等式的 3 个因子。“影响类”表征的是建筑设计、施工、运行和维护过程中对环境和人类的影响效益，“活动组”代表与特定建筑环境问题相关联的某一类指标，类似于评价类目。LEED V3 中采用了美国环保署开发的 TRACI“环境影响分类”作为影响类，不同影响类间的权重参考由国家标准和技术研究所（NIST）开发的权重，通过影响类之间的相互比较来给出相对权重并量化成数值。每个指标的权重则由每个“影响类”的相对重要性、建筑“活动组”对建筑影响的相对贡献值、指标与“活动组”的关联性三者所决定。

LEED V4 采用的是一个二级权重系统，第一层是“LEED 系统目标”，包括减小全球气候变化、增强人类健康与幸福、保护和恢复水资源、保护提高恢复生物多样性和生态系统服务、促进可持续和再生材料资源循环、建立绿色经济、加强社会环境公平公正和提高社区生活质量 7 个方面；第二层则是“指标”，每个指标的权重由“LEED 系统目标”的权重、指标所造成的结果和“LEED 系统目标”的相关程度所决定。

5. 小结

从这些变动不难看出，LEED V4 的总体技术路线和侧重点并未有实质变化，改动部分多是合并与调整，更注重结构的合理性，新增部分则是对旧版的查缺补漏，比例也较小。因此，这次的版本更新应视作一次内容和形式上的改进，而非革新。

9.3.3 结论

（1）LEED 是一个“自愿的、基于市场的、多数决议”绿色建筑评估体系，LEED V4 版本修订过程就很能体现这一点。公众不仅在各个环节都参与其中，而且还拥有决议的权力。无论是意见征集、投票，还是共识体自愿参与环节，都反映了多数人的意志，而非少数几个专家的意见。在短短不到一年的时间里，公众意见的征集就多达 6 次，并且每次 USGBC 都会根据这些意见推出相应修订版，以供进一步的修改，甚至于对公众提出的每一条意见都一一回复，这些无疑都体现了 LEED 对公众意见的重视。公众不仅代表了关注 LEED 发展的非专业人士和绿色建筑行业的从业人员，同样也代表了整个绿色建筑市场。LEED 的发展是由市场所推动，这正是 LEED 绿色建筑评估体系多年来一直保持着旺盛生命力的原因之一。这一点在我国的绿色建筑评价标准（ESGB）的推广过程中值得深思。

（2）此次 LEED V4 版本的更新带来了新的内容和一些全新的评价指标，从这些新增指标中我们可以挖掘出一些值得关注的信息，比如对用水、用电进行计量的必要性（新增水、电计量的必要项、得分项各一），前期设计的重要性“整合过程”、“场地评定”项及对能源新技术的采用“需求响应”项等，这些内容正是目前我国的绿色建筑评价标准中所欠缺的。

（3）虽然 LEED 在世界范围内运作较为成功，但它仍有不完善的地方。本次 LEED V4 版本的更新解决了一部分问题，但是还存在不足。比如新增的“整合过程”得分点，它是孤立存在的，不隶属于任何一个评价类目，这样在形式上显得非常突兀。“地方优先”和“设计中创新”这两个类目的设置也难以理解，它们都是奖励条款而且包含的内容很少，却都单独划为一类。其实不妨把“整合过程”得分点与“地方优先”、“设计中创新”三者整合在一起，设置一个“奖励”（BONUS）类目，便能合理地解决上述问题，若是以后修订时新增了类似于“整合过程”的无类目指标，也可以放在“奖励”（BONUS）类，形式更为统一。

总的来说，LEED V4 新版是对 LEED V3 版的一次扩充和完善，它在细节上不断精进，使得内容和结构更加合理。当然，能够这样做充分表明了 LEED 体系本身已较为完备，不需要进行颠覆性的改变。

LEED 最初的版本 V1.0 发布于 1998 年 8 月，距今已有 15 年，期间每间隔 2～3 年就会有一次版本更新。LEED 评估体系能取得如今的成功，同这些年来不断的修改、完善和积累有着莫大的关系。

9.4　LEED 认证过程

申请 LEED 认证，项目团队必须填写项目登记表并在 GBCI 网站上进行注册，然后缴纳注册费，从而获得相关软件工具、勘误表以及其他关键信息。项目注册之后被列入 LEED-online 的数据库。成功注册后，各个 LEED 团队成员可以进入 LEED-Online 提交和查看：提交相应的 LEED 样板信件，查看美国绿色建筑委员会的审查评论和结论，这里包括得分状况、项目简介、团队成员介绍、文件上传、得分解释与规则等，上传的文件应包括场地平面图、标准层平面图、标准层立面图、标准层剖面图和项目效果图等。申请认证的项目必须完全满足 LEED 评分标准中规定的必要项和最低得分。在准备申请档的过程中，根据每个评价指标的要求，项目团队必须收集有关信息并进行计算，分别按照各个指标的要求准备有关资料。在 GBCI 的认证系统所确定的最终日期之前，项目团队应将完整的申请书上传，并交纳相应的认证费用，然后启动审查程序。

根据不同的认证体系和审核路径，申请文件的审核过程也不相同。一般包括档案审查和技术审查。GBCI 在收到申请书的一个星期之内会完成对申请书的档案审查，主要是根据检查表中的要求，审查档案是否合格并且完整，如果提交的档案不充分，那么项目组会被告知欠缺哪些资料。审查合格后，便可以开始技术审查。GBCI 在档审查通过后的两个星期之内，会向项目团队出具一份 LEED 初审档案。项目团队有 30 天的时间对申请书进行修正和补充，并再度提交给 GBCI。GBCI 在 30 天内对修正过的申请书进行最终评审，然后向 LEED 指导委员会建议一个最终分数。指导委员会将在两个星期之内对这个最终得分做出表态（接受或拒绝），并通知项目团队认证结果。在接到 LEED 认证通知后一定时间内，项目团队可以对认证结果有所回应，如无异议，认证过程结束。该项目被列为 LEED 认证的绿色建筑，GBCI 会向项目组颁发证书和 LEED 金属牌匾。

考虑到提交审查资料的时间，LEED 的审查有 2 种方式。一是分阶段审查，首先提交设计阶段的 LEED 相关资料进行审查，然后在施工阶段结束后，提交施工阶段的 LEED 相关资料进行审查；二是所有资料一起提交审查。在 30 个工作日内，美国绿色建筑委员会将会告知所提交的 LEED 样板信件和其他支持文件是否可行或暂时不能决定，委员会将选择 5～6 个必备条款和得分点作为审查项目。另外，项目成员在 30 个工作日内可提供更正或额外的支持文件供审查。美国绿色建筑委员会将在随后的 15 个工作日内作出最终审查结果。如果有 2 个以上的得分点被否定，则要选取更多的得分点进行第 2 次审查，或进行第 2 次初步审查。

9.4.1 LEED 认证流程

LEED 认证的主要流程见图 9-7。

图 9-7 LEED 认证的主要流程图

1. 注册

申请 LEED 认证，项目团队必须填写项目登记表并在 GBCI 网站上进行注册，然后缴纳注册费，从而获得相关软件工具、勘误表以及其他关键信息。项目注册之后被列入 LEED-Online 的数据库。

2. 准备申请文件

申请认证的项目必须完全满足 LEED 评分标准中规定的前提条件和最低得分在准备申请文件过程中，根据每个评价指标的要求，项目团队必须收集有关信息并进行计算，分别按照各个指标的要求准备有关资料。

3. 提交申请文件

在 GBCI 的认证系统所确定的最终日期之前，项目团队应将完整的申请文件上传，并交纳相应的认证费用，然后启动审查程序。

4. 审核申请文件

根据不同的认证体系和审核路径，申请文件的审核过程也不相同。一般包括文件审查和技术审查。GBCI 在收到申请书的一个星期之内会完成对申请书的文件审查，主要是根据检查表中的要求，审查文件是否合格并且完整，如果提交的文件不充分，那么项目组会被告知欠缺哪些资料。文件审查合格后，便可以开始技术审查。GBCI 在文件审查通过后的两个星期之内，会向项目团队出具一份 LEED 初审文件项目团队有 30 天的时间对申请书进行修正和补充，并再度提交给 GBCI，GBCI 在 30 天内对修正过的申请书进行最终评审，然后向 LEED 指导委员会建议一个最终分数。指导委员会将在两个星期之内对这个最终得分做出表态（接受或拒绝），并通知项目团队认证结果。

5. 颁发认证

在接到 LEED 认证通知后一定时间内，项目团队可以对认证结果有所回应，如无异议，认证过程结束。该项目被列为 LEED 认证的绿色建筑，USGBC 会向项目组颁发证书和 LEED 金属牌匾，注明获得的认证级别。

9.4.2　LEED 申请认证的资料收集

LEED 认证评估，要达到美国绿色建筑协会（USCBC）的领先能源与环境设计（LEED）金奖认证所需要的必备条件和分数，认证体系实行打分制，达到“金质认证”标准，认证得分目标为 60～79 分。LEED 认证中设计占得分的 80%，施工现场占得分的 20%，主要考察建筑物的节水节能、公共交通、室内空气质量、环保材料使用等方面。美国绿色建筑委员会的委员们认为这些评判标准可以帮助降低耗能，减少温室气体排放。

获得 LEED 评估认证，整个项目建设过程中，认证资料的收集工作非常重要。建筑物的所有指标和数据必须有相应的文字作为依据。它体现在项目立项、设计、施工、调试等各个环节中。目前无论对于设计方、建设方还是施工企业，LEED 认证还是一个相对比较新生的事物，对于如何通过认证，如何在工程各个环节中把握关键，需要提供哪些认证资料往往是“一头雾水”，致使许多项目走了很多弯路，甚至不能通过评估认证。因此做好几个重要环节中认证资料的收集整理，保证收集认证资料的有效和完整对于评估工作非常重要。

1. 建设方（业主）提供的资料

（1）项目立项的相关文件资料。包括国家或省市规划部门的项目审查批复、用地规划许可证、环境评价报告、节水办批复的对项目的节水方案的意见、场地原状图、场地周边 1 km 内航拍图、周边建筑物（半径 800 m 范围）的名称、建筑面积、场地面积（由设计方在原状图上说明）、场地周边的地铁入口、3～4 个公交车站的照片及具体位置、停车标准正式文件、项目绿化率标准正式文件以及施工图园林绿化等最终审批文件。

（2）与绿色建筑评价相关的配套资料。非项目立项本身，其他与获得绿色建筑评价有关的资料的收集也很重要，可以为评估加分。如中国华能集团办公大楼项目是申请获得 LEED 认证的项目，华能集团办公楼内的下属二十几家子公司，从事绿色电力（风、太阳能）的生产，提供它的发电规模、风能、太阳能的装机容量等相关资料信息，对该项目的 LEED 认证评估提供了重要的加分资料。还有诸如办公楼内使用环保的办公家具、复印机等办公设施禁止吸烟等的相关资料，都是获得加分的重要资料。

2. 设计阶段 LEED 认证收集提供的资料

建筑设计中对于 LEED 认证是十分重要的阶段和环节。首先，参照 LEED 的要求，对初步设计进行评估，使设计及预计施工能够满足要求。其次，检查相应的设计图纸及报告，以及其他相关设计信息（机电专业建筑、土木结构等专业）来审核获取各个得分点的可能性并给出相关推荐，以此保证提供资料的有效性。设计阶段需收集的资料及要求主要有如下几点：

（1）可持续性选址资料——包括场址选择（即项目位置指示图）、交通方式和替代交通方式（含自行车存放和更衣室），停车容量；场址开发最大化空地包括：场址绿化图开放空间面积计算书，雨水管理速度和数量，开发前 2 年重现期 24 h 的径流速率和径流量计算书，雨水回收系统平面图，热岛效应（即屋面的做法及太阳能反射指数）SRI 计算。

（2）节约水资源资料——节水景观包括：景观设计报告，要求降低水量 50%，提供回用水计算说明，场址景观平面图，景观灌溉图，景观节水计算书，节水景观非自来水或无人工浇灌资料，项目园林所采用的所有本地植物明细列表及所需水量，废水利用技术创新；中水系统平面布置图及工艺流程图，雨水收集处理系统示意图，洁具概括表，降低用水量20%～30%，饮用水节水计算书，项目选用的抽水马桶、小便器、盥洗间、水龙头、淋浴龙头、厨房水龙头标明其冲水量的质检报告或产品样本。

（3）能源与大气资料——最低能效性能要求，提供能耗模拟报告、基本冷媒管理冷媒计算表、再生能源利用的场址 PV 系统应用报告、太阳能热水应用报告、冷媒管理的冷媒计算表。

（4）材料与资源要求资料——可回收材料的贮存、收集和再利用，如垃圾房的位置图及说明。

（5）室内环境品质要求资料——室内空气质量的最低品质要求：提供通风设计报告，新风量的计算，空调风系统原理图，吸烟环境控制（如吸烟室位置平面图、排风图）；提高通风的资料包括通风设计报告，空调风系统原理图，照明系统可控性图纸，热舒适系统可控性资料，热舒适度设计验证资料，其他创新与设计资料，检验与核查计划，提供各个测点的详细位置和具体测量方法。

（6）室外新风监控资料——加设直接新风监控设备，提供显示控制最小室外空气流速的措施和监测最小新风量系统图纸及设计说明。

（7）室内化学污染源控制资料——污染源处如复印区等的排风设计，复印机等系统，采用环保系统的证明。

3. 施工过程 LEED 认证资料收集

在施工过程中，施工单位要配合业主完善 LEED 认证的相关计划和方案，严格施工管理和过程中施工工序控制，确保施工过程达到 LEED 认证要求并及时收集整理相关资料。根据 LEED 认证评估及得分策略，施工承包单位需提供的资料如下：

（1）施工过程污染防治方案资料包括场址开发栖息地保护和恢复，提交场地完工图，热岛效应处理防止水土流失的方案、防止环境污染的措施及相关照片。

（2）施工废弃物管理资料：施工废弃物的贮存、运输等管理方案，对回收和处理的废弃物进行统计计算，填埋或回收总计的比例达75%，有废弃物管理记录，提供相应证明文件。

（3）再生材料运用资料：再生材料跟踪台账（供应商、产地、价格、数量、使用部位等），含再生材的材料价值占总的材料价值的比例达10%的相关计算文件；认证木材，提供认证木材厂家，数量及计算文件。

（4）地方/区域性材料使用资料：本地材料跟踪台账（产品名称、制造商、供应商、产地、使用部位、供应商与施工现场和取货点距离等）本地材料达到全部材料20%的相关计算及使用记录等文件，认证木材证明文件。

（5）室内空气质量管理资料：施工室内空气质量管理方案、与施工空气质量管理方面相关的图片、室内场地管理工作记录照片等，列表说明空调系过滤煤质及 MERV 值和其他管理措施。

（6）入住前室内空气质量管理资料：入住前室内空气质量检测报告。

（7）低挥发性材料使用资料：包括胶粘剂、密封剂、涂料、涂层、油漆、地毯、复合木材和植物纤维制品检测报告产品资料，其可挥发性成分含量满足相关要求及其材料管理记录。

（8）创新与设计：地方或区域性材料40%本地化生产、遮盖停车位、LEED认可的专业人员施工等。

9.5 LEED的不足之处

9.5.1 指标体系的逻辑结构

评价体系逻辑结构严谨程度决定了评价结果的客观性。LEED比较松散的结构就是LEED评价体系的最大问题。LEED采用了按条目给分的评分机制。部分分数可以很容易地获得，但是它们没有什么实际意义。例如，SSC4.3项中安装一个电动车充电站就能得到得分，但是由于电动汽车普及率很低，此项是否够能作为建筑环境性能的标准是值得商榷的。此外，一项一分的评分方式使得评分结果的客观性大受影响，使得人们仅仅关注有着显著影响并容易得分的部分，而不是确实提高整个建筑的环境性能。

9.5.2 评价过程的严密性

至于申请方式，只需要通过网上递交各项申请材料，并不需要任何实地考察或评估，只要企业证明在实践中确实采取了相应的措施即可。所以，LEED最终认证授予，特别看重一系列证明文件，比如施工现场的照片、体现整合设计的设计研讨会现场照片，对于屋顶花园，不仅需要设计图纸、详细的面积计算比例，还需要实物照片：对于能源消耗，需要能源模拟的计算报告书、生命周期的价值评估报告，以体现节能技术的效果，只要这些材料齐备，便能获得相应得分点的分值。这就不能保证建成后建筑环境性能达到实际设计性能。

9.6 LEED的成功因素

LEED作为目前影响最大的绿色建筑评价体系，其成功因素有两点：

（1）评价指标体系的简单明了，易于操作和非专业人士的理解；

（2）LEED推广机制的成功。

对于第一点在之前已经提到，这已经成为LEED最为人所诟病的地方，但是LEED也正在不断地寻找新的平衡点，相信在LEED v4.0版本中会有较大的改进。

对于第二点正是我国绿色建筑评价值得学习的地方。USGBC的全方位推动是功不可没的。作为一个非政府的民间组织，它在会员机制，委员会的设定，评价体系的设立上做的极为专业，并且在评价体系的设置，具体指标的制定上无不以市场接受的为目的。在评价过程中做到公开，公正，专业和透明，LEED评价的基础数据都能够从网上获取，评价结果大部分在网上公示，接受全行业的监督，LEED认可的专业评价人员也参与到大部分的评价之中，能使评价过程进行的更加顺利。美国各级政府机构也是推进LEED普及的一个重要的因素。主要形式包括：

（1）直接参与，例如EPA就直接参与制定了LEED中关于节能方面的内容。

（2）政策支持，例如西雅图、纽约等市和加利福尼亚、马里兰等州都较早在公共部门建筑中推广使用LEED，联邦政府根据1999年总统行政令开始推广绿色建筑政策，联邦总务署在2000年决定，自2003年起，所有市政大楼建设项目都必须达到LEED的合格标准，美国很多地方政府对通过LEED认证的住宅项目提供购买时的贷款利息优惠，对办公项目的租金采取免税的政策。

现有的绿色建筑评价体系基本上都是自愿基础上的评价体系，主要目的是刺激市场对于改善环境性能的建筑的需求。自愿评价体系需要服务于两个近乎矛盾的目标：

（1）通过客观和严苛的计量为建筑购买者、承租者以及普通大众提供公信力；

（2）对那些希望显示自己在环境性能提升方面有积极表现的建筑开发者或者所有者具有足够的吸引力。

满足前者要求的绿色建筑评价体系评价全面客观，从而增加了体系自身的复杂性；满足后者要求的绿色建筑评价体系应当简洁与通俗易懂。正是由于对矛盾两个方面权衡后采取不同的策略，使得各个绿色建筑评价体系在发展方式上既有相同之处，也有不少差异的地方。LEED无疑是选择了一种先以体系的简单明了来吸引注意，然后通过逐步完善评价体系达到科学和客观的发展方式。从目前的情况看，LEED评价体系在市场推广上的成功并不能掩盖其评价体系的在科学性和客观性上的缺陷，也正因为如此，LEED在不断升级版本使其体系不断完善。实际上，LEED完善评价体系的目的也是为了更加适应市场的要求。LEED这种以市场为导向的做法是其成功的主要原因，也是最值得我国绿色建筑评价借鉴的。

9.7 中美绿色建筑评估体系对比

9.7.1 管理机制比较

LEED是民间自发的机构——美国绿色建筑委员会——编写的，采用了典型的美国商业运作模式。它的发布涉及开发商、政府部门、建筑师等不同集团的利益。而《绿色建筑评价标准》是由中国住房与城乡建设部组织编写的，通过政府组织、开发商自愿参与的形式进行对绿色建筑的引导。LEED完全市场化的组织方式使其灵活性和开放度都较高，在市场驱动上具有很大的优势。相比于LEED，《绿色建筑评价标准》在政策干预上具有优势，有利于快速推行。我国绿色建筑评估体系的未来发展要扬长避短，学习LEED的优势，克服自身的缺陷，更快更好地发展下去，见表9-5。

中美绿色建筑评价体系在管理机制上的对比　　表9-5

比较对象	美国LEED	中国《绿色建筑评价标准》
组织成员比较		
主管机构	属于民间组织，由美国绿色建筑协会（USGBC）管理，由专业技术咨询委员会（TSAC）负责具体技术内容的解释	属于官方机构，由住房与城乡建设部科技发展促进中心管理，由中国建筑科学研究院负责具体技术内容的解释

续表

比较对象		美国 LEED	中国《绿色建筑评价标准》
任命方式		部分选举，部分任命，人员来自各个企业的优秀代表，采用公司制的方式来管理	主要是行政任命的方式，人员来自各级行政技术人员，采用行政管理方式来管理
认证工作		绿色建筑认证协会（GBCI）负责发放标识	绿色建筑评价标识管理办公室负责发放标识
成立时间		GBCI 在 2007 年脱离 USGBC，独立活动	绿色建筑评价标识管理办公室成立于 2008 年 4 月
解释权		专业技术咨询委员会	住房和城乡建设部绿色建筑标准编制小组
官方网站		www.usgbc.org 围绕着 LEED 认证展开，信息完备，层次清晰，内容明确	是住房和城乡建设部网站的一部分，内容冗杂，信息繁多，信息传达不突出
人员构成		成员来自社会各个层次方面，以会员的形式组成，主要有政府部门、建筑师协会、建筑设计公司、建筑工程公司、大学、建筑研究机构、建筑材料商、设备制造商、工程与承包商等	成员是具有专业知识的国家公务人员、科研人员和外聘相关专业的专家组成的，成员单位有中国建筑科学研究院、上海建筑科学研究院、深圳建筑科学研究院、清华大学、同济大学
运作方式		会员制	非会员制
管理机构比较			
相同点		① 均是制定绿色建筑政策和策略的核心——中国绿色建筑与节能委员会和美国绿色建筑委员会董事会（USGBC Board of Directors） ② 均有独立的认证执行组织——美国绿色标识认证委员会（GBCI）和绿色建筑评价标识管理办公室（绿标办） ③ 均是由组织中来自社会不同层次的人士参与编制和认证活动的	
不同点	社会参与机制	USGBC 采用会员制，在建筑业和相关产业中快速地聚拢一批有影响力的企业和专业人士，通过他们发展新会员，是自下而上地推行绿色建筑理念和绿色技术，使得 LEED 的影响力由基层机构逐步扩大	我国是自上而下地由各级政府执行绿色建筑推广任务，动员各地开发企业自愿申报标识认证，考虑到社会目标和实施主体利益不对称、激励政策不到位等等问题，大多数企业持观望的态度，其前景尚不明朗
	人员任命方式	USGBC 委员会的人员主要是通过部分选举和部分任命的方式产生的，来自于企业的代表，专员委员会的主席也都是选举产生的，更加接近和熟悉市场，容易通过现实项目做出范例，从而影响行业的跟进	我国主要是行政任命的方式，以技术官员为主，自上而下地发布强制性制度政策，向下发布申报信息，是政府主导的政策制度。考虑到经济激励政策不到位、成本投入不能有效消化的情况下，申报得不到有效响应，大部分开发项目只是将绿色建筑理念运用于市场销售策划中
	技术辅助体系	USGBC 形成了多个专业技术咨询委员会，由各个不同的团体和各个领域的专家组成的，用于协助编写各得分点的释疑和 LEED 的技术改进，并对使用者进行解释	在我国，绿色建筑技术解释由标准主编单位在内的少数科研院校担当的，人员组成相对单一，不利于帮助用户解决认证中的技术问题

续表

比较对象		美国 LEED	中国《绿色建筑评价标准》
不同点	标准编制人员组成	USGBC在开发LEED标准时的编委人员主要有建筑设计公司、产品制造商、环境团体、金融业者，以及众多地方政府。不仅有来自直接参与实践的基层工程师、建筑师，还涵盖了市场运营、开发商、环境工程等多方面的人士，人员相对多样，不单纯是研究机构的专家	参与编制的是中国建筑科学研究院、上海市建筑科学研究院、中国城市规划设计研究院、清华大学等。主要的编制团队是各个科研机构、设计院、高校等，其中承包公司只有一家，房地产开发商没有参与到其中。编委人员是由以从事工程节能技术的结构师和以研发节能材料、优化节能设计为主的能源专家构成的，而建筑工程师与环境工程师相对较少

9.7.2 评估体系比较

美国LEED体系提出于20世纪90年代末，至今已有十五年的发展过程啦，其体系不断完善，内容逐步翔实。而我国的《绿色建筑评价标准》于2006年出台，建立时间短，内容仍需不断地完善和丰富。

美国LEED的制定与发布年限早于中国7年，从最早的LEED-NC1.0版到如今的LEED-NC4.0版，LEED-NC版本不断升级，标准已经相对成熟精细。现行LEED-NC v3.0版的评估对象为新建或重大改建的项目，其中包括：商业建筑、工业建筑、公共建筑、4层及4层以上的大型居住建筑；而《绿色建筑评价标准》的评估对象分为住宅建筑和公共建筑两类，兼顾部分社区的评估，其中公共建筑包含了办公、商场和旅馆3种建筑类型。《绿色建筑评价标准》结合我国绿色建筑市场处于起步阶段的国情，只是针对目前大量性的住宅建筑和高能耗的集中公共建筑进行评价；

2005年以后，LEED开发出一个庞大完整的评价体系家族。在这个家族中，有九大评价体系（九大评价产品在前文有详述，此处不再赘述），尽可能地涵盖了各种建筑物。然而相比于美国LEED这一大家族，我国《绿色建筑评价标准》的评估对象涵盖较少，且划分不够细致，正在一步步地完善，在2007年推出了《绿色建筑评价技术细则（试行）》。

两个评价指标的前5大类为相似指标，涉及能源、资源与环境负荷以及室内环境质量两大方面。不同指标体现在：LEED通过设计建造（LEED-NC）与运营管理（LEED-NB）之间的互补来体现建筑全生命周期，《绿色建筑评价标准》增加了运营管理大类，在统一体系下体现建筑全生命周期。LEED设置了设计与创新大类，《绿色建筑评价标准》在每类指标中以优选项的方式体现了创新。除此之外，LEED针对美国不同地区的气候、资源上的差别，制定了满足相应指标的项目可获得额外加分的地域优先大类的奖励指标；而《绿色建筑评价标准》则通过设置一些不能参评的条目来体现地域的差异系，使其指标大类的划分更加简洁，见表9-6。

中美绿色建筑评价体系在评价体系设置上的对比　　表9-6

比较对象	美国 LEED	中国《绿色建筑评价标准》
相同点	（1）均有四大基本原则：可持续发展、科学性、开放性、协调性 （2）内容分类基本相同：前5大类均为①场址选择②水资源利用③能源/资源利用效率及大气环境保护④材料及资源的有效利用⑤室内环境质量	

续表

比较对象		美国LEED	中国《绿色建筑评价标准》
不同点	规范指导范围	美国LEED体系定性为引导性规范涉足于城市生活、经济发展、社会风尚等多方面	我国《绿色建筑评价标准》属于基础性示范性规范，以“四节一环保”为原则，局限于当前的条款设置
	第六大项内容	美国LEED v3.0版的第六项是设计中的创新（Innovation in Design，简称ID）。施工和运营管理的内容分散在各个项目中，在项目中其倾向于开发商或业主自查	我国《绿色建筑评价标准》的第六项是“施工和运营管理”。在项目中，我国更加倾向于第三方检测
	创新人才培养	美国LEED v3.0版的第六项——设计中的创新，充分体现出LEED注重创新与培养专业人才	我国的《绿色建筑评价标准》中暂时没有相应的条款设置，有待完善
	评审对象差异	现行LEED-NC v3.0版的评估对象为新建或重大改建的项目，其中包括：商业建筑、工业建筑、公共建筑、4层及4层以上的大型居住建筑。并未按建筑类型来分类评定。而且在2005年后，细分出九大类评估体系，以适应不同建筑物的需求	我国《绿色建筑评价标准》直接划分为“住宅建筑”和“公共建筑”两大类进行评价，同时兼顾部分社区的评定，有利于早期绿色建筑的推广和普及，也侧面说明其有待完善改进

LEED和《绿色建筑评价标准》都通过制定条件来设置绿色建筑的准入门槛，但LEED的必要条件一般为1～3个，而《绿色建筑评价标准》必要条件较多为3～8个。由于我国土地资源和水资源短缺确定了，《绿色建筑评价标准》在场地和节水方面的门槛明显高于LEED。LEED参考了美国供暖、制冷与空调工程师协会（ASHRAE，American Society of Heating，Refrigerating and Air-Conditioning Engineers）等大量的部门标准，明确给出了评估界定，使人易于理解和操作。《绿色建筑评价标准》在评分点构成方面条目分散，内容定性居多，缺少必要的技术参数和实践经验。

9.7.3　评分方式比较

LEED采用量化打分法，对每项措施的实施程度和效果进行打分；而《绿色建筑评价标准》采用不能量化的通过法，不能有效地区别不同措施程度上的差别。LEED按分数等级将评价结果分为认证级、银级、金级和铂金级4个级别；而《绿色建筑评价标准》按满足一般向和优选项的个数及加权分数将评价结果分为一星、二星和三星3个级别。通过LEED认证的项目可以获得更高的估值，从而鼓励开发商参与评估。《绿色建筑评价标准》在此方面考虑较少，但在其补充文件《绿色建筑评价技术细则》中，经济效益包含在综合效益之中。

两大评估体系，对场址选择、水资源利用、能源/资源利用效率及大气环境保护、材料及资源的有效利用、室内环境质量等五大方面的关注度也不尽相同。在美国LEED-NC v3.0版中，前五大项的总分是100分，其得分比重如图9-8。七大项的比重如图9-3。在我国《绿色建筑评价标准》，六大项比重如图9-9、图9-10。

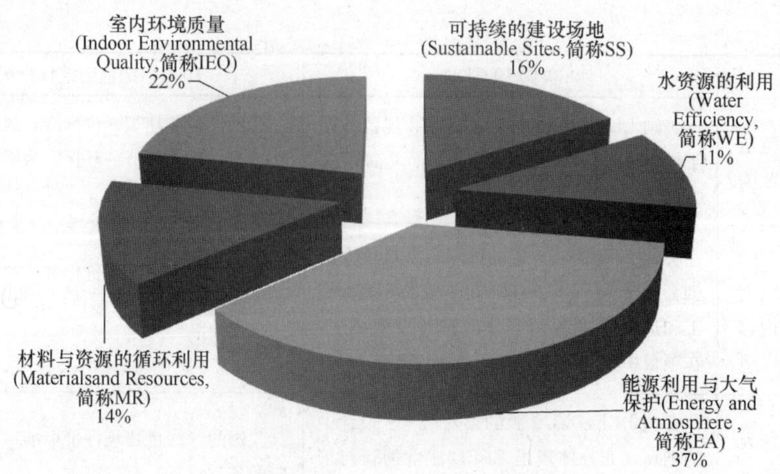

图 9-8　LEED-NC v3.0 的五大评估项得分点比重

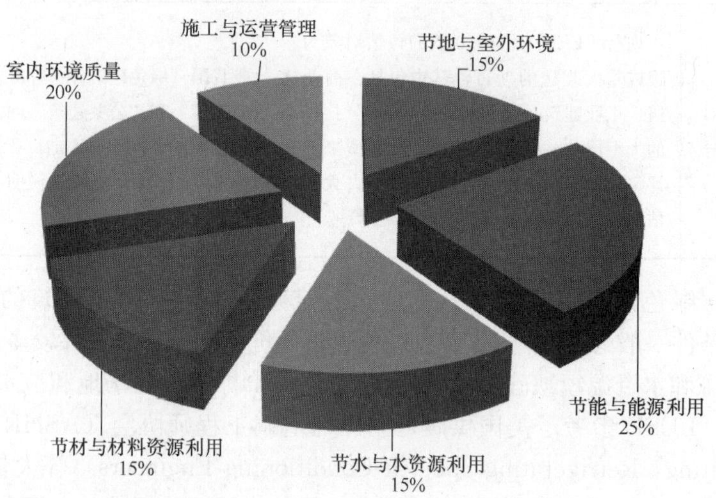

图 9-9　中国《绿色建筑评价标准》的住宅建筑评估项得分点比重

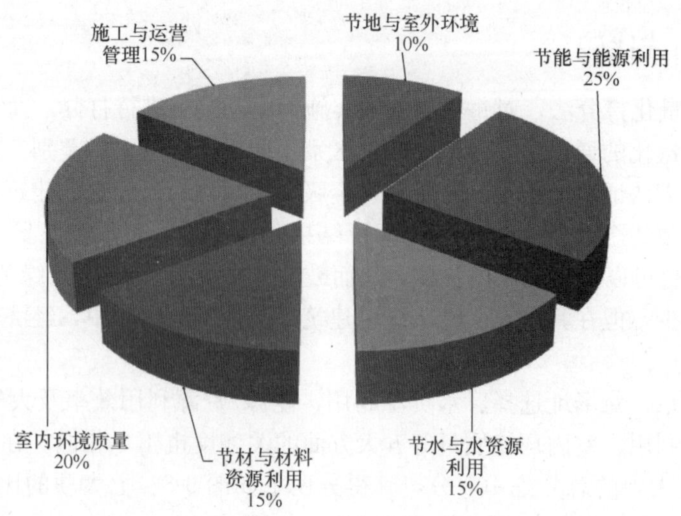

图 9-10　中国《绿色建筑评价标准》的公共建筑评估项得分点比重

9.7.4　认证收费比较

LEED 和《绿色建筑评价标准》认证收费标准有不同，见表 9-7。

中美绿色建筑评价体系在认证收费标准上的比较　　　　表 9-7

费用类别	LEED	绿色建筑评价标准
注册费	会员 900 美元（≈￥6100） 非会员 1200 美元（≈￥8160）	人民币 1000 元
认证费（评审费）	根据项目面积、类型，会员非会员条件，费用从最低 2000.00 美元（≈￥13600）到最高 27500.00 美元（≈￥187000）不等	先提交预付费，在公示结束后“绿标办”根据实际产生费用多退少补
咨询费用	递交 CIR，每个问题 220 或 200 美元（≈￥1500 或 1350）	没有想过收费标准
专家培训费	每次申请费用 50 美元（￥340）	没有想过收费标准

9.7.5　激励政策比较

从国际上来看，提倡节能建筑和节能产品的激励政策实施效果显著。同时显示仅依靠市场机制运作是远远不够的，政府层面上各种配套的经济激励政策所发挥的作用是功不可没的。

美国在推广绿色建筑的时候，采用完善政策平衡和经济激励相结合的手段，全力推动绿色建筑的发展。这些经济手段包括：提供直接的资金或实物予以奖励（美国能源部建立了专项资金用于支持可更新能源和新技术的发展）；各个州政府给予业主方以税收上不同程度的优惠或补贴；发展创建绿色建筑市场（例如碳交易）等。

在我国，对于绿色建筑的鼓励激励政策主要有：政策鼓励、专项基金和技术创新奖励三个层面，中美绿色建筑评价体系在激励政策上的比较见表 9-8。

中美绿色建筑评价体系在激励政策上的比较　　　　表 9-8

<table>
<tr><th>国家</th><th>类型</th><th>评价标准</th><th>政策</th></tr>
<tr><td rowspan="4">美国</td><td rowspan="2">美国联邦政府</td><td>2000 年 3 月 LEED 2.0 版发布</td><td>美国能源部建筑科技办公室向 USGBC 提供了启动资金</td></tr>
<tr><td>国际节能规范（IECC）标准基础上节能 30%～50%以上的新建建筑</td><td>每套可以分别减免税 1000 美元和 2000 美元</td></tr>
<tr><td rowspan="2">美国地方政府（纽约）纽约政府要求建筑面积大于 7500 平方英寸的新建筑要达到 LEED 标准</td><td>绿色基础建筑</td><td>最高按每平方英尺 7.5 美元的标准减税</td></tr>
<tr><td>绿色租住空间</td><td>最高按每平方英尺 3.75 美元的标准减税</td></tr>
</table>

续表

国家	类型	评价标准	政策
美国	美国地方政府(纽约)纽约政府要求建筑面积大于7500平方英寸的新建筑要达到LEED标准	绿色整体建筑	基础建筑和租住空间分别按每平方英尺10.5美元和5.25美元的标准减税。如果绿色整体建筑位于经济开发区，则允许按成本的8%（1.6%×5年）的标准减税
中国	政策鼓励	《中华人民共和国企业所得税法》(2008.1.1)	企业从事前款规定的符合条件的环境保护、节能节水项目的所得，自项目取得第一笔生产经营收入所属纳税年度起，第一年至第三年免征企业所得税，第四年至第六年减半征收企业所得税
		《新型墙体材料专项基金征收和使用管理办法》(2002.1.1)	凡新建、扩建、改建建筑工程未使用新型墙体材料的建设单位，应按照本办法规定缴纳新型墙体材料专项基金
	专项基金	《可再生能源在建筑中应用的指导意见》、《可再生能源在建筑中规模化应用的实施方案》、《可再生能源在建筑中规模化应用的资金管理办法》	除了标准制订方面的费用等需由国家全额资助外，项目承担单位或者个人须提供与无偿资助资金等额以上的自有配套资金。对于获得无偿资助的单位和个人，办法规定，资金的支配只能在指定范围内支出。如人工费、设备费、能源材料费、租赁费、鉴定验收费等，并且还有相应的开支标准
	技术创新奖	在建筑部被评为“双百”建筑的绿色建筑	奖励金额则根据各地发展条件自行决定
		全国绿色建筑创新奖	住房和城乡建设部向获得绿色建筑奖的项目及相应的组织和人员颁发证书和证牌。有关部门、地区和获奖单位应根据本部门、本地区和本单位的实际情况，对获奖单位和有关人员给予奖励

课后习题

一、单项选择题

1. LEED评定认证的典型特点不包括(　　)。

A. 商业行为　　B. 第三方认证

C. 企业自愿认证　　D. 政府强制推动

答案：D

2. 在LEED评估体系中，社区规划标准被称为(　　)。

A. LEED-NC　　B. LEED-CI　　C. LEED-ND　　D. LEED-CS

答案：B

3. LEED评价体系的核心项不包括（　　）。

A. 可持续的场地　　B. 水资源利用

C. 现有建筑可持续运行性能　　D. 能源利用与大气层保护

答案：C

4. LEED NC体系中将绿色建筑认证划分为（　　）个等级。

A. 3　　B. 4　　C. 5　　D. 7

答案：B

5. 废弃地的再开发是LEED-NC评价指标中的（　　）。

A. 必要项　　B. 非必要项　　C. 有选项　　D. 以上都不对

答案：B

6. LEED-NC中能源利用与大气保护评价指标中属于必要项的有（　　）。

A. 降低用水量

B. 节水绿化景观

C. 能效最优化

D. 主要耗能系统的安装调试

答案：D

7. LEEDNC2009中共有得分点110个，金级要求分数为（　　）。

A. 40～49分　　B. 50～59分

C. 60～79分　　D. 80分以上

答案：C

8. LEEDNC2009中共有得分点110个，铂金级要求分数为（　　）。

A. 40～49分　　B. 50～59分

C. 60～79分　　D. 80分以上

答案：D

9. 用于办公楼、零售业、研究建筑等出租空间特殊开发的评价标准是（　　）。

A. LEED-NC　　B. LEED-CI

C. LEED-ND　　D. LEED-CS

答案：B

二、多项选择题

1. LEED与《绿色建筑评价标准》作对比，下列正确的是（　　）。

A. LEED是民间自发的机构——美国绿色建筑委员会编写，采用商业运作模式

B. LEED涉及开发商、政府部门、建筑师等不同集团的利益

C.《绿色建筑评价标准》是由中国住房与城乡建设部组织编写的，通过政府组织、开发商自愿参与的形式进行对绿色建筑的引导

D. LEED采用不能量化的通过法，不去区别不同措施程度上的差别

E.《绿色建筑评价标准》采用量化打分法，对每项措施的实施程度和效果进行打分

答案：ABC

第10章 各国绿色建筑评价体系对比

10.1 英国BREEAM绿色建筑评估体系

10.1.1 产生背景

英国是世界上最大的工业化国家，英国的环境问题历来已久，现如今，英国的环境问题依旧严重。英国是欧洲最大的酸雨输出国，能源消耗与SCb的排放量位于欧洲前列英国政府不得不面对严峻的现实，解决环境问题成当务之急。英国是世界上环境立法最早的国家之一，经过多年的环境立法完善，内容已较为全面，主要包括大气污染、水污染、噪声污染等。工业化产生的环境问题引起了各界人士的重视，希望通过有效的措施改善当前的环境。BREEAM评估体系在这样的背景下应运而生，英国政府已制定的成熟的环境政策为BREEAM的未来发展提供了充分的有利条件。

英国建筑研究所（Building Research Establishment，简称BRE）于1990年制定了建筑研究所评估法（Building Research Establishment Environmental Assessment Method，简称BREEAM），BREEAM是世界上第一个绿色建筑评估体系，很多国家在制定自身的绿色建筑评估体系的时候都借鉴了BREEAM，如加拿大、美国等。在绿色建筑评估体系领域，BREEAM是一位先行者。

在1990年之后的10多年时间里，BREEAM经历了一个漫长的发展过程，BREEAM的制定者根据日益积累的实践经验和不断提高的认识观念对体系逐步进行着修改、深化和完善，BREEAM在这期间推出了各种版本。

10.1.2 体系剖析

BREEAM体系具有一个透明开放且较为简易的评估架构，如图10-1。将所有的评估条款分别归类于不同的环境表现类别中（BREEAM的制定者构思了三种环境类别：全球环境影响、当地环境影响和室内环境影响），这样根据实践的情况，当需要变化或修改时，可以较为容易地增减评估条款。早期的BREEAM体系版本具有诸多不足，当时人们对于建筑对环境的影响缺乏足够的认识，因此早期的BREEAM体系缺乏对环境因素的强调，结构也过于简单。为了完善早期版本的不足之处，在BREEAM体系98中，首次引入了权重系统，目的是为了区分不同指标在整个环境影响中的不同重要性。

BREEAM体系针对不同的建筑类型开发了不同的版本，具体有：BREEAM体系办公建筑版本，主要针对办公建筑，包括新建、已建和正在使用的建筑；生态家园，主要针对单体住宅，包括新建与改建的住宅；BREEAM 体系零售建筑版本，主要针对零售建筑，包括新建和正在使用的建筑；BREEAM 体系校园建筑版本，主要针对校园建筑，包括新建和改建的建筑；NEAT 疗养建筑版本，主要针对疗养类的建筑；BREEAM 体系工业建筑版本，主要针对轻工业建筑，一般是新建建筑；BREEAM 体系定制版本。

BREEAM 体系评估结果有 4 个等级：合格，良好，优良和优异。

自 1990 年首次应用以来，BREEAM 体系得到不断完善，可操作性也大大提高，逐步适应了市场化的要求，到 2000 年 BREEAM 已经评估了 500 个建筑项目，BREEAM 成为许多国家类似研究领域的成果典范。

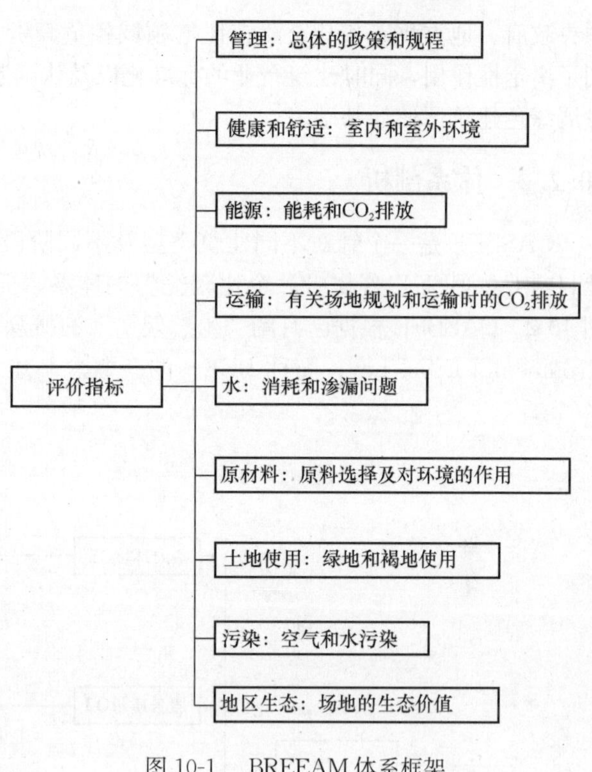

图 10-1　BREEAM 体系框架

10.2　日本 CASBEE 绿色建筑评估体系

10.2.1　产生背景

CASBEE (Comprehensive Assessment System for Building Environmental Efficiency) 是指“建筑综合环境性能评价”，CASBEE 是由政府、企业、学术界组成的“日本可持续建筑协会”的研究成果。由于日本国内长久以来对绿色建筑的高度重视，CASBEE 在短短几年间获得了长足了发展。建筑行业及整个国民经济生活对可持续发展的高度关注使得 CASBEE 获得了良好的成长环境。

20 世纪 60 年代至 80 年代，日本经济飞速发展，大量新建筑、基础设施等快速兴建起来。由于毫无节制的经济发展，远远超过了增长极限，加上石油危机等影响，人们开始对环境问题予以重视，这种大规模的肆意开发活动遭到日本各方质疑。1998 年《21 世纪的国土总体设计》在日本面世，政府改变了原有对土地和空间的价值看法，人们认为国土规划的理念应该是开发、利用和保护的综合取向。

当代日本对绿色建筑的重视是有目共睹的，日本社会经济发展的目标是由“经济大国”转变为“文化大国”、“生活大国”。2001 年 1 月，日本国土交通省成立，在国土交通省的大力协助下，CASBEE 开发完成。

另一方面，日本不是实行“一般由市场机制决定、政府其引导作用”的模式，而是由中央政府、地方政府和开发商在住宅领域各负其责，相互补充。日本政府在地产 发中起到了决定性作用，同时建筑行业的标准化以及认证制度日趋成熟，这些都成为日本推广和发展绿色建筑评估的基础。

10.2.2 体系剖析

CASBEE 是一个针对不同建筑类型及不同阶段生命周期而开发的专业评价工具，虽然目前 CASBEE 已经属于一个比较完整的体系，但 CABEE 仍在不断地扩充和完善，如图 10-2。CASBEE 根据已有的“生态效率”的概念，提出了建筑环境效率（Building Environmental Efficiency，简称 BEE）的新概念。建筑环境效率用“Q/L”来表示（CAS-

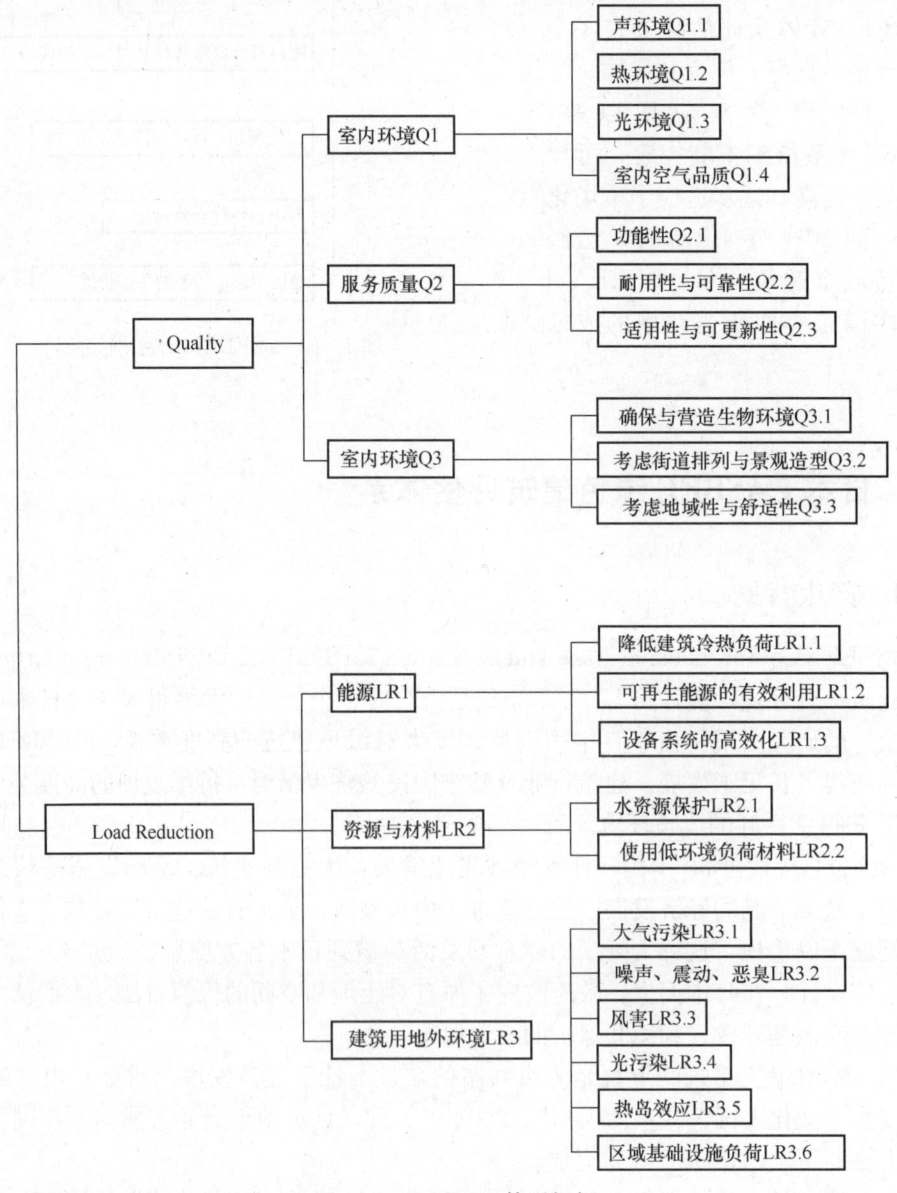

图 10-2 CASBEE 体系框架

BEE提出了以建筑的最高点和建筑用地范围边界之间的假想封闭空间作为一个建筑物环境效率评价的封闭体系，Q表示对假想封闭空间内部建筑使用者生活舒适性的改善，L表示

对假想封闭空间外部公共区域的负面环境影响)，比值越高，环境性能越好。BEE=Q/L（建筑环境效率指标=建筑的环境质量和性能/建筑的环境负荷)。为能够针对不同类型建筑及不同阶段生命周期的特性进行准确评价，CASBEE推出了一系列的评价工具。其中，最重要的是和设计流程（前期设计阶段、设计阶段、后期设计阶段）紧密联系的四个基本评价工具：规划与方案设计工具、绿色设计（Dffi）工具、绿色标签工具和绿色运营与改造设计工具，分别应用于设计流程的各阶段，每个阶段的评价工具都能适用于各种类型的建筑。

CASBEE的基本评价工具有：CASBEE-PD（CASBEE for Pre-design)，用于新建建筑规划与方案设计阶段；CASBEE-NC（CASBEE for Construction)，用于新建建筑设计阶段；CASBEE-EB（CASBEE for Existing Building)，用于现有建筑；CASBEE-RN（CASBEE for Renovation)，用于建筑的改造和运行阶段。另外，CASBEE还推出了用于特殊用途的评价工具（例如用于针对热岛效应的评价工具)，CASBEE还可以为不同地区量身定做评价工具。

10.3 多国参与的GBTool绿色建筑评估体系

1996年加拿大发起了一项国际合作行动，名叫Green Building Challenge（绿色建筑挑战，简称GBC)。一共有14个国家参与到了绿色建筑挑战中，希望通过Green Building Tool（绿色建筑评价工具，简称GBTool）的开发和应用，为各个国家各个地区的绿色建筑的评估提供一个国际化的平台，以此来更好地推动绿色建筑的合理、健康发展。

10.3.1 产生背景

1996年，加拿大首先发起了绿色建筑挑战运动，先后有英、美、法等一共14个国家参与到了这项运动中。在之后短短的两年时间里，14个参与国家对近35个项目进行了深入的交流和研究，最终决定制定GBTool——一个可以合理评估建筑物能量和环境特定的绿色建筑评价工具。1998年，14个参与国在加拿大温哥华共同召开了绿色建筑国际会议——绿色建筑挑战98（GBC98)，所有参与国展示了自己的研究成果并进行了激烈的讨论。此次会议希望建立一个国际化的绿色建筑评估体系，并且该体系可以适应不同国家不同地区的文化传统和建筑的技术水平。这样一个体系可以根据不同地区的情况制定相应的详细衡量标准和针对性的价值权重系统，世界上任一国家任一地区都可以调整并应用这一体系。

在GBC98会议成功召开后，各国专家又提出了新的问题："如何利用GBTool针对典型建筑的环境特性进行评估？"2000年，可持续建筑2000（SB2000）国际会议在荷兰马斯特里赫召开，又在短短的两年时间里，14个参与国利用GBTool对大量的典型建筑物进行了全方面测试，并将其测试结果作为GBTool的改进建筑提交到此次大会上。随着GBTool版本的逐渐更新，GBTool也愈加的完善，如今最新的版本是GBTool2005版本。

随着南非、日本等愈来愈多的国家加入到绿色建筑挑战行动中来，GBC 在全世界的知名度和影响力与日俱增。

10.3.2 体系剖析

GBC2000 是采用了定性和定量相结合的全面评价方法，其操作系统 GBTool 属于软件类评价工具，并需依赖 Excel 软件平台。与许多其他评估体系不同，用户可以自己确定 GBTool 各详细评估部分的权重，而这种人性化的评价方法反映了用户对不同国家、不同地区、不同技术水平、不同文化传统等的价值取向，GBC 的参与国可以自由使用 GBTool 以便 发适应本国的评估体系。

GBTool 涵盖了建筑环境评价的各个方面，它分为 4 个层次，由 6 大领域、120 多项指标构成。GBTool 强调全生命周期的评估（Life-cycle Assessment，简称 LCA）。GBTool 的评价尺度属于相对值，而非绝对值，评价指标的范围从-2 到 5，这些数值表示参评建筑的“绿”的程度，其中：-2 分，代表不合要求；0 分，是基准指标，表示该地区内可接受的最低要求的建筑性能表现；1～4 分，表示中间不同水平的建筑性能表现；5 分，表示高于标准中要求的建筑环境性能。

10.3.3 GBTool 的特殊性

与其他绿色建筑评估体系比较，GBTool 具有自身的一些特点，它的特殊性表现在：

（1）GBTool 具有国际可比性和地区适用性。这是 GBTool 有别其他绿色建筑评估体系的一大特色，也是 GBTool 开发和发展的重要理念。GBTool 很好地贯彻了国际绿色生态建筑发展的总体目标：提出了基本的评价内容和统一的评价框架。根据各个国家或地区的自身实际情况，用户可以自行增减确定评价基准、评价项目和权重系数，因此许多国家都通过针对性的修改和完善制定了只属于自己国家或地区的 GBTool 版本。由于基本的评价框架是统一的，而具体的评价内容又具有地区特征，使得这些具有针对性的不同版本的 GBTool 同时具备了国际可比性和地区适用性。

（2）GBTool 的评价基准具有灵活性。许多评价体系的评价机制是先确定评价项目，再确定评价基准，GBTool 也是这种评价机制，但 GBTool 最大的特殊性在于它的评价基准属于动态的相对数值。任何建筑的最后评估结果都能非常清晰地在 GBTool 科学的评价标尺上找到自己的位置，并且允许与该地区的其他建筑进行横向和纵向的比较。这种人性化的评价方式，其目的是通过先评价后比较，发现参评建筑的优点并找到与其他建筑的差距以及改善的方向，GBTool 这种在绿色建筑方面各种有益的探讨和尝试更好地推动了绿色建筑评估体系的发展。

（3）GBTool 是以 Excel 为平台的评价工具。GBTool 是一个建立在 Excel 平台上的软件类绿色建筑评价工具，它的评价内容包括：环境负担、资源消耗、月艮务质量、室内环境质量、经济、使用前管理和社区交通七个一级指标，另外还有相关的子项、分子项等。所有这些评价内容、评价过程和评价结果都会通过公式和规则在 Excel 软件上表现出来。

（4）GBTool 的权重系统。GBTool 的评估框架为：总目标——条款——种类——标准——子标准。GBTool 采用 4 级权重系统：子标准的得分加权得出标准得分；标准的得分加权得出种类得分；种类的得分加权得出条款得分；条款的得分加权得出评估建筑的总得分。

GBTool 与其他评估体系最大的区别是它不直接面对终端用户，GBTool 的成员国可以全部或部分借鉴 GBTool 的评估框架建立适应各自国家的评估体系。GBTool 的权重具有一定的灵活性，GBTool 的种类及条款权重（子标准及标准的权重已经确定）可由各参与国自己确定。

（5）GBTool 的研究性和复杂性。从发展历程、评价方法等方面来看，GBTool 是一个具有研究性的绿色建筑评价工具，同时 GBTool 又比较复杂。从用户的角度看，GBTool 在评价过程中，需要输入大量的设计、模拟计算数据以及相关的评估文字内容，操作比较复杂，其评估内容显得过于细腻和琐碎，结果也无法全部满足市场对绿色生态建筑等级的需求。但在另一方面，GBTool 身上特有的国际性和地区性，以及评价基准上的灵活性等还是吸引了世界上很多国家加入到 GBC 的行列中。目前，每两年一次的“可持续建筑”国际会议为各个参与国提供了很好地可以展示自己研究成果的平台，该会议也促进了 GBTool 的继续完善和世界绿色生态事业的发展。

10.4　国内外主要的绿色建筑评价体系对比

将对以上四种国外主要的绿色建筑评价体系以及我国的《绿色建筑评价标准》（GRAS）进行比较分析。

10.4.1　评价对象

对不同类型的建筑，各国采用的评价体系是不同的，所以绿色建筑评价都是相对评价，因此除非是相同类型的建筑，理论上其评价结果是不可比的。

表 10-1 中列出了我国和国外 5 种典型评价体系的初期版本评价对象。和目前各个评价体系的评价对象对比我们发现在这 5 个评价体系中，绝大多数都是从针对某一种或者几种建筑类型进行评价开始，逐步进行扩充完善。这说明各个评价体系对于不同类型的建筑并没有按照完全相同的评价体系评价，而是针对比例较大，对环境影响比较严重的建筑类型开始制定评价体系，然后不断地扩展评价的建筑类型。

各个评价体系在评价对象上的比较　　表 10-1

建筑类型		美国 LEED	英国 BREEAM	中国 GBAS	日本 CASBEE	加拿大 GBTool
公共建筑	办公	√	√	√	√	√
	学校				√	
	医院				√	
	酒店				√	
	商业					√
住宅	独立式				√	
	集合式			√	√	√
工业建筑						

初期评价的建筑类型各国也有着显著区别，由于发达国家独立式住宅在住宅产业中占有较大比重，而独立式住宅与集合住宅在这些国家的经营方式、法规要求等方面都有较大差异，因此，这些国家的绿色建筑评价体系通常非常明确的区分这两种住宅形式，用不同的评价版本进行评价。我国的GBAS评价对象主要集中在居住类建筑和办公类公建，由于我国独立住宅比重比较小，开发模式与集合住宅差别不大，因此我国GBAS还是主要针对居住小区和集合住宅的；另外一个建筑类型就是耗能比较高的办公建筑。相信GBAS会逐步扩大评价范围，推出适应各种类型建筑的评价版本。

10.4.2 评价指标

评价指标的选取直接反映了评价目标，同时在开发一个评价体系时，确定评价指标的范围是评价体系取得成功基本条件，为了保证一个体系的紧凑性，绿色建筑评价体系的开发者们会选择他们认为应当优先考虑的性能指标，而将他们认为重要程度低一些的排除在外。从评价的一级条目上看，如表10-2，由于国家或地区经济技术的特殊性，国内外各国的评价体系选择上表现出明显的差异。

各国评价指标的一级条目对比 **表10-2**

加拿大GBTool	英国BREEAM	美国LEED（NC）	日本CASBEE	中国GBAS
场地选择、项目规模与开发	生态	可持续场地	室外环境	室外物理环境
室内环境质量	健康和舒适	室内环境	室内环境	室内物理环境
系统功能性与可控性			服务质量	提供的服务与功能
能源与资源消耗	能源	能源与大气	能源	能源利用与管理
	材料	材料与资源	资源与材料	材料资源
	水	水资源利用		水资源
	土地利用			土地资源
环境荷载	污染		建筑用地外环境	对环境影响
长期性能	交通	创新与设计过程		
社会与经济方面	管理			

进一步分析，发现很多绿色建筑评价体系的性能项（即二级条目）的相互吻合性较高，见表10-3，但是一级条目（性能类别）上的差异较大，即在如何在最高层次上对性能进行分类莫衷一是。这种差别，不仅反映了绿色建筑评价体系开发人员对建筑环境性能类别的理解方式不同，也反映了在各个国家和地区，不同建筑环境性能类别的重要程度有较大差异。

各国绿色建筑评价体系的性能项 **表10-3**

类别	二级条目	加拿大 GBTool	英国 BREEAM	美国 LEED（NC）	日本 CASBEE	中国 GBAS
室内环境	1. 热舒适	★	★	★	★	★
	2. 采光及照明	★	★	★	★	★
	3. 空气质量	★	★	★	★	★
	4. 声环境	★	★	★	★	★

续表

类别	二级条目	加拿大 GBTool	英国 BREEAM	美国 LEED（NC）	日本 CASBEE	中国 GBAS
能源	1. 运行能耗	★	★	★	★	★
	2. 运行效率	★	★	★	★	★
	3. 热负荷		★	★	★	★
	4. 自然能源利用	★	★	★	★	★
	5. 建筑系统效率			★	★	★
材料与资源	1. 水资源利用	★	★	★	★	★
	2. 资源利用率	★	★	★	★	★
	3. 材料污染	★	★	★	★	★
对周边环境冲击	1. 污染	★	★	★	★	★
	2. 基础设施负荷	★	★	★	★	★
	3. 风害	★			★	★
	4. 光污染	★		★	★	★
	5. 热岛效应	★		★	★	★
	6. 其他基础设施负荷	★			★	
服务质量	1. 服务能力		★		★	
	2. 耐久性	★			★	★
	3. 弹性与可适应性	★			★	★
室外环境	1. 生态环境营建	★	★	★	★	★
	2. 城市景观与风景	★			★	
	3. 当地文化反特征	★			★	

10.4.3　指标体系结构与数学模型

GBTooI 在结构上最为复杂采用 5 层，主要是由于在多国合作的框架之内为各国自己制定相应的权重项预留了 2 层指标，本质上还是和 CASBEE，BREEAM 的层数相同。至于 CASBEE，BREEAM 和 LEED，GBAS 的差异在于前两者把二级指标进一步分类，多了一层权重。从上一节的分析来看，这 5 个评价体系的评价内容上的一致性还是很高的，只是对各个评价项的细化程度不同，造成了分层的不同，见有 10-4。

典型绿色建筑评价体系数学模型对比　　**表 10-4**

	分层数	数序模型	有无权重
LEED	3	$X=\sum_{i=1}^{n}x_i$	无
CASBEE	4	$X=\dfrac{\sum_{i=1}^{n}x_i}{\sum_{i=1}^{m}x'_i}$	有

续表

	分层数	数序模型	有无权重
GBTool	5	$X=\sum_{i=1}^{n}\omega_i x_i$	有
BREEAM	4	$X=\sum_{i=1}^{n}\omega_i x_i$	有
GBAS	3	$X=\sum_{i=1}^{n}\omega_i x_i$	无

在数学模型上，5 个评价体系在评价指标的当量化时都采用了确定阈值，然后根据指标在阈值内的分布情况打分。打分的方式不同，LEED 和我国的 GBAS 采用的是设定最低值，满足得分不满足不得分的形式。BREEAM，CASBEE 采用的是设定阈值，分若干个层次打分，最高 5 分最低为 1 分；GBTooI 的打分形式类似于上两种，以各个地区某类建筑的环境性能平均表现为基准，低于平均为负分，高于为正 1-5 分。在阈值设定上，我国的 GBAS 大部分采用了国内的各种标准，对于标准之外的情况，则采用根据专家意见确定的方法，LEED，CASBEE，BREEAM 也采用了类似的方式，但是有的最低值要比规定的最低标准高。GBTooI 则采用所在地区同类型建筑的平均值为基准，确定值域。

当量化指标的算法上，CASBEE 采用了最复杂的加乘混合型算法，是由于它引入了经济学中效益的概念，把建筑的环境负荷和环境质量的比值作为建筑环境功效引入了评价之中。其他 4 类均采用加权线性求和的方式。

10.4.4 对比总结

通过对国外 4 个有代表性绿色建筑评价体系和我国《绿色建筑评价标准》的对比，有几个结论是值得我们注意的。在评价内容上，5 个绿色建筑评价体系几乎是同质的，这就说明绿色建筑评价结果的不同应该是由具体指标阈值的差异和数学算法决定的。在评价对象上，尽管各个绿色建筑评价体系的最初版本都没有做到面面俱到，但随着其发展都会向不同类型的建筑延伸。

另外，通过研究各个绿色建筑评价体系我们还发现，绿色建筑的评价目标还带有推进绿色建筑普及的目的，这就是绿色建筑评价与普通的统计评价最大的区别。普通的统计评价只需强调评价结果的科学性和客观性，而绿色建筑评价在考虑评价结果的客观的同时，还必须考虑体系本身的可操作性，以及对绿色建筑的设计，实施和运行的指导作用，这就使本身已经很复杂的评价体系更加复杂。

由于推广绿色建筑评价目标的双重性，使得在考虑绿色建筑评价体系的效果时应该突出两点：

（1）它是否能够如实的反映出建筑的环境性能；

（2）它的影响范围如何，是否推动了绿色建筑的发展。

绿色建筑环境性能的实际效果很难通过客观的衡量得出。因此后一点是考察一个绿色建筑评价体系成功与否的最客观的标准。在后一点上，美国的 LEED 是世界上最成功的绿色建筑评价体系。并且在体系推广与实施的过程中，LEED 也面临着在庞大的范围和复杂的市场内推广实施的问题。对 LEED 的研究与分析必然能为我国的绿色建筑评价的发展提供借鉴。

课后习题

1. 英国的绿色建筑评估体系是（　　）。

A. BREEAM　　B. LEED　　C. BEPAC　　D. BEAT

答案：A

2. 世界各国的各类建筑评估标准中，被认为是最有影响力的评价体系是（　　）。

A. LEED　　B. GBAS　　C. GBTool　　D. BREEAM

答案：A

3. （　　）率先制定了世界上第一个绿色建筑评估体系。

A. 美国国家环境保护局　　B. 欧洲委员会

C. 英国建筑研究所　　D. 美国加利福尼亚环境保护协会

答案：C

4. 美国的绿色建筑评估体系是（　　）。

A. BREEAM　　B. LEED　　C. GBTool　　D. GBAS

答案：B

5. 世界上第一个绿色建筑评估体系是（　　）。

A. LEED　　B. GBAS　　C. GBTool　　D. BREEAM

答案：D

参 考 文 献

[1] 开彦，王涌彬. 绿色住区模式[M]. 北京：中国建筑工业出版社，2011.

[2] 李健湘. 浅谈绿色建筑全过程管理[J]. 建设监理，2011，(08)：75-78.

[3] 白润波，孙勇，马向前，徐宗美. 绿色建筑节能技术与实例[M]. 北京：化学工业出版社，2012.

[4] 蓝心. 我国绿色建筑标识项目统计分析[J]. 能源世界.

[5] 胡敏. 浅议绿色建筑设计理念、方法及误区[J]. 长沙铁道学院学报(社会科学版)，2010，(02)：65-66.

[6] 王凡. 绿色建筑[J]. 市场周刊，2004，12：108-109.

[7] 任国强，莫秀良. 生命周期成本分析在城市水利系统中的应用[J]. 水利水电技术，2003(34)：20-22.

[8] Seeley，I. H. Building Economics[M]. Basingstoke：Macmillan Press Ltd，1996.

[9] 李菊，孙大明. 国内绿色建筑增量成本统计分析[R]. http：//www. chinagb. net.

[10] 马素贞，孙大明，邵文晞. 绿色建筑技术增量成本分析[J]. 建筑科学，2010，(6)：91-94.

[11] 住房与城乡建设部科技发展促进中心. 绿色建筑评价技术指南[M]北京：中国建筑工业出版社，2010：5-11.

[12] 侯玲. 基于费用效益分析的绿色建筑的评价研究[D]. 西安：西安建筑科技大学. 2006：30-49

[13] 叶祖达等，我国绿色建筑的经济考虑——成本效益实证分析[J]，动感(生态城市与绿色建筑)，2011年4期

[14] 叶祖达，中国绿色住宅建筑成本效益与经济效率分析[J]，住宅产业，2014年1月.

[15] 庄迎春．论绿色建筑与地源热泵系统[J]．建筑学报，2004，(3).

[16] 沈天清．节能省地住宅小区设计新理念[J]．工程与建设，2007，(5).

[17] 吴涛．加快转变建筑业发展方式 促进和实现建筑产业现代化 中国建设报 2014-02-28

[18] 中国建筑标准设计研究院，环境景观(绿化种植设计)03J012-2

[19] Kibert C. J. Sustainable Construction：Green Building Design and Delivery[M]. 2nd Ed. John Wiley & Sons. 2007.

[20] OforiG. SustainableConstruction：Principles and frame work for attainment-comment [J]. Construction Management and conomics. 1998，16：141-145.

[21] 王有为．中国绿色施工解析[J]．施工技术．2008，6. 37(6)：2.

[22] 建设部．绿色施工导则[Z]．施工技术．2007，11

[23] 廖秦明．全面绿色施工管理研究[D]．哈尔滨：哈尔滨工业大学．2011，6.

[24] 李萍．绿色建筑设计管理原则与理念[J]．交叉管理，2011(204).

[25] GBT 50640—2010 绿色建筑施工评价标准．

[26] 北京市住建委印发《北京市绿色建筑适用技术推广目录(2014)》

[27] 《绿色建筑评价标准》GB/T 50378—2014

[28] 《既有居住建筑节能改造技术规程》JGJ/T 129—2012

[29] 《全国民用建筑技术措施暖通空调动力》2009版

[30] 《公共建筑节能改造技术规程》JGJ 176—2009

[31] 《建筑照明设计标准》GB 50034—2004

[32] 《建筑采光设计标准》PGB/T 50033—2001
[33] 薛志峰．既有建筑节能诊断与改造[M]．北京：中国建筑工业出版社，2007，9.
[34] 贺永，乐颖．对我国绿色建筑评价体系的思考[J]．山西建筑，2006，10：11-12.
[35] 江亿，波荣．京奥运建设与绿色奥运评估体系[J]．建筑科学，2006，05：1-6.
[36] 胡俊成．国绿色建筑体系的发展现状及宏观对策[J]．改革与开放，2007，03：6-7.
[37] 刘京，曾静，刘安，贺奇轩．绿色奥运建筑——第29届奥林匹克运动会奥运村设计与思考[J]．建筑学报，2008，09：36-41.
[38] 田慧峰，张欢，孙大明，梁云，王有为．中国大陆绿色建筑发展现状及前景[J]．建筑科学，2012，04：1-7+68.
[39] 叶大华．北京绿色建筑指标体系及规划实施途径研究[J]．北京社会科学，2012，02：4-9.
[40] 江亿，秦佑国，朱颖心．绿色奥运建筑评估体系研究[J]．中国住宅设施，2004，05：9-14.
[41] 万一梦，徐蓉，黄涛．我国绿色建筑评价标准与美国LEED比较分析[J]．建筑科学，2009，08：6-8.
[42] 孙金颖，冯建华，金占勇，张洋．绿色建筑评价标识制度需求侧主体博弈分析[J]．建筑科学，2009，08：20-23.
[43] 王建廷，肖忠钰，李媛．《中新天津生态城绿色建筑评价标准》解读[J]．天津建设科技，2009，04：2-6.
[44] 刘少瑜，苟中华，张智栋．香港绿色建筑发展经验总结[J]．建筑学报，2009，11：71-73.
[45] 佟樱．绿色建筑认证(LEED)资料的收集管理[J]．山西建筑．2010，(3)：3-7
[46] 翟宇．绿色建筑评价研究——以LEED为例[D]．天津：天津大学，2009
[47] 毛峡，丁玉宽．LEED认证风靡世界的绿色建筑评估体系[J]．电子学报，2001，(29)：1923-1927
[48] 孙继德，卞莉，何贵友．美国绿色建筑评估体系LEED V3引介[J]．建筑经济，2011，(1)：3-5
[49] 白润波，孙勇，马向前，徐宗美．绿色建筑节能技术与实例[M]．北京．化学工业出版社，2012
[50] 李健湘．浅谈绿色建筑全过程管理[J]．建设监理，2011，(08)：2-5
[51] 吴志强，邓雪．中国绿色建筑发展战略规划研究[J]．建设科技．2008，(06)：3-4
[52] 开彦，王涌彬编著．绿色住区模式 中美绿色建筑评价标准比较研究[M]．北京．中国建筑工业出版社，2012
[53] 黄辰勰，彭小云，陶贵．美国绿色建筑评估体系LEED V4修订及变化研究[J]．建筑节能．2014，(07)：96-100
[54] 佟樱．绿色建筑认证(LEED)资料的收集管理[J]．山西建筑．2010，(3)：3-7
[55] 翟宇．绿色建筑评价研究——以LEED为例[D]．天津：天津大学，2009
[56] 张伟．国内外绿色建筑评估体系比较研究[D]．长沙：湖南大学，2011
[57] 齐安超．绿色建筑评价体系的研究[D]．西安：长安大学，2012